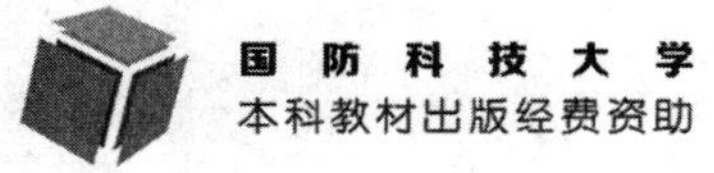

自动武器原理与构造

易声耀　编著

国防科技大学出版社
长沙

图书在版编目（CIP）数据

自动武器原理与构造/易声耀编著．—长沙：国防科技大学出版社，2017.2（2023.2重印）
ISBN 978－7－5673－0393－5

Ⅰ.①自…　Ⅱ.①易…　Ⅲ.①自动武器—理论　②自动武器—构造　Ⅳ.①TJ

中国版本图书馆 CIP 数据核字（2015）第 179893 号

国防科技大学出版社出版发行
电话：（0731）87027729　邮政编码：410073
责任编辑：王　嘉　责任校对：何咏梅
新华书店总店北京发行所经销
国防科技大学印刷厂印装
*
开本：787×1092　1/16　印张：17.75　字数：421 千字
2017 年 2 月第 1 版 2023 年 2 月第 4 次印刷　印数：4001－7000 册
ISBN 978－7－5673－0393－5
定价：52.00 元

前　言

本书以自动武器（枪械与火炮）中的机械和机构为主线，较系统地介绍了自动武器的结构构造及工作原理。主要内容分为三大部分：第一大部分介绍基本知识，包括自动武器发展简史、自动武器的基本组成及其作用、身管结构构造及其内膛构造理论、自动武器的自动方式；第二大部分介绍枪械与自动炮的主要结构构造及其工作原理，包括闭锁机构、加速机构、供输弹机构、退壳机构、击发发射和保险机构以及部分重要的辅助装置；第三大部分介绍现代地面半自动火炮的基本结构构造及其工作原理，包括火炮炮闩与炮尾、反后坐装置、火炮四架、三机与运动体等。书中部分较难的机构给出了机构简图，以帮助理解。在每章之后均有10道以上的思考题，学生可通过完成这些思考题来掌握本章的重点内容。

本书是专为国防科学技术大学自动武器原理与构造课程的开设而选编的教材，是机械和近机械专业本科学员的专业理论教材，为学习、使用、维修和研发自动武器提供必备的基础知识，适用于30～40学时的教学。也可供其他有关武器装备工程技术人员参考。

本书是在作者编著的原教材《自动武器原理与构造学》（国防工业出版社，2009）的基础上经过增补和删减而成，其中大部分内容保持了原书的风格。编写和出版自始至终得到国防科学技术大学机电工程系尚建忠教授以及校出版社的全力支持，编者在此深表感谢。同时，国防科学技术大学机械设计教研室的同仁也对本书的编写提供了许多帮助与便利，在此也表示十分感谢。

本书的主要参考文献除了书后所列的正式出版书刊外，还有军械技术学院《枪械理论结构理论》、军械工程学院《轻武器应用工程·第一分册》和

《轻武器理论》、华北工学院《自动武器构造》、石家庄陆军学院《步兵轻武器射击学》和其他单位内部教材等，在此对上述教材的作者表示诚挚的谢意。

由于水平所限，本书难免有不妥之处，恳请读者批评指正。

易声耀

2016年10月于国防科学技术大学

目　录

第一部分　自动武器基本知识

第1章　自动武器概述 …………………………………………………………（3）

1.1　自动武器定义、用途与分类 ……………………………………………（3）

1.1.1　自动武器定义与用途 ……………………………………………（3）

1.1.2　自动武器分类 ……………………………………………………（3）

1.2　自动武器诞生、成长、现况与未来 ……………………………………（4）

1.2.1　自动武器诞生和成长 ……………………………………………（4）

1.2.2　第二次世界大战后自动武器发展与现况 ………………………（7）

1.2.3　未来枪械与火炮 …………………………………………………（11）

1.3　枪械与火炮的基本组成及其作用 ………………………………………（14）

1.3.1　枪械的基本组成及其作用 ………………………………………（14）

1.3.2　火炮的基本组成及其作用 ………………………………………（15）

思考题 …………………………………………………………………………（17）

第2章　自动武器身管构造基本理论 ………………………………………（18）

2.1　身管分类 …………………………………………………………………（18）

2.1.1　普通单筒身管 ……………………………………………………（18）

2.1.2　增强身管 …………………………………………………………（18）

2.1.3　可分解身管 ………………………………………………………（20）

2.2　身管内膛结构 ……………………………………………………………（22）

2.2.1　药室和弹膛 ………………………………………………………（22）

2.2.2　坡膛 ………………………………………………………………（24）

2.2.3　导向部和线膛 ……………………………………………………（25）

2.3　自动武器膛线及其构造原理 ……………………………………………（26）

2.3.1　膛线结构及作用 …………………………………………………（26）

2.3.2　膛线缠度、缠角与弹丸弹头旋速 ………………………………（28）

2.3.3　导转侧压力 ………………………………………………………（30）

2.3.4 膛线分类 …………………………………………………………… (32)
2.3.5 线膛(导向部)横断面结构 ………………………………………… (34)
思考题 ……………………………………………………………………… (36)

第3章 自动武器常见自动方式 ……………………………………………… (37)

3.1 自动机与自动方式概念 ………………………………………………… (37)
3.2 后坐式自动武器 ………………………………………………………… (37)
3.2.1 后坐式枪械 ………………………………………………………… (37)
3.2.2 后坐式自动炮 ……………………………………………………… (44)
3.3 导气式自动武器 ………………………………………………………… (47)
3.3.1 导气式枪械 ………………………………………………………… (47)
3.3.2 导气式自动机火炮 ………………………………………………… (48)
3.4 转管式自动武器 ………………………………………………………… (50)
3.5 转膛式自动武器 ………………………………………………………… (51)
3.6 链式自动武器 …………………………………………………………… (52)
3.7 双管联动式自动武器 …………………………………………………… (53)
3.8 自动机工作循环图 ……………………………………………………… (53)
3.8.1 以主动构件位移为自变量的循环图 ……………………………… (53)
3.8.2 以时间为自变量的循环图 ………………………………………… (56)
思考题 ……………………………………………………………………… (57)

第二部分 枪械与自动炮主要结构构造及其工作原理

第4章 闭锁机构与防反跳机构 ……………………………………………… (61)

4.1 闭锁机构 ………………………………………………………………… (61)
4.1.1 惯性闭锁机构 ……………………………………………………… (61)
4.1.2 刚性闭锁机构 ……………………………………………………… (63)
4.1.3 典型闭锁机构结构与工作分析 …………………………………… (74)
4.2 防反跳机构 ……………………………………………………………… (79)
4.2.1 制动式防反跳机构 ………………………………………………… (80)
4.2.2 撞击式防反跳机构 ………………………………………………… (81)
思考题 ……………………………………………………………………… (83)

第5章 加速机构 ……………………………………………………………… (84)

5.1 加速机构作用 …………………………………………………………… (84)

5.2　加速机构结构形式 …… (85)
5.2.1　杠杆式加速机构 …… (85)
5.2.2　凸轮式加速机构 …… (86)
5.2.3　仿形式加速机构 …… (89)
5.2.4　齿轮式加速机构 …… (91)
5.2.5　液压式加速机构 …… (92)
5.2.6　弹簧式加速机构 …… (93)
思考题 …… (93)
第6章　供弹机构 …… (95)
6.1　供弹机构基本组成及分类 …… (95)
6.1.1　供弹机构基本组成 …… (95)
6.1.2　供弹机构分类 …… (95)
6.2　弹仓式供弹机构 …… (96)
6.2.1　弹仓式供弹容弹具 …… (96)
6.2.2　弹仓式供弹输弹机构 …… (102)
6.2.3　弹仓式供弹进弹机构 …… (106)
6.3　弹链式供弹机构 …… (107)
6.3.1　弹链结构形式及特性 …… (108)
6.3.2　弹链供弹输弹机构 …… (115)
6.3.3　弹链供弹进弹机构 …… (125)
6.4　自动炮供输弹机构 …… (133)
6.4.1　自动炮供弹方式选择 …… (133)
6.4.2　自动炮供弹机 …… (134)
6.4.3　自动炮输弹机 …… (139)
思考题 …… (141)
第7章　退壳机构 …… (142)
7.1　退壳机构作用与组成 …… (142)
7.2　退壳机构种类与结构 …… (142)
7.2.1　顶壳式退壳机构 …… (143)
7.2.2　挤壳式退壳机构 …… (148)
7.2.3　拔壳式退壳机构 …… (150)
7.2.4　其他型式退壳机构 …… (151)
思考题 …… (151)

第 8 章　击发、发射及保险机构 …… (152)

8.1　击发机构 …… (152)

8.1.1　击针式击发机构 …… (152)

8.1.2　击锤式击发机构 …… (153)

8.2　发射机构 …… (155)

8.2.1　连发发射机构 …… (155)

8.2.2　单发发射机构 …… (160)

8.2.3　单连发发射机构 …… (165)

8.2.4　点射机构 …… (173)

8.3　保险机构 …… (177)

8.3.1　防偶发保险机构 …… (177)

8.3.2　防早发保险机构 …… (179)

思考题 …… (181)

第 9 章　辅助装置 …… (182)

9.1　复进装置 …… (182)

9.1.1　复进装置结构 …… (182)

9.1.2　复进装置配置形式及其在武器上的安装位置 …… (183)

9.2　导气装置 …… (187)

9.2.1　气室内火药气体压力变化规律 …… (187)

9.2.2　影响气室内火药气体压力的因素 …… (188)

9.2.3　导气装置主要结构特点 …… (188)

9.3　缓冲装置 …… (194)

9.3.1　活动机件缓冲器 …… (194)

9.3.2　枪身缓冲器 …… (199)

9.4　膛口装置简介 …… (202)

思考题 …… (202)

第三部分　地面半自动火炮主要结构构造及其工作原理

第 10 章　炮闩与炮尾 …… (205)

10.1　炮闩 …… (205)

10.1.1　炮闩作用和分类 …… (205)

10.1.2　楔式炮闩结构原理 …… (205)

10.1.3 螺式炮闩结构原理 …………………………………………(215)
10.1.4 楔式炮闩与螺式炮闩特点对比 ……………………………(220)
10.2 炮尾 ……………………………………………………………(221)
10.2.1 炮尾结构类型 ……………………………………………(221)
10.2.2 炮尾与身管的连接 ………………………………………(222)
思考题 ……………………………………………………………………(223)

第 11 章 反后坐装置 ……………………………………………………(224)

11.1 刚性炮架、弹性炮架、反后坐装置作用与组成 …………………(224)
11.1.1 刚性炮架与弹性炮架 ……………………………………(224)
11.1.2 弹性炮架后坐阻力与运动规律 …………………………(226)
11.1.3 反后坐装置作用及组合形式 ……………………………(227)
11.2 复进机 …………………………………………………………(228)
11.2.1 复进机作用与工作原理 …………………………………(228)
11.2.2 复进机分类与典型结构 …………………………………(229)
11.3 制退机 …………………………………………………………(233)
11.3.1 制退机作用与工作原理 …………………………………(233)
11.3.2 制退机的典型结构及工作原理 …………………………(235)
11.4 复进制动器 ……………………………………………………(240)
11.4.1 复进制动器作用与工作原理 ……………………………(240)
11.4.2 复进制动器的典型结构及工作原理 ……………………(243)
11.4.3 复进制动器辅助装置 ……………………………………(245)
11.5 可压缩液体反后坐装置 ………………………………………(245)
11.6 反后坐装置上重要构件 ………………………………………(247)
11.6.1 紧塞和密封元件 …………………………………………(247)
11.6.2 液量调节器 ………………………………………………(248)
11.6.3 液量指示 …………………………………………………(249)
11.6.4 开闭器 ……………………………………………………(250)
11.6.5 制退液 ……………………………………………………(251)
思考题 ……………………………………………………………………(251)

第 12 章 火炮四架、三机与运动体 ………………………………………(253)

12.1 火炮四架 ………………………………………………………(253)
12.1.1 摇架 ………………………………………………………(253)
12.1.2 上架 ………………………………………………………(256)
12.1.3 下架 ………………………………………………………(258)

12.1.4 大架 …………………………………………………………… (259)
12.2 瞄准机 …………………………………………………………… (261)
12.2.1 方向机 …………………………………………………………… (261)
12.2.2 高低机 …………………………………………………………… (262)
12.3 平衡机 …………………………………………………………… (264)
12.3.1 平衡机作用原理 …………………………………………………… (264)
12.3.2 平衡机分类及结构 ………………………………………………… (266)
12.4 运动体简介 ………………………………………………………… (268)
12.4.1 行军缓冲装置 ……………………………………………………… (268)
12.4.2 刹车装置 …………………………………………………………… (270)
思考题 …………………………………………………………………… (271)

参考文献 ……………………………………………………………… (272)

第一部分　自动武器基本知识

第1章　自动武器概述

自动武器是历史最为悠久、使用极其广泛的武器装备之一，在现代和未来战争中仍然有着不可替代的作用。

1.1　自动武器定义、用途与分类

1.1.1　自动武器定义与用途

自动武器是以火药燃气的能量为能源或直接利用外界能源，完成装弹、退壳和连发射击动作的身管射击武器。其中，口径在20mm以上（含20mm）的称为火炮。口径在20mm以下的称为枪械。

火炮可对地面、水上、空中目标射击，用以歼灭、压制敌有生力量和技术兵器，摧毁各种防御工事和其他设施，击毁各种装甲目标和完成其他特种任务。

枪械是发射枪弹弹丸，用以杀伤有生力量或击毁敌方武器装备的轻型射击武器，是步兵的基本武器。

1.1.2　自动武器分类

自动武器种类繁多，其分类方法也很多，以下是两种最常用的分类。

1. 按战斗用途分

按战斗用途通常可分为火炮自动武器、步兵自动武器、航空自动武器、舰用自动武器和车载自动武器等。

火炮自动武器通常包括自动炮、高射炮、加农炮、榴弹炮、加农榴弹（加榴）炮和各种自行火炮、（反）坦克炮等。

步兵自动武器包括手枪、步枪、冲锋枪、机枪等。

航空自动武器为安装在飞机上的身管武器，如航空机枪、航空自动炮等。

舰用自动武器为安装在舰船上的身管武器，如舰炮、舰用高射机枪等。

车载自动武器为安装在坦克、步兵战车上的身管武器，如坦克机枪等。

2. 按发射能力分

自动武器按发射能力可分为全自动武器和半自动武器两类。

全自动武器又称连发武器，是指在前一发射击后能自动连续完成重新装填和发射下一发弹的全部动作的武器，如自动手枪、自动步枪、机枪、自动榴弹发射器（榴弹机枪）、自动炮、小口径高射炮等。

半自动武器又称自动装填武器，是指在射击循环中，有一部分动作自动完成而另一部分动作由人工完成的武器，如坦克炮、反坦克炮、大口径高射炮、现代加农炮、榴弹炮等。

1.2 自动武器诞生、成长、现况与未来

1.2.1 自动武器诞生和成长

武器的产生及发展有深远的历史，它相伴战争而生而长。

早在春秋时期，中国已使用一种抛射武器——礮。公元7世纪，唐代炼丹家孙思邈发明了黑火药。大约在10世纪初，火药开始用于军事，礮便用来抛射火药包、火药弹。这时候的一种武器——抛石机除了抛射石块外，还抛射带有燃爆性质的火器，如霹雳炮、震天雷等。公元1132年，南宋太守陈规镇守德安城时发明了火枪。火枪用竹筒制成，内装火药，临阵点燃，喷火烧敌。1259年，出现了突火枪。突火枪以巨竹为筒，内安弹丸，用火药发射（图1.1），是世界上最早的管形射击武器。它具备了火药、身管、弹丸三个基本要素，可以认为它就是火炮和枪械的雏形，对近代枪炮的产生具有重要意义。

图1.1　中国突火枪

中国发明的火药传至西方后，枪械与火炮在欧洲开始发展。14世纪在欧洲出现了手工点火的火门枪和发射石弹的火炮。

管形火器的发展和改进，当时主要集中在提高点火方式的方便性和可靠性方面，大致经历了火绳机点火（火绳枪，15世纪出现），隧石机点火（隧石枪，16世纪出现），击发机点火（击发枪，19世纪初出现）等几个阶段，这些枪械分别见图1.2~1.4。枪械经历了从前装到后装的变化过程（图1.5、图1.6）。16世纪前期，意大利数学家N·F·塔尔塔利亚发现炮弹在真空中以45°射角射击时射程最大的规律，为炮兵学理论研究奠定了基础。16世纪中叶，欧洲出现了口径较小的青铜长管炮和熟铁锻成的长管炮，代替了以前的臼炮。16世纪末期，出现了将子弹或金属碎片装在铁筒内制成的霰弹，用于杀伤人马。1600年前后，一些国家开始用药包式发射药，提高发射速度和射

击精度。17 世纪，意大利物理学家伽利略的弹道抛物线理论和英国物理学家牛顿对空气阻力的研究，推动了火炮的发展。17 世纪末，欧洲大多数国家使用了榴弹炮。

18 世纪中叶，普鲁士国王弗里德里希二世和法国炮兵总监格里博弗尔曾致力于提高火炮的机动性和推动火炮的标准化。英、法等国经多次试验，统一了火炮口径，使火炮各部分的金属重量比例更为恰当，还出现了用来测定炮弹初速的弹道摆。19 世纪初，英国采用了榴霰弹，并用空炸引信保证榴霰弹适时爆炸，提高火炮威力。

1807 年发明了以雷汞为击发药的点火方式，出现了定装枪弹。定装枪弹便于装填和击发，这就导致了近代步枪的产生。

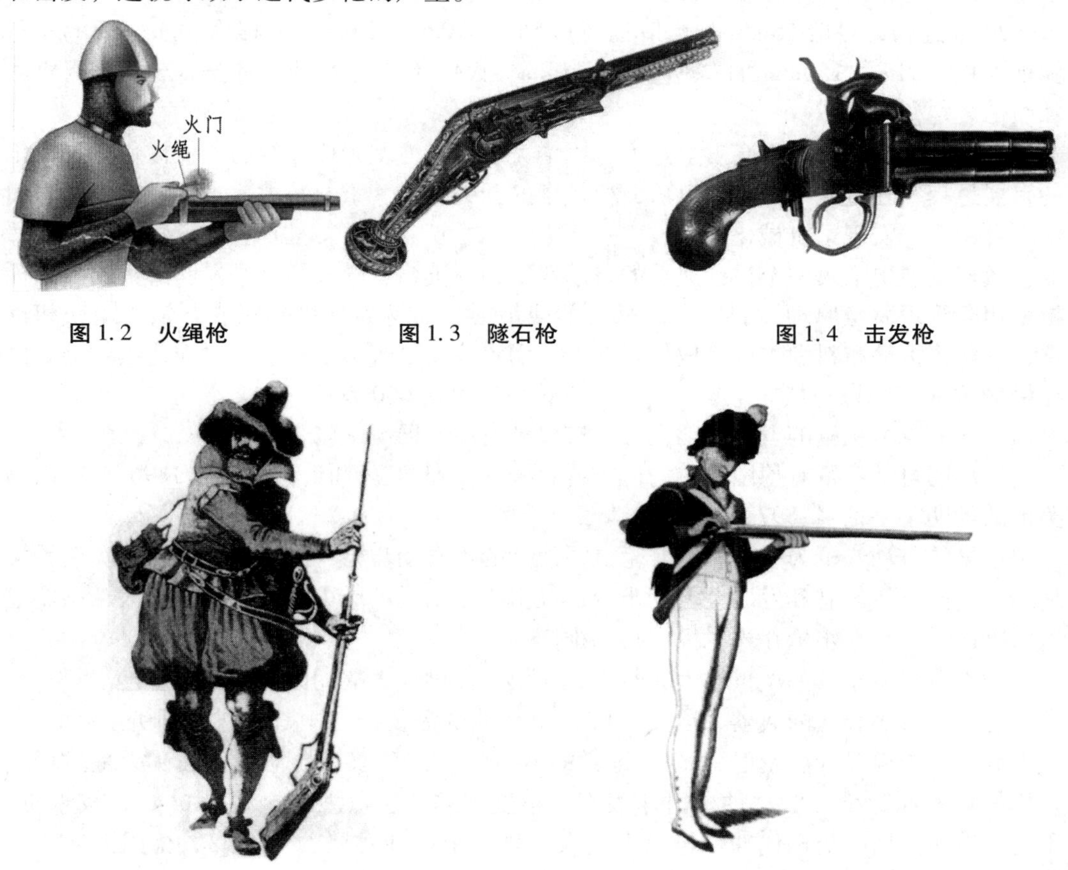

图 1.2　火绳枪　　**图 1.3　燧石枪**　　**图 1.4　击发枪**

图 1.5　前装枪　　**图 1.6　后装枪**

19 世纪初，欧洲许多国家进行了线膛炮的试验。在此之前，火炮一般是滑膛前装炮。最初的线膛炮是直膛线的。1846 年，意大利 G·卡瓦利少校制成了螺旋线膛炮。螺旋膛线可使弹丸旋转，飞行稳定，大大提高了火炮威力和射击精度，增大了火炮的射程。在线膛炮出现的同时，炮闩得到改善，火炮实现了后装，发射速度明显提高。线膛炮的采用是火炮结构上的一次重大变革，至今线膛炮身仍被广泛采用。

火炮反后坐装置创制于 19 世纪末期。1897 年，法国制造了第一台装有反后坐装置的 75mm 野战炮，该反后坐装置采用水压气体式驻退复进机，后为各国所仿效。此前，炮身通过耳轴与炮架相连接，这种火炮的炮架称为刚性炮架。刚性炮架在火炮发射时受力大，火炮笨重，机动性差，发射时破坏瞄准，发射速度慢，威力的提高受到限制。反后坐装置出现后，炮身通过它与炮架相连接，构成所谓的弹性炮架。弹性炮架在火炮发射时，因反后坐装置的缓冲，作用在炮架上的力大为减小，火炮重量得以减轻，发射时火炮不致移位，发射速度得到提高。弹性炮架的采用缓和了增大火炮威力与提高机动性的矛盾，使火炮结构趋于完善，是火炮发展史上的一个重大突破。

19 世纪末期，相继采用缠丝炮身、筒紧炮身，强度较高的炮钢和无烟火药，提高了火炮性能。采用猛炸药和复合引信，增大弹丸重量，提高榴弹破片的杀伤力。

20 世纪初，一般 75mm 野炮射程为 6.5km，105mm 榴弹炮射程为 6km，150mm 榴弹炮射程为 7km，150mm 加农炮射程为 10km。火炮还广泛采用了周视瞄准镜、测角器和引信装定机。

在枪械方面，为了提高发射速度，以增大射击威力，步枪又经历了机械化和自动化的发展过程。在定装枪弹出现以后，枪械中的开关枪机、重新装填、击针成待击状态和击发等动作都实现了机械化。

武器发展史上第一个设计成功的自动武器，是英籍美国人马克辛发明的机枪。该机枪采用枪管短后坐原理，利用火药燃气的能量通过曲柄连杆机构完成开锁、闭锁和待击，用曲拐拨动布料弹带以完成供弹动作，用水冷却枪管，以保证长时间连续射击。该枪枪身质量 27.2kg，放在炮架上射击，理论射速可达 600 发/min。

紧随马克辛机枪的发明成功之后，有多种自动武器诞生。

最早的自动手枪有德国制造的博查特手枪（1893 年）和毛瑟手枪（1896 年）以及美国的勃朗宁手枪（1897 年）。

最早的自动步枪为墨西哥人蒙德拉贡设计的半自动步枪（1908 年）。第一次世界大战后，各国开始研制和发展全自动步枪，但由于步枪弹的威力大，后坐力太大，精度很差，因此，全自动步枪在当时没有得到推广。

冲锋枪诞生于第一次世界大战时期，在第二次世界大战期间得到壮大。

为寻求短小轻便的武器，以适应阵地争夺战的需要，各国都在进行研究。1915 年意大利人列维里设计了发射 9mm 手枪弹的维拉·派洛沙双管自动枪，被认为是战场上使用最早的冲锋枪。但这种枪射速太高，精度很差，质量大（全枪 6.6kg），较笨重，不适于单兵使用，与现代冲锋枪尚有较大差别，未得到发展。1918 年，德国人斯迈赛尔设计成功的伯格曼 MP18 冲锋枪，成为第一支真正的现代冲锋枪。这种枪弹匣容弹量较大，火力猛，适用于冲锋、反冲锋、巷战和丛林战等近距离战斗。第二次世界大战中，冲锋枪得以壮大。期间出现了各种类型的冲锋枪，如轻型冲锋枪、微声冲锋枪等。

军用飞机和坦克诞生于第一次世界大战中，这就要求轻型武器具有很大的摧毁力，给自动武器提出了新的研究课题。于是枪械武器向着大口径方向发展，出现了口径大于 12mm 的大口径机枪。德国的加斯特机枪（1918 年）是最早的大口径航空机枪，它用两根连接在一起的枪管轮流发射，一条身管发射时的后坐力，被用来作为另一条枪管装弹和发射的动力，理论射速达到 1200 发/min。

为了对付低空飞行的目标和薄壁装甲地面目标，威力较大的大口径高平两用机枪得以诞生。在两次世界大战之间，航空机枪、航空自动炮以及高射机枪和高射自动炮得到了空前的发展。

第一次世界大战期间，专用火炮得到发展。为了对隐蔽目标和机枪阵地进行射击，广泛使用小口径平射炮。为了对付空中目标，广泛使用高射炮。飞机上开始装设航空自动炮。随着坦克的使用，出现了坦克炮。机械牵引火炮和自行火炮的诞生，对提高炮兵的机动性有着重要的影响。此期间，交战国除了大量使用中小口径火炮外，还重视大口径远射程火炮的发展。一般采用的有 203 ~ 280mm 榴弹炮和 220 ~ 240mm 加农炮。在 1917 年法国的 220mm 加农炮最大射程达 22km。德国 1912 年制成的 420mm 榴弹炮，炮弹重 1200kg，最大射程 9. 3km。许多国家还采用过在铁道上运动和发射的铁道炮。

20 世纪 30 年代，火炮性能得到进一步完善。通过改进弹药，增大射角，加长身管等途径增大射程。轻型榴弹炮射程增大到 12km 左右，重型榴弹炮增大到 15km 左右，150mm 加农炮增大到 20 ~ 25km。改善炮闩和装填机构的性能，提高发射速度。采用开架式大架，普遍实行机械牵引，减轻火炮重量，提高其机动性。高射炮提高其初速和射高，改善时间引信。反坦克炮的口径和直射距离不断增大。第二次世界大战中，由于飞机提高了飞行高度，出现了大口径高射炮、近炸引信和包括炮瞄雷达在内的火控系统；由于坦克和其他装甲目标成了军队的主要威胁，出现了无后坐炮和威力更大的反坦克炮。

1. 2. 2　第二次世界大战后自动武器发展与现况

自动武器在第二次世界大战中发挥了巨大的作用。战后，世界各国竞相发展各种自动武器。

1. 第二次世界大战后枪械发展与现况

在枪械方面，发展的主要指导思想是“弹药通用化”和“武器系列化”。

1）弹药通用化

武器和弹药的种类不断增多，使后勤补给日趋复杂。为此，许多国家都设法对弹药进行通用化，以减少武器的种类。1953 年北大西洋公约组织（North Atlantic Treaty Organization，NATO）选用美国 T65 式 7. 62 × 51 枪弹作为制式步、机枪弹，即 NATO 枪弹。随后出现了使用该枪弹的典型自动步枪，如美国 M14、比利时 FN FAL、德国 G3 以及意大利 BM59 等。NATO 通用枪弹开启了在同一集团中枪械弹药通用的先河。

2）武器系列化

第二次世界大战后，局部战争接连不断。许多国家结合局部战争中的武器使用实践经验，进行枪械的更新换代，主要有以下四个方面。

（1）班用枪械小口径化。现代战斗中大量使用步兵战车，实践中步枪开火距离的大量统计研究表明，步枪的有效射程可缩短到 400m，轻机枪可缩短到 600m 以内。这就可以适当降低枪弹威力，以减小枪械的口径。

一般地，小于 6mm 口径的枪械称为小口径枪械。这类枪械的优点有：① 枪和弹的质量均小，可增加弹药携带量，提高枪械持续作战的能力和机动性；② 后坐力小，连发射击时射手容易控制，有利于提高连发射击精度和减轻对射手的射击疲劳；③ 弹头初速高、弹道低伸，有良好的杀伤能力和侵彻能力；④ 结构紧凑，体积小，便于在战车和直升机等运载工具内及丛林中使用；⑤ 节约原材料；⑥ 便于后勤储存和运输供应。

美军于1958年首先开始试验发射M193式5.56mm枪弹的小口径自动步枪AR15，于1963年列装部队，定名为M16步枪。M16步枪质量为3.1kg，有效射程为400m，曾首先用于越南战场，后经改进，于1967年2月正式命名为M16A1步枪列装。

M16A1的列装，推动了世界各国军用步枪向小口径方向发展。紧随M16A1小口径步枪之后的有法国FA.MAS 5.56自动步枪和比利时FNC 5.56自动卡宾枪。法国FA.MAS自动步枪的自动方式为杠杆式半自由枪机，设有三发点射机构，采用无托结构。1980年10月，北约组织决定选用比利时5.56mm SS109枪弹为北约制式枪弹后，美国将M16A1改进为M16A2，增加三发点射机构，SS109枪弹提高了M16的远距离侵彻性能。

（2）发展突击步枪与枪族。突击步枪是一种质量较小、长度较短、具有冲锋枪的猛烈火力，接近普通步枪射击威力的自动步枪。主要用于在400m以内迅速而灵活地发射枪弹。一般不但能单发、连发射击，而且还设有点射机构，具有3～5发的点射功能。因此，突击步枪是各国设计新步枪的主流方向。

枪族是使用同一枪弹、采用相同的结构形式，主要零、部件可以通用，但战术功能不同的几种枪的总称。如苏联的卡拉什尼科夫班用枪族，它包括AKM自动步枪和PΠK轻机枪。

枪族的优点是：① 便于训练，射手容易掌握族内各种枪的操作、使用和维护保养；② 战时便于弹药的后勤供应和战场上的应急组配；③ 可减少备份件的需求量；④ 便于生产，对降低成本有利。

目前世界上比较成功的枪族均为班用枪族。班用枪族一般是以步枪为基础。安装加长、加粗的枪管，配用大容量的供弹具，装上两脚枪架即成为轻机枪；若安装较短的枪管，并采用折叠式或伸缩式枪托，即成为突击步枪。

由于枪族的诸多优越性，世界上出现了一系列的武器族。如比利时FN.FAL和意大利的BM59都形成了包括步枪、轻机枪和卡宾枪的7.62mm枪族。我国的81式7.62mm班用枪族也是成功的一例。

小口径步枪出现后，枪族得到进一步发展。典型的有1973年正式列装的加列尔5.56班用枪族。苏联于1974年定型的口径为5.45mm班用枪族，包括AK－74自动枪和PΠK轻机枪。德国HK公司研制出配用5.56mm M193枪弹的HK33枪族，包括步枪、冲锋枪和轻机枪，相当多零部件可以互换使用。此外，奥地利的5.56mm斯太尔“AUG”通用枪也是一种小口径枪族，采用无托结构，更换枪管系统可改成冲锋枪、突击步枪或轻机枪等使用。我国95式5.8mm班用枪族的基本成员包括5.8mm步枪和5.8mm机枪，70%的零件可以互换。

枪族的进一步发展是由班用枪族到通用机枪族。

（3）发展通用机枪、航空机枪与高射机枪。重机枪是步兵作战的主要支援武器，但它过于笨重，行军携行不方便。第二次世界大战期间，各国在研制重机枪时，都力求在保持其大威力的前提下尽量减小质量。随着新材料新工艺的发展，大幅度减小机枪质量的条件日趋成熟，通用机枪应运而生。其设计思想实际上源于德国 MG34 和 MG42 等带三脚架的机枪，但通用机枪主要用于发挥重机枪的火力。

第二次世界大战后各国设计的通用机枪，其枪身和枪架的质量一般在 20kg 左右，枪身可轻重两用，枪架可高平两用，并能改装在坦克、步兵战车、直升机或舰艇上使用。典型的有美国 M60 7.62 通用机枪，比利时 FN. MAG 7.62 通用机枪，法国 AAT52 7.5 通用机枪，瑞士 SIG710 7.62 通用机枪以及苏联 ПКМ/ПКМС 7.62 机枪族等。

在航空机枪方面，美国在越南战争时期研制出一种高速航空武器 Minigun M134 7.62 六管航空机枪，主要装备于武装直升机上，用以对付地面集团有生目标。该枪用电动机带动六根枪管旋转，依次进行输弹入膛、闭锁、击发、退壳、抛壳等一系列动作，理论射速可高达 6000 发/min。而且，改变电流大小，可获得 300 ~ 6000 发/min 之间的任意一个射速。M134 航空机枪用电机作能源完成供弹动作，扩大了自动武器的范畴。

高射机枪是一种大口径机枪，口径一般在 12 ~ 16mm 之间，主要用于射击空中目标，有效射程多在 2km 以内。典型的高射机枪有美国勃朗宁 0.50 英寸超重高射机枪、苏联 ДЩК 单管 ДЩКМ 12.7 高射机枪和 КПВ 14.5 单管、双管和四管高射机枪等。我国现有 56 式 14.5 四联高射机枪、58 式 14.5 二管高射机枪以及 77、85 式 12.7mm 单管高射机枪等。56 式 14.5 四联高射机枪是仿制苏联 ZPU－4 高射机枪，1956 年生产定型，曾大量装备部队。58 式 14.5 二联高射机枪为仿制苏联 КЛВ14.5 大口径机枪和 3ПУ－2 二联高射机枪组合而成。77、85 式 12.7mm 单管高射机枪均为我国自主研制而成。

第二次世界大战后，由于战斗飞机的装甲不断加厚，需要口径 20mm 以上的自动炮加以对付，高射机枪的作用明显减弱。但在 20 世纪 80 年代以后，由于有同时对付超低空飞行飞机、装甲直升机和地面轻型装甲等多目标的需求，高射机枪的研制又趋于活跃。比利时 FN 公司的研究结果表明，15mm 口径高射机枪的性能和 20mm 高射自动炮的性能相差不多，但成本低得多，机动性也更好。苏联 НСВ 12.7 高射机枪，枪身质量 9kg，枪架质量 16kg，总质量 25kg，大大提高了这类武器的机动性。

（4）发展点面杀伤、破甲一体化的榴弹机枪。现代战争中要求步兵班的武器不但要有直接杀伤敌人的能力，而且还要有对付坦克、战车和低空飞机等装甲的能力。于是，枪榴弹和步兵配用的榴弹发射器得以迅速发展。

反坦克枪榴弹都是采用空心装药，平均质量约 550g，有效射程大多在 100m 左右。其穿甲与侵彻力为：对装甲厚度最大 300mm，最小 100mm；对混凝土约 600mm。

1969 年，美军将 1962 年装备的榴弹枪 M79 改装为 M203 榴弹发射器，将它装在 M16A1 自动步枪的枪管下方，可发射 40mm 榴弹，使步枪成为一种点面杀伤与破甲一体化的武器。

榴弹机枪的发展历程是由单发榴弹枪发展为自动装填的榴弹发射器，再进一步发展才成为当今的自动榴弹发射器。自动榴弹发射器即榴弹机枪，其质量一般与重机枪相当，但其威力却比重机枪的大得多。自动榴弹发射器可以连发射击，能平射、曲射、俯射，能进行破甲。一发榴弹能在瞬间形成几百个弹片，相当于射速极高的机枪。目前，美国有 XM174、XM175 以及 MK19 等榴弹发射器，XM175 和 MK19 的最大射程为 2.2km。1980 年苏联装备的 30АГС 自动榴弹发射器，质量约为 31kg，最大射程约为 1.7km。我国 1987 年完成研制的 87 式自动榴弹发射器，是一种轻重两用型班组支援压制武器，武器系统全重 20kg，可发射 35×63mmRL 榴弹，榴弹初速 170m/s，理论射速 400 发/min，最大射程 1.5km。可用于杀伤 1500m 距离内的有生目标、摧毁 600m 内的步兵战车、装甲运兵车和轻型装甲目标及各种火力点。作为轻型武器使用时，可组成两人战斗小组，用武器自带的两脚架进行抵肩射击；作为重型支援武器时，可组成三人以上战斗小组，将发射器安装在三脚架上射击。

2. 第二次世界大战后火炮发展与现况

在火炮方面，由于科学技术的发展和生产工艺的改进，火炮在射程、射速、威力和机动性各方面都有明显提高。

（1）增大火炮射程。主要采用高能发射药，加大装药量，加长身管，增大膛压，提高射速，相应采用自紧炮身以及发展新弹种，如底凹弹、底部喷气弹、火箭增程弹和枣核弹等。105mm 榴弹炮射程从第二次世界大战时的 11～12km 增大到 15～17km，155mm 榴弹炮射程从 14～15km 增大到 30km 以上，有的 40km 以上。

（2）增大火炮射速，减小后坐距离。采用半自动炮闩，液压传动瞄准机构，可燃药筒和全自动装填机构等。如瑞典 FH77－A 式 155mm 榴弹炮最大发射速度 3 发/（6～8s）。美国 M204 式 105mm 榴弹炮利用前冲原理缩短后坐量，后坐时间由 2.5s 降为 1.4s，后坐距离由 1184mm 降至 430mm。

（3）提高弹丸威力。采用增大弹体强度，减薄弹体壁厚，增大炸药装填量等措施，并改装高能炸药和采用预制破片等。美国 105mm 榴弹的杀伤效果相当于第二次世界大战期间的 155mm 榴弹。

（4）提高火炮机动性。许多国家采取新结构、新原理、新材料等，以减轻火炮重量，并重视发展新型自行火炮。美国 102 式 105mm 榴弹炮的上架、大架合一，高低机与平衡机合一，采用鸟胸骨开式大架和迫击炮座盘，简化结构，改善受力条件。除后坐部分为钢制件外，其余大多为铝制件。火炮重量由原来的 2260kg 减到 1400kg。美国 204 式 105mm 榴弹炮采用前冲原理，重量由原来的 2260kg 减到 2027kg。美国 M109A1 式 155mm 榴弹炮采用专用铝合金车体，体积小，重量轻，机动性好；采用密闭式旋转炮塔，具有浮渡能力；采用液压折叠式驻锄，方向射界为 360°。瑞典 FH77 式 155mm 榴弹炮和英国、德国、意大利联合研制的 FH70 式 155mm 榴弹炮，均附有辅助推进装置，进一步提高了火炮的机动能力。

（5）提高炮身寿命。许多国家采用电渣重熔等精炼工艺，提高炮身钢的机械性能和抗热裂纹能力。自紧技术的采用，提高了炮身的有效强度和疲劳寿命。炮膛表面镀铬，改善了炮膛的耐磨性能。使用高能量低烧蚀发射药或新型缓蚀添加剂，减轻了炮膛烧蚀。德国 120mm 坦克炮采用滑膛炮身并经自紧和炮膛镀铬处理，虽然初速为 1330m/s，膛压为 5.4×10^5kPa，炮身寿命仍达 1000 发。

（6）提高炮兵火力适应性。火炮除配有普通榴弹、破甲弹、穿甲弹、照明弹和烟幕弹外，还配有各种远程榴弹、反坦克布雷弹、反坦克子母弹、末端制导炮弹以及化学炮弹、核弹等，使火炮能压制和摧毁从几百米到几万米距离内的多种目标。

火炮将进一步提高初速、射速，增大射程，延长使用寿命，提高射击精度，改善机动性，采用新弹种以增大威力，增强反装甲能力，并与侦察系统和射击指挥系统联成整体，以进一步提高反应能力。

二战后，世界上出现了若干典型现代火炮，它们中具有代表性的有美国 M－109 型 155mm 自行榴弹炮系列、美军 M－110A2 型 203mm 自行榴弹炮、美国的 M－198、俄罗斯的 2C－19 式 152mm 自行榴弹炮、法国“恺撒”155mm 车载自行火炮系统、英国 AS－90，德国“2000 年自行榴弹炮”，意大利“帕尔马里亚”和 FIROS6，英国、原德国和意大利合作研制的 FH－70、瑞典 FH－77、比利时 GC－45、奥地利 CHN－45、南非 G－5、法国 TR 等牵引榴弹炮；俄罗斯 125 坦克炮，105mm 自行反坦克炮；俄罗斯 ГШ301 小型高射炮和 KAIIITAH 六管 30 转管炮、意大利与瑞士联合研制的 MYRID 七管 25 小型高射炮、瑞士 AHEAD 单管 35 高炮系统等，它们代表了现代火炮的水平。

155mm 火炮是西方特别注意发展的师属骨干火炮，目前已发展了四代，其射速提高具有典型性，其中 FH77、M－198、GC－45 牵引 155mm 火炮和 M109A3、2C5、GCT 等 155mm 自行炮等第三代最大射速 4～6 发/min，爆发射速为 3 发/（13～15s）；AS90、AUFl、PzH2000 型 155mm 自行炮等第四代的最大射速 8～12 发/min，爆发射速 3 发/（8～10s）。

美国 M－109 型 155mm 自行榴弹炮系列可以发射多种炮弹，配备有“铜斑蛇”激光制导炮弹、M－43AⅠ型子母弹、M－549AⅠ型增程弹和 M454 型核炮弹。使用常规炮弹时的射程为 18.1km，使用增程弹的最大射程可达 24km。“铜斑蛇”末端制导精确杀伤武器的命中率在 80% 以上。M－109 火炮于 20 世纪 80 年代初装备部队。

美军 M－110A2 型 203mm 自行榴弹炮配备了增强辐射弹，杀伤威力为 1000～2000t 级 TNT 当量，其中子辐射比同等当量的裂变弹强得多，可以用来在广阔的沙漠地区对付坦克集群，更适合于杀伤坦克中的人员，但对地面建筑破坏和大气环境的核沾染则可控制在较小范围内。

1.2.3　未来枪械与火炮

1. 未来枪械发展趋势

在枪械发展方面，总的指导思想是探索新型结构提高威力，使用新型材料提高机动性。

随着科学技术的发展，各国都在寻求研制新型枪械的途径和应用新材料。主要是探索新的工作原理和新型结构的枪械和弹种。在新材料的选用方面，主要是轻质高强度金属材料和纤维增强塑料。近年来，国外对某些零部件如枪托、护木、握把、弹匣等普遍采用塑料件。奥地利 AUG 通用枪中有 32 个塑料件，其承力构件击发阻铁也使用了塑料。枪械设计方面总的趋势是减小尺寸和质量以提高机动性，提高射击精度和火力密度、增强杀伤威力或加大弹头的侵彻力，以增加其威力，以及更好地保证工作可靠性和使用方便性。以下两例概括说明未来轻型自动武器的演变。

1）**无壳弹/枪系统**

发射后不需退壳，无任何零件留在弹膛的枪弹称为无壳枪弹；发射无壳枪弹的枪械称为无壳弹枪，合起来即无壳弹/枪系统。德国 HK 公司于 1969 年开始研制 G11 无壳弹枪和 4.73mm 口径的无壳枪弹。

无壳枪弹的弹头包裹在整体药柱中，枪弹为平行六面体，质量 5.2g，是 SS109 枪弹的 42%，如图 1.7 所示。它能节省金属材料，提高战士携弹量。无壳枪弹的突出问题为枪弹在膛内如何防止自燃，目前该问题已基本解决。

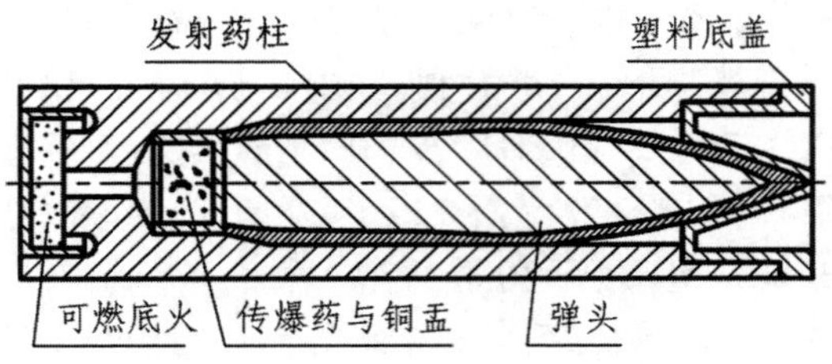

图 1.7　HK 公司研制的无壳枪弹

无壳弹枪采用一种圆柱形旋转枪机。枪机在对准弹匣、枪管轴线和退弹窗三个不同位置进行循环。发射方式有单发、连发和三发点射等。在单、连发射时，射速取决于活动机件的连续往返运动，理论射速为 450 发/min。三发点射时，射速取决于枪机的回转运动。当第一发枪弹射击时，于活动机件后坐到位之前，枪机还有时间两次对正枪管轴线，凭借一个极快的供弹系统，将后两发枪弹送进膛，并将其射出。点射时两发间隔仅 30ms，理论射速达 2000 发/min，因而可有效提高射击命中率。无壳弹枪的弹头初速为 930m/s，可穿透 500m 射程上的钢盔。

2）**先进战斗步枪**

现代步枪主要要解决的问题是提高命中率与保持远射程的矛盾，这一问题如能解决较好，即是当今先进战斗步枪。围绕这一问题，世界多国加紧进行先进战斗步枪的研制和选型工作，采取多种方案进行对比试验。典型的有美国 AAI 公司研究的方案——发射箭形弹（图 1.8）和由柯尔特公司研究的方案——发射双弹头枪弹（图 1.9）。

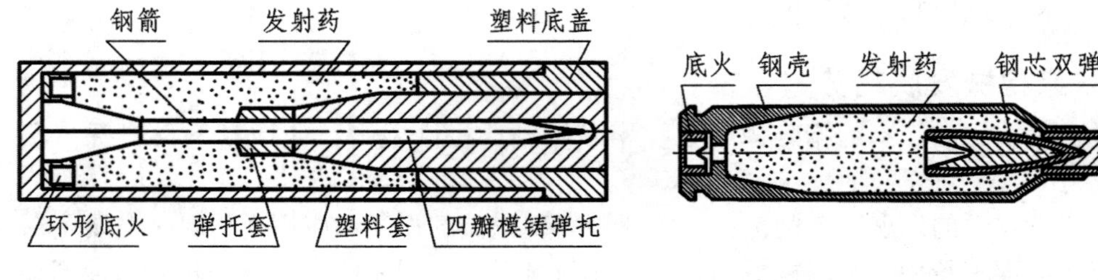

图 1.8　箭形弹

图 1.9　双头弹

具有箭形弹的枪弹是将 1 枚直径为 1.5mm、长 41mm、质量 0.66g 的钢制箭形弹装入 M855 式 5.56 枪弹的铜弹壳内，钢箭弹头部由 4 瓣液晶聚合物制成的弹托卡住，钢箭弹和弹托再由圆环固定在弹壳内。全枪弹比 M855 式枪弹的质量小 1/4，弹托和圆环离开枪口后与钢箭弹分离而脱落，钢箭以 1402m/s 高速飞行，在 350m 处的存速为

1219m/s，在 600m 处弹道高降为 1.2m。在 1000m 处的精度依然很好，箭形弹的侵彻性能和对软目标的杀伤力均优于普通弹。

具有双弹头的枪弹是在 M855 式枪弹的钢壳内装入两个全被甲弹头，前面的弹头质量 2.26g，后面的 2.13g。双弹头的设计目的是使第一枚弹头命中瞄准点，第二枚略为偏离瞄准点，以弥补瞄准误差。双弹头枪弹主要供近距离作战使用，其有效射程为 350m，全枪弹质量为 13g，比 M855 式枪弹大 6.3%。

除上述情况以外，有些国家还在探索非火药能源（高压电能、声能或激光等）发射的枪械。

2. 未来火炮发展趋势

火炮技术的未来发展既与科技的发展有关，也与军事战略思想、方针有关，前者是技术推动，后者是需求牵引。随着高新技术在战场上的大量应用，战争形式在不断发生变化。未来战争作战方式的显著特点可以概括为四化，即兵力部署快速机动化、打击方式远程精确化、战场规模立体纵深化、指挥及装备数字信息化。这对火炮的战术技术性能提出新的要求，促使火炮领域发生深刻的变化。可以预见，随着时代的发展，会出现更多的新型火炮和弹药。各国在发展火炮的过程中，均以提高其威力、快速反应能力和生存能力等综合作战性能为目标，将高新技术应用于常规武器，大幅度提高其战术技术性能。另外，火炮将与其他武器装备协调发展，实现整体最优化，从而获得最佳的综合战斗能力。

未来火炮具体有以下趋势：

1）新技术的不断应用

随着火炮设计技术的不断发展，火炮总体技术，火炮系统模块化、系列化技术，火炮系统总体参数匹配技术、总体优化技术，火炮 CAD/CAE/CAM/CAT/PDM 与快速成形技术，火炮虚拟设计技术、计算机数值仿真与专家系统，火炮小型化、轻量化技术，机、电、液、气的控制技术，密封技术，现代传感器技术，计算机测控技术，信息化与智能化技术，弹药高效毁伤技术等将得到深入研究和应用。

2）发展新能源火炮

现代枪炮均是以固体火药作为发射能源，由于受到火药性能和身管材料性能的限制，受到火炮自身威力提高与机动性下降矛盾的约束，要大幅度提高现代火炮的综合性能难度极大，所以人们在改进现代火炮的同时，积极寻求新的发射能源。科学技术的发展，为这种探索提供了理论和物质基础。未来火炮将以电磁炮、电热炮，液体发射药炮等新能源火炮替代传统火炮，火炮必将面临着一场新的技术革命。

电磁炮是采用强大的电磁能作为发射弹丸的动力。在这方面，外军已取得实质性的进展。1985 年美国和澳大利亚签订了发展超高速电磁炮的双边协议，并成功地发射了质量为 284g 的弹丸，初速达 4000m/s，目前已进入工程发展阶段。

电热炮利用电弧或激波加热轻质气体作为推进剂，使弹丸获得高初速。苏联在“F－2”坦克上曾试验采用此原理。

将液体发射药应用到火炮上能大幅度提高现有火炮的性能。美、英两国早在 1989 年即已向国际研究机构正式提出发展液体发射药火炮的技术提案，并认定这是一个在短期内能提高北约诸国火炮战斗性能的有效办法。美军已开展型号产品的研制。

3）新材料与新减载技术的应用

新材料的应用将有助于解决长期困扰火炮技术发展的固有问题，如身管内膛的烧蚀磨损、威力与机动性的矛盾等。磁流变、电流变等作为火炮减载技术取得的新进展，可能应用于未来火炮反后坐装置，以克服传统炮口制退器效率的局限性。

4）数字化火炮、智能弹药的出现

数字化火炮、智能弹药以及传感器引爆弹药等技术不断成熟，智能探测、智能决策、计算机智能分析和控制技术大量应用于火炮武器系统，数字化、信息技术渗透到火炮的探测、指挥、发射、火力、控制、运行、弹药及后勤供应等各个方面，火炮武器系统的综合作战效能得到大幅提高。

5）原理性、结构性的创新，使现代火炮的结构和功能发生重大变化

原理性、结构性的创新使火炮的作战对象、作战环境可能得到拓展，水中火炮、天基火炮等新型火炮可能相继出现，未来火炮具有摧毁敌方鱼雷、潜艇、卫星等功能。

总之，随着兵器科学技术的发展以及现代科技在兵器科学中的应用，未来的火炮技术将成为多种技术的综合体，它涉及能源、机械、材料、控制、光学、电子、通信和计算机等诸多学科，随着多种新概念武器的出现，表征火炮的各种属性均将发生根本性的变化。

1.3 枪械与火炮的基本组成及其作用

1.3.1 枪械的基本组成及其作用

枪械的基本组成可划分为火力和辅助两大部分。

1. 火力部分

枪械的火力部分构成武器的主体和核心部分，包括身管和自动机。枪械自动机包含以下主要机构：

（1）闭锁机构：发射时关闭弹膛，承受火药燃气压力并密闭火药燃气的机构。它起着抵住弹壳，防止弹壳断裂和密闭高温高压火药燃气作用，以便可靠地发射弹头。

（2）供弹机构：依次将枪弹可靠送进弹膛的机构。

（3）退壳机构：射击后抽出膛内弹壳并抛出枪械之外，以便重新装弹的机构。

（4）击发机构：撞击枪弹底火并使其发火的机构。

（5）发射机构：控制击发机构以实现发射的机构。

（6）保险机构：保证各主要机构动作安全和武器使用安全的机构。

此外，有的枪械自动机还设有加速机构或降速机构。各机构见第 4 章 ~ 第 8 章。

2. 辅助部分

枪械的辅助部分包括以下零部件：

（1）机匣：连接全枪各件成一体，引导活动件前后运动，与闭锁机构配合闭锁枪膛。

（2）枪托：方便操作。

（3）复进装置：作为武器活动部分复进动作的能源、并减轻其后坐时撞击的机构。

（4）枪口装置：安装在枪口上的特殊装置，有制退器、助退器、减跳器、消焰器等。

（5）导气装置：从枪口侧孔导出气体推动活塞，以保证活动件完成自动动作的装置。

（6）缓冲装置：减小武器零件间撞击以提高射击精度和寿命的装置。

（7）瞄准装置：对不同距离的目标射击时，赋予枪身相应的高角和射向。

此外，机枪还带有枪架等。其中复进装置、导气装置、缓冲装置见第 9 章。

图 1. 10 是典型枪械的基本组成结构。

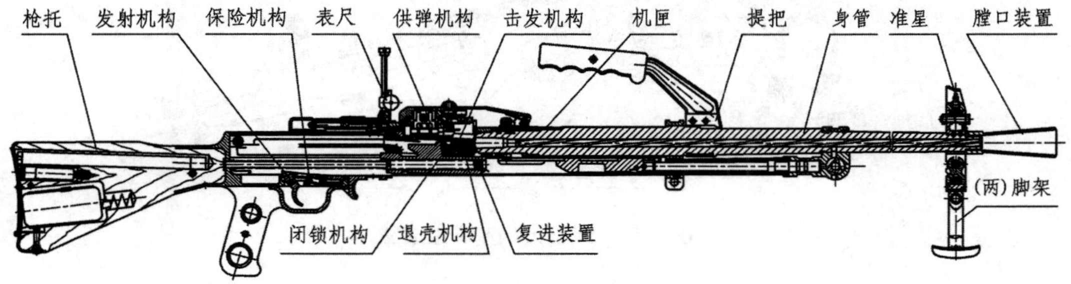

图 1. 10　典型枪械基本组成图

1. 3. 2　火炮的基本组成及其作用

火炮的基本组成包括炮身、反后坐装置、炮架、瞄准、运动等几大部分。图 1. 11 所示为某式 122 榴弹炮的结构图，它代表典型火炮的一般结构构造。图 1. 12 所示为火炮的一般结构及其相互关系。

火炮主要结构的一般组成可概括为炮身、炮架、瞄准、运动四大部分。

1. 炮身部分

炮身部分由身管、炮闩、炮尾、炮口制退器等组成。

身管是供火药燃烧和作功的容器，它赋予弹丸一定的飞行方向、初速和旋转速度，以保证弹丸在空中稳定飞行，准确地击中目标。

炮闩系统包括闩体、开关闩机构、开闭锁机构、抽筒机构、发射机构、击发机构、保险机构等，用于在发射时抵紧身管后端面封闭炮膛，并击发炮弹，发射后抽出药筒，为装填下一发炮弹提供通道。炮尾主要用于安装炮闩，发射时与炮闩一起闭锁炮膛，并连接身管和反后坐装置，共同后坐。见第 10 章。

炮口制退器用于减小后坐动能和炮架受力，提高火炮的机动性。

2. 炮架部分

炮架是支撑炮身，赋予火炮不同使用状态的各种机构或装置的总称，通常包括摇

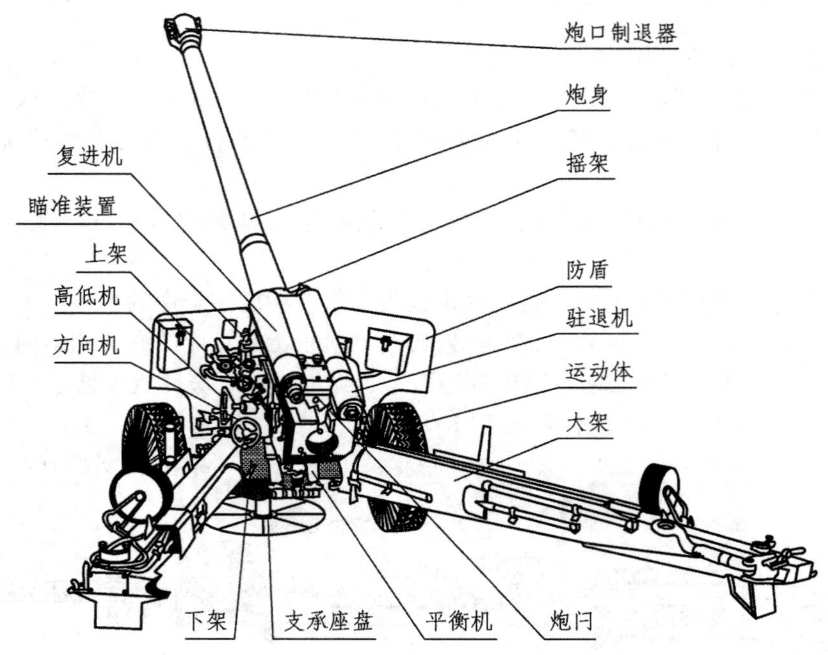

图 1.11　典型火炮基本组成图

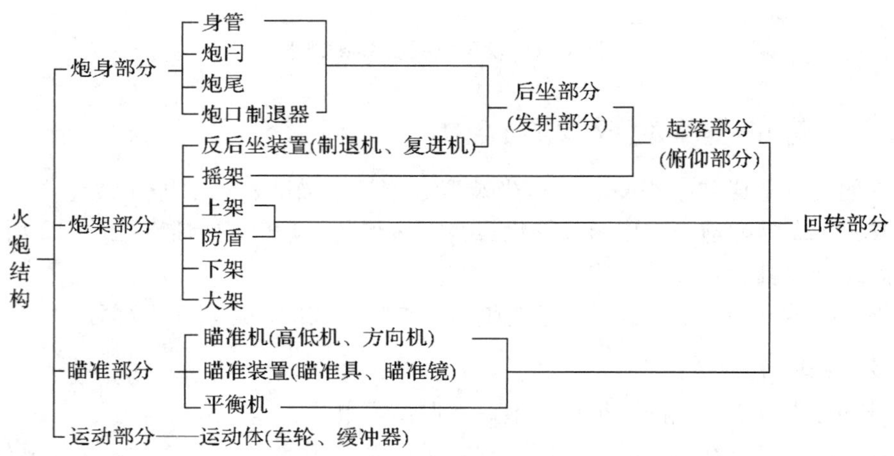

图 1.12　牵引火炮一般结构组成及其关系

架、上架、下架、大架和防盾等部件。炮架通过反后坐装置与炮身连接在一起。

反后坐装置包括驻退机和复进机等，主要作用是在发射时对火炮起缓冲作用，并为炮身复进提供能量。其结构一部分隶属于炮架，一部分隶属于炮身。见第 11 章。

摇架的主要作用是支撑炮身，射击时为炮身提供后坐运动和复进运动的轨道，并与反后坐装置和上架相连。其两侧有耳轴，装于上架的耳轴室中，成为火炮俯仰部分在垂直面内的转动中心，摇架与其上的发射部分构成火炮的起落部分。

上架支撑着摇架，通过垂直轴与下架相连，是火炮回转部分在水平面内转动的中心。

下架是全炮的基座，并且为上架以上部分的水平回转运动提供轴或孔。

大架在射击时打开，与车轮一起构成全炮对于地面的支撑点，行军时并拢，作为机动车牵引火炮时的连杆。

防盾是保护炮手和火炮免遭弹片伤害的板状构件。

3. 瞄准部分

瞄准部分由瞄准装置、方向机、高低机和平衡机等部件组成。瞄准装置由光学部分和机械部分组成，包括瞄准具、瞄准镜等；方向机的作用是在水平面上赋予炮身轴线一定的方位角；高低机的作用是在垂直平面上赋予炮身轴线一定的俯仰角；平衡机用于平衡起落部分在摇架耳轴前后的质量，使火炮进行高低瞄准时轻便、平稳。

4. 运动部分

火炮运动部分主要由车轮、缓冲器，车轮制动器等部件组成。缓冲器用来减小火炮行军时的冲击载荷，车轮制动器即刹车装置。

摇架、上架、下架、大架、方向机、高低机、平衡机等内容见第 12 章。

思考题

1. 自动武器的内涵是什么？是如何分类的？
2. 枪械与火炮是如何区分的？
3. 世界武器发展史上早期的典型成就有哪些？
4. 论述第二次世界大战后火炮和枪械的发展思路与现况。
5. 为什么要使武器系列化和弹药通用化？
6. 论述未来枪械发展总的指导思想。
7. 论述未来火炮发展总趋势。
8. 谈谈你对我军自动武器装备的了解情况。
9. 简要说明典型枪械的一般结构构成及作用。
10. 简要说明典型火炮四大部分的结构构成及其作用。

第2章　自动武器身管构造基本理论

自动武器的身管是发射时赋予弹头或弹丸一定初速和飞行方向的基本零件。有膛线的身管还使弹丸在出膛口时获得一定的旋转速度，保证弹丸在空中飞行的稳定性。

身管的外形多为圆柱形或者为圆柱同圆锥形的组合（图2.1），其结构尺寸主要应根据膛内压力曲线的变化规律由强度计算确定，同时还需考虑其刚度、散热以及与之相邻相连的其他零部件如机匣、摇架、反后坐装置等的连接方式。

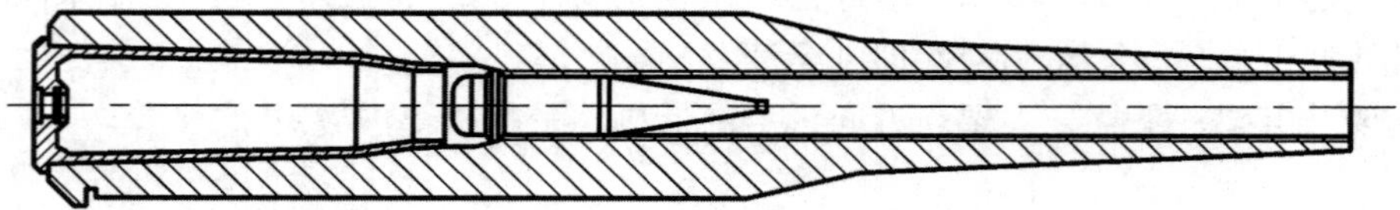

图2.1　自动武器身管

2.1　身管分类

身管的分类方法有两种。一种是根据内膛结构来分，主要可分为滑膛和线膛两种。现代枪炮大多为线膛身管，滑膛身管主要用在迫击炮、一些无后坐力炮、坦克炮、反坦克炮等火炮上。另一种是根据身管结构来分，可分为普通单筒身管、增强身管、可分解身管等。

2.1.1　普通单筒身管

普通单筒身管只有一层管壁，结构简单，制造方便，得到广泛应用。现有制式枪械和火炮基本上都采用这种形式。

大多数普通单筒身管的截断面为圆环形。在小口径自动高射炮上，因其身管长和射速高，刚度和散热问题比较突出。为此，德“猎豹”式35mm自行高炮、瑞士25mm牵引高炮等均采用在外表面均匀分布若干纵向沟槽构成的普通单层星形断面身管，如图2.2所示。与相同横断面及长度的圆环形身管相比，星形断面身管的惯性矩大，刚度大，质量小，易于散热。

2.1.2　增强身管

为了提高强度，在制造过程中，采用某种工艺措施，使身管内壁产生受压、外壁产生受拉的有利预应力，以改善发射时管壁的应力分布，提高承载能力和身管的寿命。增

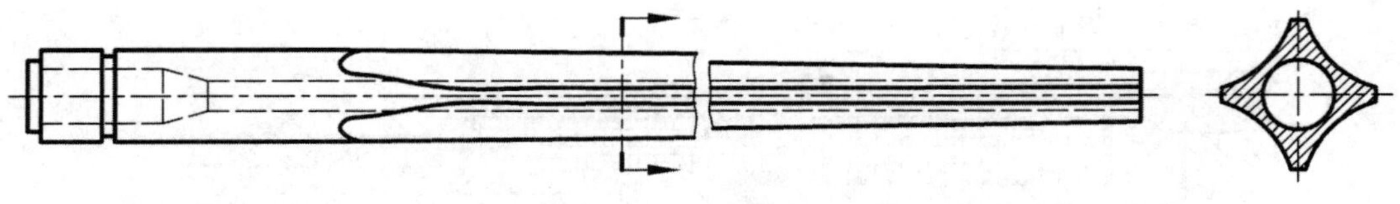

图 2.2　星形断面身管

强的方式有筒紧、丝紧和自紧等几种。

1. 筒紧身管

筒紧身管由两层或多层以过盈配合的方式套在一起，最内一层叫内管，外层称为被筒，中间层为紧固层。紧固层和被筒的内径稍小于相邻内筒的外径，直径差值即过盈量。装配时将外筒加热至 700K 左右，迅速将其套加在内管上，冷却后，外筒欲恢复其原来尺寸，内筒却阻止其恢复，使外筒受拉，内筒受压，在各层管壁内产生有利的预应力，这些应力的方向与发射时膛压对管壁产生的应力方向相反。内筒受压后产生切向压缩变形，当受到火药气体压力作用时，需将此压缩变形抵消后才能使身管产生拉伸变形。因此，筒紧法能提高身管弹性强度极限，减小射击时的径向变形，同时可提高外筒金属的利用率。图 2.3 为筒紧身管剖面图。

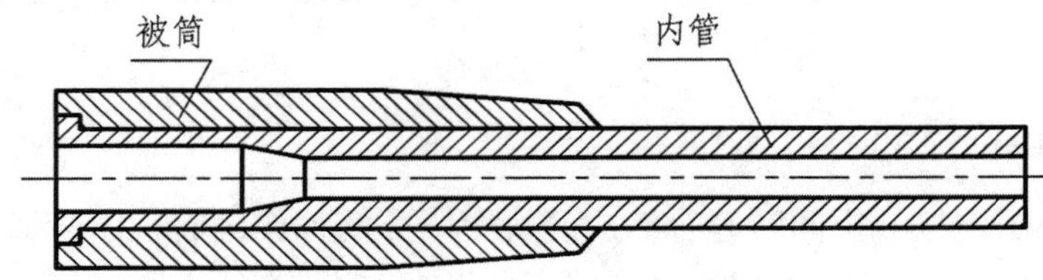

图 2.3　筒紧身管

筒紧身管的层数与火炮口径、膛压、材料、质量大小等因素有关。层数愈多，各筒壁间的应力分布越均匀，最内层的合成应力越小，但制造越困难。

20 世纪初筒紧技术应用广泛，其时炮钢强度低，采用筒紧技术可提高火炮的威力。随着冶金技术的不断提高，筒紧技术曾一度受到冷落。近年来，为了减轻某些大威力火炮身管质量，以及满足高膛压和高初速的要求，筒紧技术又开始受到重视。

2. 丝紧身管

丝紧身管是在其外表面缠绕多层具有一定拉应力的钢丝或钢带的身管。钢丝或钢带的紧箍作用使身管处于压缩状态，在管壁内部产生与内膛压应力方向相反的切向压缩预应力。从而提高身管的强度。为了增强纵向抗弯刚度，钢丝或钢带的缠绕方向与身管横截面应具有合适的倾角，或在钢丝上加一外筒。图 2.4 为英国某火炮曾采用的一种丝紧结构。

在同等口径和威力的条件下，丝紧身管比相应的筒紧身管轻，尤其对于大口径火炮，效果更为显著。20 世纪初，火炮上曾盛行采用丝紧技术。

丝紧身管的缺点是刚度差，导致抗弯性能差，易使弹丸出膛口瞬间炮身摆动量大，影响射弹密集度。此外，丝紧身管寿命也比筒紧身管短，在炮钢性能提高后，丝紧身管即很少被使用。

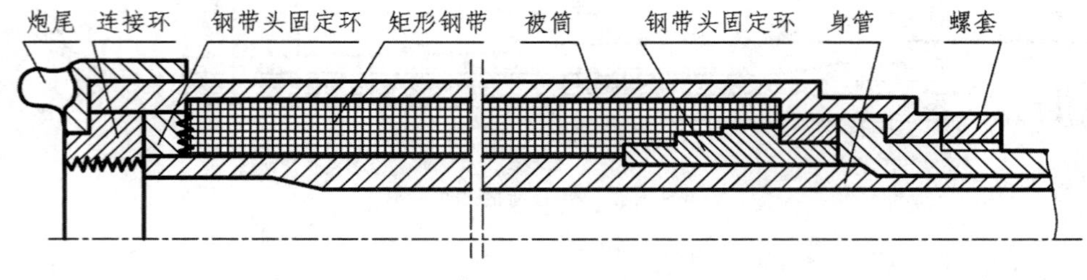

图 2.4　丝紧身管

近年来，为了提高无坐力炮等身管的强度并减小质量，有的又采用丝紧技术，并在其上套以玻璃钢筒。

3. 自紧身管

自紧身管结构同单筒身管完全一样，只是在制造时，对身管内壁施以 600MPa 以上的高压作用，使其由内到外局部或全部产生塑性变形和金属强化（相当于连续筒紧）。卸去高压后，由于各层塑性变形的不同，造成外层对相邻层产生压应力，外层受拉，内层受压。因此可提高身管强度，延长其寿命。

自紧身管结构简单，强度较高，现代高膛压大威力自动武器广泛采用这种增强技术。

2.1.3　可分解身管

由两个同心圆筒按一定间隙套合而成的身管。外筒称作被筒，内管壁较薄，内、外筒间的空隙大小由火炮威力、身管强度、身管结构和拆装方便程度确定。当内膛烧蚀磨损使弹道性能降低，不能满足武器的战术技术要求时，可及时更换内管以恢复其战斗性能。从而提高其使用寿命，并具良好的经济性。

根据结构与作用的不同，可分解身管可分为：

1. 活动衬管

如图 2.5 所示，内管称为衬管，衬管与被筒间的最小径向间隙一般为 0.02 ~ 0.05mm，最大为 0.1 ~ 0.3mm。发射时，火药燃气压力和温度的作用使衬管膨胀，间隙消失后衬管与被筒紧密贴合，共同承受内压的作用。发射后，衬管和被筒冷却，间隙恢复正常。通常，为便于更换衬管，在其外表面镀铜或涂上一层石墨润滑脂，也可将其外表面加工成圆锥面，但这样会使衬管和被筒加工更为复杂。

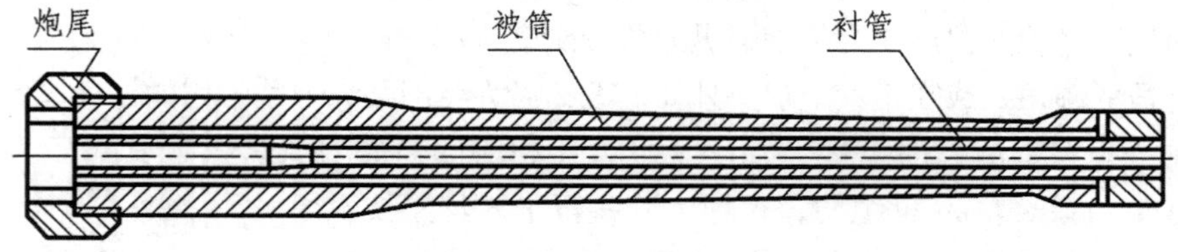

图 2.5　活动衬管身管

活动衬管的主要特点：① 衬管全长由被筒覆盖，可增强身管的刚度；② 衬管壁较薄，一般约 0.1 ~ 0.2 倍口径，所采用的材料强度等级较高，加工与装配时还需防止弯曲和扭转变形。

实弹射击表明，内膛烧蚀比较严重的部位，仅在由膛线起始部向前 5 ~ 10 倍口径的长度上，为此更换整根内管并不经济，可采用短衬管结构。图 2.6 为我国 69 式双管 30mm 海军炮所采用的组合型短衬管结构。

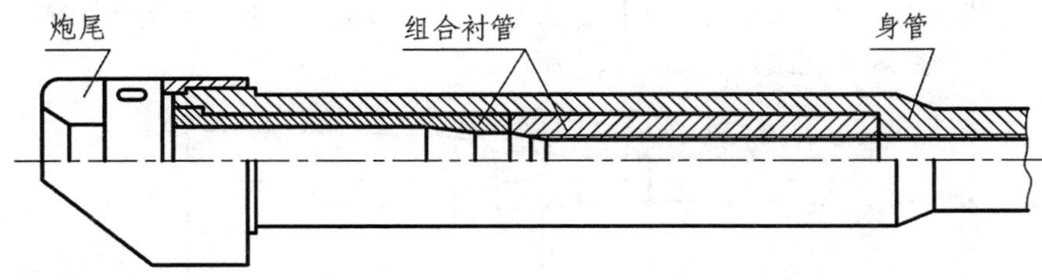

图 2.6　短衬管炮身

2. 活动身管

活动身管的结构及工作原理与活动衬管相比，差别主要有两点：① 活动身管的管壁一般厚度为 0.2 ~ 0.5 倍口径，较活动衬管厚；② 被筒比活动身管短，只覆盖身管后部烧蚀严重的区段，如图 2.7 所示。因此，活动身管结构合理，工艺性及经济性均较好。

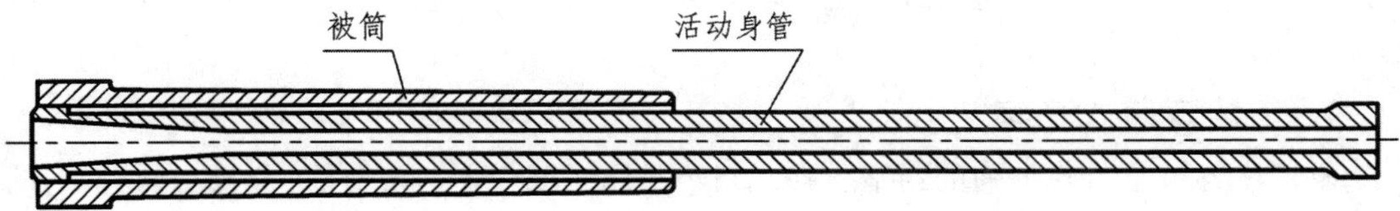

图 2.7　活动身管

3. 带被筒的单筒身管

其结构特点是被筒与身管之间留有较大的间隙，被筒材料等级较低。发射时，间隙不消失，被筒不承受内压的作用，如图 2.8 所示。采用被筒的目的是为了增加自动武器后坐部分的质量。根据反后坐装置原理，增加后坐部分的质量可减小射击时炮架的受力，因而可减小炮架质量。另外，被筒还可与摇架配合作为后坐部分的运动轨道。由于被筒与身管之间的间隙较大，更换身管较方便。我国的 54 式 122mm 榴弹炮和 83 式

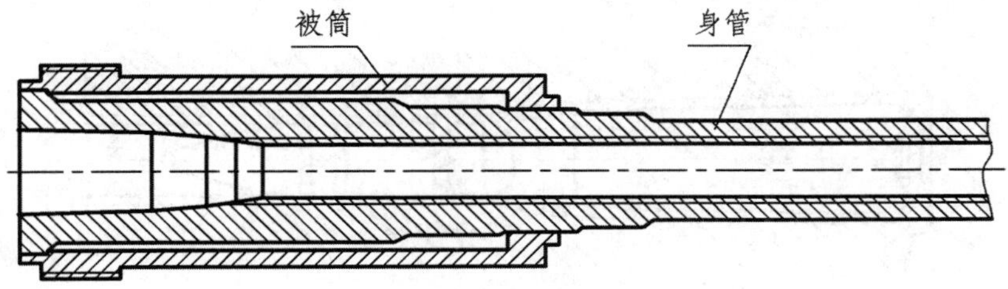

图 2.8　带被筒的单筒身管

122mm 榴弹炮均是采用这种结构。

2.2 身管内膛结构

身管的内部空间及其内壁结构称为内膛，也可直接称之为枪膛或炮膛。枪械和火炮的内膛结构基本相同，但名称有所不同，火炮一般由药室、坡膛和导向部组成，枪械则一般由弹膛、坡膛和线膛组成，如图 2.9 所示。

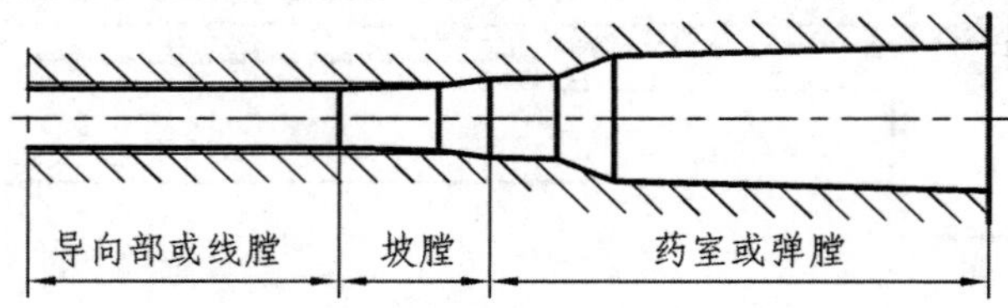

图 2.9　自动武器内膛结构

2.2.1　药室和弹膛

药室是放置火炮发射药以及保证发射药燃烧的空间，其容积由内弹道设计和弹药结构决定，而结构形式主要取决于火炮的性能、弹丸的装填方式和加工工艺性等。目前常见的火炮药室结构有药筒定装式药室、药筒分装式药室、药包分装式药室和半可燃药筒的药室 4 种。

1. 药筒定装式药室

发射中容纳整装式炮弹的药室。弹丸与药筒已组成一体，发射前一次装入药室的炮弹称为定装式炮弹。

定装式药室由本体、连接锥和圆柱部 3 段组成。其药室形状与药筒外形基本一致，药筒内的容积等于内弹道设计时所确定的值，见图 2.10。为了方便装填和射后抽筒，药室本体需具有一定的锥度，并且药室壁和药筒之间需有适当的径向间隙。锥度部位间隙的大小与药筒强度有关，而圆柱部的间隙还需考虑闭气和抽壳的需要。间隙大有利于装填，但过大则会使药筒在射击时塑性变形过大甚至破裂，而圆柱部的间隙大小则会影响闭气和抽壳。一般地，药室底部径向间隙为 0.35 ~ 0.37mm，连接锥部为 0.2 ~ 0.8mm，圆柱部为 0.2 ~ 0.5mm。药室本体具有 1/100 ~ 1/60 的锥度，连接锥的锥度为

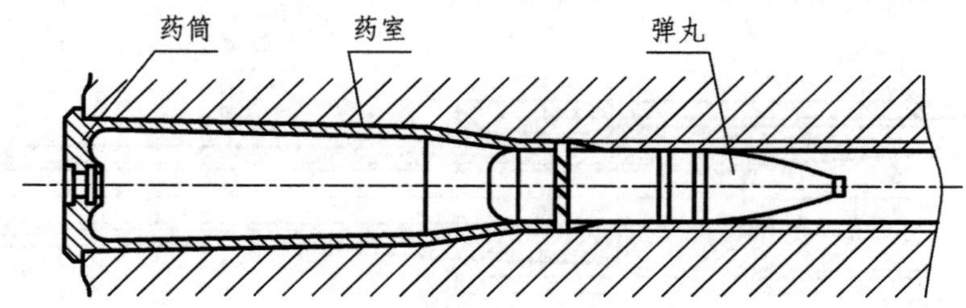

图 2.10　定装式药室

1/10 ~ 1/5。

中、小口径火炮常采用药筒定装式药室。因其弹丸、发射药和药筒的总质量较小，采用定装式炮弹可使装填简便而迅速，满足速射性的要求。

2. 药筒分装式药室

适用于发射前弹丸与药筒分别装入炮膛的药室。口径较大的火炮，一般都采用药筒分装式炮弹。这是因为：①大口径弹药总质量大，一次装填有困难。如 60 式 122mm 加农炮的发射药质量为 9. 80kg，药筒质量为 9. 25kg，弹丸质量为 27. 30kg，若把三者结合成一体，则总质量为 46. 35kg，这样大的炮弹，人工难以一次装填。②为提高火力机动性和延长身管寿命，需要几种初速以调整射程，相应地应采用几种装药结构，称为变装药。

药筒分装式炮弹发射速度比定装式炮弹低。分装式弹药的装填位置如图 2. 11 所示。

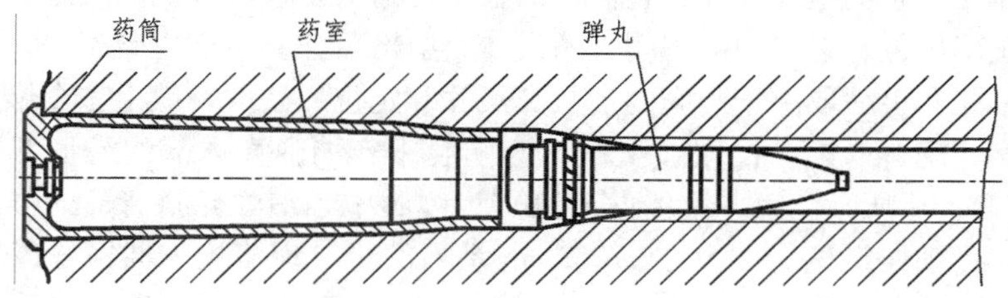

图 2. 11　药筒分装式药室

3. 药包分装式药室

对于大口径火炮，尤其是大口径海军炮和要塞炮，若使用药筒盛装发射药，则药筒质量较大，使用不便，而且必将消耗大量的铜或其他金属材料。在军舰和要塞内，往往都设有良好的弹药库和弹药运输装置，发射药可以不用药筒来保护。因而常采用药包装填，这种装填方式的药室称作药包分装式药室，其结构如图 2. 12 所示。

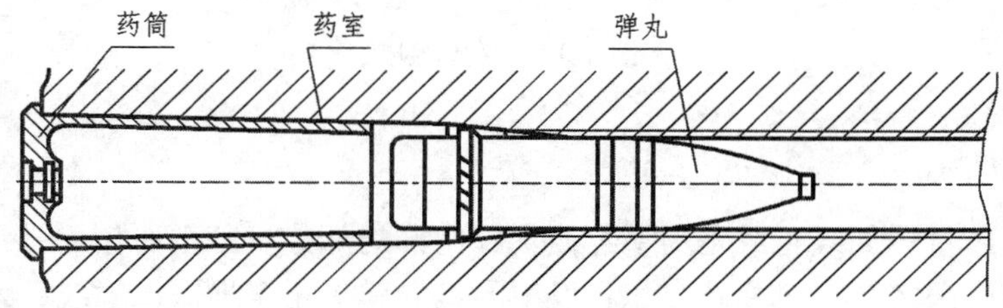

图 2. 12　药包分装式药室

药包分装式药室一般由紧塞圆锥、圆柱本体和前圆锥组成。为防止射击时火药燃气从身管后外泄，炮闩上常采用一种专用的紧塞具与紧塞圆锥相配合来密闭火药燃气。紧塞圆锥的锥角一般为 28° ~ 30°。

4. 半可燃药筒药室

适用于以硝化棉火药为基本原料制成药筒本体的药室。发射时，药筒本体作为发射药的一部分全部燃烧。为能有效地密闭火药燃气，药筒本体下部带有金属短底座，因而称为半可燃药筒。其药室由本体、连接锥和圆柱部组成，如图 2. 13 所示。由于这种药室常容纳尾翼稳定穿甲弹丸，其圆柱部较长，在坦克炮和自行反坦克炮中，采用半可燃药筒可增加弹药的携带量。

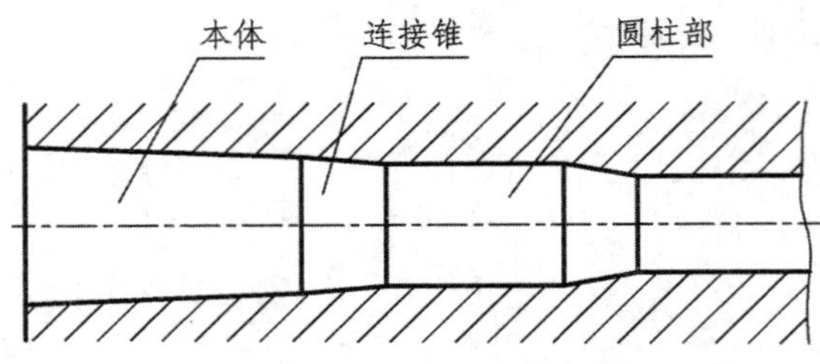

图 2. 13　半可燃药筒药室

弹膛的作用是容纳枪弹弹壳，它需保证在各种射击条件下都能顺利进弹和抽壳、射击时枪弹能正确定位、射击中能密闭火药气体、射击后弹壳不产生破裂。

弹膛的形状和尺寸取决于弹壳的形状、尺寸和定位方法。一般由三个锥度组成，与弹壳相应锥度相配合。第一锥体（Ⅰ段）为弹膛中容纳弹壳体部的锥形部分，紧靠身管尾端，如图 2. 14 所示。第二锥体（Ⅱ段）为弹膛中容纳弹壳斜肩部的锥形部分，部分枪弹以此作为轴向定位。如 56 式 7. 62mm 系列的半自动步枪、冲锋枪、轻机枪等的枪弹均是利用弹膛第二锥体作轴向定位。第三锥体（Ⅲ段）为弹膛中容纳弹壳口部的微锥部分。Ⅳ段和Ⅴ段为坡膛，后有介绍。

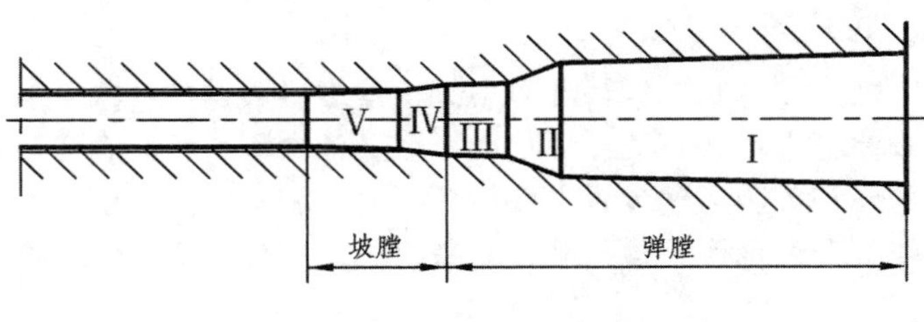

图 2. 14　弹膛组成

2. 2. 2　坡膛

坡膛是弹膛过渡到线膛或是药室过渡到导向部的部分。其主要作用是：发射前确定弹带起始位置，限定药室或弹膛容积；发射时诱导弹头正确地嵌入膛线，或引导弹丸进入导向部。

火炮坡膛分滑膛坡膛与线膛坡膛两种。在线膛炮中，坡膛即膛线的起点处，因此坡膛具有一定的锥度，锥度的大小与药室结构、弹带结构和材料有关。按锥度情况又可分为单锥度、双锥度坡膛，或是大锥度、小锥度坡膛。坡膛锥度的范围较宽，约 1/60 ~ 1/5，常用 l/10 ~ l/5 较大锥度坡膛，坡膛结构如图 2. 15 所示。

定装式炮弹在大锥度坡膛内，发射初期，弹带嵌入膛线时所经的距离较短，弹丸定位点变化小，有利于弹道性能的稳定。但因弹带很快切入膛线，单位长度变形功大，温度升高，会加剧坡膛磨损。而且若锥度太大，火药燃气在此处易产生涡流，形成压力

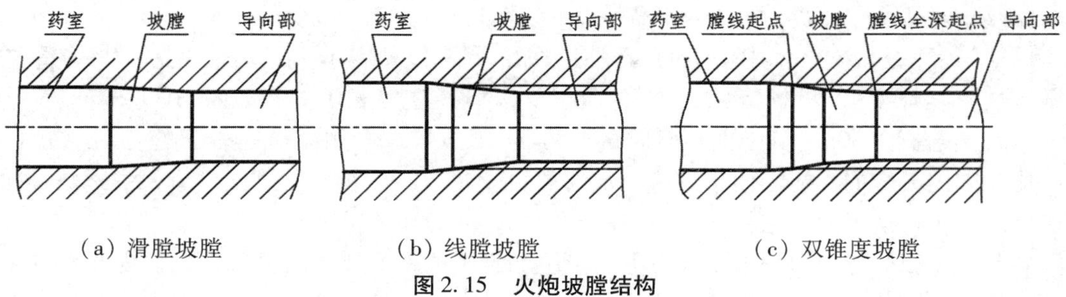

（a）滑膛坡膛　　（b）线膛坡膛　　（c）双锥度坡膛

图 2.15　火炮坡膛结构

波，影响压力正常传递。小锥度坡膛的情况正好相反。若采用双锥度坡膛，则兼备两者优点，第一段锥度较大，约为 1/10，第二段锥度约为 1/60 ~ 1/20。一般地，口径较大的火炮常采用双锥度坡膛。

对于枪械内膛，通常把第四锥体和第五锥体称为坡膛，如图 2.14 所示。坡膛在弹头嵌入膛线的过程中应能密闭火药气体，尽量减小嵌入膛线的阻力，降低在嵌入过程中的发热、机械摩擦和磨损。合理的坡膛结构对降低膛压、保证射击密集度、防止身管过早损坏等将起一定作用。

几种常见步兵自动武器的坡膛长度如表 2.1 所列。

表 2.1　常见步兵自动武器的坡膛长度

枪名	四锥体长/mm	五锥体长/mm	坡膛长/mm	坡膛长(口径倍数)
59 式 9.0 手枪	8	—	8	0.89 d
54 式 7.62 手枪	9.8	—	9.8	1.28 d
56 式 7.62 冲锋枪	8	—	8	1.05 d
53 式 7.62 重机枪	3.05	18.04	21.09	2.27 d
54 式 12.7 高射机枪	10	20	30	2.36 d
56 式 14.5 高射机枪	3	16.7	19.7	1.36 d
英 $L_1A_1$7.62 半自动步枪	5.43	36.2	41.63	5.47 d
美 M16 式 5.56 自动步枪	0.3	≈30	≈30.3	≈5.45 d

2.2.3　导向部和线膛

1. 导向部

火炮身管内膛除药室和坡膛以外的导引弹丸运动的部分称为导向部，一般分为线膛和滑膛两种。现代火炮大多使用线膛导向部，只有坦克炮、反坦克炮等为数很少的几种火炮使用滑膛结构。

滑膛导向部的内径即火炮口径。线膛导向部火炮的口径为相隔 180°的两条阳线过炮膛中心的距离。锥膛导向部火炮常以入口处口径代表火炮口径。口径的常用单位为“mm”或“in”，一般用名义尺寸以近似值表示。如 122mm 榴弹炮的实际口径为

121.92mm，152mm 榴弹炮或 6 in 榴弹炮的实际口径为 152.4mm。

"口径"是枪炮技术中俗定的一种特殊标量，常以 d 表示，尤其是火炮上一些重要零部件，其长度多以口径倍数表示，质量常以口径立方表示。例如 83 式 122mm 榴弹炮，其身管长为 $30d$，其弹丸相对质量 $C_m = m/d^3 = 12$。采用以口径表示的相对值有利于比较同类火炮的性能，便于进行火炮的初始设计。

由线膛与滑膛两种结构组合而成的导向部，称为混合导向部。

此外，根据导向部的形状又可分为直膛和锥膛两种。凡导向部沿炮膛轴线方向内径不变的称为直膛，现代火炮几乎均为直膛型；导向部沿轴线呈锥形、自膛线起点至膛口部，其直径依次减小的内膛称为锥膛。带软金属裙边的次口径弹丸在锥膛内运动时，其裙边不断被挤压收缩，能可靠地密闭火药燃气，有利于增大初速。锥膛结构曾用于反坦克炮，目前已很少采用。

2. 线膛

枪械内膛具有全深膛线部分称为线膛，线膛的作用是与火药气体相结合，赋予弹头一定的初速和旋速。线膛对弹头的运动至关重要，现代制式枪械几乎均采用线膛结构。

2.3 自动武器膛线及其构造原理

2.3.1 膛线结构及作用

膛线又称来复线，是在内膛导向部管壁上与身管轴线成一定倾斜角的若干条螺旋形的凸起和凹槽。其作用是赋予弹头或弹丸在出膛口时一定的旋转速度，以保证弹头或弹丸在空中飞行的稳定性。

常用的膛线在内膛横剖面上的形状如图 2.16 所示。其横剖面轮廓近似于长方形，常称为矩形结构膛线。螺旋槽凸起的部分称为阳线，其宽度为 a，凹下的槽部称为阴线，其宽度为 b，阳线和阴线顶面的圆弧与内膛横剖面共圆心 O，阴线两侧平行于通过

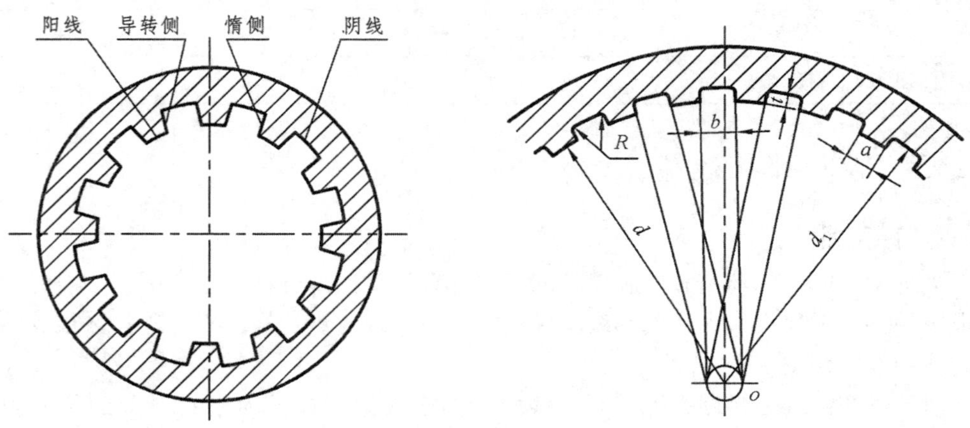

图 2.16　膛线横断面结构

阴线中点的半径。为增加弹丸上铜质弹带的强度，一般阴线宽度比阳线宽度大，$b=(1.5\sim2.9)\ a$。阴线和阳线在半径方向上的差值称为膛线深，用 t 表示。为减小膛线根部的应力集中，便于射击后擦拭内膛，在阴线和阳线的交接处用圆角连接，圆角半径 $R=0.5t$。阳线有一侧面与弹带上相应处紧贴，赋予弹丸一定的旋转力，此侧面称为膛线的导转侧，其高度约等于膛线深。

膛线有左右之分。从起点至膛口顺时针方向旋绕称为右旋；逆时针旋绕称为左旋。现代火炮均为右旋膛线。图 2.16 为从身管尾端看去的剖面。对右旋膛线，其阳线的右侧即为导转侧，左侧称为惰侧。

1. 膛线长

根据初速和身管长度的要求由内弹道决定。

2. 膛线深

膛线深 t 应选择适当。较深的膛线有利于提高身管寿命，但却会加大弹头弹丸嵌入线膛的变形量，使最大膛压过高。同时膛线过深还易使弹头被甲破裂。膛线太浅影响身管寿命，且使弹头导转能力降低，影响弹头飞行稳定性。

膛线深度 t 与阴线和阳线直径的关系为：

$$t=\frac{D-d}{2} \tag{2-1}$$

式中：D 为阴线直径；d 为阳线直径。

根据经验，一般取 $t=(0.01\sim0.02)d$。其中小口径自动武器取上限值，大口径则取下限值。

3. 膛线数

在内膛横剖面上阳线（或阴线）的条数称为膛线数，用 n 表示，n 与 t 有密切关系。膛线较浅时，为确保有足够的导转侧面积，必须相应地增加膛线数 n。

为便于膛线的加工与测量，通常将膛线数取成 4 的倍数，如 24 条、28 条和 32 条等。膛线数往往随口径加大而增加，步枪的膛线多为 4 条，美制 175mm 加农炮的膛线为 48 条。

一般地，n 根据下列经验公式取整确定：

步兵自动武器：

$$n=\frac{d}{2}\quad（化为 2 的整数倍）。$$

式中：d 表示武器口径（mm），通常 6 ~ 9mm 口径的身管，膛线数 $n=4\sim6$；11 ~ 15mm 口径的身管，膛线数 $n=8$。如现代自动武器中，口径 7.62mm 的枪械均是 4 条，12.7mm 和 14.5mm 高射机枪均为 8 条。

火炮：

$$n=(3\sim5)d/10\quad（d 为口径，用 mm 表示）；$$

$$n=8d\quad（d 用 in 表示）\quad 或 n=\pi d(a+b)。$$

4. 膛线宽

对膛线的宽度有一定要求，为了使弹头嵌入膛线时变形不会很大，以保证弹头被甲有足够的强度而不致破裂，常使阴线宽于阳线。但阴线宽度不宜过大，否则，将使阳线宽度过小而降低强度，影响身管寿命。根据经验一般选取为：

$$b = (1.5 \sim 2.9)a;$$

$$a + b \approx \frac{\pi\ (d + D)}{2n}。$$

从以上公式可以看出：膛线宽与膛线数 n 成反比，阴、阳线的宽度须有合适比例，否则会影响弹头被甲的变形量和身管寿命。几种制式步兵自动武器的膛线尺寸如表 2.2 所示。

表 2.2　几种制式步兵自动武器的膛线尺寸

膛线尺寸 / 枪 名	阴线直径 D/mm	阳线直径 d/mm	阴线宽 a/mm	阳线宽 b/mm	膛线深 t/mm
54 式 7.62 手枪	$7.92^{+0.08}$	$7.62^{+0.06}$	$3.81^{+0.2}$	2.29	0.15
56 式 7.62 半自动步枪	$7.92^{+0.075}$	$7.62^{+0.0635}$	$3.81^{+0.2}$	2.29	0.1525
56 式 7.62 冲锋枪	$7.92^{+0.076}$	$7.62^{+0.06}$	$3.75^{+0.254}$	2.34	0.15
56 式 7.62 轻机枪	$7.92^{+0.076}$	$7.62^{+0.06}$	$3.81^{+0.2}$	2.29	0.15
53 式 7.62 重机枪	$7.925^{+0.076}$	$7.62^{+0.06}$	$3.81^{+0.2}$	2.29	0.1525
54 式 12.7 高射机枪	$13^{+0.1}$	$12.66^{+0.06}$	$2.8^{+0.25}$	2.24	0.17
56 式 14.5 高射机枪	$14.93^{+0.07}$	$14.5^{+0.07}$	$3.4^{+0.62}$	2.38	0.215

2.3.2　膛线缠度、缠角与弹丸弹头旋速

将内膛纵向展开成平面图，如图 2.17 所示。

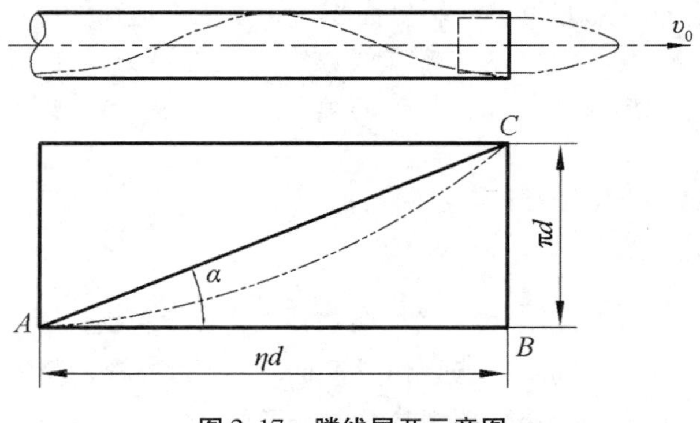

图 2.17　膛线展开示意图

1. 缠度

膛线围绕内膛旋转一周，沿轴线方向前进的距离，称为膛线的缠距，用 L 表示。缠距也即螺旋线的导程，以口径的倍数表示的缠距称为缠度，用 η 表示，$\eta = \frac{L}{d}$或 $L = \eta d$。它是量纲为 l 的量，其大小主要取决于弹头或弹丸在外弹道上飞行稳定性的要求。

2. 缠角

将膛线展开后，膛线上某点的切线相对于内膛轴线的夹角 α 称为该点的缠角，缠角也即膛线的螺旋角。膛线缠度与缠角的关系，如同螺纹螺距和螺旋升角的关系。缠角与缠度的关系式为：

$$\tan\alpha = \frac{\pi d}{L} = \frac{\pi d}{\eta d} = \frac{\pi}{\eta} \tag{2-2}$$

3. 弹丸和弹头的旋速

弹丸在膛内旋转一周（2π 弧度），其在轴向运动的距离为 ηd，假设在膛口附近于 dt 时间内弹丸旋转了 $d\varphi$ 弧度，轴向运动的距离为 dl，则

$$\frac{2\pi}{\mathrm{d}\varphi} = \frac{\eta d}{\mathrm{d}l} \quad \text{即} \quad \mathrm{d}\varphi = \frac{2\pi}{\eta d}\mathrm{d}l$$

两边微分 $\mathrm{d}t$ 得

$$\frac{\mathrm{d}\varphi}{\mathrm{d}t} = \frac{2\pi}{\eta d} \cdot \frac{\mathrm{d}l}{\mathrm{d}t} \tag{2-3}$$

令弹头或弹丸的旋转角速度

$$\omega = \frac{\mathrm{d}\varphi}{\mathrm{d}t}$$

弹头或弹丸的直线运动速度

$$v = \frac{\mathrm{d}l}{\mathrm{d}t}$$

则式（2－3）可化简为

$$\omega = \frac{2\pi}{\eta d} \cdot v \text{ 或 } \omega = \frac{2\tan\alpha}{d} \cdot v \tag{2-4}$$

令弹头或弹丸在膛口时的速度为 v_0，则其膛口旋转速度为

$$\omega_0 = \frac{2\pi}{\eta_g d} \cdot v_0 \quad \text{或 } \omega_0 = \frac{2\tan\alpha_g}{d} \cdot v_0 \tag{2-5}$$

α_g称为膛口缠角或终缠角，η_g称为膛口缠度或终缠度。相应地，在膛线起始处的特征量则称为初缠角和初缠度。

根据式（2－5），可得出以下三点结论：

（1）当口径 d 已定时，ω_0的大小只取决于在膛口处的 v_0及 η_g（或 α_g），与膛线在膛内的结构与变化规律无关。

（2）当初速 v_0为常数时，旋速 ω_0与缠度 η 成反比。因此，若要获得较大的旋速以保证弹头或弹丸的飞行稳定性，提高射击精度，就必须减小缠度。但是，小缠度也会带来问题。从式（2－2）可知，缠度 η 与缠角 α 成反比，缠度减小则缠角增大，这将导致弹头嵌入膛线困难，而且使弹头被甲变形增大，膛线受力增加，影响身管寿命。

若增大缠度 η，则旋速 ω_0减小，小旋速弹头一旦进入有生目标体内，便能很快失去稳定性，从而扩大杀伤范围，提高弹头对有生目标的杀伤结果。而且，当增大缠度 η（减小缠角 α）时，弹头或弹丸容易嵌入膛线，其被甲变形小，膛线受力小，可提高身

管寿命。根据经验，我国现有制式步兵自动武器中缠角 α 选取在 5°～6°范围内。几种常见步兵自动武器的膛线缠角和条数如表 2.3 所列。

（3）若 d 与 ω_0 已定，$\eta \propto v_0$。因此，初速较大的加农炮可取较大的 η 值，使 α 值减小，一般加农炮 $\alpha = 5.0° \sim 7.2°$。α 值小可以使膛线变化比较平坦。而对于初速较小、装药变号较多的榴弹炮，为了在炮弹出膛口时能得到具有足够旋速以保证飞行稳定，η 值应相应减小，α 值增大，即膛线变化较陡。这样带来的问题是弹带切入阻力大，加大膛线磨损，影响身管寿命。

为改善身管寿命状况，工程上以不同类型的膛线来缓解上述问题，如采用渐速膛线和混合膛线等形式。

表 2.3　几种常见步兵自动武器的膛线缠角和条数

枪　名	59 式 9.0 手枪	54 式 7.62 手枪	56 式 7.62 冲锋枪	53 式 7.62 重机枪	54 式 12.7 高射机枪	56 式 14.5 高射机枪	美 M147.62 自动步枪	美 M165.56 自动步枪
膛线旋向和条数	右—4	右—4	右—4	右—4	右—8	右—8	右—4	右—6
缠度/mm	252	240 ± 1.3	240 ± 5	240 ± 10	380^{+20}_{-10}	420 ± 10	305	305
缠角	6°24′	5°42′	5°42′	5°42′	5°58′	6°12′	4°29′	3°17′
初速/（m/s）	340	420	710	865	820	945	853	990
弹头长/（口径 d）	1.27	1.825	3.52	4.24	5.09	4.6	3.83	3.38

2.3.3　导转侧压力

当弹头或弹丸沿枪炮膛轴线方向运动时，膛线上引导弹头或弹丸转动的一个侧面，称为导转侧。膛线导转侧的部位如图 2.18 所示，若自弹膛或药室向膛口方向看时，膛线上能见到的一个侧面即膛线导转侧。

发射时，膛内火药燃气在推动弹头或弹丸沿枪炮膛轴线运动的同时，使弹带切入膛线。膛线在弹带上刻出与其相对应的凹槽和凸起，见图 2.19。膛线的导转侧与弹带上的凹槽一边紧贴，存在着互相作用的正压力，称为膛线导转侧压力，用 $\boldsymbol{N}$ 表示。导转侧压力使弹头或弹丸沿弹带的圆周均匀分布着同一旋向的作用力，迫使弹头或弹丸绕自身轴线旋转。图 2.20 为从弹底正视弹带的受力示意图。

图 2.21 为弹带与膛线导转侧上的受力图。图上部的示力对象为膛线，下部示力对象为弹丸。弹带与膛线导转侧间正压力为 N，摩擦力为 fN。膛线上 N 沿法线方向指向导转侧，弹头或弹丸则指向相反。

取弹头或弹丸为自由体，其旋转运动方程式为：

$$m\rho^2 \frac{\mathrm{d}\omega}{\mathrm{d}t} = n \cdot r \cdot N(\cos\alpha - f\sin\alpha) \tag{2-6}$$

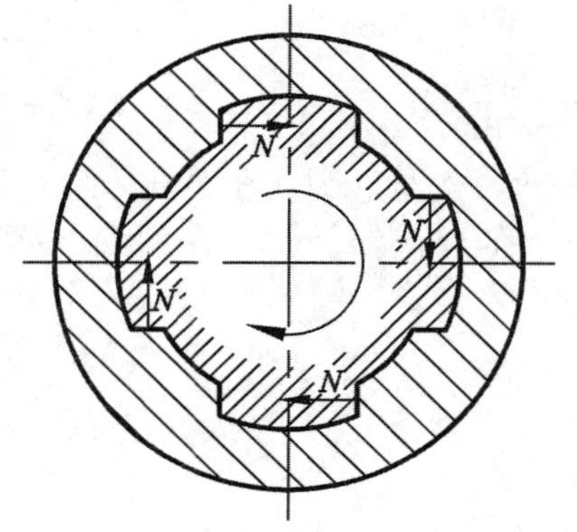

图 2.18　膛线导转侧部位

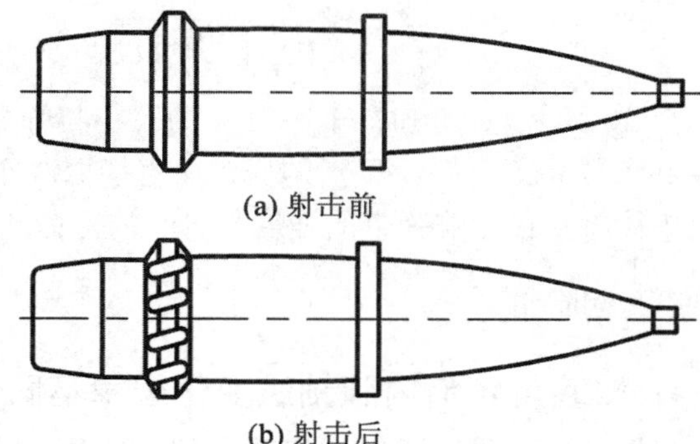

图 2.19　射击前后弹带形状

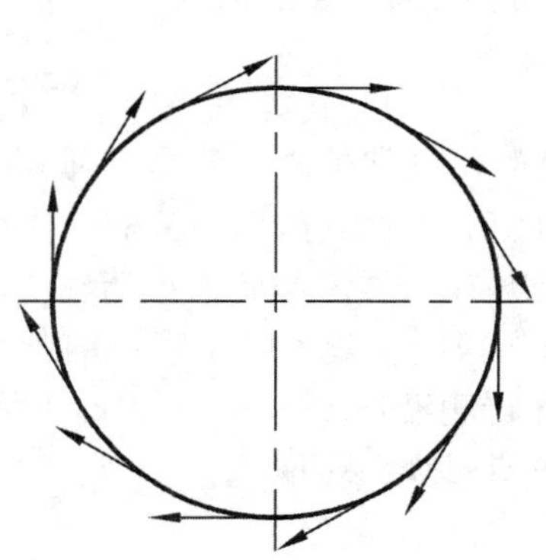

图 2.20　弹带上周向力分布示意图

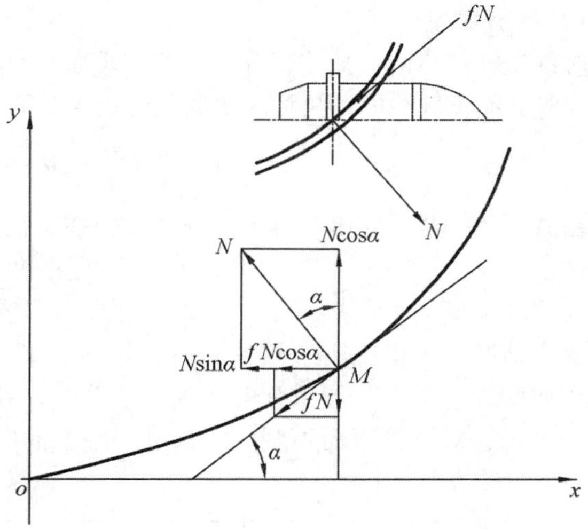

图 2.21　弹带与膛线导转侧受力图

式中：m，ρ 分别为弹头或弹丸的质量和惯性半径；ω 为弹头或弹丸的旋转角速度；n，α 分别为膛线数及缠角；r 为口径之半($d/2$)；f 为摩擦系数。

将 $\omega = v \cdot \tan\alpha / r$ 对时间 t 求导后，代入式（2-6）并加以整理，即得膛线导转侧正压力：

$$N = \frac{1}{n}\left(\frac{\rho}{r}\right)^2 \frac{m\dfrac{\mathrm{d}v}{\mathrm{d}t}\tan\alpha + mv^2\dfrac{\mathrm{d}\tan\alpha}{\mathrm{d}x}}{\cos\alpha - f\sin\alpha} \tag{2-7}$$

弹头或弹丸的直线运动方程式为：

$$m\frac{\mathrm{d}v}{\mathrm{d}t} = p_d \cdot S - nN(\sin\alpha + f\cos\alpha) \tag{2-8}$$

考虑到 $p_d \cdot S \gg nN(\sin\alpha + f\cos\alpha)$，可取 $m\dfrac{\mathrm{d}v}{\mathrm{d}t} = p_d \cdot S$

式中：p_d为作用于弹底的火药燃气压力。S 为导向部横断面面积。x 为弹头或弹丸沿枪炮膛运动的行程。

由于 α 角很小，可取 $\cos\alpha - f\sin\alpha \approx 1$，则式(2－7)整理后为：

$$N = \frac{1}{n}\left(\frac{\rho}{r}\right)^2\left(p_d \cdot S\tan\alpha + mv^2\frac{\mathrm{d}\tan\alpha}{\mathrm{d}x}\right) \tag{2-9}$$

由式（2－9）可知，正压力 N 的大小与弹丸的速度、结构、弹底压力 p_d、膛线缠角 α 和条数 n 等有关，而 p_d 的变化又直接取决于膛压 p 的变化($p_d \propto p$)。N 的大小及其变化规律将直接影响弹带的强度与身管的寿命。

2.3.4　膛线分类

1．按缠角 α 沿内膛轴线变化规律不同分类

根据缠角 α 沿内膛轴线变化规律的不同，膛线可分为等齐缠度膛线、渐速膛线和混合膛线三种。

1）等齐缠度膛线

膛线上任一点的缠角均相等，这种膛线称为等齐缠度膛线，其展开形状如图 2.22（a）所示。等齐缠度膛线的缠角为一常数，由式（2－9）可得其导转侧上的正压力 N 为：

$$N = \frac{1}{n}\left(\frac{\rho}{r}\right)^2 SP_d \cdot \tan\alpha \tag{2-10}$$

由式（2－10）可知：对于等齐缠度膛线，由于缠角 α 是常量，当武器、弹药结构确定后，n、ρ、r、S 亦均为常量，因此 N 的变化与弹底压力 P_d 成正比。N 随弹头行程的变化规律与膛内火药燃气压力随弹头弹丸行程的变化规律一样。当膛内火药燃气压力达到最大值时，N 也相应达到最大值，如图 2.23 所示。因此，最大膛压附近的膛线受到的机械磨损为最大，导致弹丸在膛内运动时，膛线导转侧沿长度受力不均匀，膛线起始部易磨损，对身管寿命不利。所以等齐膛线的缠角不宜过大，一般地，$\alpha < 7.3°$。

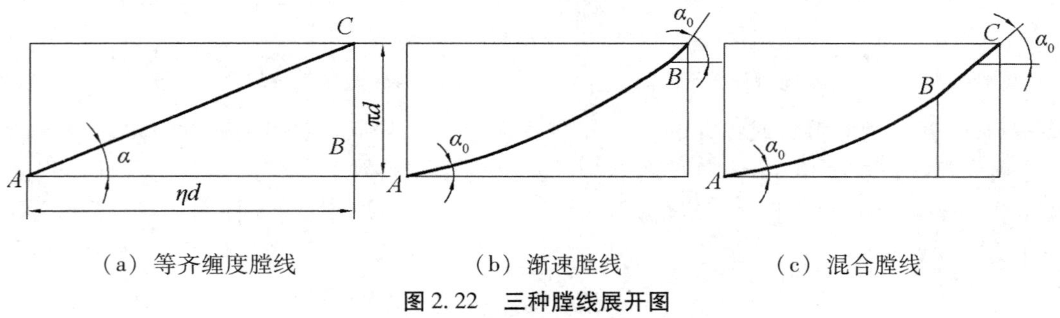

（a）等齐缠度膛线　　（b）渐速膛线　　（c）混合膛线

图 2.22　三种膛线展开图

火炮中这种膛线多用于初速较大的加农炮和高射炮上，其弹头或弹丸出膛口时所需的旋转角速度，则由较大的初速来补偿。步兵自动武器由于初速都较大，为便于制造，均采用等齐缠度膛线。

等齐缠度膛线的优点是加工工艺性好，加工精度易得到保证。

2）渐速膛线

膛线上任一点的缠角 α 是一个变量，起始部缠角很小，甚至为零（以便减小此部位的磨损），越接近枪炮口方向，缠角越大，即 $\alpha_2 > \alpha_1$ 时，这种膛线称为渐速膛线。其

展开形状为一曲线，如图 2.22(b)所示。常用的曲线方程有：

二次抛物线　　$y = ax^2$；

半立方抛物线　　$y = ax^{3/2}$；

正弦曲线　　$y = a\sin bx$。

式中 a，b 为膛线的参数，可根据所要求的膛口缠角、起始缠角和膛线长来确定。

渐速膛线常用于弹丸初速较小的火炮，如榴弹炮。因其身管较短，初速较小，弹头旋速不大。为了获得较大的旋速以确保弹头飞行的稳定性，采用了渐速膛线，使其在膛口处有较大的缠角，如 122mm 火炮，缠角从 3°42′变化到 8°56′。开始时缠角较小，便于弹头嵌入膛线，随着缠角逐渐地增大，弹头出炮口时能获得最大的旋速。

渐速膛线的优点是可以采用不同曲线方程来调节膛线导转侧上作用力的大小，减少起始部的初缠角，以改善膛线起始部的受力状况，减小磨损，提高身管寿命。缺点是膛口部膛线导转侧作用力较大，加大了膛口处的扰动，工艺过程较为复杂，射击时挂铜现象较严重。

3）混合膛线

由等齐缠度膛线和渐速膛线组合而成的膛线，如图 2.22（c）所示。AB 段为渐速膛线，BC 段为等齐缠度膛线。它兼备等齐缠度和渐速两种膛线的优点：膛线起始部采用渐速膛线，缠角可以很小，以便减小阳线导转侧压力，从而减小磨损和烧蚀；膛口部采用等齐缠度膛线，缠角加大，可保证弹头或弹丸所必需的转速，又可改善膛口部膛线的受力状况，使最大正压力 N_{max} 的作用范围转移至内膛磨损较小的区段，并且减小膛口扰动。

混合膛线一般采用渐速—等齐二段式，也有采用等齐—渐速—等齐三段构成的混合膛线，但这种膛线挂铜现象严重。在两种膛线的交界处，导转侧压力有突变，射击时可能引起身管振动。

混合膛线加工较等齐膛线困难，以往采用较少。为提高身管寿命，近来在中小口径自动炮上应用有增多的趋势。例如，瑞士厄利空双管 35mm 高射炮、美国 AMCAWS30mm 航空炮及苏联 3y－23mm 高射炮等均采用混合膛线。

根据式（2－10），结合弹丸及膛线的具体结构尺寸，将上述三种膛线导转侧上正压力的变化规律绘于图 2.23 上，可看到各种膛线 N_{max} 出现的大致区段。

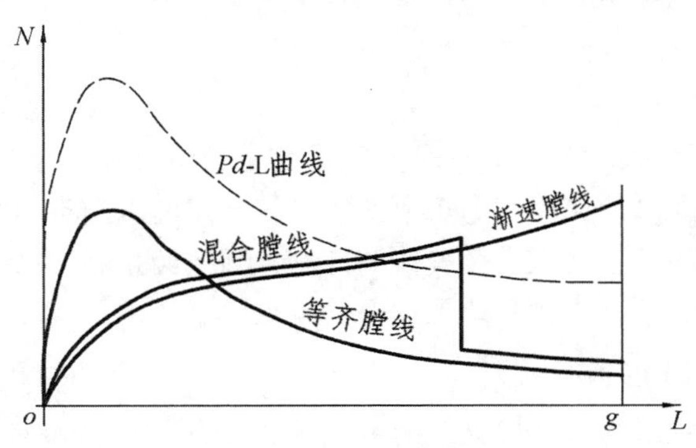

图 2.23　膛线导转侧上正压力 N 变化规律

2. 按膛线深度与口径比值不同分类

根据膛线深度与口径比值 t/d 不同，可将膛线分为浅膛线和深膛线两种。

（1）浅膛线 $t/d=0.010\sim0.015$。其优点是弹带切入阻力小，射击后擦净内膛较容易；缺点是导转侧工作面积小，膛线易磨损，影响身管寿命。一般认为，浅膛线适用于最大膛压及初速均较低的自动武器。

（2）深膛线 $t/d=0.020$。其优缺点与浅膛线正好相反。一般认为，最大膛压及初速都较高的自动武器，宜采用深膛线，以满足膛线与弹带的强度需求。

3. 按阴线宽度（或深度）沿内膛轴线的变化分类

根据膛线阴线宽度（或深度）沿内膛轴线的变化，可分为等宽（或等深）膛线和楔形膛线两种。

目前，大多数自动武器的膛线，其宽度和深度沿内膛全长都是不变的，其加工工艺性较好。所谓楔形膛线，是指阴线断面在起点处较宽，向膛口方向逐步变窄的膛线，或者膛线深度由后向膛口方向按线性关系逐渐变浅的膛线，又叫渐紧膛线。目的在于可靠地密闭火药燃气，以利于提高初速。我国 69 式双管 30mm 舰炮的身管分前、中、后三段，前段阴线宽度比中、后段窄，前段阴线和阳线直径也比中、后段小。这样，在弹丸到达前身管时，弹带可受到一定压缩，能可靠地闭气，有利于提高初速。过去美国造的海军炮凡口径大于 127mm(5 英寸)者，其阳线均为变宽度，后来只在等齐缠度膛线的阳线上作加宽处理，一般按长度方向每 25.4m(1000 in)加宽 2.032mm(0.08 in)的关系进行。

楔形膛线的缺点是加工极其困难，因而其应用受到限制。

2.3.5 线膛（导向部）横断面结构

线膛或导向部横断面结构应有利于弹头或弹丸的顺利嵌入、密闭火药气体、可靠地导转弹头或弹丸，提高身管寿命。由于拉线工艺条件的限制，历来的身管大多采用矩形或类似矩形的结构。随着生产技术的发展，挤线工艺的出现和水平的不断提高，为选用更合理的线膛或导向部横断面结构提供可能。几种不同的线膛或导向部横断面结构如图 2.24 所示。

1. 矩形膛线

如图 2.24 (a)所示，两侧相互平行。其优点是制造方便、容易测量，因而得以普遍采用。我国现有制式自动武器均为矩形膛线。其缺点是内角近似直角，不利于弹头嵌入，闭气性差，易受高温、高压火药气体的冲刷，阳线棱角容易磨圆，内角处残留的火药燃气烟垢不易擦拭干净，给武器的维护保养带来困难。

2. 梯形膛线、圆形膛线

梯形膛线两侧是倾斜的，圆形膛线的两侧面为圆弧形，分别如图 2.24(b)、(c)所示。两种膛线均为改善矩形膛线所存在的缺点而设计。虽能改善矩形膛线存在的部分缺点，但效果有限。而刀具的制造较为困难，因此，目前未能广为应用。

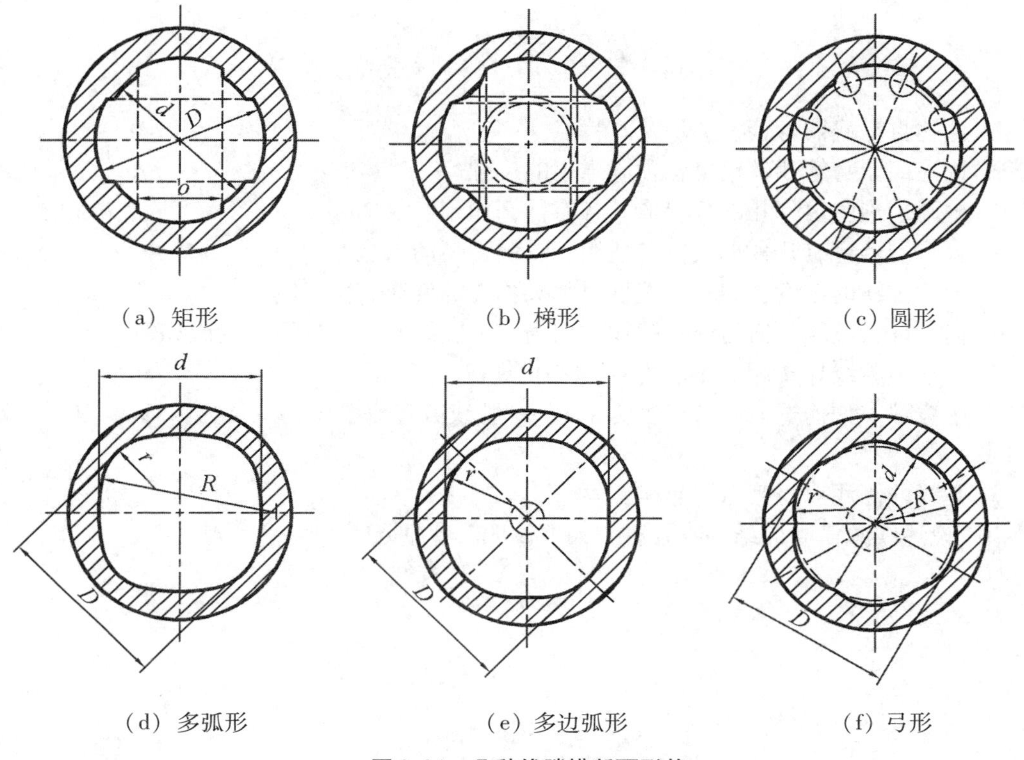

（a）矩形　（b）梯形　（c）圆形

（d）多弧形　（e）多边弧形　（f）弓形

图 2.24　几种线膛横断面形状

3．多弧形膛线

由相切的大小圆弧组成，如图 2.24（d）所示。与矩形膛线相比，多弧形膛线阳线要宽得多，形状为圆滑过渡，便于擦拭保养。多弧形膛线镀铬容易，且铬层不易脱落；导转侧较宽，挤压应力减小，磨损较小；弹头嵌入线膛时塑性变形小，消耗能量较少，闭气性好。在膛压一定的条件下，多弧形膛线能增加初速，提高身管使用寿命。如德 G3 7.62mm 自动步枪，采用多弧形膛线后，身管寿命由原定 14 000 发提高到 30 000 发，且散布圆半径仍未超出规定范围。

4．多边弧形膛线

由正多边形与半径相同的圆弧组成，如图 2.24（e）所示。即当多弧形的 $R=\infty$ 时，即构成多边弧形。多边弧形膛线具有与多弧形膛线相同的优点，而刀具（挤线冲头）制造较为简单，但目前仍未普及应用。

5．弓形膛线

由许多等长的圆弧组成，如图 2.24（f）所示。圆弧的半径小于口径之半，每个圆弧的圆心与内膛中心均不重合。其小圆弧半径小于阳线半径，并且不相切。其优点是擦拭容易，弹头易于嵌入膛线。日本 38 式 6.5mm 步枪身管曾采用弓形膛线。

可以肯定，随着武器制造工艺的不断发展和提高，还会出现其他更加有利于提高自动武器初速、精度和便于其维护保养的膛线形式。

思 考 题

1. 论述自动武器身管的类型及其特点。

2. 论述筒紧身管和丝紧身管提高强度的机理。

3. 枪膛、炮膛由哪几部分组成，各有什么作用？

4. 火炮的药室有几种形式？各适用于哪些类型的火炮？

5. 何为膛线的缠度、缠角？缠度对弹头弹丸的旋速有何影响？

6. 何为等齐膛线？何为渐速膛线？何为混合膛线？三者的适用情况如何？

7. 试描述膛线导转侧上正压力 N 的变化规律。

8. 膛线数 n 如何选取？若口径为 12mm，膛线数宜取多少？口径为 122mm，膛线数宜取多少？

9. 膛线的深浅对身管有何影响？

10. 论述线膛横断面结构有几种？简要说明其优缺点。

第3章　自动武器常见自动方式

武器的自动方式体现其特点，也决定其使用性能。

3.1　自动机与自动方式概念

自动武器中，参与和完成自动动作，以实现连发射击的各机构的总称叫做自动机，自动机是自动武器的核心部分。通常，从工作原理来讲，自动武器发射一发弹过程中的自动动作分为后坐和复进两段，在后坐过程中完成打开枪炮膛，抽出废壳，拨送弹到准确的位置等；在复进过程中完成推弹进膛，关闭并锁住枪炮膛，以便下一次发射。因此，枪械自动机包括闭锁机构、供弹机构、退壳机构、击发机构、发射机构、保险机构、复进机构、枪管后坐式枪械还常有加速机构；火炮自动机包括由身管、炮尾和炮口装置构成的炮身系统，由关闩、闭锁、击发、开闩、抽筒等机构组成的炮闩系统，供弹与输弹机构，反后坐装置，发射机构，保险机构等。发射时，自动机中的各机构按规定的顺序协调配合，分别进行各自的动作，完成整个自动循环。

自动方式是自动机利用动力源（通常为火药燃气）的能量完成自动循环的方法和形式。自动武器完成自动动作的方式多种多样。现代自动武器常用的自动方式有：后坐式、导气式、转膛式、转管式和链式等多种。

3.2　后坐式自动武器

后坐式自动武器自动机的共同作用原理是利用后坐动能使自动机各机构运动。由于利用后坐动能的枪械和火炮的运动构件在组成数量上有一些差别，以下将后坐式枪械和火炮分别叙述。

3.2.1　后坐式枪械

采用后坐式自动方式的枪械自动机，根据利用后坐动能的不同方法，可分为枪管后坐式和枪机后坐式两种。

1. 枪管后坐式

利用膛内火药气体压力的作用，使活动机件和身管共同后坐（后退），并完成一连串自动动作的自动方式，称为枪管后坐式。

枪管后坐式自动机的运动规律是：当弹头在膛内运动时，枪机和枪管牢固地扣合在一起并共同后坐，当弹头飞离枪膛，膛内火药气体压力降低后，枪管和枪机分离，完成开锁动作。

根据枪管运动行程的长短，枪管后坐式还可细分为枪管长后坐式、枪管短后坐式两种自动方式。

1）枪管短后坐式

枪管后坐行程小于枪机（或套筒）后坐行程的枪管后坐式，称为枪管短后坐式。其动作过程是：

① 后退。射击后，枪管和枪机共同后坐一短距离（此距离称为开锁前的自由行程，简称自由行程），然后开锁。开锁后，枪机靠惯性后坐并完成抽壳、抛壳、压缩复进簧或缓冲簧等动作。

② 复进。枪管后坐一短距离后，靠枪管复进簧推其复进到位，如图3.1的56式14.5mm高射机枪所示，或靠枪机复进时推枪管复进到位，如QSZ92式手枪、54式7.62mm手枪(图3.2)等。在复进过程中完成进弹、闭锁、击发发射等动作。图3.1中(a)为活动机件在前方位置状态，图3.1(b)为活动机件在后方位置状态。

枪管短后坐式在枪管后坐式武器中得到广泛应用。

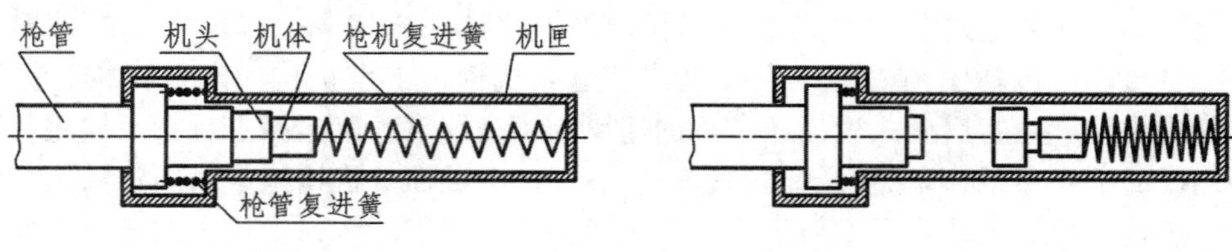

（a）发射前状态　　（b）发射后状态

图3.1　56式14.5mm高射机枪自动原理

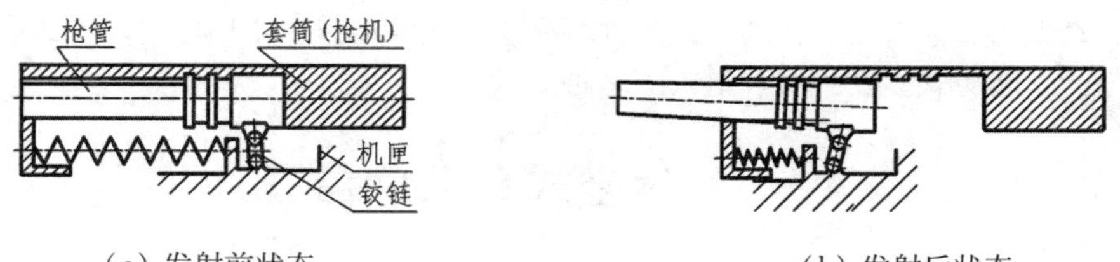

（a）发射前状态　　（b）发射后状态

图3.2　54式7.62mm手枪自动原理

为了保证枪机具有足够的动能以带动其他各机构完成一系列动作，枪管短后坐式武器通常设置有加速机构，以降低枪管后坐到位时的速度，增加枪机的速度。但若手枪采用枪管后坐式，由于其速度小，膛压低，枪管短而轻，枪机（即套筒）比枪管重，开锁后，枪机所获得的动能足以完成自动动作，因此在枪管后坐式的手枪上一般不设置加速机构。

为了保证枪管复进到位并减小枪管后坐到位时的撞击，在枪管短后坐式的机枪上，通常设置有枪管复进簧。枪管复进簧还能使枪管提前复进到位，以减小枪机后坐行程和工作时间，有利于提高射击频率。

枪管短后坐式自动方式有以下优点：

① 工作可靠。尤其是闭锁机构的作用较其他自动方式的闭锁机构更可靠。

② 后坐力较小。这种自动方式通常设置有枪管复进簧，使全武器的后坐力经枪管复进簧传递给机匣后，其峰值大为减小，作用在枪架或人体肩部的后坐力减小。因此，大口径机枪中广泛采用这种自动方式。

③ 射击精度较好。这种自动方式后坐力小，而且各机构在工作时的撞击力也比较小，工作较平稳，武器良好的射击精度容易得到保证。

④ 理论射速较高。这种自动方式各机构工作时撞击较小且较平稳，活动机件的行程比较短，运动速度较大，结构上还可根据需要调整自由行程，使枪机开锁与机体加速同时进行，并设置枪口助退器，枪机缓冲器等，能大大提高理论射速。

枪管短后坐式自动方式的缺点是结构较复杂，加工制造较困难，由此会导致故障率增加。

由于枪管短后坐式自动方式具有后坐力较小，射击精度较好，理论射速较高等突出优点，因而在重机枪和高射机枪等威力较大的机枪上得到广泛应用。

2）枪管长后坐式

枪管后坐行程等于枪机后坐行程的枪管后坐式，称为枪管长后坐式。

枪管长后坐式的动作特点是：射击后，枪管和枪机一起后坐到位，然后枪管先复进完成开锁动作，待枪管复进到位后，枪机才接着复进并完成进弹、闭锁、击发发射等动作。如法国绍沙轻机枪的自动原理（如图 3.3 所示）。

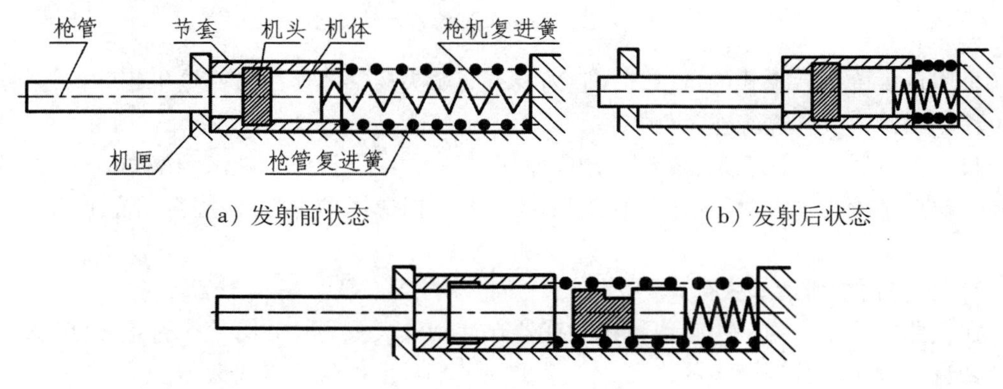

（a）发射前状态　　（b）发射后状态

（c）枪管先复进完成开锁动作

图 3.3　法国绍沙轻机枪自动原理

采用枪管长后坐式武器，枪管在整个后坐行程中都参与运动，活动组件质量大，后坐速度较小，且枪机必须在后方停留一段时间才复进，因此射击频率较低，如法国绍沙轻机枪的射击频率仅为 300 发/min 左右，不能满足现代机枪的战术技术要求，已不为所用。

2. 枪机后坐式

利用膛内火药气体压力的作用，直接使枪机后坐（后退）完成一连串自动动作的自动方式，称为枪机后坐式。

枪机后坐式武器的动作过程是：射击后，火药气体压力通过弹壳作用于枪机，使枪机获得动能以使后坐到位；然后在复进簧的作用下枪机复进，枪机在前后运动过程中完成一连串自动动作。其特点是枪管保持不动，枪机运动。枪膛虽被枪机关闭，但枪机与枪管未牢固扣合，枪膛未被锁住，一旦膛内具有高压火药气体作用时，枪机就会向后产生位移。

根据枪机和枪管的连接方式不同，枪机后坐式又分为自由枪机后坐式和半自由枪机后坐式两种形式。

1）自由枪机后坐式

射击时，枪机和枪管几乎没有扣合，仅依靠复进簧的抗力及枪机质量的惯性作用，延迟开锁并完成自动动作的自动方式，称为自由枪机后坐式（简称自由枪机式）。

此种自动方式适用于火药气体压力不大，弹壳较短的武器。因为没有扣合，使得武器的结构得以简化，因此在威力较小的手枪、冲锋枪中得到广泛的应用。如 54 式 7.62mm 冲锋枪、59 式 9mm 手枪、64 式 7.62mm 微声冲锋枪等均采用这种自动方式。图 3.4 所示为 54 式 7.62mm 冲锋枪的自动原理图。

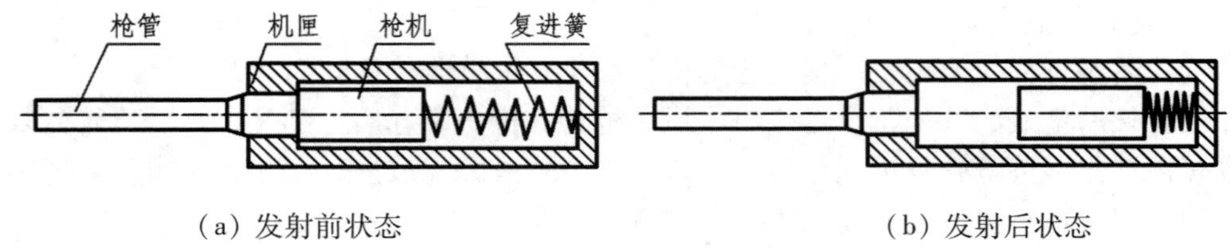

（a）发射前状态　　（b）发射后状态

图 3.4　54 式 7.62mm 冲锋枪自动原理

采用自由枪机后坐式的枪械，当膛内具有高压火药气体作用时，枪机相对枪管将产生位移。因此，其弹壳工作条件较差。

自由枪机后坐式优点是：结构简单，制造容易，经济性好，射击频率和战斗射速比较高。缺点是枪机质量大，射击时武器跳动大，抽壳条件较差，甚至可能产生弹壳断裂。

2）半自由枪机后坐式

在武器发展中，为解决自由枪机式武器在使用较大威力枪弹时枪机过重的问题，又要保持自由枪机式结构简单的优点，于是出现了半自由枪机后坐式武器。

射击时，枪机和枪管没有牢固扣合，利用结构上的某种约束以减缓枪机后坐速度，达到延迟开锁并完成自动动作的自动方式，称为半自由枪机后坐式（简称半自由枪机式）。

实现减缓枪机后坐速度以达到延迟开锁的方法很多，以下介绍几种典型结构：

① 增加阻力延期后退的半自由枪机。增加阻力延期后退的半自由枪机形式较多，典型的有美莱逊冲锋枪，德国 G3 自动步枪，美国汤姆逊冲锋枪等。其共同特点是枪机在发射初始有较大后坐阻力，但不自锁，这实际上是把其他零部件的质量转移给枪机。

美国莱逊冲锋枪的半自由枪机是在枪机与机匣之间设置闭锁支撑面，但在较高火药气体压力作用下能自行开锁，如图 3.5 所示。其工作原理是：枪机在复进簧导杆上的闭锁斜面作用下后端抬起，使闭锁支撑面进入机匣闭锁卡槽，但由于闭锁支撑面的倾角大于摩擦角，不能自锁。射击后，枪机在火药气体压力作用下自行开锁并向后移动。由于受到机匣反力的作用，枪机后坐速度大为减小，从而达到延迟开锁的目的。

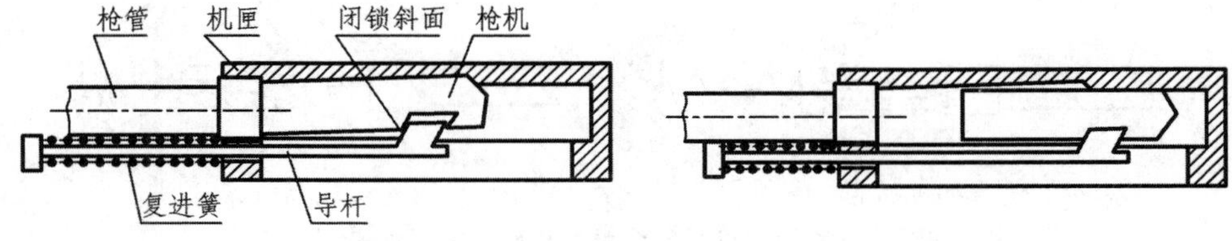

（a）发射前状态　　（b）发射后状态

图 3.5　美国莱逊冲锋枪自动原理

德国 G3 自动步枪的活动机件由机头和机体组成，如图 3.6 所示。闭锁滚柱在闭锁位置与机匣上的闭锁卡槽、机体上的定型斜面以及机头相接触。射击后，火药气体推机头向后运动，机头把力传递给闭锁滚柱。滚柱受机匣闭锁卡槽的作用向内侧挤入，迫使机体加速后退。由于机匣闭锁卡槽斜面和机体定型斜面的作用，将机体、机匣的质量转换到机头上，使总的转换质量增加，机头运动速度降低，从而达到延迟开锁的目的。

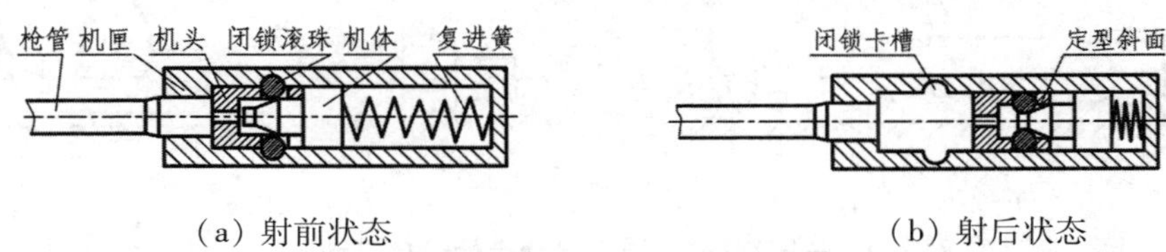

（a）射前状态　　（b）射后状态

图 3.6　德国 G3 自动步枪自动原理

美国汤姆逊冲锋枪如图 3.7 所示，其活动机件由机体和机闩组成。在机体及机匣上均有供机闩滑动的斜槽，斜槽的角度各不相同，机匣上的机闩斜槽角度较小，机体上的机闩斜槽角度较大。射击后，机体受火药气体压力作用，由于机闩支靠在机匣上的机闩斜槽上，而斜槽倾角较小，不能自锁，机闩向上沿机体斜槽滑动，使机体产生不同的转换质量（增大到 40 倍）。机闩和机匣及机闩和机体间产生强烈摩擦，机闩缓慢上移，大大减小了机体的运动速度和位移量，从而达到延迟开锁的目的。

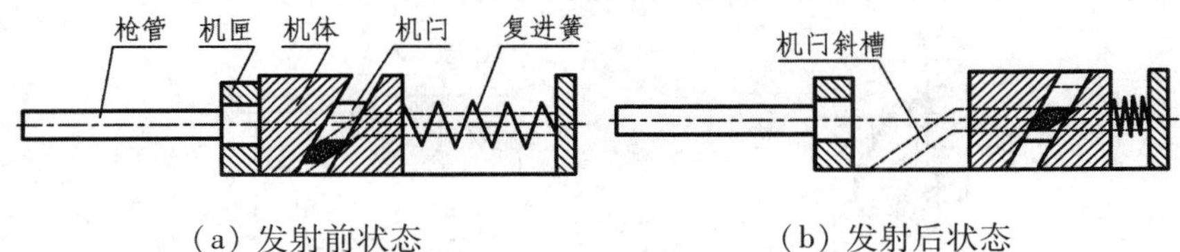

（a）发射前状态　　（b）发射后状态

图 3.7　美国汤姆逊冲锋枪自动原理

② 连杆式半自由枪机。奥地利施瓦兹洛瑟 8.0 重机枪半自由枪机是一种连杆式半自由枪机，由曲柄连杆机构组成，见图 3.8。枪机相当于滑块，曲柄绕固定于机匣上的轴回转，连杆两端分别与枪机和曲柄铰接(图 3.8(a))。闭锁状态下，连杆 BC 与曲柄 AB 的夹角很小，发射后作用在枪机上的火药燃气压力通过曲柄轴点 A 主要传到机匣上，使得曲柄回转的分力较小。枪机受到曲柄连杆的约束以减缓后坐。当连杆与曲柄夹角增大后，枪机的后坐才逐渐得以加快。

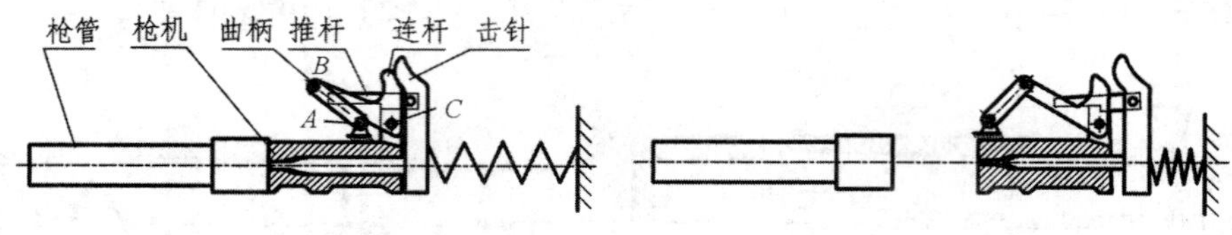

（a）发射前状态　　（b）发射后状态

图 3.8　奥地利施瓦兹洛瑟 8.0 重机枪自动原理

美国彼得逊 7.62 自动步枪是连杆式半自由枪机的另一实例，如图 3.9 所示。该枪的半自由枪机由机头、机体和连杆三部分组成（图 3.9（a））。射击时，机头直线后坐，连杆绕机头上的 *A* 点回转，其另一端 *B* 点沿机体前端圆弧面滑动，使机体绕 *C* 点回转。由于机体和连杆作回转运动，使枪机三个构件后坐时的转换质量比运动系统的实际质量大得多，以达到减缓后坐的目的（图 3.9（b））。

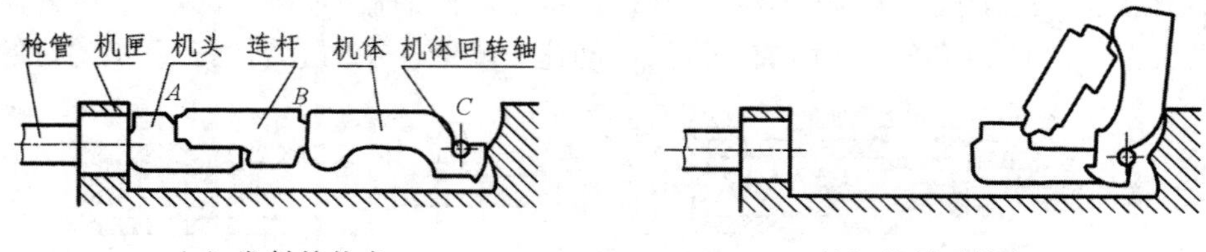

（a）发射前状态　　（b）发射后状态

图 3.9　美国彼得逊 7.62 自动步枪机枪自动原理

③ 杠杆式半自由枪机。杠杆式半自由枪机在枪机或机头内有一能绕机头上定点回转的闭锁杠杆，回转轴一般是由杠杆中部的圆盘组成。闭锁状态下，杠杆的一臂伸入机匣闭锁槽或支撑在横销上以实现闭锁，另一臂则支撑在机体（或枪机框）上，如图 3.10 所示。发射后，在火药燃气作用下，机头（或枪机）后坐迫使闭锁杠杆回转开锁，同时使机体（或枪机框）加速。开锁后闭锁杠杆缩进枪机或机头内，机头、机体（或枪机框）内部合成整体，一起后坐，开锁时机因杠杆的传速比使转换质量加大而延迟，实例有法国 FA. MAS 5.56 自动步枪和法国 AA 52 7.5 通用机枪。

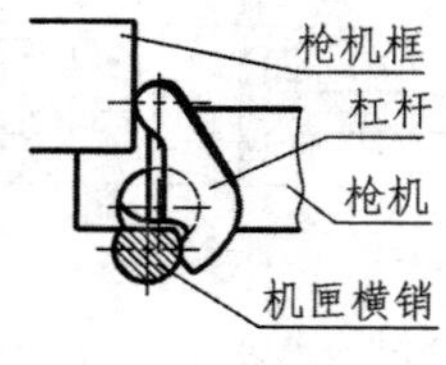

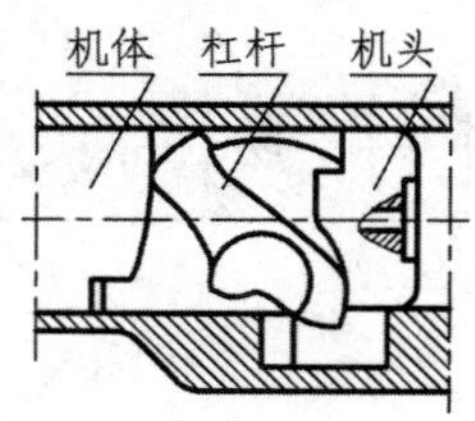

（a）FA. MAS 通用机枪　　（b）AA 52 自动步枪

图 3.10　杠杆式半自由自动原理图

法国 FA. MAS 5.56 自动步枪的半自由枪机如图 3.11 所示。击发后，膛内火药燃气使弹壳枪机共同后坐，此时闭锁杠杆下臂端部位于机匣横销处，枪机后坐的作用力迫使闭锁杠杆上部向后旋转。上臂的顶端抵住枪机框的内侧，由于上臂比下臂长，使枪机框的速度大于枪机，以加速后坐。初时，枪机只移动很小距离。当闭锁杠杆转过约 45°

时，它便越过机匣横销，实现开锁，此后枪机和枪机框一起后坐。

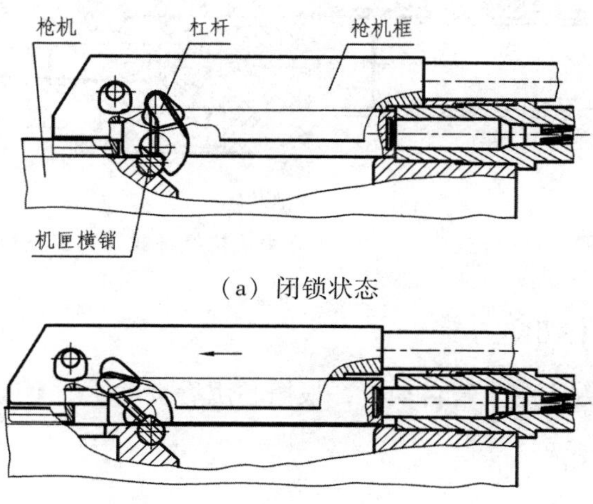

（a）闭锁状态

（b）开锁以后

图 3.11 法国 FA. MAS 5.56 自动步枪杠杆式半自由枪机

法国 AA 52 7.5 通用机枪的半自由枪机如图 3.12 所示。闭锁杠杆由机头带动，其短臂端卡进机匣的闭锁槽内，长臂抵在机体上。击发瞬间，火药燃气使机头后坐的距离不大，但通过机头迫使闭锁杠杆转动，以使机体加速后坐。当闭锁杠杆离开闭锁槽时，阻止枪机后坐的力随之消失，火药燃气便开始推动整个枪机后坐，完成自动循环(图 3.12(c))。

半自由枪机后坐式和自由枪机后坐式相比较，其优点是：①枪机质量减小，从而可减轻武器全重，提高机动性；②可使用威力较大的枪弹，提高射击威力。其缺点是：①结构较复杂，受摩擦力较大的零件和斜槽工作面易磨损；②工作中，活动机件对外界的污垢、润滑条件等很敏感，工作不够平稳可靠。

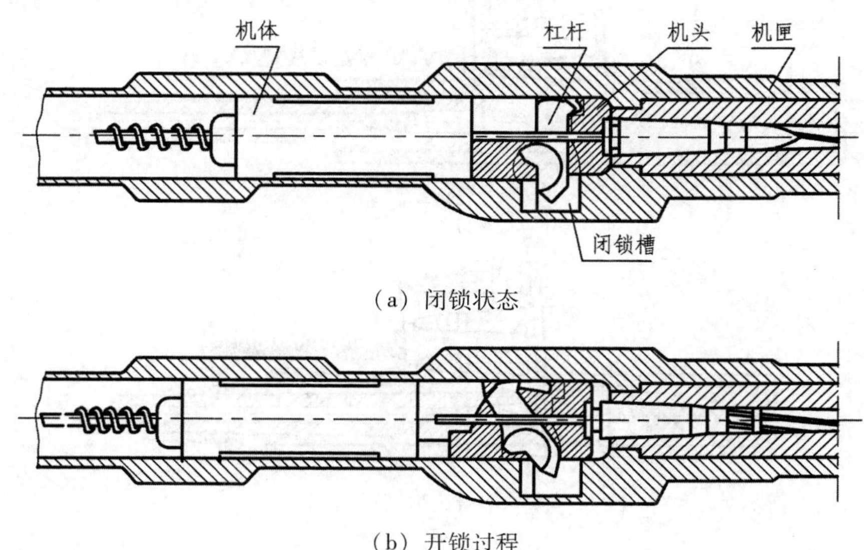

（a）闭锁状态

（b）开锁过程

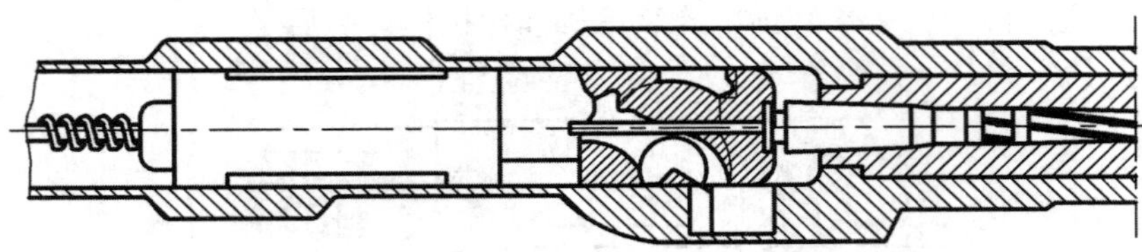

（c）开锁状态

图 3.12　法国 AA 52 7.5 通用机枪杠杆式半自由枪机

3.2.2　后坐式自动炮

采用后坐式自动方式的火炮自动机，根据利用后坐动能的不同方法，分为炮身后坐式和炮闩后坐式两种。

1. 炮身后坐式

根据炮身后坐行程不同，炮身后坐式也可分为炮身长后坐式和炮身短后坐式两种。

1）炮身长后坐式

如图 3.13、图 3.14 所示，炮身和炮闩都是活动构件。击发后，炮身与炮闩一起后坐（行程略大于炮弹长），开始复进时，炮闩被发射卡锁卡在后方位置（图 3.14），炮身先复进完成开锁、开闩和抽筒动作。炮身复进完成前，通过专门机构解脱炮闩，炮闩便在复进簧作用下输弹入膛，并进行闭锁和击发。

采用炮身长后坐式的典型火炮有德国克鲁伯 -37 自动炮和维克斯 -37 自动炮。该种自动机的优点是后坐力小，结构较简单。由于活动构件的后坐行程长，各机构又是依次动作，导致理论射速低，因此未能得到广泛应用。

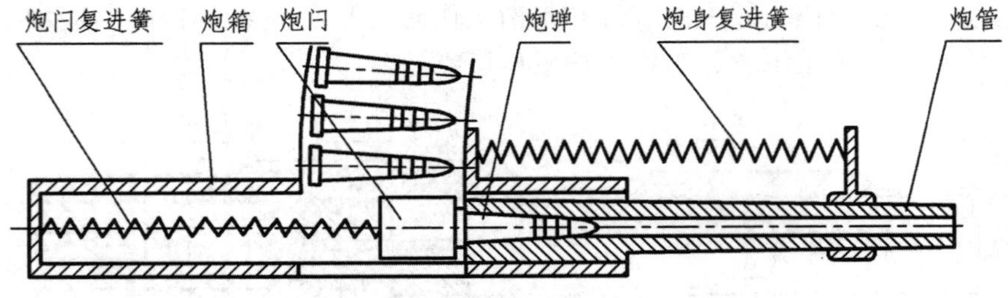

（a）发射前状态

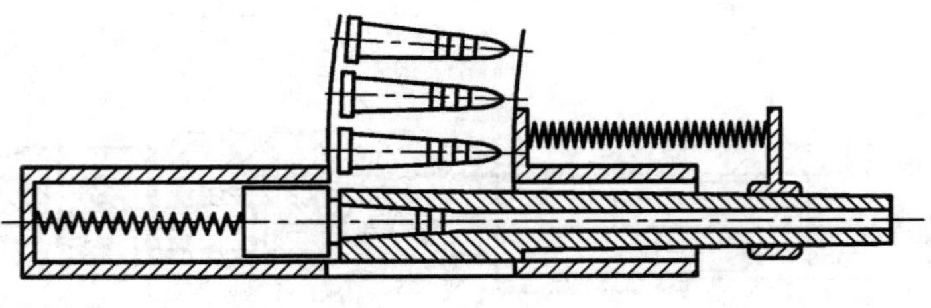

（b）炮身、炮闩后坐

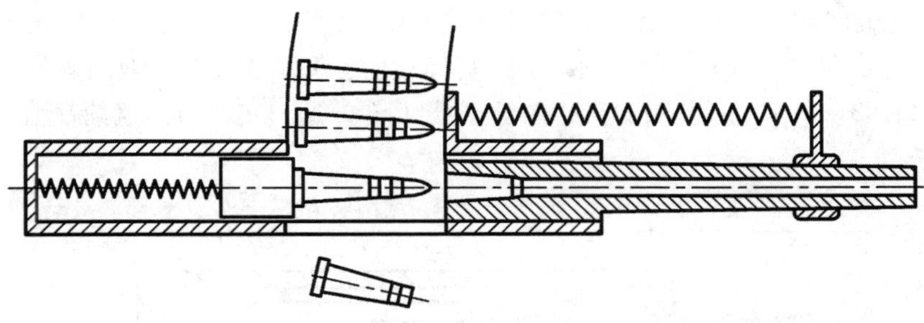

（c）炮身复进，炮闩停于后方

图3.13　炮身长后坐式自动炮自动原理（一）

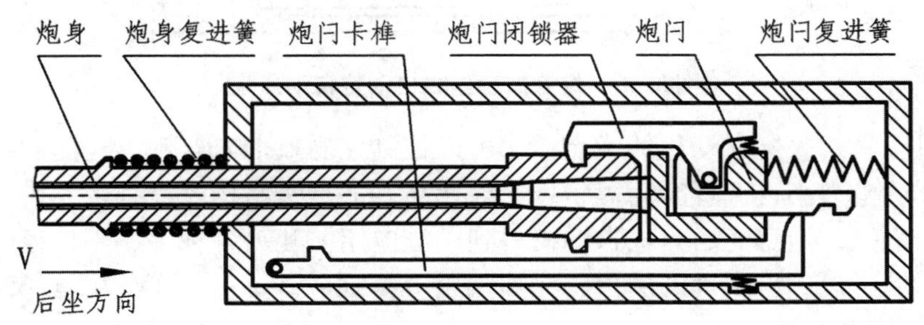

图3.14　炮身长后坐式自动炮自动原理（二）

2）炮身短后坐式

如图3.15、图3.16所示，身管和炮尾在炮箱或摇架内后坐与复进，炮身为主动构件，带动各机构工作。击发后，炮身与炮闩在闭锁状态下一起后坐一短行程（约等于

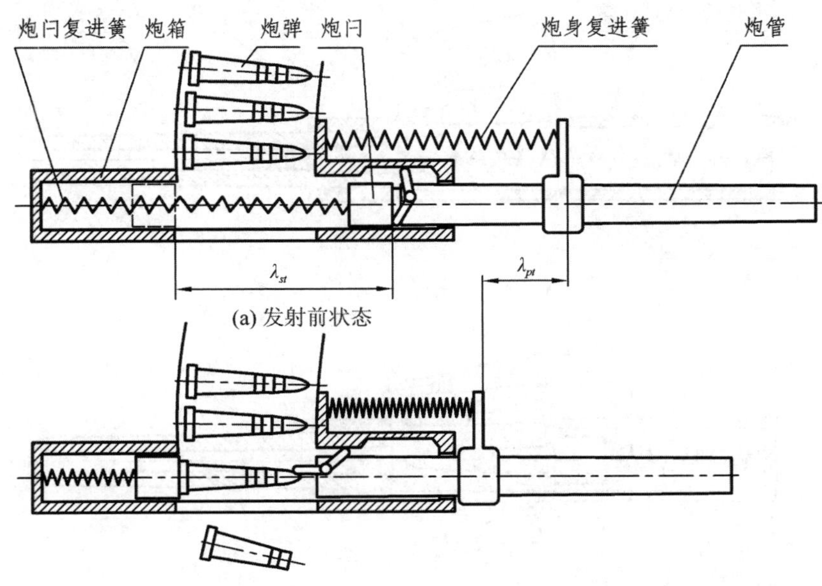

(a) 发射前状态

（b）炮身、炮闩后坐后状态

图3.15　炮身短后坐式自动炮自动原理

炮闩整个行程的1/3～2/3），此后，身管复进，炮闩继续后坐，开闩机构完成开锁、开闩和抽筒动作，如图3.16所示。图3.15中，λ_{pt}为炮身后坐长度，炮闩被发射卡锁卡在后方位置（图3.16），先复进的炮身在复进终了前，通过专门机构解脱炮闩，λ_{st}为炮闩后坐总长度。

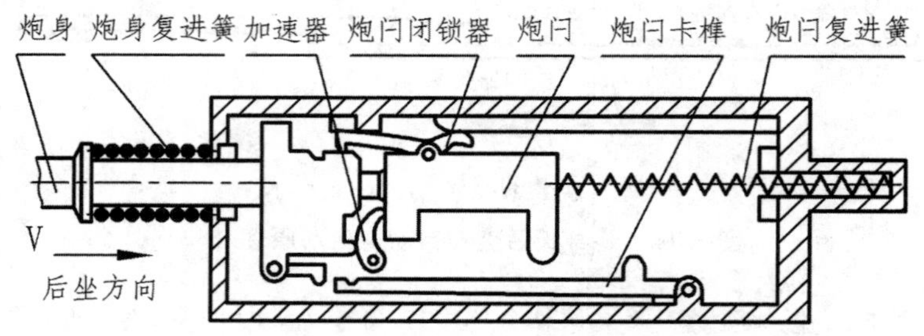

图3.16　炮身短后坐式自动炮自动原理

炮身短后坐式火炮自动机的优点：①可以控制在后效期末开锁、开闩和抽筒，抽筒条件好；②后坐力小，循环时间短，理论射速高。缺点是结构较复杂。

在自动炮中，炮身短后坐式自动机得到广泛应用。几乎各种中、小口径的火炮自动机都有采用炮身短后坐原理的例子，比如瑞士苏罗通－20、苏－23、我国65式37mm、59式57mm等自动炮。

2. 炮闩后坐式

如图3.17所示，采用炮闩后坐式的自动机，身管和炮箱刚性连接，炮闩是主动构件，在炮箱中后坐和复进，并带动各机构工作。击发后，作用于药筒底的火药燃气压力

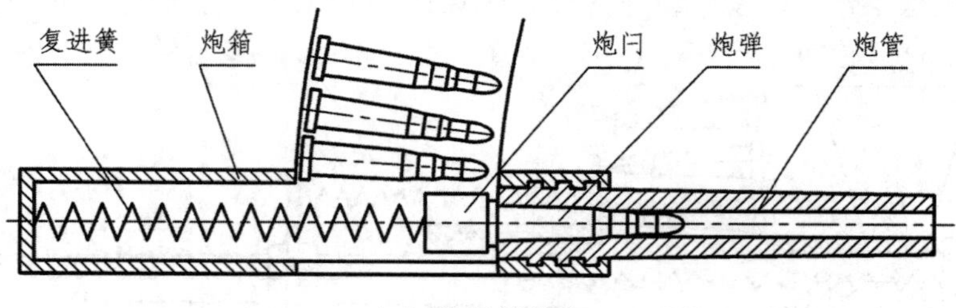

（a）发射前状态

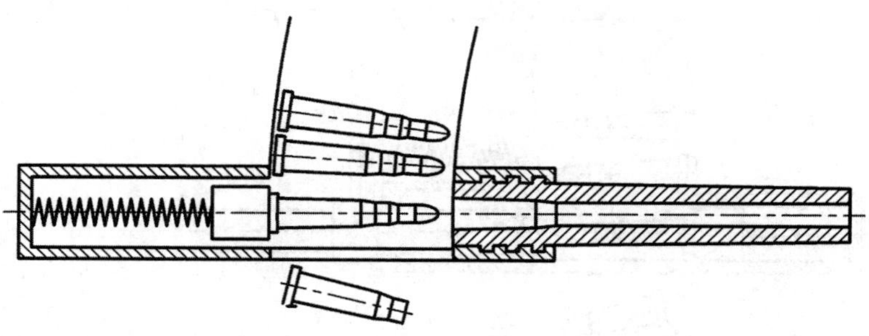

（b）发射后状态

图3.17　炮闩后坐式自动炮自动原理

推动炮闩后坐，抽出药筒，并压缩炮闩复进簧贮存能量。炮闩在复进簧的作用下复进，并将炮弹推进炮膛。

这种自动机的供弹机构通常是利用外界能源进行工作，如利用弹匣、弹鼓等，当然，也可以利用炮闩的能量。

炮闩后坐式自动机根据炮闩运动的特点，也可分为自由炮闩式和半自由炮闩式两种。

与自由枪机后坐式枪械相似，自由炮闩式自动机具有自由的炮闩，炮闩不与身管相联锁。发射时，主要依靠本身的惯性来起封闭炮膛的作用。击发后，当火药燃气推药筒向后的压力上升到大于药筒与药室间的摩擦力以及附加在炮闩上的阻力后，炮闩即开始后坐并抽筒。因而这种自动机在抽筒时膛内压力大，容易发生拉断药筒的故障。为减小炮闩在后坐起始段的运动速度，就必须加大炮闩质量，使炮闩比较笨重。

自由炮闩式自动机的优点是结构简单，理论射速高。缺点是抽筒条件差，故障多，炮闩质量大，因此在现代自动炮中已很少应用。

采用某种机构来阻滞炮闩在后坐起始段运动的自动机，称为半自由炮闩式自动机，这种原理在火炮自动机中很少采用。

3.3　导气式自动武器

3.3.1　导气式枪械

利用导气箍从膛内导出部分火药气体进入气室，作用于活塞或枪机框上，使活动机件后坐完成自动动作的自动方式，称为导气式。

导气式枪械的一般工作原理是：枪管、枪机和机匣在射击瞬间牢固扣合。射击后，当弹头在膛内运动至导气孔时，部分火药气体进入气室，作用于活塞并传动枪机框向后运动，或通过导气管直接作用于枪机框，使其向后运动。当弹头飞离枪膛，膛内火药气体压力降低后，活动机件通过从膛内导出部分火药气体能量打开枪膛，并完成自动动作。

根据活塞和枪机框的运动状态，导气式自动方式可分为活塞短行程式，活塞长行程式及导气管式三种类型。

1. 活塞短行程式

导气装置中设有活塞，活塞与枪机框分离。气室内火药燃气直接作用于活塞上，活塞后坐一较短距离后即停止运动，枪机框靠惯性继续后坐，以完成规定的自动动作。如 56 式半自动步枪、美国 M1 式半自动步枪等（图 3.18 所示）。

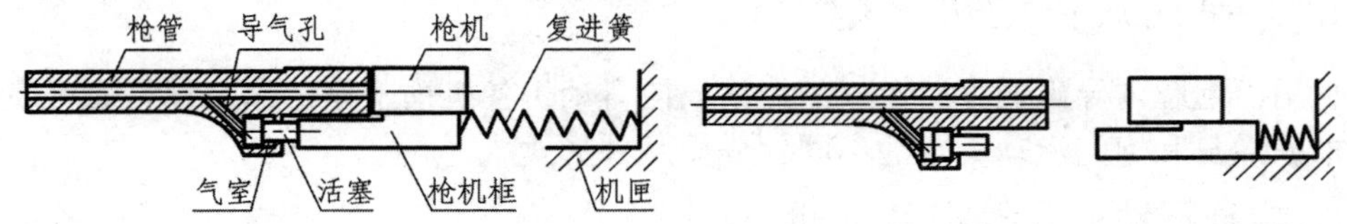

（a）发射前状态　　（b）发射后状态

图 3.18　美国 M1 式半自动步枪自动原理

2. 活塞长行程式

导气装置中设有活塞，活塞与枪机框刚性连接，在气室内火药燃气的作用下，一起后坐并完成自动动作。如56式冲锋枪，56式轻机枪，53式重机枪等，如图3.19所示。

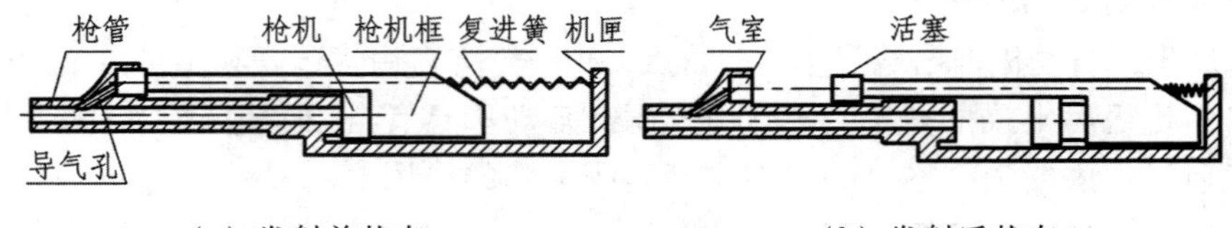

（a）发射前状态　　（b）发射后状态

图3.19　56式7.62mm冲锋枪自动原理

3. 导气管式

导气管式为活塞断面离导气孔距离较远，中间用一细长管相连接。活塞可以是和枪机框相分离的单独零件，亦可以是枪机框上的某一断面。射击后，导气孔中火药气体通过导气管直接作用于枪机或枪机框，使其后坐并完成自动动作。如77式12.7mm高射机枪、美国M16自动步枪等，如图3.20所示。

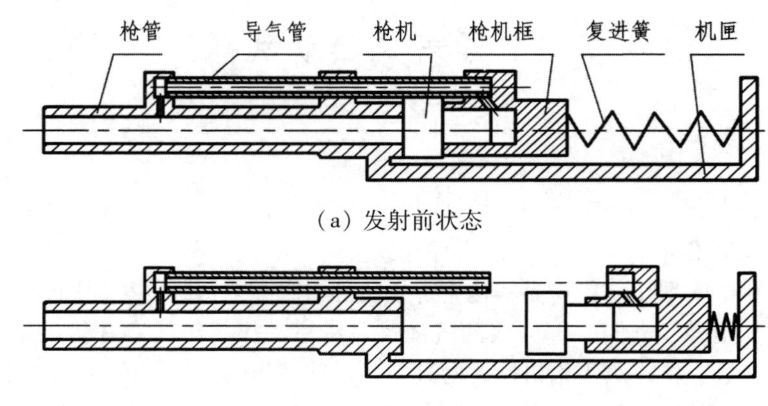

（a）发射前状态

（b）发射后状态

图3.20　美国M16式自动步枪自动原理

导气式自动方式的优点：①结构较简单，工作可靠；②进入气室的火药气体流量可以进行调节，能保证在各种条件下活动机件工作的可靠性；③能得到较高的理论射速。其缺点是：①活动机件惯性较大，撞击大，零件容易磨损、损坏；②易被火药气体熏黑，不便于擦拭保养；③外廓尺寸较大，重量大。

3.3.2　导气式自动机火炮

利用由炮膛内导出的火药燃气的能量来使自动机各机构工作，称为导气式火炮自动机。根据炮身和炮闩运动关系的不同，分为两种形式。

1. 炮身不动的导气式自动机

如图3.21所示，炮身与炮闩刚性连接，不能产生相对运动。为了减小后坐力，炮箱与摇架间通常设有缓冲器，使整个自动机产生缓冲运动。

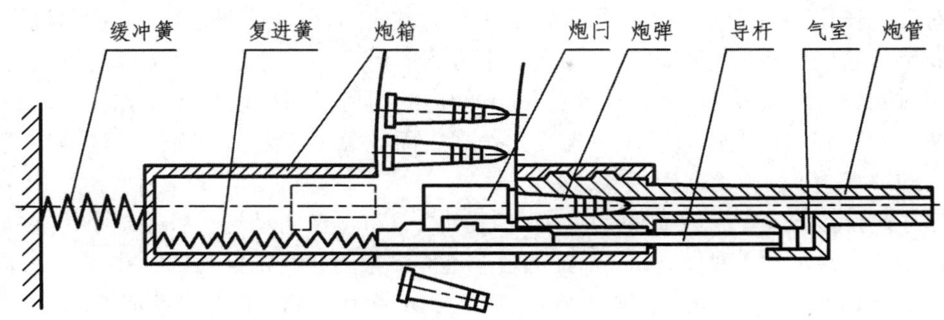

图3.21　炮身不动的导气式自动炮

击发后，当弹丸经过身管壁上的导气孔后，高压的火药燃气通过导气孔进入气室，推动活塞，并通过活塞杆使自动机活动部分向后运动，先行开锁，而后带动闩体进行开闩、抽筒、压缩复进簧，并驱使供弹机构工作。炮闩后坐到位后，在其复进簧作用下复进并推弹入膛、闭锁炮膛，再行击发，完成一个射击循环。属于此类自动方式的火炮自动机有英 MK－20、苏 Ь－20、ВЯ－23、АМ－23 等自动炮。

2. 炮身运动的导气式自动机

如图3.22所示，炮身可沿炮箱后坐与复进，炮箱与摇架之间为刚性连接，其工作情况与炮身短后坐式自动机有些类似。不过，带动炮闩进行开锁、开闩，并使供弹机构工作的能量来自于导气装置，其供弹台是不动的。因此，对供弹没有不利影响。与炮身不动的导气式自动机相比，炮身运动的导气式自动机理论射速较低，机构也相对比较复杂，因此在导气式火炮自动机中的应用相对较少。法国哈其开斯－25、37式自动机属于这种形式，其供弹方式为弹匣供弹，即供弹利用外界能量。如果供弹机构不依靠外界能量而由炮身运动来带动，则自动机工作既利用导出气体的能量，又利用后坐能量，这样的自动机称为混合式自动机，德国41式50mm、43式37mm自动炮的自动机即是混合式自动机。

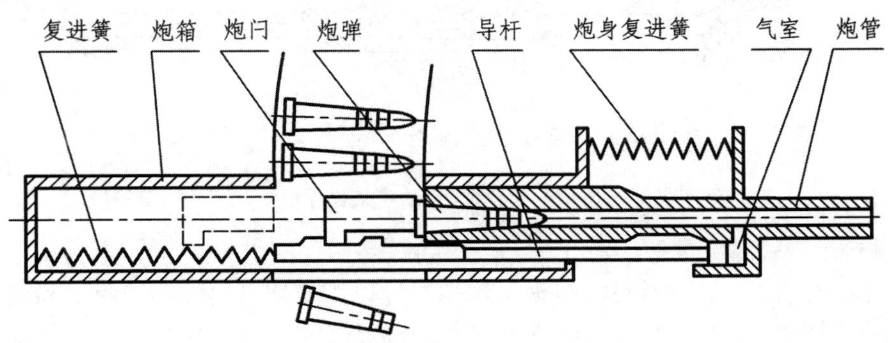

图3.22　炮身运动的导气式自动炮

导气式和混合式火炮自动机还可以采用复进击发（前冲式、浮动式）原理来减小后坐力，提高理论射速和改善射击密集度。

导气式自动方式活动部分质量较小，通过调节导气孔的大小，可以大幅度改变火药燃气对活塞作用冲量的大小。因此，导气式自动方式的理论射速较高，且自动机机构也比较简单，这些优点使其在现代自动武器中得到广泛应用。但是，由于火药燃气对活塞的作用时间较短，活动部分必须在很短的时间内获得所需后坐动能，因此，活动部分运动初期的速度和加速度比身管短后坐式大得多，而且容易产生剧烈撞击，这是导气式自动方式的缺点。

导气式自动方式在火炮中通常应用于口径小于37mm的自动炮，口径越小，这种自动方式的优越性越显著。现代20mm口径的自动炮大多采用导气式自动机，并且应用浮动原理，如瑞士H. S. 820、德国MK20Rb202及瑞士GDF－003型双管35自动炮等。

3.4 转管式自动武器

这种自动机是自动武器发展中的新结构，在高射机枪和自动炮中都有应用，它利用外界能源来完成自动动作。一门火炮或高射机枪由几根身管组成，这些身管围绕着同一轴线平行地安装在一个圆周上，发射时，各身管围绕着这一轴线旋转，一次只有一根身管发射，其余身管则分别进行装填、闭锁和抽筒等动作。

图3.23所示为6管式转管自动炮，6根炮管共用一个供弹系统和一个发射系统，并采用同样的炮闩。6个炮闩由一条凸轮环带依次带动。自动机的驱动动力来源于电动机。发射时，装填、闭锁、击发和抽筒等动作时间重叠，因此提高了射速。

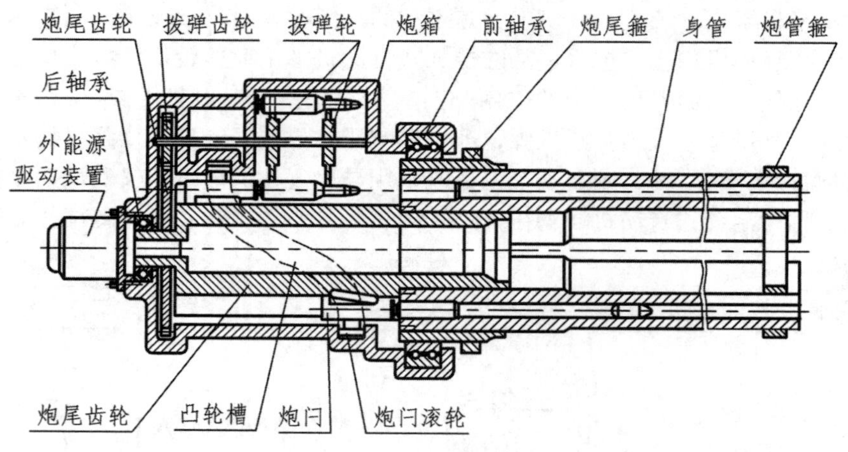

图3.23　转管式自动机工作原理

这种自动方式的优点是：

① 理论射速很高，并且可以根据不同情况加以改变。采用外部能源比利用火药燃气能量对设计的限制小，可以选择适当方案实现很高的理论射速。如美国伏尔肯－20六管航空炮的理论射速高达6000发/min。若改变传动装置的速比，可以方便地改变理论射速。美伏尔肯－20六管牵引高射炮对空射击时理论射速为3000发/min，对地射击时为1000发/min。

② 在相同威力的条件下，多管武器总的体积及质量比同样门数的单管武器的体积

及质量之和小。

③自动机的工作与炮弹发火情况无关，因而可消除一般自动机由于炮弹不发火而引起的故障，提高武器的可靠性。

④ 采用电底火可以缩短点燃装药的时间，提高点火可靠性。

这种自动方式也有以下缺点：

①必须有迟发火的保险装置。由于自动机工作与炮弹发火情况无关，当因弹药受潮等原因引起迟发火时，可能在膛压很大时开锁开闩，发生事故。因此必须设置保险装置，当发生迟发火时，使炮闩延迟开闩。

②由于射击时火药燃气对膛底作用力直接传给炮箱，需要采用整个自动机缓冲的方法来减小后坐力。

③必须提供外部能源。

3.5　转膛式自动武器

转膛式自动方式目前只用于特种自动炮上。图 3.24 所示为转膛式自动机，其主要特点是炮身由两段组成，后段具有 4 ~ 6 个能旋转的药室，每发射一次，药室转动一个位置。提供于药室转动和供弹机构工作的源动力，可以利用炮身后坐的能量，也可以是导出气体的能量。因其具有多个药室，自动机各机构的工作在时间上可以同时进行，即在某一药室进行发射的同时，其他药室可进行输弹和抽筒。

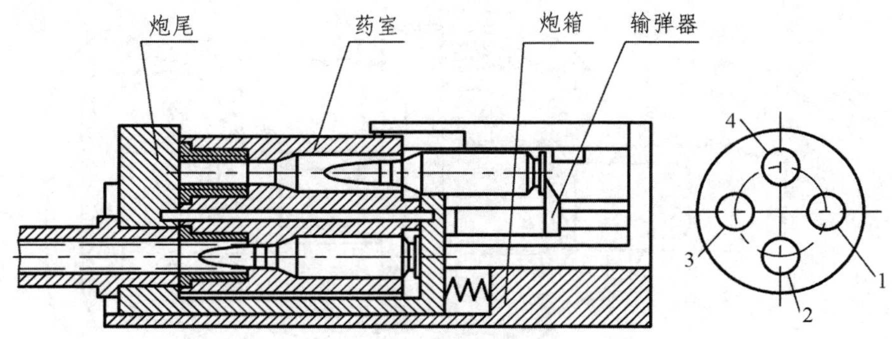

图 3.24　转膛式自动机工作原理

转膛式自动机的身管与旋转的药室可在炮箱内作后坐与复进运动，以减小后坐力。常采用电底火以缩短点燃装药的时间，提高可靠性。发射时，药室 2 的电路接通，点燃装药，弹丸的弹带在挤入衬套内的膛线时，使衬套向前移动，紧紧抵住身管前段，以便弹丸能顺利通过两段炮膛的接合处。在弹带进入身管前段后，火药燃气对衬套后端的压力迫使衬套紧紧抵住身管前段，减少火药燃气的泄漏。炮身后坐时带动输弹器向后运动，并使供弹机构工作，药室 3 则进行抽筒。炮身后坐到位后，复进簧迫使其复进，并带动药室旋转一个位置。在炮身复进和药室旋转等动作均完成到位后，电路再次接通，点燃第二发炮弹的装药，开始第二个循环。在复进末期开始第三发炮弹的输弹工作，直到第二次后坐末期炮弹完全进入药室 4。

转膛式自动机的优点是理论射速高。如 69 式 30mm 舰炮理论射速高达 1050 发/min，美国 MK11 双管 20mm 自动炮为 4000 发/min。缺点是横向尺寸和质量大，炮膛连接处漏气，使初速下降，也使人员不能靠近，因而只适用于遥控操作舰炮和航炮上。

3.6 链式自动武器

链式自动机与其他自动机在结构上有明显的区别，在火炮和高射速机枪上都有应用。图 3.25 所示为链式自动机结构原理图。它是一种利用外能源驱动链条进行工作，使自动机完成自动循环的自动方式，即通过链条带动闭锁机构。一根封闭的双排滚柱链条与 4 个链轮组成矩形传动滑道，链轮之一由电动机驱动。直流电机通过一组螺旋圆锥齿轮带动装于炮箱或机匣前方的立轴，直接驱动主动链轮。链条的主链节上固定有一垂直短轴，其上装有 T 形滑块，滑块能在机体或炮闩支架下部 T 形滑槽内运动。当链条移动时，滑块随链条按矩形轨迹运动。滑块左右方向移动时，只在 T 形槽内滑动，枪机组件或炮闩系统即停在前方或后方位置上。停在前方时为击发短暂停留时间，在后方时为供弹停留时间。滑块前后方向运动时，枪机组件或炮闩系统同时被带动在纵向滑轨上作向前或向后运动。向前运动时，完成输弹、闭锁、击发动作；向前运动时，完成开锁开闩、抽退壳等动作。电动机同时驱动供弹系统，能及时将枪炮弹送至进弹口，待枪机组件或炮闩系统复进时送弹入膛。

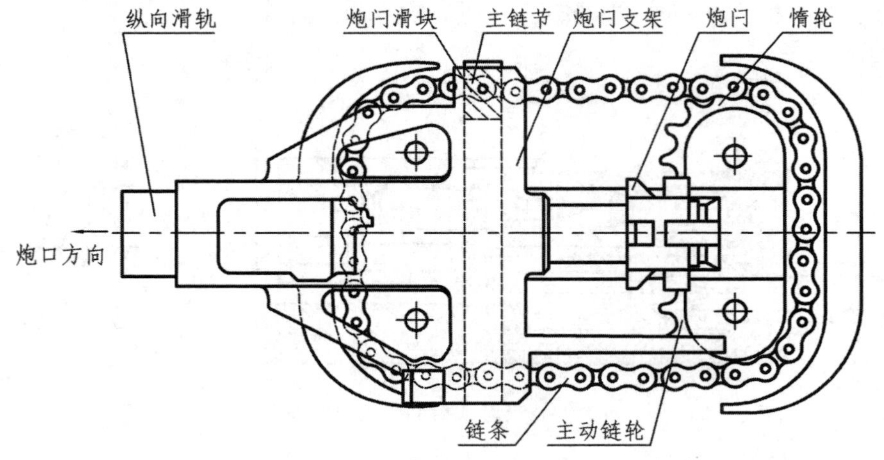

图 3.25　链式自动机结构原理图

链条轨道的长度和宽度可根据枪炮弹的长度和循环时间的关系确定，射手可在最大射速范围内，根据需要由直流电机无级调整射速。

链式自动机主要特点有以下三点：

（1）链式自动机无需设置输弹机、炮闩缓冲器、防反跳等机构，但增加了供弹系统的动力传动机构和控制协调机构。

（2）枪机或炮闩通过枪炮尾直接与身管连接，机匣或炮箱不受力，能简化结构，延长寿命，同时便于加工。

(3) 链驱动枪机或炮闩在复进、击发、开锁开闩、抽退壳、供弹等过程中，运动平稳，撞击小，有助于延长自动机零部件的寿命，并提高射击密集度。

3.7　双管联动式自动武器

双管联动式自动机是两个相同的单管导气式身管组合在一起，互相利用膛内火药燃气能量完成射击循环，实现轮番射击的自动武器，如图 3.26 所示。这种方式导气装置结构较复杂一些，但可以省去各自的复进装置。

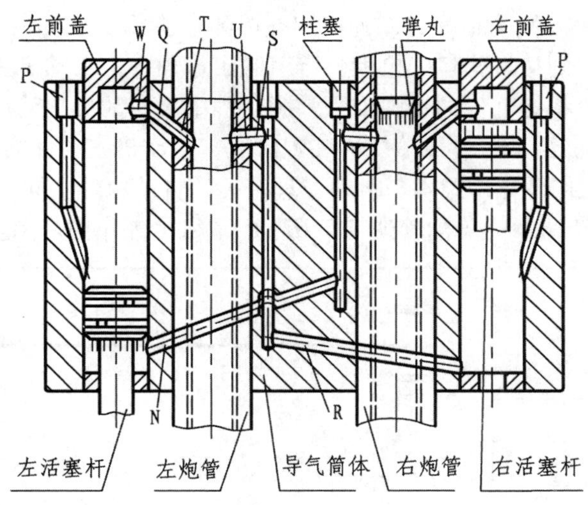

注：P——排气孔；W——前盖上导气孔；T，U——炮管导气孔；R，N，Q，S——导气筒导气孔。

图 3.26　双管联动自动机原理图

3.8　自动机工作循环图

自动机是自动武器的核心组成部分，是自动完成重新装填和发射下一发弹药，实现连发射击的各机构的组合。自动机所完成的各种自动动作，如开锁、闭锁、开闩、关闩、后坐复进、抽壳（筒）、退壳、抛筒、输弹、供弹等，有时是部分发生，有时是全部同时发生。这样就要求一个或几个机构在各不同的工作阶段内与自动机的主动件相连接，并且在不同的瞬间内其中某机构被接入，而另一些机构则被分开。

为了清楚地反映自动机主要部件的联动及各运动构件之间的关系，反映自动机各机构的工作顺序，可以用自动机工作循环图来表示。

自动机工作循环图是显示自动机运动规律的一种图表，通常有两种形式。

3.8.1　以主动构件位移为自变量的循环图

枪械自动机多用这种循环图。

取水平轴表示自动机主动件的行程，用横线将垂直轴分成若干段，形成若干横行，对机构的每一动作分配一定的横行，横行中标出此动作的起点和终点所对应的主动件行程坐标。

枪械及自动炮自动机主动件的行程和位置主要有：

（1）自由行程。开锁前或闭锁后自动机主动件的位移；

（2）开锁行程。开锁过程中，自动机主动件的位移；

（3）闭锁行程。闭锁过程中，枪机框、机体或套筒的位移；

（4）加速行程。枪机或机体加速阶段自动机主动件的位移；

（5）抽壳行程。从开始抽壳到抛壳位置，自动机主动件的位移；

（6）抛壳位置。开始抛壳时，自动机主动件的位置；

（7）输弹行程。输弹（指弹链供弹机构的拨弹）阶段自动机主动件的位移；

（8）脱弹行程。到达进弹口的枪弹自链节脱出过程中，自动机主动件的位移；

（9）推弹行程。将进弹口的枪弹推入弹膛过程中，自动机主动件的位移；

（10）缓冲行程。活动机件压缩缓冲装置阶段，自动机主动件的位移。

枪械自动机的工作循环的差别与自动原理有关，自动原理不同，自动机各机构的动作差别很大。图 3.27 所示为美国勃朗宁 7.62mm 重机枪工作循环图。

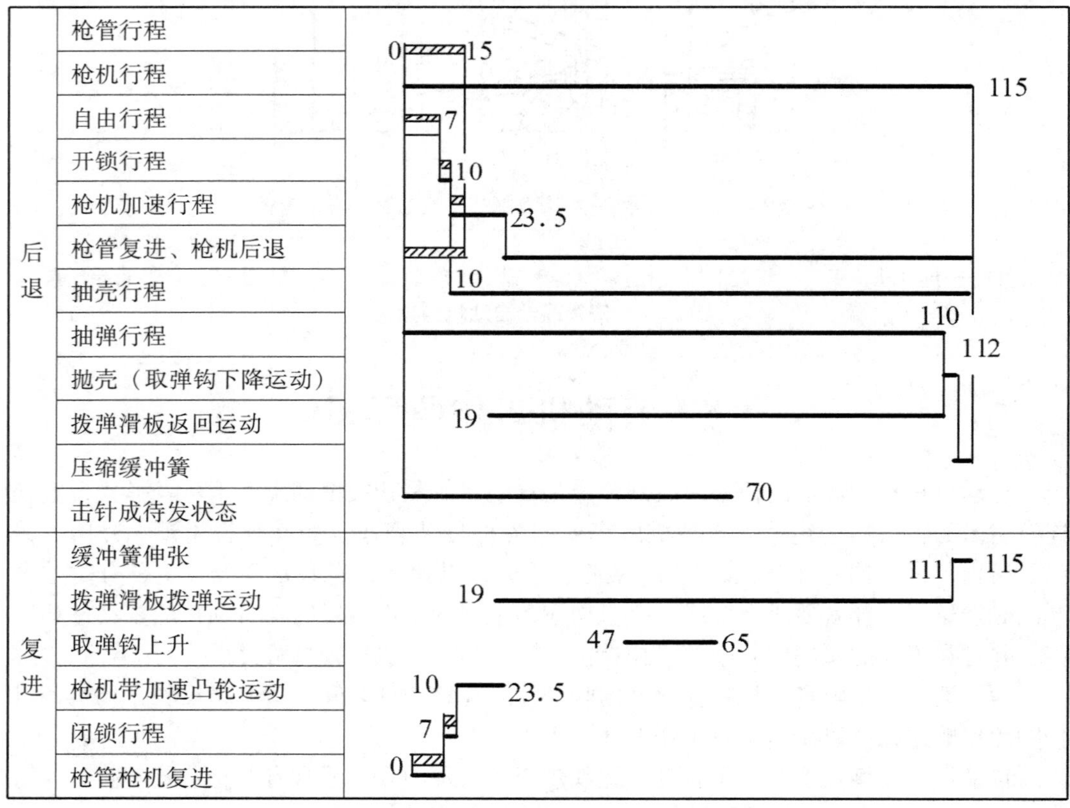

图 3.27　美国勃朗宁 7.62mm 重机枪工作循环图

自动炮的工作循环图也有用这种形式的，图 3.28 为 65－1 式 37mm 自动炮自动机以位移为自变量的自动循环图。作图时，在横坐标轴上以一定的比例尺截取一线段，表示主动件炮身的位移，以相同的比例尺与原点相隔一定距离，作横坐标轴的若干平行线，相应地表示自动机各机构工作阶段主动构件的位移。在各行的左端并列地注明机构名称及运动特征段。

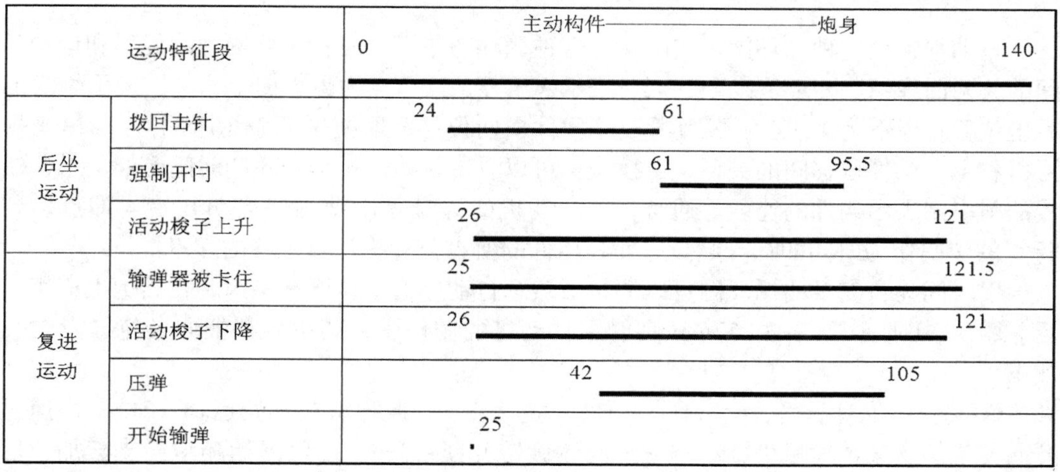

运动特征段		主动构件——炮身 0～140
后坐运动	拨回击针	24～61
	强制开闩	61～95.5
	活动梭子上升	26～121
复进运动	输弹器被卡住	25～121.5
	活动梭子下降	26～121
	压弹	42～105
	开始输弹	25

图3.28　65－1式37mm自动炮自动机循环图（炮身位移为变量）

以位移为自变量的循环图用于火炮时存在一些不足之处，它不能表明工作过程中各机构的位移与时间的关系。且当主动构件停止运动后，某些工作构件可能仍在继续运动，这些工作构件的运动便无法再用主动构件的位移来表示。为了表示这些工作构件的运动，只能重新选取主动件，即将另一工作构件再看成主动构件，另外建立补充的循环图。如图3.28所示的65－1式37mm自动炮自动机工作循环图，未能表示惯性开闩阶段闩体的运动及抽筒运动，也不能表示关闩、闭锁运动。为此，必须另外建立图3.29

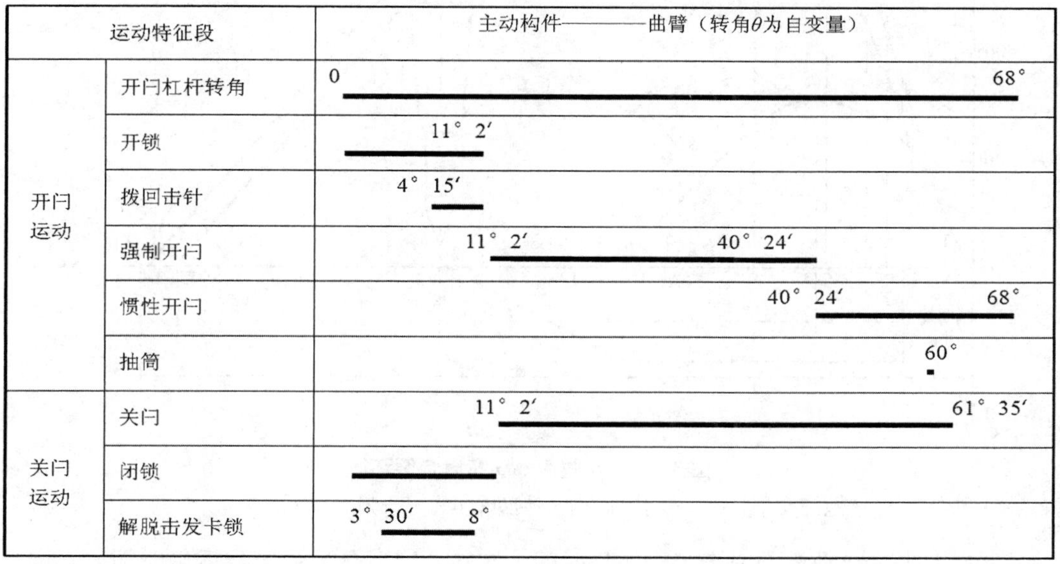

运动特征段		主动构件——曲臂（转角θ为自变量）
开闩运动	开闩杠杆转角	0～68°
	开锁	～11° 2′
	拨回击针	4° 15′
	强制开闩	11° 2′～40° 24′
	惯性开闩	40° 24′～68°
	抽筒	60°
关闩运动	关闩	11° 2′～61° 35′
	闭锁	
	解脱击发卡锁	3° 30′～8°

图3.29　65－1式37mm自动炮炮闩循环图（曲臂转角θ为变量）

所示的以曲臂转角 θ 为自变量的循环图，以表明开闩、抽筒和关闩、闭锁运动。因此，如果用这种循环图来比较各式自动机，很难清楚反映其各自的工作特点。

3.8.2 以时间为自变量的循环图

自动炮常用这种循环图。实际上，这种循环图是自动机各主要构件的位移和运动时间的关系曲线图。一般取纵坐标同时表示 X 和 Y，以原点为界，向上为 X，表示炮身的后坐位移；向下为 Y，表示拨弹滑板等构件横向位移，取横坐标表示时间 t。由纵坐标可以看出各构件位移间的关系，由横坐标可以看出各构件运动顺序和时间上的关系，曲线的斜率则表示构件的速度。通常，把自动机的炮身等主动构件运动开始（即点燃装药）的瞬间作为时间的计算起点，而各构件的所在位置为计算位移的起点。

以时间为自变量的循环图可以清楚地表示自动机的工作原理，因此在火炮上应用广泛。图 3.30 所示为 59 式 57mm 高射炮自动机的循环图，图中各特征段及特征点含义如下：

O～8——炮身后坐；8～11——炮身复进；1——拨弹滑板开始运动；2——加速机开始使炮闩支架加速后坐；2～3——闩体旋转开锁；3——闩体开始随炮闩支架加速后坐并开始抽筒；4——拨弹滑板向左运动到位；5——加速机工作完毕；6——开始缓冲；7——缓冲完毕；8——炮身后坐到位开始复进；9——炮闩支架后坐到位，复进一小段后被自动发射卡锁卡住；10——拨弹滑板开始向输弹线上拨弹；11——炮身复进到位；12——压弹到位，自动发射卡锁解脱，开始输弹；13——输弹到位；13～14——闩体旋转闭锁和击发；14——击发完毕；O′——炮身后坐，开始下一发炮弹的发射循环。

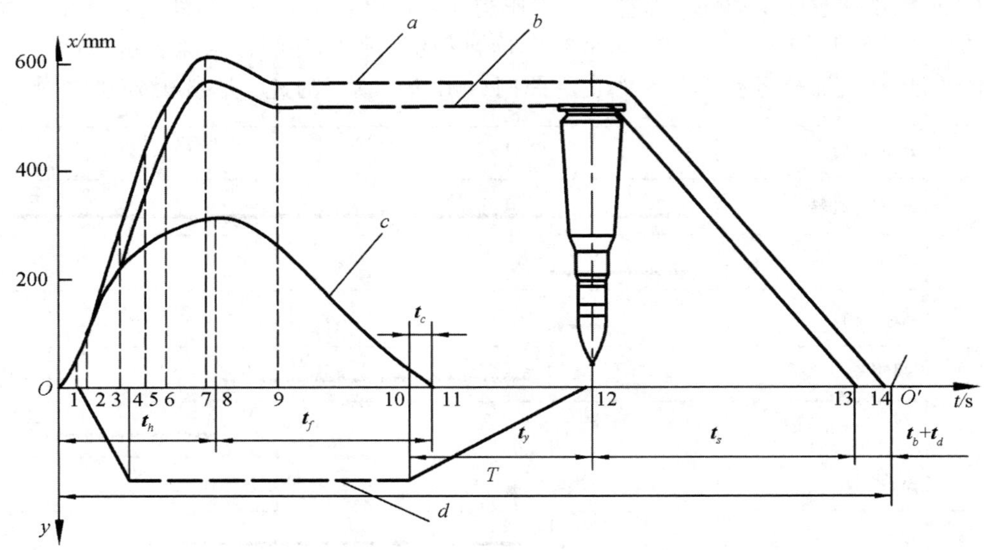

图 3.30　59 式 57mm 高射炮循环图

图中：a——炮闩支架；b——闩体；c——炮身；d——拨弹滑板。

若以 t_x 表示自动机的一个工作循环时间，它包含以下分量：炮身后坐时间 t_h，炮身

复进时间 t_f，压弹时间 t_y，重叠时间 t_c，输弹时间 t_s，闭锁时间 t_b，点燃底火时间 t_d。即：

$$t_x = t_h + t_f + t_y - t_c + t_s + t_b + t_d \tag{3-1}$$

在正常情况下，59 式 57mm 高射炮的 $t_x = 0.50 \sim 0.57$s。因此理论射速为 105 ~ 120 发/min。

从式（3－1）可知，如要提高理论射速，可以采取以下措施：

（1）缩短炮身后坐和复进时间，具体方法为减小后坐长度，提高后坐和复进的平均速度。

（2）提高压弹速度，使压弹在炮身复进到位前完成，压弹过程就不会占自动机循环时间。

（3）缩短输弹时间，具体方法是尽可能缩短输弹长度，增大输弹的平均速度。

思考题

1. 常用的自动武器自动方式有哪几种？各有什么特点？

2. 简述身管后坐式和导气式自动武器的工作原理。

3. 自动机是哪些机构的总和？

4. 试说明 54 式 7.62mm 手枪、54 式 7.62mm 冲锋枪各采用了什么自动方式。

5. 画出奥施瓦兹洛瑟 8.0mm 重机枪自动机核心部分（图 3.8）的机构简图。

6. 分析法国 FA. MAS 5.56mm 自动步枪和法 AA 52 7.5mm 通用机枪采用的自动方式及其工作原理。

7. 分析转管式和转膛式自动武器的工作原理。

8. 论述自动机工作循环图的作用及种类。

9. 根据图 3.30 的 59 式 57mm 高射炮循环图分析该炮的自动循环过程。

10. 根据枪械及自动炮自动机主动件的行程和位置的概念，描述一般导气式武器自动机的一个循环过程。

第二部分　枪械与自动炮主要结构构造及其工作原理

第 4 章　闭锁机构与防反跳机构

闭锁机构是自动武器中最基本的机构之一，防反跳机构则与闭锁机构有密切的关系。

4.1　闭锁机构

顾名思义，自动武器闭锁机构是这样一类机构，对于现代使用金属弹壳弹药的武器，在射击时关闭并锁住弹膛，顶住弹壳，以防止弹壳断裂和火药气体向后泄出，保证射击威力和发射安全可靠。

若采用无壳枪弹，虽不需要顶住弹壳以防弹壳断裂，但是闭锁机构仍然承受火药燃气的巨大压力，而且对防止火药燃气向后逸出的要求将会更高。

现代自动武器闭锁机构的主要构件有：枪机、枪机框或机头、机体等。它们常相对于机匣作纵向运动。除了完成关闭弹膛的工作外，还有带动其他机构完成开锁、退壳、压缩复进簧以积蓄复进能量、使发射机构待发、供弹、击发等动作。按照射击时枪管和枪机的连接性质，闭锁机构分为惯性闭锁机构和刚性闭锁机构两大类。

4.1.1　惯性闭锁机构

射击时，枪机和枪管间没有牢固扣合，或者虽有扣合，但射击后在膛底压力作用下枪机能自行开锁，依靠枪机质量的惯性作用，或利用质量转移及增大阻力等原理来延迟开锁，达到闭锁作用。这种闭锁方式称为惯性闭锁，是最简单的闭锁机构。与这种闭锁方式对应的自动方式主要是枪机或炮闩等后坐式。

1. 惯性延迟开锁式闭锁机构

惯性延迟开锁式闭锁机构适用于自由枪机式武器。其工作原理为：发射时，枪机和枪管间根本没有扣合，仅仅依靠枪机质量的惯性作用及复进簧的抗力，达到瞬时关闭弹膛的目的。这类闭锁机构的弹膛实际上是“闭而不锁”，枪机在膛底火药燃气压力作用下直接即行后坐，打开枪膛，不需要作机构上的安排。图 3.4 所示同时也表示了惯性延迟开锁式闭锁机构的工作原理。

2. 机械延迟开锁式闭锁机构

机械延迟开锁式闭锁机构的工作原理为：发射时，利用各种机械结构延迟开锁时间，枪机和枪管（或机匣）间存在扣合，但“扣而不牢”，枪机组件能在膛压作用下自行开锁后坐，是一种开锁时受约束的惯性闭锁机构。枪机组件一般由两个或者两个以上的构件组成，构件间依某种传动关系可相对运动。枪机组件的质量不大，但在运动中转换到机头的质量很大，使得开锁阶段机头的后坐速度很小，以免在膛压很大时弹壳后移过多，造成弹壳破裂等现象。

采用这类闭锁方式的武器，其自动方式对应于半自由枪机式。典型的如美国莱逊冲锋枪，德国 G3 自动步枪，美国汤姆逊冲锋枪、奥地利施瓦兹洛瑟 8.0 重机枪、美国彼得逊 7.62 自动步枪、法国 FA. MAS 自动步枪、AA52 通用机枪等。

德国 G3 式 7.62mm 自动步枪如图 4.1 所示。闭锁时，复进簧通过机体和楔铁使滚柱进入枪管座内的闭锁槽中。发射时，火药燃气的压力通过弹壳使机头后坐，机头又施力于滚柱，滚柱在闭锁槽的作用下收拢。此过程中使楔铁和机体加速后坐，直到滚柱完全离开闭锁槽进入机体内，闭锁机构约束解除，然后由机体以其获得的较高速度带动机头后坐。在机构约束作用时期，反作用力使机头后坐加速度减小，开锁时机被推迟。

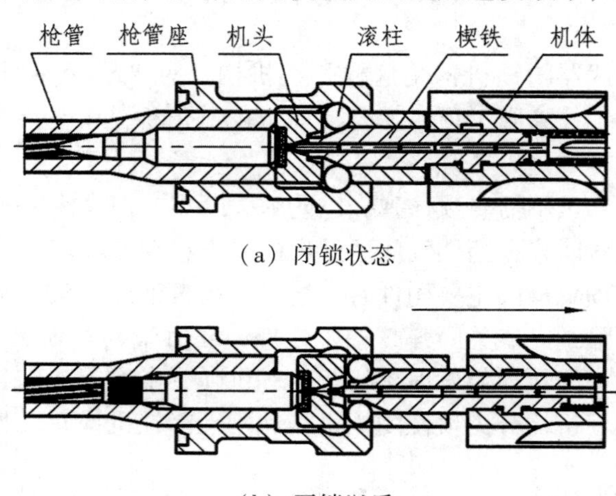

(a) 闭锁状态

(b) 开锁以后

图 4.1 德国 G3 式 7.62mm 自动步枪闭锁机构

这类闭锁机构解决了一般惯性闭锁机构枪械中枪机质量过大带来的一部分问题，并且可以用于轻重机枪等威力较大的武器，结构上并不十分复杂。

3. 气体延迟开锁式闭锁机构

利用装药燃烧气体来执行延迟开锁。通常是在接近膛室处开洞，将燃烧高压气体导至枪管下方活塞，利用其高压阻止枪机提前开锁，直到弹头出膛口后，压力降低下才开锁。

发射时，靠枪机的惯性关闭枪膛，并利用部分火药燃气阻止枪机后坐的闭锁机构。如图 4.2 所示，发射过程中，弹头通过枪管上气孔后，膛内的火药燃气经气孔进入气室，气室前端与套筒相联，作用于气室前端的火药燃气的压力可阻止套筒后坐，使套筒不致在高膛压下后坐位移过大，且套筒的质量可比惯性闭锁式闭锁机构的枪机质量小。这类闭锁机构对弹膛也只闭而不锁，但仍能起闭锁机构的作用，一般仅用于手枪上。德国 Heckler & Koch P7 系列手枪即是使用这一原理，如图 4.3 所示。

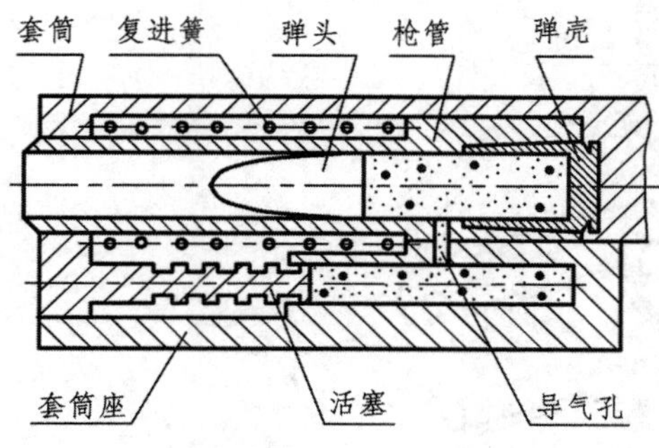

图 4.2　气体延迟开锁式闭锁机构原理图

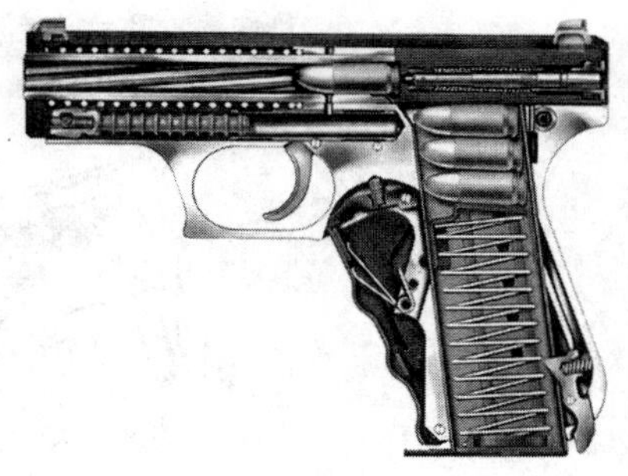
4.3　Heckler & Koch P7 系列手枪原理图

4.1.2　刚性闭锁机构

射击时身管和枪机牢固扣合，膛底压力不能使枪机自行开锁，这种闭锁方式称为刚性闭锁。刚性闭锁机构能保证枪弹威力较大的武器可靠工作，在枪械、自动炮上广泛使用，而且变化多样，构成丰富多彩、各具特性的闭锁机构体系。

根据开、闭锁时零件的运动方式，刚性闭锁机构大致又可分为：回转式、偏移式、摆动式和横动式四种结构形式。以回转式和偏移式两种结构形式最为常见。

1. 回转式刚性闭锁机构

开闭锁时回转运动件可以是枪机、机头或枪管。

1）枪机回转式闭锁机构

枪机回转式闭锁机构广泛应用于导气式自动武器。导气式武器中，由枪机、枪机框上的定型槽与闭锁凸榫相互作用，使枪机回转。闭锁凸榫进入机匣闭锁卡槽而实现闭锁。如 56 式 7.62mm 冲锋枪，美国 M16 自动步枪、AK47、AK74 枪族以及我国 81 枪族和新一代枪族等。

如图 4.4 所示，56 式 7.62mm 冲锋枪闭锁机构为枪机回转式，闭锁时枪机前端的左右闭锁凸榫进入机匣对称的闭锁卡槽中，开闭锁动作由枪机框上的定型槽控制枪机上的凸起，使枪机回转而完成，这种结构的闭锁刚度好。

美国 M16 自动步枪闭锁机构也采用枪机回转闭锁，见图 4.5。枪机前端有 7 个闭锁凸榫和一个拉壳钩凸起，按圆周对称分布。枪机框上的定型槽和枪机上的立柱相互作用以完成开闭锁动作。开闭锁时回转角小，这种机构的优点是枪机运动平稳。

2）机头回转式闭锁机构

机头回转式闭锁机构应用于身管后坐式。在身管后坐式武器中，枪机由机头和机体两个大件组成。机头上有闭锁凸榫，闭锁时通过机体上的闭锁工作面使机头回转，机头的闭锁凸榫与枪管扣合而实现闭锁。射击后，枪管和枪机于闭锁状态共同后坐，通过机匣上的开锁工作面完成开锁动作。如 56 式 14.5mm 高射机枪，德国 MG34 轻机枪等。

56 式 14.5mm 高射机枪闭锁机构（图 4.6），机头前端为圆筒形，发射时，其内部的闭锁凸榫支撑在枪管尾端外部的凸榫上。发射后枪管和枪机共同后坐走完自由行程，前

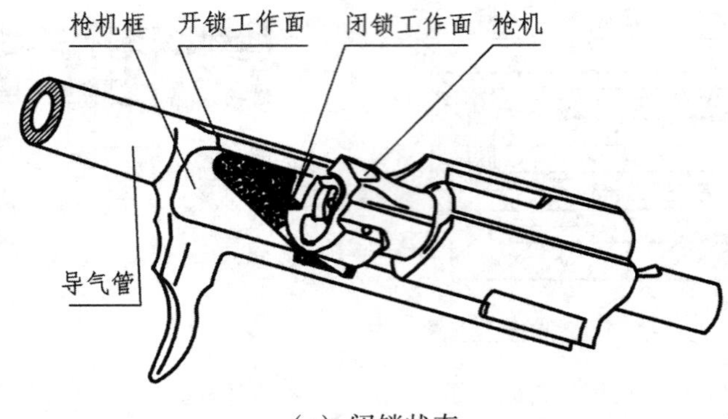

（a）闭锁状态

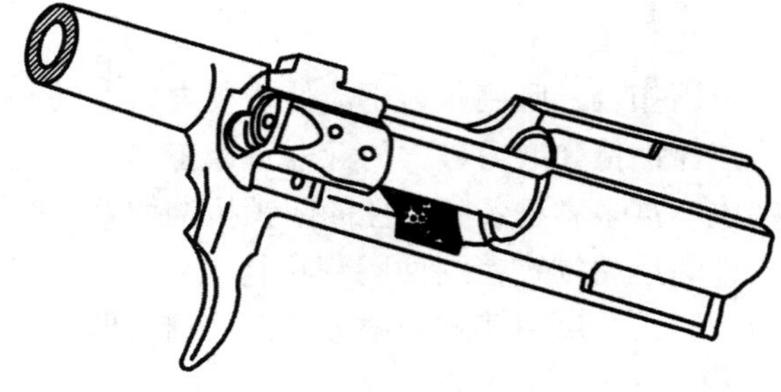

（b）开锁以后

图 4.4　56 式 7.62mm 冲锋枪闭锁机构

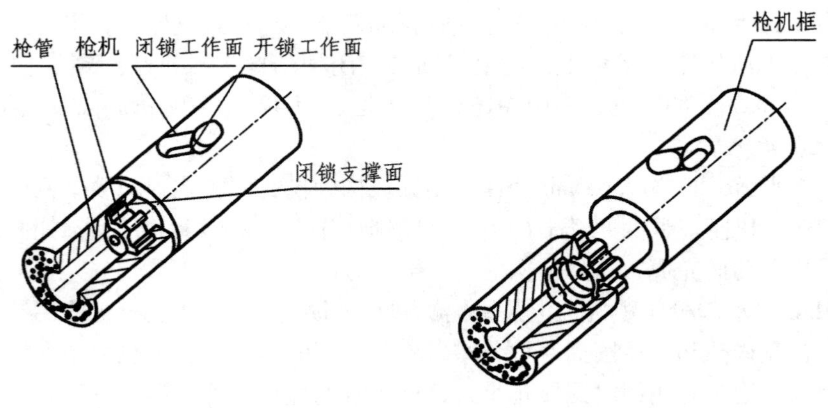

（a）闭锁状态　　　　（b）开锁以后

图 4.5　美国 M16 自动步枪闭锁机构

滚柱的外滑轮沿机匣上的定形板滚动，迫使机头回转开锁。复进时机头前进到枪管后端并位于定型槽前方时，前滚柱迫使机头反向回转而闭锁。该机构用机头代替节套，结构较紧凑。

3）身管回转式闭锁机构

身管回转式闭锁机构一般用于手枪，如图 4.7 所示即是采用枪管回转式实现开闭锁枪膛。发射后，膛底压力通过弹壳推套筒后退，套筒通过闭锁断隔螺带枪管一同后退一

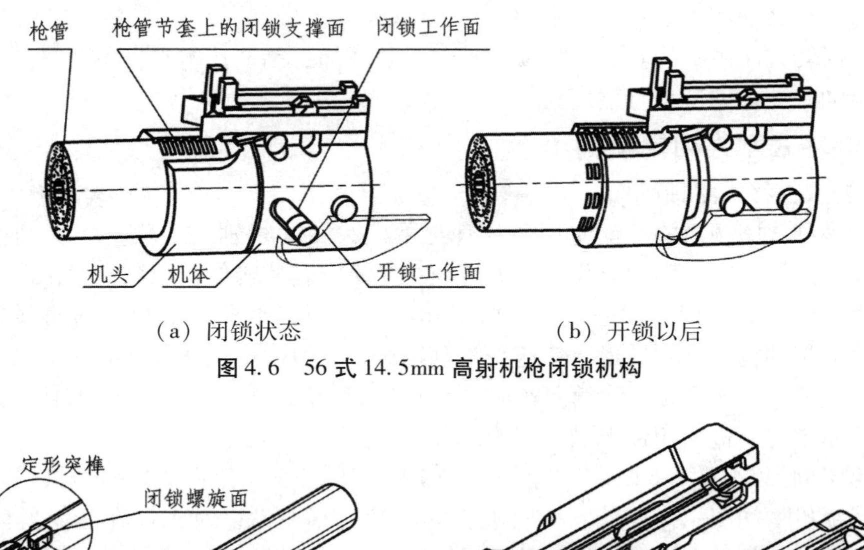

（a）闭锁状态　　（b）开锁以后

图 4.6　56 式 14.5mm 高射机枪闭锁机构

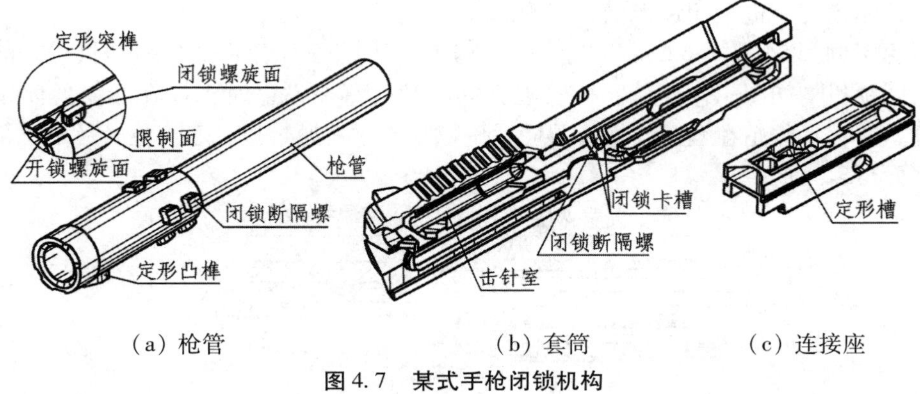

（a）枪管　　（b）套筒　　（c）连接座

图 4.7　某式手枪闭锁机构

短距离后，定型凸榫的开锁螺旋面与连接座定型槽上的开锁螺旋面作用，迫使枪管顺时针方向回转，枪管闭锁断隔螺与套筒闭锁断隔螺脱离而开锁；枪管后退至其定型凸榫上的圆弧面与连接座定型槽上的圆弧面贴靠时停止后退；套筒继续后坐完成其他自动动作。

复进时，当套筒弧形凸起与枪管后切面相接后，弹底巢平面抵住药筒底部即封闭枪膛后端；套筒再行向前，拉壳钩与枪管作用，使枪管闭锁断隔螺与套筒闭锁断隔螺位置对正；进而定形槽闭锁螺旋面与定型凸榫闭锁螺旋面作用，枪管逆时针方向回转，枪管闭锁断隔螺与套筒闭锁断隔螺旋合实现闭锁。

复进过程中，当枪管和套筒两者闭锁断隔螺对正时，在闭锁螺旋面的引导下，枪管逆时针回转，使枪管和套筒两者闭锁断隔螺扣合实现闭锁。

4）回转式闭锁机构的优缺点

回转式闭锁机构有以下优点：① 闭锁凸榫对称成双配置，机匣受力对称均匀，有利于提高射击精度；② 受力零件刚度大，弹性变形小，工作可靠；③ 枪机复进时是通过平面来带动枪机，活动机件在运动中与机匣的摩擦力较小，有利于闭锁机构在恶劣条件下的正常工作；④ 开、闭锁工作面均为螺旋面，在开、闭锁时动作平稳，灵活可靠。

缺点是：结构较复杂，制造较困难，尤其是机头回转式闭锁机构更为明显。为了顺利而平稳完成闭锁动作，结构上就必须设有启动斜面。闭锁凸榫支撑面均为螺旋面，修理研配时，接触面积不易达到要求。

由于回转式闭锁机构具有很大的优点，且目前加工制造技术水平不断提高，其在现代轻型自动武器中的应用日益广泛。

2. 偏移式刚性闭锁机构

1）身管偏移式闭锁机构

身管偏移式闭锁机构一般应用于身管短后坐武器（特别是手枪）上，利用身管的运动来实现闭锁。开、闭锁动作由一铰链或相当于铰链的构件来控制。射击后，膛内火药气体压力使套筒（即枪机）后坐，由于套筒上的闭锁卡槽与枪管上的闭锁突茎相扣合，套筒即带动枪管一起后退。铰链绕结合轴后转，迫使枪管偏移，后端下沉，闭锁突茎脱离闭锁卡槽形成开锁。套筒复进时，推动枪管向前，铰链绕结合轴前转，使枪管后端上抬，闭锁突茎进入闭锁卡槽，实现闭锁。

应用实例如54式7.62mm手枪，波兰劳道姆手枪等身管后坐式闭锁机构。波劳道姆手枪闭锁机构如图4.8所示，枪管上方的闭锁突茎在发射时支撑在套筒的闭锁卡槽上。开、闭锁动作是在套筒与枪管共同后坐或复进时，通过扳机座与枪管后端下部的开闭锁斜面得以完成。

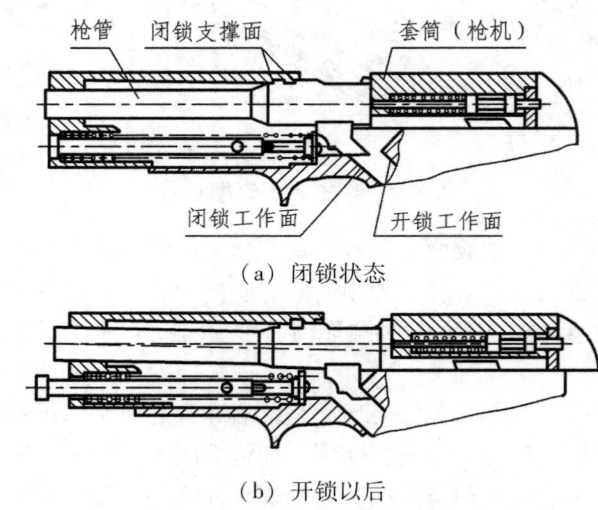

（a）闭锁状态

（b）开锁以后

图4.8　波兰劳道姆手枪闭锁机构

54式7.62mm手枪闭锁机构如图4.9所示，枪管上方的两个闭锁突茎在发射时支撑在套筒的闭锁卡槽上。开、闭锁动作是在套筒与枪管共同后坐或复进时，通过铰链摆动使枪管偏移而得以完成。

身管偏移式闭锁机构优点是结构比较简单，外形尺寸不大。

其缺点有：① 枪管轴线在弹头飞离枪口瞬间对套筒轴线偏移了一个角度，因而影响射击精度；② 只适用于枪管较短又较轻的武器上。

现代手枪，为了使结构简单以提高其可靠性，多数采用自由枪机式，而很少采用枪管偏移式闭锁机构。

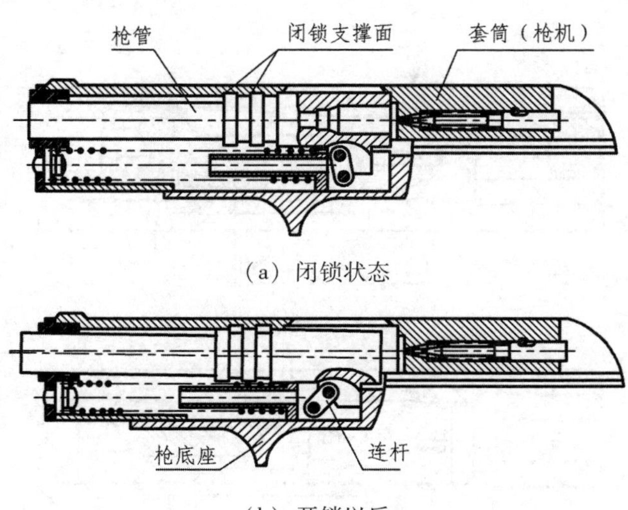

（a）闭锁状态

（b）开锁以后

图 4.9 54 式 7.62mm 手枪闭锁机构

2）枪机偏移式闭锁机构

枪机偏移式闭锁机构，旧称枪机偏转式闭锁机构或枪机摆动式闭锁机构，在导气式自动武器上得到广泛应用。它是依靠枪机后端向一侧偏移，进入机匣闭锁卡槽，枪机框的一个限制面给枪机施加一垂直于枪膛轴线的约束力，以实现闭锁。枪机偏移的方向，决定于各机构的总体安排，有上下偏移的，也有左右偏移的。

捷克 ZH－29 半自动步枪采用枪机偏移式闭锁机构，如图 4.10 所示。枪机向左偏移完成闭锁。发射瞬间，枪机尾部左方的倾斜小平面支撑在机匣卡槽的倾斜支撑面上，枪机框限制面在右边对枪机加力进行约束，实现刚性闭锁。发射后枪机框后退走完自由行程时，枪机框对枪机的约束力解除，其开锁斜面与枪机开锁斜面作用使枪机偏移而开锁。复进时，枪机到位后枪机框闭锁斜面与枪机闭锁斜面相互作用，使枪机偏移进入机匣闭锁卡槽，枪机框限制面即给枪机以约束，从而实现闭锁。枪机框限制面的长度即为自由行程的长度。

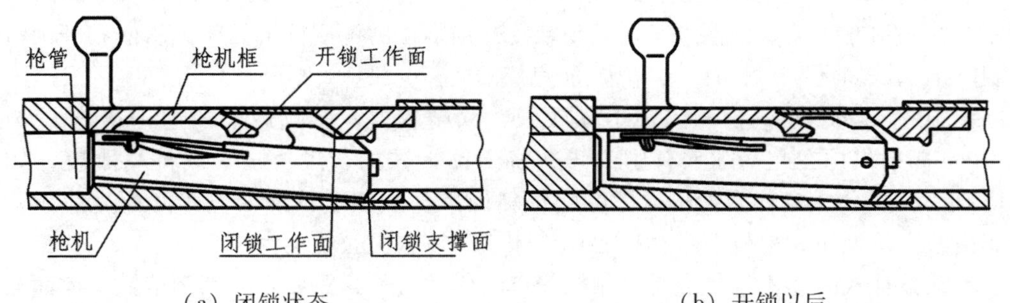

（a）闭锁状态　　　　（b）开锁以后

图 4.10 捷克 ZH－29 半自动步枪闭锁机构

53 式 7.62mm 重机枪闭锁机构也是一种典型的枪机偏移式闭锁机构，如图 4.11 所示。动作原理与捷克 ZH－29 半自动步枪相似，但闭锁时枪机向右偏移。

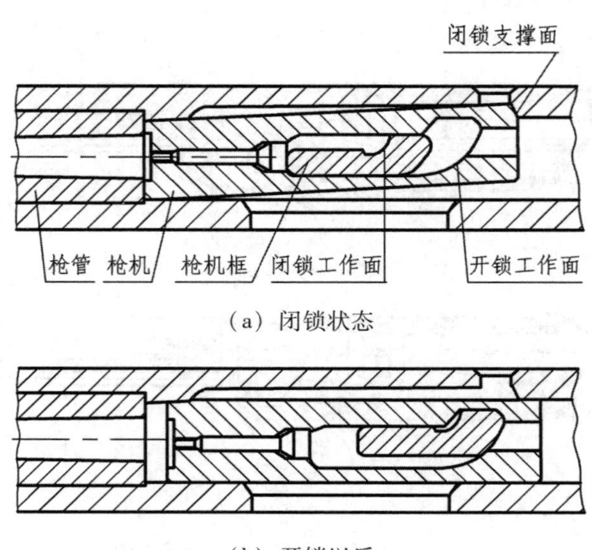

（a）闭锁状态

（b）开锁以后

图 4.11　53 式 7.62mm 重机枪闭锁机构

枪机偏移式闭锁机构优点是：结构简单，闭锁确实可靠，制造维修方便。缺点是：闭锁支撑面偏向一侧，受力不对称，使武器的射击精度降低；枪机框是通过闭锁斜面带动枪机向前运动的，在枪机和机匣之间产生较大的摩擦力，消耗活动机件复进的能量，影响机构动作的可靠性；枪机较长，弹性变形大，刚度较差，射击时影响闭锁间隙，造成抽壳困难和弹壳横断。

3）卡铁偏移式闭锁机构

卡铁偏移式闭锁机构在导气式武器中也得到广泛应用，它是依靠枪机框的扩张部使闭锁卡铁向两侧张开，进入闭锁卡槽实现闭锁。如 56 式 7.62mm 轻机枪、58 式 7.62mm 连用机枪、54 式 12.7mm 高射机枪、77 式和 85 式 12.7mm 高射机枪、87 式 35mm 自动榴弹发射器等均采用卡铁偏移式闭锁机构。

56 式 7.62mm 轻机枪闭锁机构如图 4.12 所示，枪膛的闭锁靠闭锁卡铁尾部倾斜的闭锁支撑面顶在闭锁卡槽上来实现。闭锁及开锁动作由枪机框上的闭锁斜面和开锁斜面控制闭锁卡铁的运动（张开、并拢）而完成。

56 式 7.62mm 轻机枪的闭锁卡铁较长，刚度较差，影响武器的射击精度。77 式 12.7mm 高射机枪在此基础上有了改进，将闭锁卡铁的长度缩短，以提高刚度，如图 4.13 所示。其闭锁动作由枪机框上的闭锁斜面推动闭锁卡铁向两侧张开而完成。开锁动作由膛底的低压和枪机框带动枪机体使闭锁卡铁自由收拢而完成。

卡铁偏移式闭锁机构优点是：结构简单，作用可靠；只要左右闭锁卡铁支撑面与闭锁卡槽贴靠均匀，射击时受力就对称；当闭锁间隙增大时，只需更换和焊修闭锁卡铁，维修方便。缺点是：闭锁卡铁一般薄而长，射击时闭锁刚度较差；活动机件复进能量消耗较多，影响机构动作的可靠性。

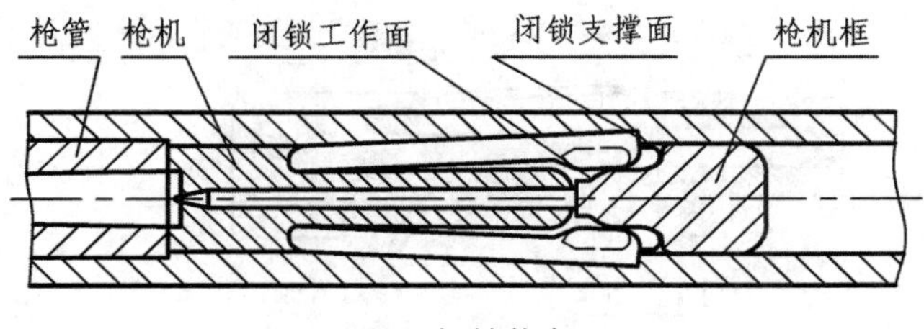

（a）闭锁状态

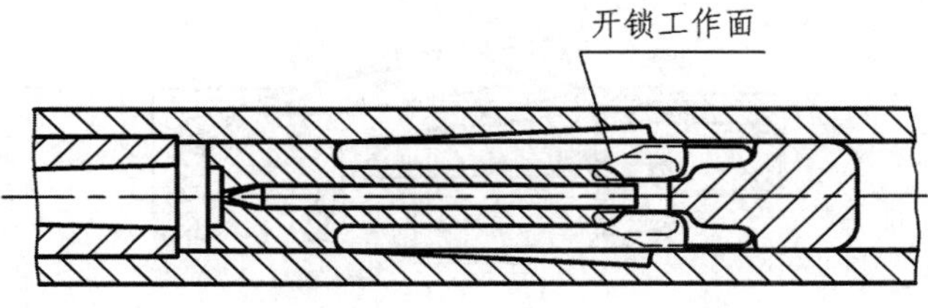

（b）开锁以后

图4.12　56式7.62mm轻机枪闭锁机构

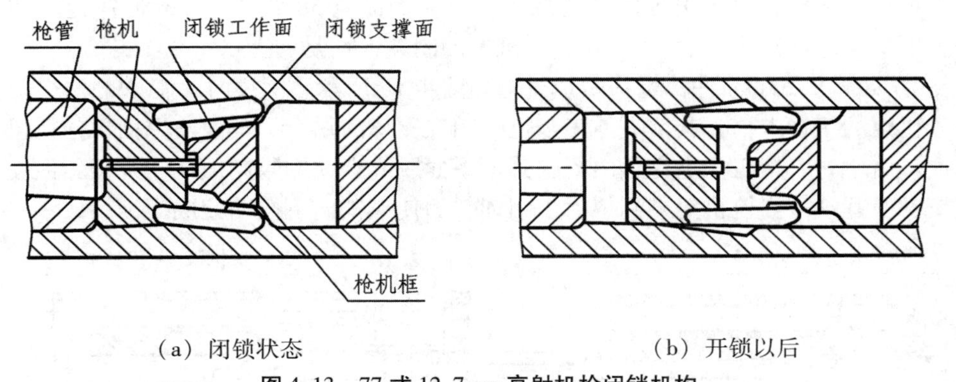

（a）闭锁状态　　（b）开锁以后

图4.13　77式12.7mm高射机枪闭锁机构

3. 摆动式刚性闭锁机构

1）枪机摆动式闭锁机构

丹麦麦德森轻机枪闭锁机构采用枪机摆动式，闭锁时枪机绕相对于枪管不动的横轴回转而作摆动，如图4.14所示。发射时，火药燃气作用于枪机上的力通过横轴传递给枪管节套，使枪管、节套、枪机一起后坐，枪机右侧的导柱沿机匣导板上的曲线槽运动，使枪机前方向上偏摆而开锁。复进时，同样由于曲线槽对导柱的作用，使枪机前方向下偏摆而实现闭锁。

枪机摆动式闭锁机构优点是：可以使偏移速度加快，缩短开锁行程；枪机的后坐行程小，机匣纵向尺寸小。缺点是：枪机相对于枪管没有纵向运动，不能采用枪机上安装抽壳钩的办法完成退壳工作；为便于进弹和退壳，枪机偏摆的位移量较大，这将增大武器的横向尺寸。

2）卡铁摆动式闭锁机构

卡铁摆动式闭锁机构利用闭锁卡铁上下摆动，进入机匣闭锁卡槽实现闭锁。闭锁卡

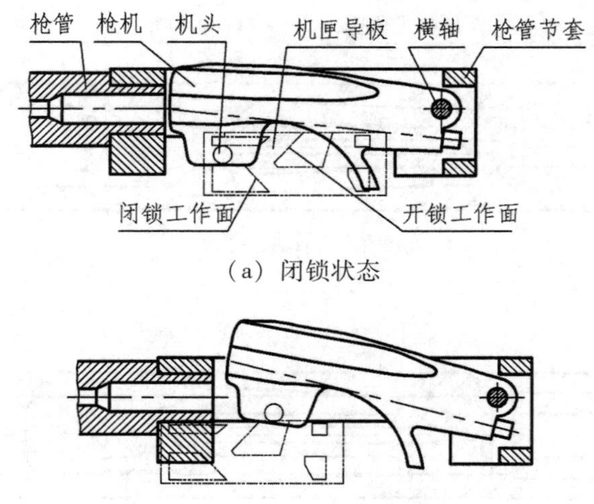

（a）闭锁状态

（b）开锁以后

图 4. 14　丹麦麦德森轻机枪闭锁机构

铁上下摆动的方向，决定于各机构的总体安排。如捷克 58 式 7. 62mm 冲锋枪的闭锁卡铁是上下摆动，捷克 59 式 7. 62mm 通用机枪的闭锁卡铁是向上摆动。

捷克 58 式 7. 62mm 冲锋枪的闭锁机构如图 4. 15 所示，闭锁时，卡铁的两个闭锁凸榫进入机匣的闭锁卡槽，其后支撑面与机匣闭锁支撑面贴合，其前支撑面抵住枪机闭锁支撑面。后坐时，枪机框走完自由行程其下平面脱离卡铁的限制面后，开锁斜面使卡铁向上摆动而开锁。当枪机复进到位后，闭锁斜面使卡铁向下摆动完成闭锁。

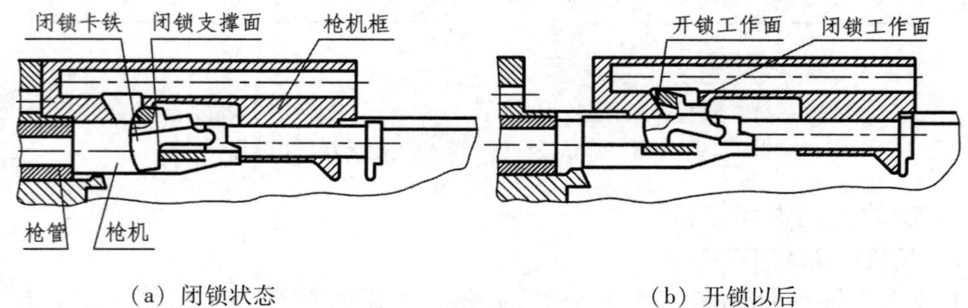

（a）闭锁状态　　　　（b）开锁以后

图 4. 15　捷克 58 式 7. 62mm 冲锋枪闭锁机构

比利时勃朗宁轻机枪闭锁机构如图 4. 16 所示，闭锁卡铁一端与枪机铰接，另一端铰接于连杆上，连杆的另一端则与枪机框铰接，开闭锁都是通过连杆带动闭锁卡铁运动。

以上两例闭锁机构都只有一个闭锁卡铁，结构简单，但受力不均，必然影响射击精度。某 12. 7mm 高射机枪采用两个闭锁卡铁，结构对称，受力均匀。如图 4. 17 所示。

卡铁摆动式闭锁机构优点是：闭锁支撑面靠近枪管尾端，闭锁刚度大；卡铁为鞍形，只要左右闭锁卡铁支撑面与闭锁卡槽贴靠均匀，射击时受力即对称；开、闭锁动作

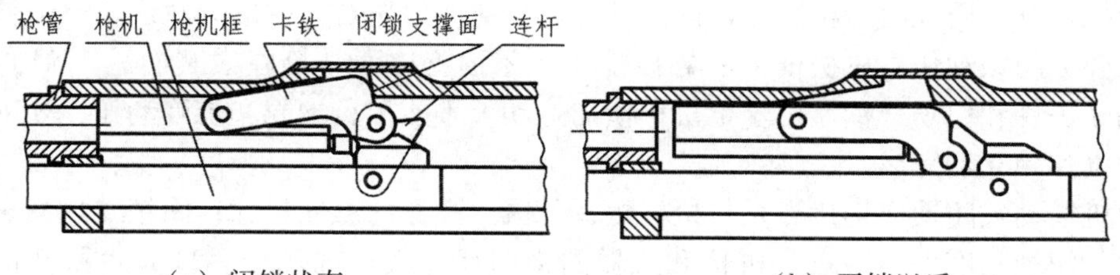

（a）闭锁状态　　（b）开锁以后

图 4.16　比利时勃朗宁轻机枪闭锁机构

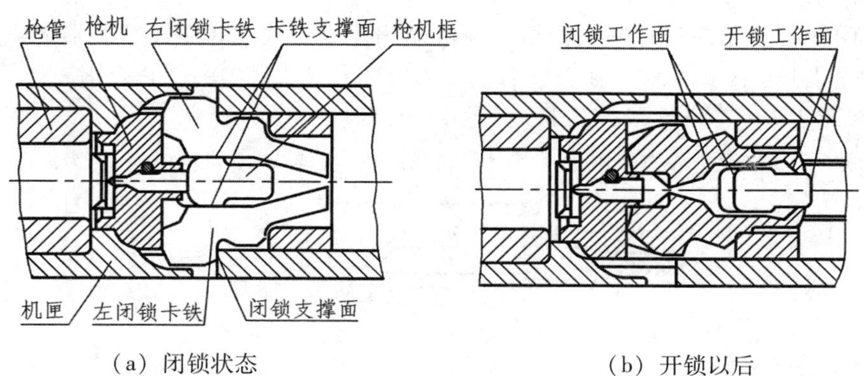

（a）闭锁状态　　（b）开锁以后

图 4.17　某 12.7mm 高射机枪闭锁机构

由枪机框通过斜面来控制，卡铁的后端突耳支撑在枪机突耳槽内，前端由弧形接触面作导向面，闭锁卡铁的开、闭锁动作可靠。缺点是活动机件复进能量消耗较多。

4. 横动式刚性闭锁机构

1）枪机横动式闭锁机构

枪机作垂直或接近垂直于枪膛轴线方向的移动来实现开、闭锁动作，在身管后坐式武器和导气式武器中都有应用。59 式 12.7mm 航空机枪即是采用这种结构（图 4.18）。

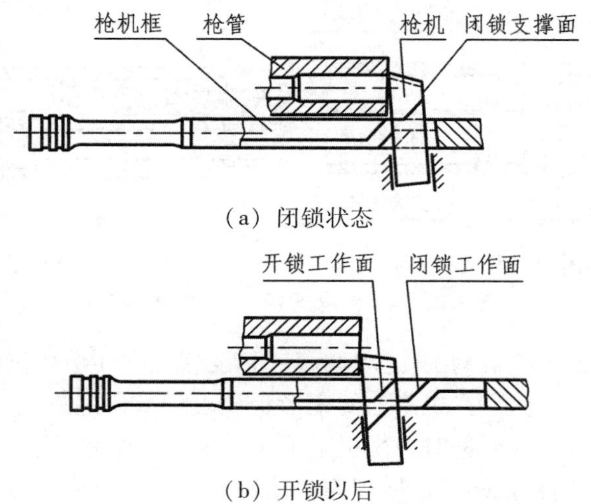

（a）闭锁状态

（b）开锁以后

图 4.18　59 式 12.7mm 航空机枪闭锁机构

枪机在开、闭锁时沿机匣作横向运动，其他时间停留在机匣的导轨内，不随枪机框运动。开、闭锁动作由枪机框上的导棱控制。闭锁支撑面与枪膛横断面成5°倾角，以改善抽壳条件和便于开锁。由于枪机作横向运动，不能担负抽壳和推弹动作，须由枪机框上的推弹除壳器完成。

枪机横动式闭锁机构优点是：枪机短，可减少武器的纵向尺寸；闭锁支撑面靠近枪管尾端，闭锁刚度大。缺点是机构和武器的横向尺寸大。现代步兵自动武器已很少采用，但在半自动火炮上应用广泛。

2）楔闩横动式闭锁机构

用一中间零件（楔闩）锁住枪机，并由楔闩作垂直或接近垂直于枪膛轴线方向的直线运动完成开、闭锁动作，在身管后坐式武器和导气式武器中都有应用。如美国勃朗宁重机枪（图4.19）；日本99式轻机枪（图4.20）等。

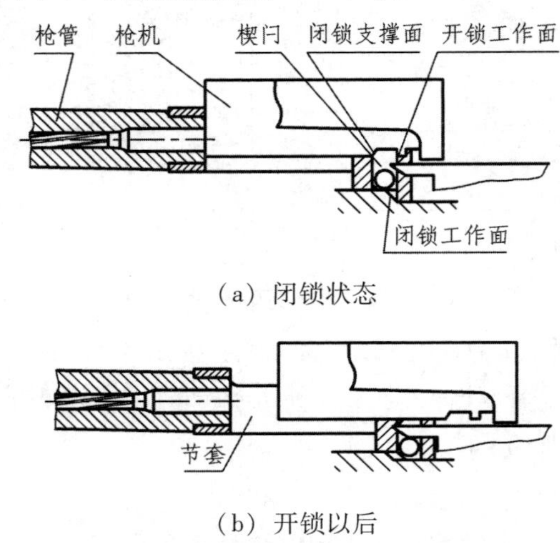

（a）闭锁状态

（b）开锁以后

图4.19 美国勃朗宁重机枪闭锁机构

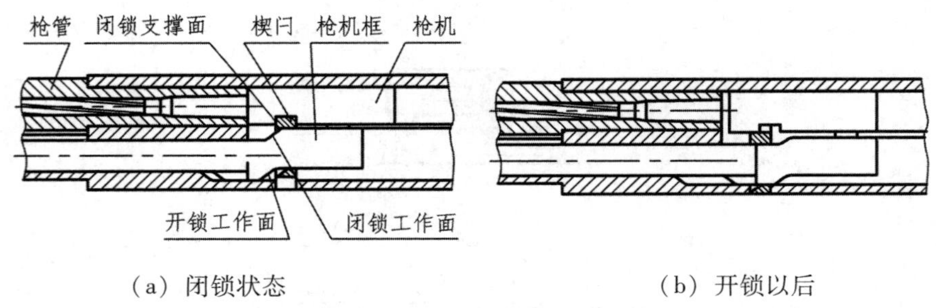

（a）闭锁状态　（b）开锁以后

图4.20 日本99式轻机枪闭锁机构

美国勃朗宁重机枪闭锁机构工作原理为：闭锁状态下，由能横向移动的楔闩支撑着枪机和节套。开锁动作由固定在机匣上的定形板压楔闩，使之进入节套上的纵槽下部，闭锁动作是在枪管枪机共同复进时，由机匣下面的闭锁斜面完成。

日本99式轻机枪闭锁机构工作原理为：闭锁状态下，由套在枪机框上的方框楔闩支撑枪机和机匣。开、闭锁动作由枪机框上的开、闭锁斜面来操纵，楔闩在开锁后进入机匣的槽内，不随活动机件运动。

楔闩横动式闭锁机构优点是：枪机结构简单，闭锁可靠。缺点是：机匣横向尺寸大，机动性、勤务性较差，现代步兵自动武器很少采用。

3）滚柱横动式闭锁机构

用一中间零件（滚柱）锁住机头，并由滚柱作横向运动完成开锁和闭锁动作。德国 MG42 7.92mm 通用机枪的闭锁机构（图 4.21）属于这一类，其自动方式为枪管短后坐式。闭锁时，左右两侧滚柱的上下两端卡在机头和枪管节套的闭锁面之间。发射时，在膛压及枪口助推器的作用下，枪管、枪管节套、枪机组件一起后坐一自由行程后，两滚柱中间部分受机匣两侧开锁工作面的作用，向中间收拢，直到滚柱两端的支撑部位脱离枪管节套的闭锁支撑面，使枪管与枪机脱离，完成开锁动作。开锁后，枪机组件继续后坐，而枪管则在枪管复进簧的作用下先行复进到位。枪机组件复进时，滚柱处于机头上闭锁卡槽的"死点"位置，虽有后面楔铁的作用，但不能向两侧撑开，因而滚柱与机匣间无摩擦。机头进入枪管节套，滚柱撞击枪管节套上闭锁卡槽的前方，使滚柱离开"死点"，楔铁前部斜面使滚柱向两侧撑开而实现闭锁。

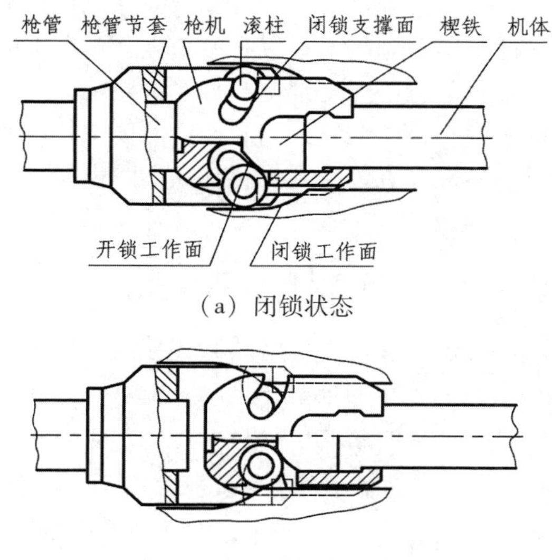

（a）闭锁状态

（b）开锁以后

图 4.21　德国 MG42 7.92mm 通用机枪闭锁机构

滚柱横动式闭锁机构优点是：开、闭锁过程中摩擦阻力小，能量损失小。缺点是结构比较复杂。

5. 其他形式刚性闭锁机构

除了上述四种典型闭锁机构以外，少数武器的闭锁机构有别于典型形式，很难归于四大类中。如图 4.22 所示的曲肘式闭锁机构。

曲肘式闭锁机构也即曲柄连杆式闭锁机构。由曲柄、连杆带动机头作纵向运动，并利用曲柄和连杆接近于"死点"位置来实现闭锁动作。历史上以火药燃气为动力的第一挺机枪——德国马克沁重机枪的闭锁机构即为曲肘式，如图 4.22 所示。发射时，在

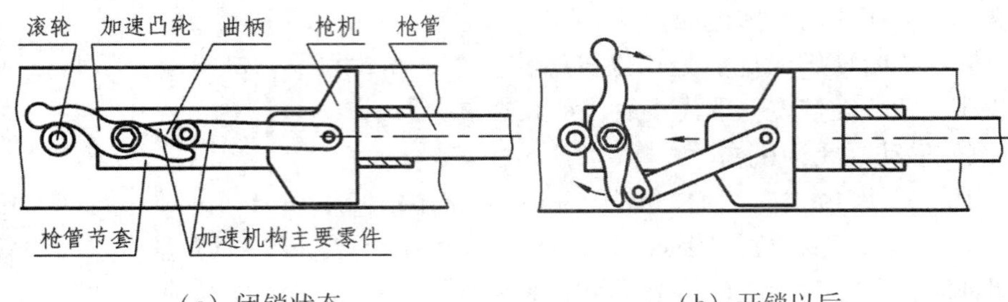

（a）闭锁状态　　　　（b）开锁以后

图 4.22　德国马克沁重机枪闭锁机构

膛压及枪口助退器的共同作用下，枪管、与枪管连结在一起的左、右滑板、枪机组件等一起后坐一自由行程后，机柄长臂下方的曲面（加速凸轮）与安装在机匣上的滚轮相遇，使曲柄顺时针方向回转（与此同时，复进簧被拉伸而储蓄能量），连杆带着机头加速后坐而开锁。枪管后坐到位后，在复进簧（枪管与枪机组件共用一根复进簧）力的作用下复进，曲柄则继续回转，使机头继续后坐，当机柄短臂下方的曲面与滚轮接触时，又使枪管加速复进。机头后坐到位后，复进簧力使曲柄反向回转，连杆推动机头复进到位而闭锁。闭锁时，曲柄向上倾斜一个很小的角度，机构上限制了曲柄连杆不能向上运动，可保证在膛压作用下不能自行开锁。

曲肘式闭锁机构闭锁刚度小，结构复杂，制造精度要求高，而且笨重。现代自动武器已不采用。但该闭锁机构的设计思想对现代自动武器刚性闭锁各种机构的诞生均具有启发意义。

4.1.3　典型闭锁机构结构与工作分析

前已述及，在四种刚性闭锁方式中，回转式和偏移式最为常见，以下讨论这两种闭锁方式的几个具体问题，以加深对其的理解。

1. 枪机偏移式闭锁机构可靠性和灵活性

1）枪机偏移式闭锁机构转动灵活性

枪机偏移式闭锁机构的枪机在开、闭锁过程中需围绕瞬时点 O 偏转，枪机中心线将偏移一个角度 γ，γ 称为枪机偏移角，如图 4.23 所示。为保证枪机能自由地围绕点 O 转动，使枪机开、闭锁动作灵活，不致发生卡滞现象，根据几何条件，应使 $\angle OAB \geqslant 90°$，结构上还必须使 $\alpha \geqslant \alpha_1$。$\alpha_1$ 为 OA 连线与枪管轴线的夹角，如图 4.23 中的 a 和 b。若 $\alpha < \alpha_1$，则枪机将被卡滞，甚至不能转动，如图 4.23 中的 c。

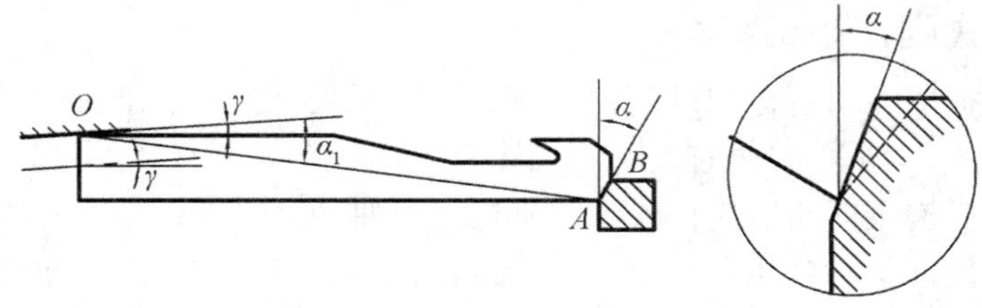

（a）枪机偏移式闭锁机构闭锁状态

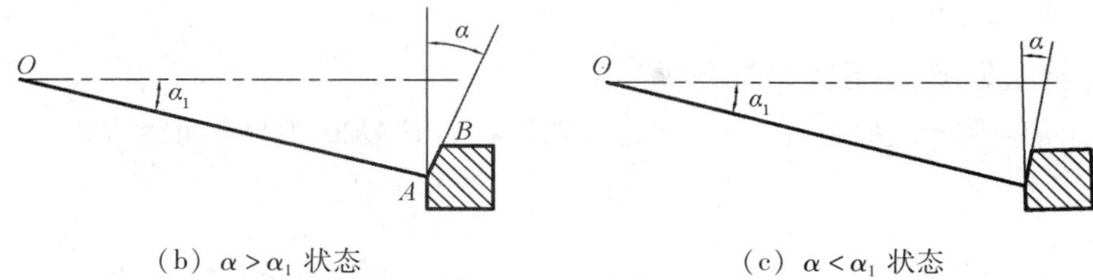

（b）$\alpha > \alpha_1$ 状态　　（c）$\alpha < \alpha_1$ 状态

图 4.23　枪机开、闭锁转动灵活性分析

枪机偏移式闭锁机构的支撑面倾角如表 4.1 所示。

表 4.1　枪机偏移式闭锁机构的支撑面倾角

武器名称	枪机偏移角 γ	机匣闭锁支撑面倾角 α	枪机闭锁支撑面倾角 $\alpha_1 = \alpha - \gamma$
56 式 7.62mm 半自动步枪	1°37′	16°	14°23′
53 式 7.62mm 重机枪	2°45′	12°15′	9°30′
67 式 7.62mm 两用机枪	2°57′	18°	15°3′

2）枪机偏移式闭锁机构工作可靠性

对于刚性闭锁机构，射击时，枪机不应自行开锁，需满足一定的结构条件。

闭锁机构零件在表面加工良好、一般油脂润滑时，摩擦系数 $f = 0.1$，则摩擦角 $\varphi = \arctan 0.1 = 5°42'$。当机匣闭锁支撑面倾角 $\alpha < \varphi$ 时，射击时闭锁支撑面上的摩擦力将阻止枪机向开锁方向偏移，形成自锁，如图 4.24 所示。

若要确保自锁，对于小口径步枪，α 角应小于 5°，对于大口径步兵武器，由于振动和碰撞严重的原因，α 角应更小，一般应选取在 2° ~ 3°范围内。

但是，自锁的枪机偏移式闭锁机构，在完成开锁动作时，闭锁支撑面的磨损较大。若 α 角较小，为保证枪机转动灵活，则角 α_1 必须更小。结构设计上需加长枪机，导致武器重量增加，影响机动性。同时，加长的枪机，其闭锁刚度降低，弹性变形增加，射击时闭锁间隙增大，容易造成弹壳纵裂或横断，增大故障率。因此，现代自动武器为了减短枪机，提高闭锁刚度，偏移式闭锁机构本身均设计成不能自锁，即机匣闭锁支撑面倾角 α 大于摩擦角 φ，而以枪机框上的限制面来阻止枪机在发射瞬间自行开锁，如图 4.25 所示。

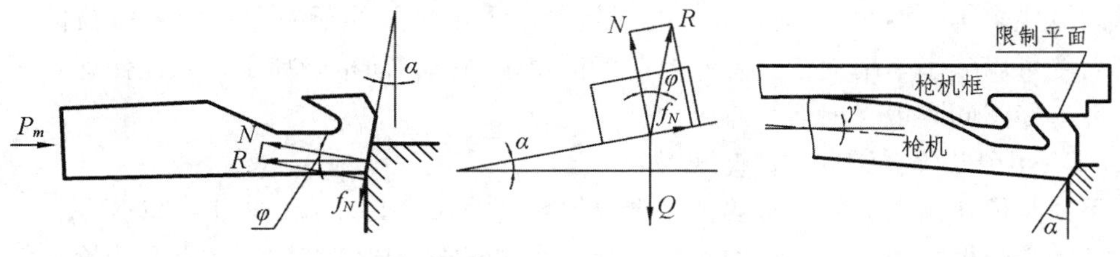

图 4.24　防止自行开锁的分析　　图 4.25　设置限制面

56 式 7.62mm 半自动步枪枪机框的下突出部，53 式 7.62mm 重机枪枪机框靴形击铁右平面，56 式 7.62mm 轻机枪枪机框击铁两侧面等均为限制面，其目的都是防止射

击瞬间枪机自行开锁的。

2. 枪机回转式闭锁机构分析

采用枪机回转式的武器，其枪机的一般形状如图 4.26 所示。闭锁凸榫形状则如图 4.27 所示。

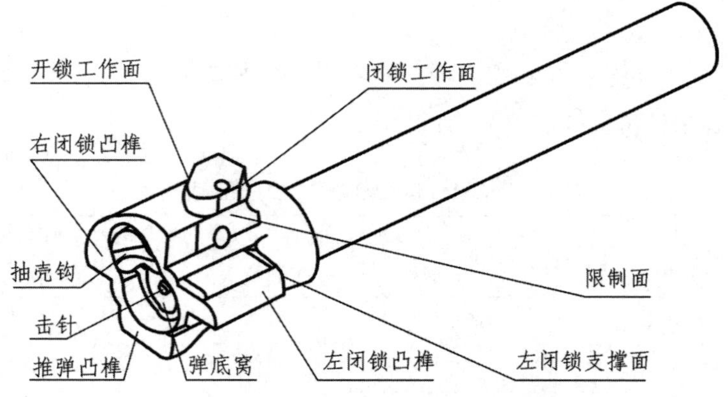

图 4.26 枪机回转式闭锁机构的枪机结构

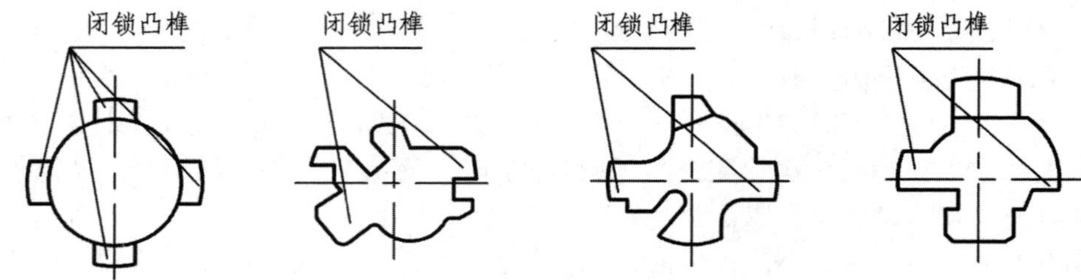

(a)英国路易斯轻机枪 (b)比利时 Minimi 5.56mm 轻机枪 (c)比利时 FNC 5.56mm 自动步枪 (d)56 式 7.62mm 冲锋枪

图 4.27 闭锁凸榫形状

1) 枪机或机头回转式闭锁机构的结构分析

(1) 闭锁凸榫排数 n_1

一般取 $n_1=1\sim3$。采用一排的最多，如 56 式 7.62mm 冲锋枪，美国 M1 式 7.62mm 卡宾枪等。对于威力较大的武器，若一排闭锁凸榫的支撑面积不能满足要求，或是为了减少凸榫高度，以减少枪机和机匣的横向尺寸，提高武器的机动性时，可以沿枪机或机头纵向设置多排。如 56 式 14.5mm 高射机枪，采用多排的断隔螺式的闭锁凸榫，所以凸榫高度可以减小，结构较紧凑。但是多排闭锁凸榫必须精确加工，才能保证各闭锁凸榫在射击瞬间同时承受火药气体压力。

(2) 闭锁凸榫在圆周上的分布数目 n

闭锁凸榫在圆周上的分布数目 n 常取偶数（$n=2$，4，8）。如图 4.28 所示。

各闭锁凸榫之间应有一定的间隙，且凸榫的间隔须比宽度大，才有利于枪机作回转运动。因此，闭锁凸榫在圆周上的数目不宜过多。数目过多不仅使加工困难，还使实际闭锁支撑面积减少。小口径自动武器中，常取 $n=2$。几种武器闭锁凸榫的几何参数如表 4.2 所列。

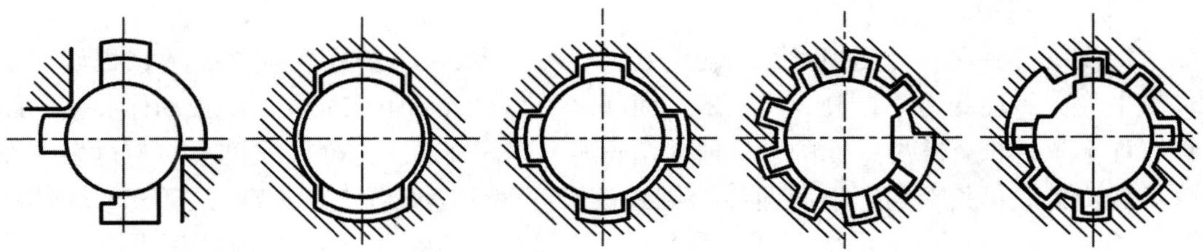

(a)56式7.62mm冲锋枪 (b)美国M60通用机枪 (c)英路易斯轻机枪 (d)美国强生轻机枪 (e)美国M16自动步枪

图4.28　闭锁凸榫在圆周上的分布实例

表4.2　几种武器闭锁凸榫的几何参数

武器名称	枪机(机头)直径/mm	回转角 β/(°)	凸榫沿圆周个数	凸榫尺寸			实际支撑面面积/mm^2
				宽/mm	高/mm	厚/mm	
56式7.62mm冲锋枪	16.5	38°	2	6.5 7.56	4.7	10.5 21	(6.5+7.6)×4.4
美国M60通用机枪	18.4	87°	2	11	3	14.3	2×11×2.5
英国路易斯轻机枪	21.5	35°	4	6.5	2.6	12	4×6.5×2.3
美国强生轻机枪	15.5	20°	8	3	2.5	9.5(其中7个) 4(其中1个)	8×3×2.3
美国M16自动步枪	11.8	22°30′	7	2.5	2.5	7	7×2.5×2

(3) 闭锁支撑面螺旋角 γ

回转式闭锁机构的闭锁支撑面，有垂直于枪管轴线的平面，也有螺旋角为 γ 的螺旋面。前者加工容易，但闭锁凸榫进入闭锁卡槽时有碰撞；开锁时闭锁凸榫摩擦较大，螺旋形闭锁支撑面加工较复杂，但开闭锁动作顺利；而且当闭锁支撑面螺旋角和开锁回转角都较大时，在开锁过程中即能抽壳，有利于开锁后的抽壳动作，提高拉壳钩的寿命。

当闭锁支撑面螺旋角 γ 小于摩擦角 φ 时，枪机或机头能形成自锁。不能自锁的回转式闭锁机构，开锁虽然容易，但必须附加制动结构，使射击时不致自行开锁，这就使结构变得复杂。所以现代自动武器的枪机或机头回转式闭锁机构，均采用能自锁的结构，如表4.3所示。

表4.3　几种武器的闭锁支撑面螺旋角

武器名称	螺旋角	自锁状态
56式7.62mm冲锋枪	2°35′	不自锁，有制动卡榫
56式14.5mm高射机枪	1°30′	自锁
德国MG34轻机枪	6°	自锁
美国M16自动步枪	0°	自锁
美国M60通用机枪	3°	自锁

（4）枪机或机头回转角 β

枪机或机头在开、闭锁时的回转角 β 一般较小为好。β 较小可使开、闭锁螺旋面工作较平稳，传动受力小，开、闭锁螺旋面间磨损小，有利于保证开、闭锁动作灵活和闭锁行程不致过长。几种武器的枪机回转角见表 4. 3。为了避免枪机或机头回转过多，在机匣和枪机或机头上均有限制面使枪机或机头停在一定位置上。如 56 式 7. 62mm 冲锋枪、56 式 14. 5mm 高射机枪在机匣和枪机上均设有制转面，防止枪机和机头回转过多。

（5）枪机或机头回转定型槽

在枪机或机头回转闭锁机构中，定型槽是完成开、闭锁动作的传动机构，由枪机框带动枪机回转。定型槽可以在枪机框上，也可以在枪机上。56 式冲锋枪和美国 M16 自动步枪的定型槽均设在枪机框上，美国 M60 通用机枪的定型槽则设在枪机上。定型槽上开、闭锁的传动面通常均为螺旋面。以 56 式冲锋枪枪机框定型槽为例，该枪的开、闭锁螺旋槽开在枪机框上，按开、闭锁工作面到中心的平均半径 r 展开，其结构形状如图 4. 29 所示。

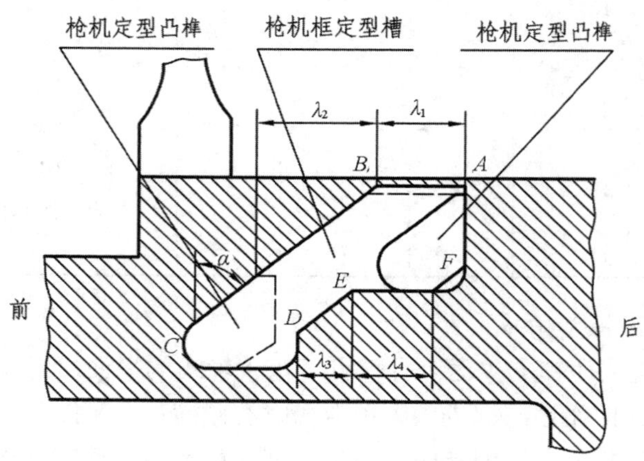

图 4. 29　56 式冲锋枪枪机框定型槽结构

① 开锁前自由行程 λ_1

活动机件的主动件开始后退至开始开锁所移动的距离，称为开锁前自由行程，如 56 式冲锋枪自由行程为 9mm。开锁前自由行程的作用是：控制开锁时的膛压，以便于抽壳；在膛压较低时开锁，可改善开锁工作面和闭锁支撑面的受力状况，减小磨损；避免因弹壳过早抽出，引起炸壳和大量较高压力的火药气体向后喷出，影响射手安全和勤务性能；调整武器的射击频率。

② 开锁行程 λ_2

活动机件的主动件在开锁过程中移动的距离，称为开锁行程，如 56 式冲锋枪开锁行程为 13mm。开锁行程 λ_2 的大小与定型槽结构有关，λ_2 过短将使开锁时枪机的加速度过大，影响枪机运动的平稳性；λ_2 过长则将增加闭锁机构和机匣的纵向尺寸，降低武器的射击频率，增加武器的重量。

③ 闭锁行程 λ_3

活动机件的主动件在闭锁过程中移动的距离，称为闭锁行程，如 56 式冲锋枪闭锁行程为 12mm。

④ 闭锁后自由行程 λ_4

活动机件的主动件从闭锁结束至前进到位所移动的距离，称为闭锁后自由行程，如 56 式冲锋枪闭锁后自由行程为 8mm。闭锁后自由行程的作用是：当活动机件的主动件未前进到位、枪机或机头未确定闭锁时，击针不能打击底火而击发，确保不到位保险的完成。

2）开、闭锁曲线槽的工作原理

如上所述，一般开、闭锁曲线槽内，除了开、闭锁工作面外，常有允许枪机框不带动枪机而单独运动的部分和带动枪机复进或后坐的带动面。仍以 56 式 7.62mm 冲锋枪为例，说明开、闭锁曲线槽的工作原理（图 4.30）。

枪处于闭锁状态时，枪机上的开、闭锁凸起位于图 4.30(a)中 a 位置。发射后，枪机不动，枪机框先行后坐，至其上的开锁工作面与枪机上的开闭锁凸起相遇（枪机上开闭锁凸起位于图中 b 的位置），此期间枪机框位移为开锁前自由行程。枪机框继续后坐，其上的开锁工作面迫使枪机回转 38°而开锁（此时，枪机上开闭锁凸起位于图中 c 的位置），此期间枪机框的位移为开锁行程。开锁后，枪机框靠曲线槽的前端 A 带着枪机后坐。直至后坐到位。

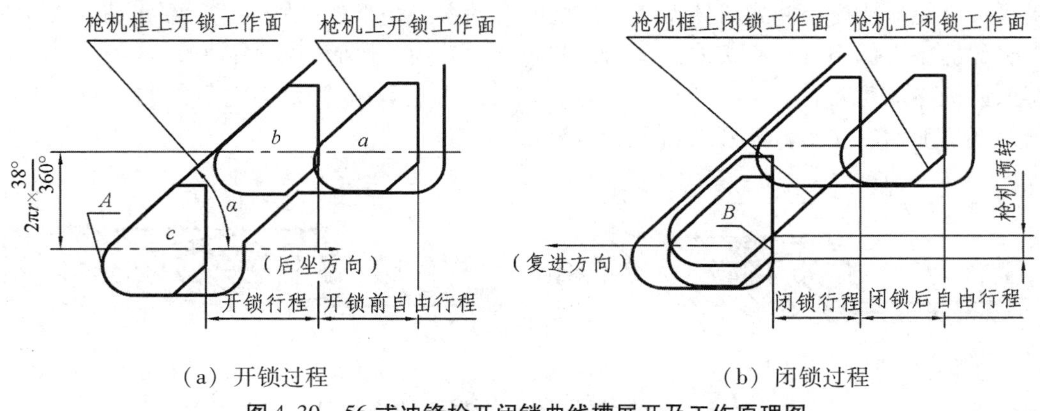

（a）开锁过程　　（b）闭锁过程

图 4.30　56 式冲锋枪开闭锁曲线槽展开及工作原理图

复进时，枪机框开、闭锁曲线槽内的平面 B 推枪机前进，如图 4.30(b)所示，到枪机左闭锁凸榫前方碰到衬铁时，衬铁上的斜面迫使枪机回转而脱离枪机框的带动平面 B，枪机此回转叫预转。曲线槽闭锁工作面使枪机继续回转，到与复进开始时的位置呈 38°而闭锁，此期间枪机框的位移为闭锁行程。枪机闭锁后，枪机框继续单独复进直至前方位置，其位移为闭锁后自由行程。

4.2　防反跳机构

自动武器的使用条件是变化的，差异悬殊。为使其在恶劣条件（如在风沙中、在泅渡江河后等）下仍能正常工作，一般应使活动机件复进到位时具有比正常情况更大一些的速度。但是，若在恶劣的情况下活动机件复进到位的速度足够，则在一般情况下，能量就富余较多。这就可能出现活动机件复进到位的反跳较大，以致反跳的距离大于开锁前自由行程而造成局部乃至完全开锁。局部开锁会使闭锁支撑面的面积减小，损坏闭锁支撑面；完全开锁则会造成炸壳事故。

解决反跳问题最简单的方法是加长武器开锁前自由行程，使枪机框的反跳距离小于开锁前自由行程。若由于各种原因（如为了提高射速等）自由行程不能太长时，就应采取其他措施防止活动机件复进到位后反跳开锁。这种防止或减小枪机框（或机体）复进到位反跳的机构称为防反跳机构。由于主动件反跳的动作是在闭锁到位后紧接着发生的，因此防反跳机构与闭锁机构的关系最为密切。本章将防反跳机构与闭锁机构并入一起进行介绍。

常见的防反跳机构有制动式和撞击式两种。

4.2.1　制动式防反跳机构

活动机件复进到位时，由专门的构件制止枪机框或机体反跳的机构叫制动式防反跳机构。

德国 G3 7.62 自动步枪的机体上装有制动卡榫（图 4.31）。机头复进到位后，机体继续复进，并带动楔铁使闭锁滚柱撑开而闭锁。同时，制动卡榫在其弹簧力的作用下进入机头上的卡槽内，制止机体反跳。该枪的自动方式是半自由枪机式，在火药燃气对弹壳底部的压力作用下，机头向后运动，节套上的开锁工作面使滚柱向中间收拢，并通过楔铁使机体加速向后。与此同时，制动卡榫与机头上卡槽壁相作用而顺时针方向回转，其钩部从卡槽内脱出，其开、闭锁原理参见图 4.1。

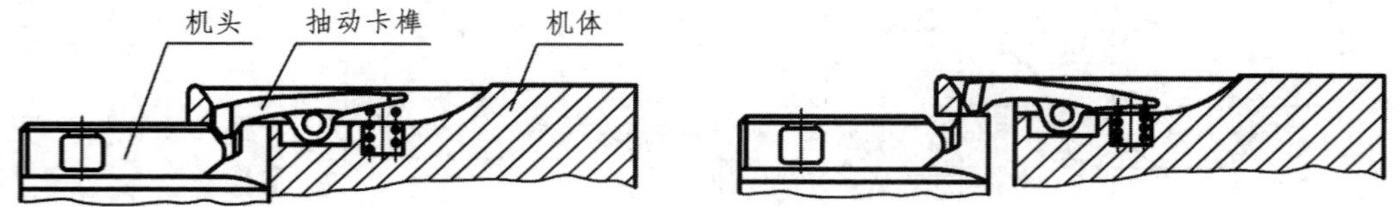

（a）机体复进到位，制动卡榫进入机头卡槽状态　　（b）制动卡榫从卡槽内脱出后状态

图 4.31　德国 G3 7.62 自动步枪防反跳机构

59 式 12.7mm 航空机枪采用防跳锁制止枪机框反跳（图 4.32）。枪机框复进即将到位时，其前方左右两侧凸榫的斜面撞击防跳锁上相应的斜面，一方面使防跳锁向前运动，消除间隙 Δ 后与机匣相撞，消耗一部分能量。另一方面使防跳锁沿图中箭头所示的方向回转，直至其钩部与枪机框上凸榫的钩部相扣合以制止枪机框的反跳。击发后，在导气室内火药燃气压力作用下，枪机框后坐，可使防跳锁反向回转，以解脱对枪机框的约束。采用这种防跳锁的自动武器还有我国 23－2 型航空自动炮。

以上两种制动式防反跳机构，当机体或枪机框复进到位反跳的能量足够大时，自身可解脱防反跳构件的约束。也即是说，解脱防反跳机构的约束所需的能量必须大于机体或枪机框的反跳能量。当然，过大不仅不必要，而且会过多地消耗机体或枪机框的后坐能量，影响武器的正常工作。

我国 30－1 型航空自动炮是设置反跳锁键，以阻止机心组复进到位闭锁时撞击炮管

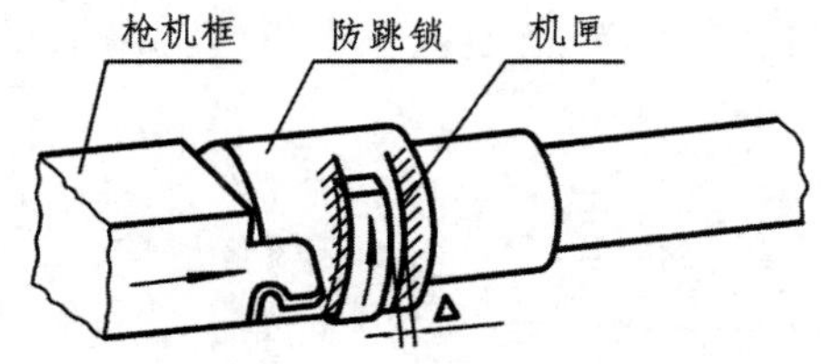

（a）枪机框撞击防跳锁使防跳锁回转

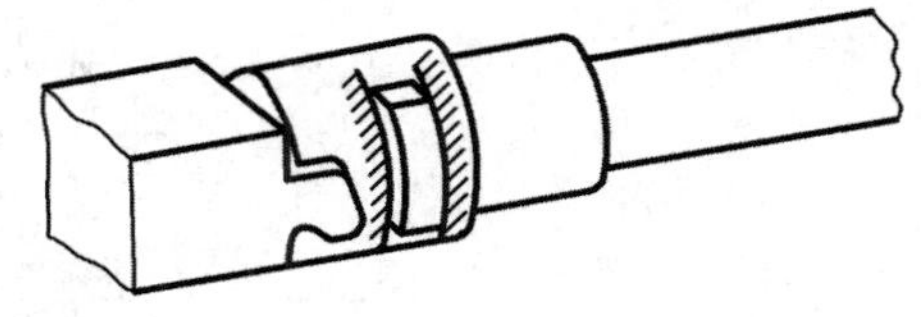

（b）枪机框与防跳锁扣合

图 4.32　59 式 12.7mm 航空机枪防反跳机构

尾端面反跳而提前开锁，造成膛炸事故。该炮采用的自动方式为身管后坐式。机心组在复进到距最前面位置还有 4.7～5mm 时，反跳锁键在片簧的簧力作用下，其前端沉入炮管匣的导槽内防止机心组反跳后退，如图 4.33(a)所示。

30－1 型航空自动炮没有炮管簧，因此，反跳锁键除了防止机心组反跳外，还要防止炮管匣复进到最前位置撞击炮箱时反跳。当炮管匣复进到距最前位置 0.8～1mm 时，反跳锁键的后端在片簧簧力作用下，快速张开到炮箱窗口中，以防止炮管匣反跳后退。保证闭锁击发时炮管匣处于最前位置，如图 4.33(b)所示。

待发状态下，基本构件在最前位置，机心组在后方位置。发射时，击发机释放机心组，在复进簧作用下，机心组复进，当距最前位置还有 65mm 时，机心组撞击器凸起部作用于反跳锁键的前端，使反跳锁键沿图 4.33(b)箭头方向转动，脱离炮箱解脱炮管匣。击发后，炮管匣后坐至 20mm 时，反跳锁键沿图 4.33(a)箭头方向转动至下方，从而解脱机心组。

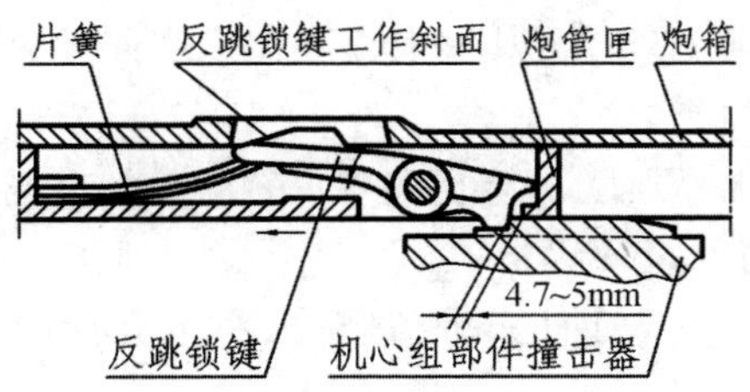

（a）反跳锁键主要作用于机心组

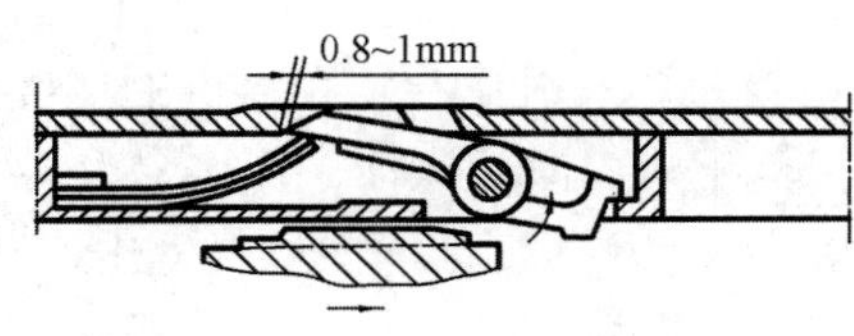

（b）反跳锁键主要作用于炮管匣

图 4.33　30－1 型航空自动炮反跳锁键机构

此外，由于飞机空战时要做机动动作，武器的基本构件会受到很大的惯性力，如果没有反跳锁键，该惯性力就会改变炮管匣（基本构件）的原始位置。所以，反跳锁键还有定位的作用。

4.2.2　撞击式防反跳机构

撞击式防反跳机构是利用构件间多次反复撞击而消耗枪机框反跳的能量、减小反跳行程的一种机构，12.7mm 系列高射机枪中，不少武器采用这类防反跳机构。

54 式 12.7 高射机枪的防反跳机构如图 4.34 所示，枪机框与活塞之间用连接套连接，活塞与连接套用螺纹连接、并用销子固定成一整体，枪机框与连接套之间留有一相对活动量 Δ_1。复进簧装在活塞筒内，活塞筒可向前移动，当复进簧推动活塞、枪机框等构件复进瞬间，间隙Δ_1最大。复进到位时，各构件间的撞击是一个反复而复杂的过程。为掌握该机构的工作原理，简化为如下撞击过程：

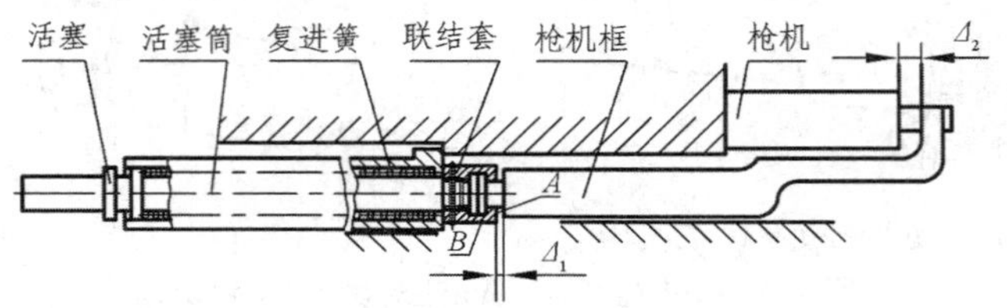

图 4.34　54 式 12.7mm 高射机枪防反跳机构

（1）连接套撞击活塞筒

枪机复进到位后，复进簧仍推着活塞、连接套、枪机框等继续前进，由于Δ_2大于Δ_1，因而在枪机框与枪机撞击之前，连接套先撞击活塞筒。连接套与活塞筒之间有复进簧相联，可认为连接套与活塞筒撞击后，经过多次反复撞击而最终结合在一起向前运动。

（2）枪机框撞击连接套

连接套撞击活塞筒后，与活塞筒一起以小于枪机框的速度前进，枪机框仍以原速度前进，直至其与连接套相撞。

（3）枪机框撞击枪机并反跳

枪机框以较原速度小的速度复进，在消除间隙Δ_2后撞击枪机尾部。假定枪机与机匣、枪管等牢固结合成一体，质量很大，则速度为零。如果没有连接套，则枪机框的反跳速度应更大一些，即枪机框与活塞间装有连接套时，其反跳速度比不装连接套时小。

（4）枪机框反跳后与正在复进的连接套撞击

枪机框反跳后向后运动，连接套、活塞筒等则以一定的速度向前运动，直至枪机框与连接套在 A、B 两撞击面间反复撞击，此后，可认为枪机框与连接套、活塞、活塞筒及复进簧一起向后运动，总的速度进一步减小，从而使其反跳距离小于开锁前自由行程，达到防止过早开锁的目的。

美国 M16A1 5.56 自动步枪的惯性体装置，既可降低射速，同时也是一种撞击式防反跳机构（图 4.35）。复进簧推杆内装有五个惯性柱和一个铝质惯性管，各惯性体之间装有橡皮垫。复进时，复进簧通过复进簧推杆推动枪机框向前加速运动，各惯性体则惯性向后，使惯性管与复进簧推杆内孔前端形成间隙Δ。枪机框复进到位反跳时，各惯性体则仍以枪机框复进到位时的速度惯性向前，与反跳的枪机框和复进簧推杆相撞。惯性体虽然直接与复进簧推杆相撞，但复进簧推杆与枪机框连为一体，因而可认为惯性体与

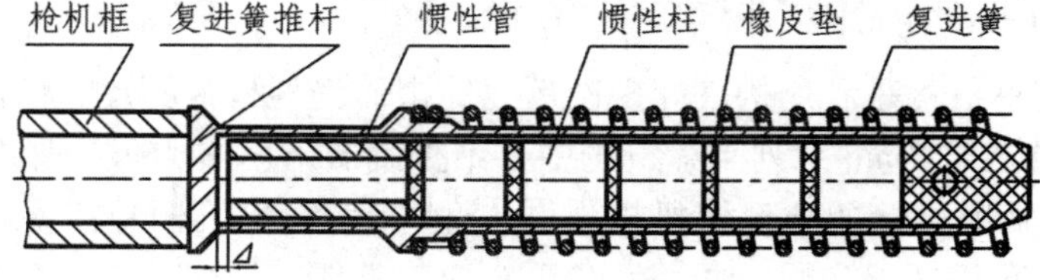

图 4.35　美国 M16A1 5.56 自动步枪惯性体装置

枪机框直接相撞。惯性体与枪机框之间，以及各惯性体之间将发生反复的撞击，从而消耗枪机框反跳的能量，减小其反跳行程，防止过早开锁。

思 考 题

1. 简要说明闭锁机构及其作用?

2. 什么是惯性闭锁？什么是刚性闭锁？试举例说明。

3. 分析比较枪机或机头回转式闭锁机构与枪机偏移式闭锁机构的优缺点。

4. 试分别说明 54 式 7. 62mm 手枪、56 式 14. 5mm 高射机枪、77 式 12. 7mm 高射机枪的闭锁机构的类型。

5. 在枪机偏移式闭锁机构中，为什么不设计成能自锁的？为了保证武器在高膛压下不自行开锁，应采用什么措施?

6. 简要说明枪机回转式闭锁机构 4 个行程及其作用。

7. 为什么要设置防反跳机构？试说明防反跳机构的种类和特点。

8. 试说明防反跳机构与闭锁机构的关系。

9. 论述制动式防反跳机构设计时应注意的事项。

10. 画出德马克沁重机枪闭锁机构（图 4. 22）的机构简图。

第 5 章　加速机构

现代自动武器为了提高射速，或是保证发射可靠，常常对枪机、炮闩、供弹或退壳机构进行加速。本章主要讨论对枪机或炮闩进行加速的加速机构。

5.1　加速机构作用

采用身管短后坐式的自动武器，射击时，身管与枪机或身管与炮闩相互扣合共同后坐一段距离，开锁结束后，两者即脱离连接，身管受到制动而枪机或炮闩则由惯性继续后退，并完成抽壳、抛壳、供弹，压缩复进簧等一系列动作。为此枪机或炮闩必须具有足够的动能，才能在与身管脱离连接后，确保完成上述动作。

但是，发射瞬间，枪机或炮闩的动能一般只占后坐总动能中一小部分。而身管所拥有的大量能量不仅无用，相反，在后坐到位后发生碰撞，影响武器的性能。通常是通过加速机构，将身管的动能加以利用，使之转换为推动枪机或炮闩后坐的能量，即能减小武器的撞击，提高性能，又能充分利用能量，优化结构尺寸。因此，枪机或炮闩加速机构的作用有两点：

1. 实现身管至枪机或炮闩能量的转换

设身管重量为 Q_c，枪机或炮闩重量为 Q_s，身管与枪机或炮闩在脱离连接的瞬间，共同后坐速度达到最大值 $V_{\max}$，则身管枪机或身管炮闩的总动能为：

$$E = \frac{Q_c + Q_s}{2g} \cdot V_{\max}^2 \tag{5-1}$$

枪机或炮闩在开锁瞬间具有的动能为：

$$E_s = \frac{Q_s}{2g} \cdot V_{\max}^2 \tag{5-2}$$

式(5-2)除以式(5-1)得：

$$\frac{E_s}{E} = \frac{Q_s}{Q_c + Q_s} \longrightarrow E_s = \frac{Q_s}{Q_c + Q_s} \cdot E \tag{5-3}$$

若设身管重量为枪机或炮闩重量的三倍，即 $Q_c = 3Q_s$，则 $E_s = \frac{1}{4}E$，即枪机或炮闩惯性后坐开始所具之动能仅为总动能的 1/4，而身管所具有的动能却为总动能的 3/4。加速机构作用之一即使能量合理进行分配，将身管的能量转换给枪机或炮闩，确保枪机或炮闩完成一系列自动动作。

2. 减小身管的后坐撞击

加速机构在身管与枪机或炮闩分离瞬间，重新分配身管枪机能量，在解脱连接后，将其一部分能量传递给枪机或炮闩，减小身管的后坐速度，也即减小了身管后坐到位时的撞击，有利于提高零件的寿命和武器的射击精度。

但是，身管短后坐式手枪一般都不设加速机构。手枪的枪机（套筒）重量通常都比枪管大，能量分配较为合理。且枪机在后坐时完成各机构动作所消耗的能量亦较小，所以手枪不需设置加速机构。

5.2　加速机构结构形式

根据加速机构构造的不同，现代自动武器最常见的加速机构有：杠杆式、凸轮式和仿形式三种结构形式。此外，在自动炮上，齿轮式、液压式、弹簧式等加速机构也常有应用。

5.2.1　杠杆式加速机构

杠杆式加速机构为一杠杆，杠杆回转轴在机匣或枪管节套上。如图5.1所示为芬兰LS－26轻机枪加速机构。当枪机开锁后，杠杆上端与机匣发生碰撞并受阻止不再后退，而杠杆下端则与枪机发生撞击，将枪管的一部分能量传递给枪机，使枪机加速后坐。枪管则由于损耗了一部分能量而减小了后坐速度。

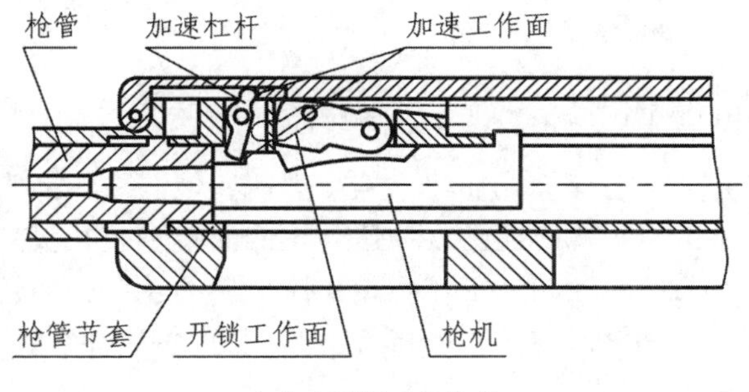

（a）开始加速状态

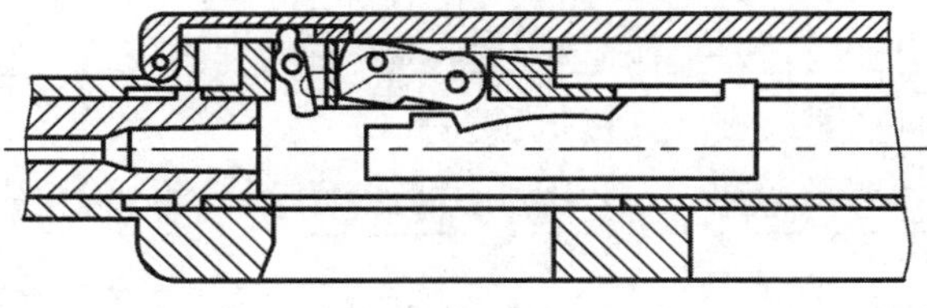

（b）加速终了状态

图5.1　芬兰LS－26轻机枪加速机构

自动炮上的杠杆式加速机构如图5.2所示，为了使其工作更为平稳，减少冲击，可用卡板杠杆式加速机构，如图5.3所示。

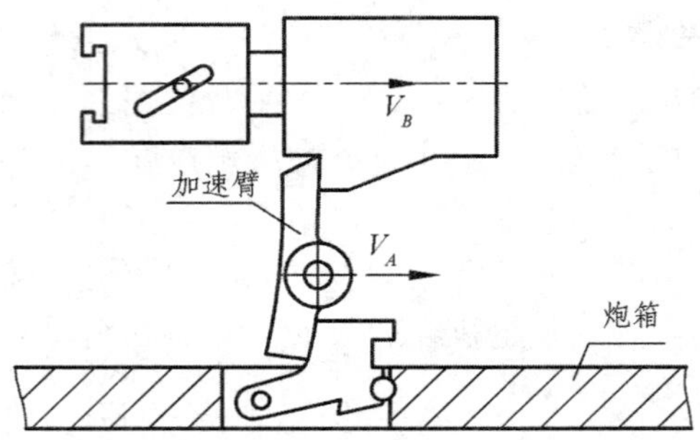

图 5.2　自动炮杠杆式加速机构

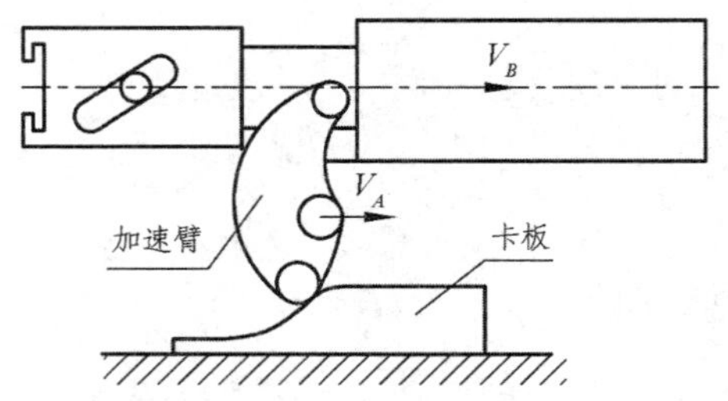

图 5.3　卡板杠杆式自动炮加速机构

杠杆式加速机构的优点是：结构简单，制造精度要求低；体积小，尺寸紧凑。缺点是：机构靠碰撞来传递能量，枪机运动不平稳，零件寿命较低，影响机构动作的可靠性。现代自动武器已较少采用。

5.2.2　凸轮式加速机构

凸轮式加速机构的结构与杠杆式加速机构相类似，但其工作面为一凸轮曲面，目的是为了保证加速机构在工作时减小撞击。加速凸轮的回转轴装在机匣或节套上，枪机开锁后，枪管节套平面与加速凸轮圆弧工作面相作用，使凸轮绕轴回转，凸轮上端圆弧与枪机后部横平面相作用使枪机后退，由于相互作用处的传动半径不同，使枪机得到加速。

图 5.4 为德国 MG－13 轻机枪采用的凸轮式加速机构，加速凸轮的回转轴在机匣上。主动端运动副由枪管的圆弧工作面与凸轮的平面组成；从动端运动副由凸轮的曲线形工作面和枪机的横向平面组成。其枪机运动平稳。

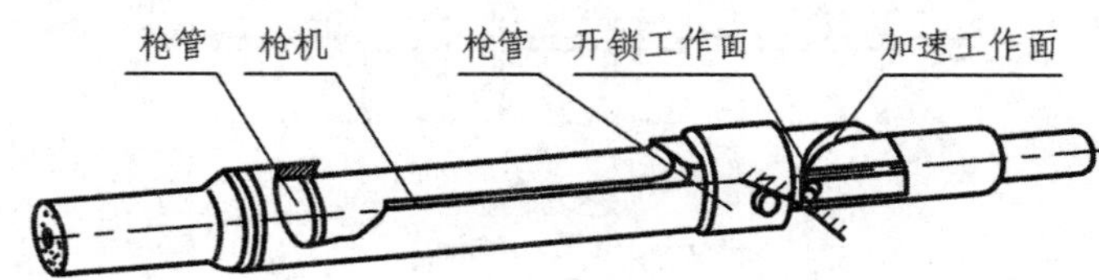

（a）开始加速状态

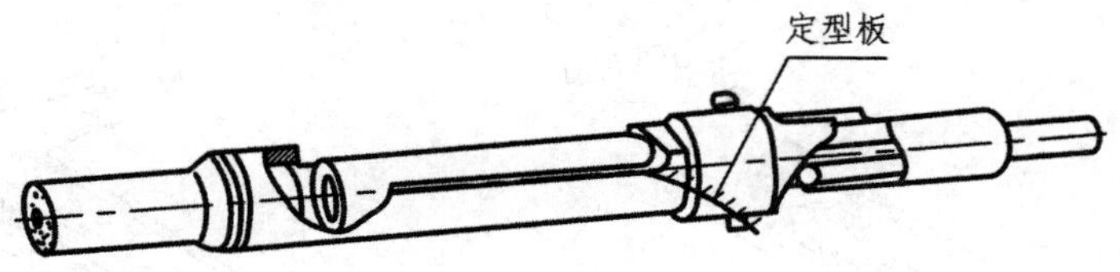

（b）加速终了状态

图 5.4　德国 MG－13 轻机枪加速机构

图 5.5 为美国勃朗宁重机枪加速机构，加速凸轮的回转轴亦在机匣上。主动端运动副由枪管节套的横向平面与凸轮的圆弧工作面组成；从动端运动副由枪机后部的横向平面与凸轮的圆弧端部组成。机构在进入工作时有较小的撞击。

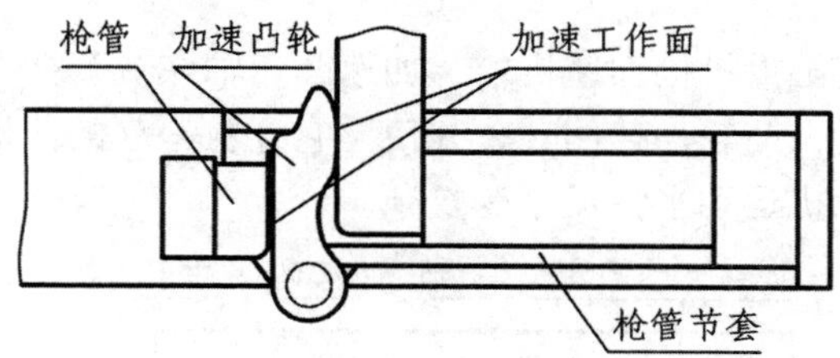

（a）开始加速状态

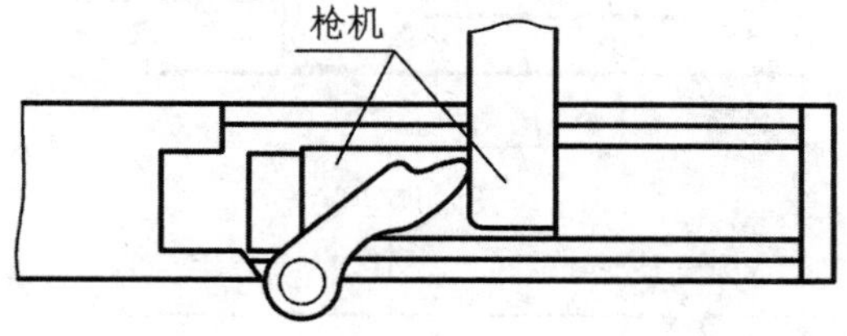

（b）加速终了状态

图 5.5　美国勃朗宁重机枪加速机构

图 5.6 为苏联 HP－23 航空自动炮加速机构，加速凸轮回转轴在炮箱上，除炮管凸起的工作面为倾斜的平面外，其余工作面均为圆弧面。在炮管通过加速凸轮对机体加速的过程中，机体使机头回转而开锁。

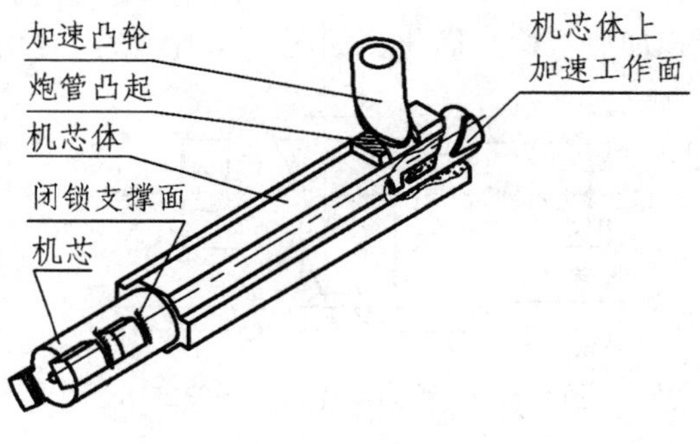

（a）开始加速

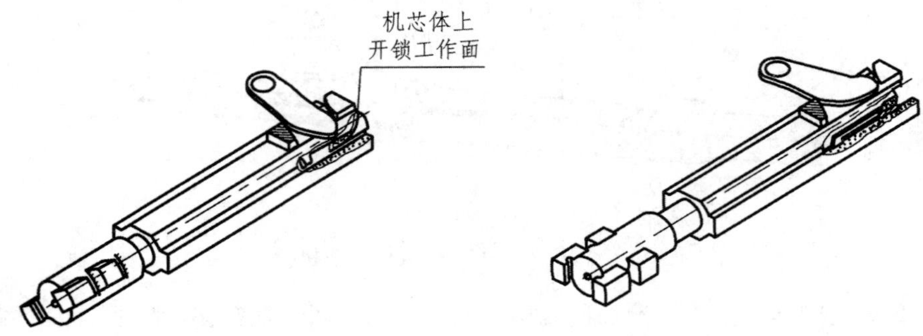

（b）开始开锁　　　　（c）开锁完毕

图 5.6　苏联 HP－23 航空自动炮加速机构

图 5.7 为德国马克沁重机枪加速机构，加速凸轮轴在节套框上，当枪管后坐到凸轮与机匣上的滚轮相遇后，凸轮加速回转，并使同它连在一起的曲柄加速回转，通过曲柄连杆机构加速开锁，枪机运动平稳但结构复杂。

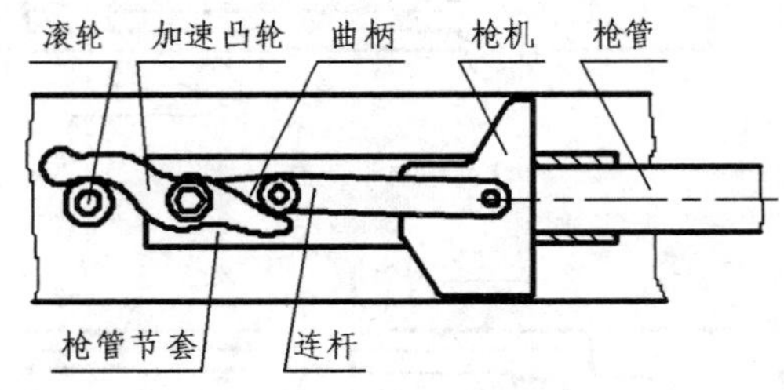

（a）开始加速状态

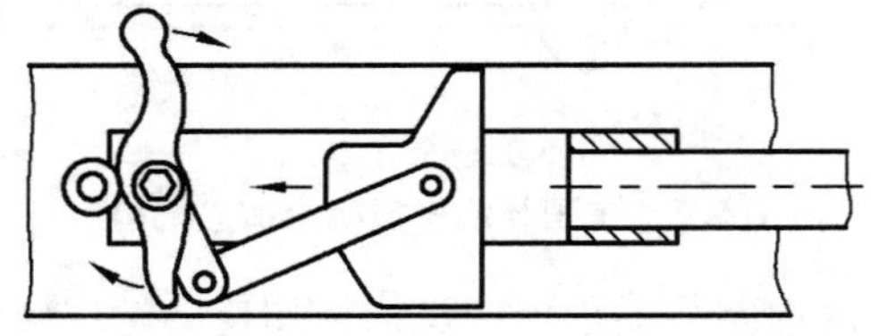

（b）加速终了状态

图 5.7　德国马克沁重机枪加速机构

自动炮上凸轮式加速机构可简化为如图 5.8 所示的一般结构构造。

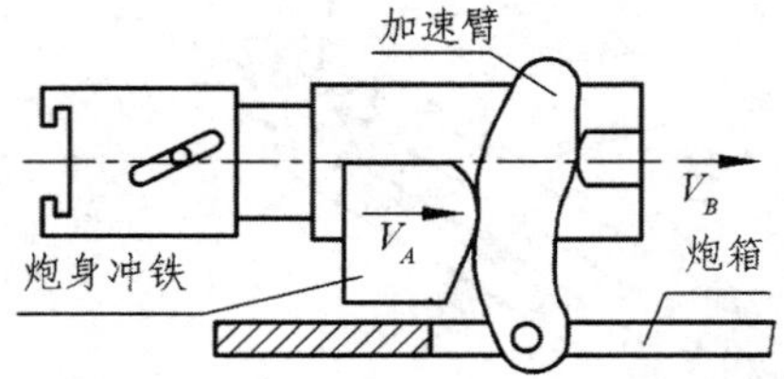

图 5.8　自动炮加速机构一般结构

凸轮式加速机构的优点是：结构简单；由于减轻或消除了撞击，枪机运动较平稳，零件的寿命增加，有利于保证机构动作的可靠性。缺点是：加速凸轮曲面的制造精度要求较高，外形尺寸亦稍大。

由于加速凸轮工作平稳可靠，结构简单，在现代自动武器中得到了广泛应用。

5.2.3　仿形式加速机构

仿形式加速机构是在凸轮式加速机构的基础上发展起来的。凸轮式加速机构的凸轮回转可动，而仿形式加速机构的凸轮则是固定不动的，起“靠模”作用。通常是通过滚柱或加速杆与固定凸轮曲线相互作用，使枪机开锁和使机体相对于机头加速。

采用仿形加速机构时，通常将枪机做成机头和机体两部分，以便于在机头开锁的同时使机体得到加速。

仿形加速机构的结构均较复杂，零件加工制造要求较高。但该类机构能使闭锁机构与加速机构结合在一起，同时进行工作，将枪管大部分能量有效地传递给机体，结构较紧凑；当使用滚轮或滚柱时能大大减小摩擦阻力，提高机构传动效率。所以，仿形式加速机构在现代自动武器中得到了广泛应用。

仿形式加速机构有平面型和立体型两种类型。

1. 平面仿形加速机构

平面仿形加速机构的加速凸轮为刻制在机匣上的两条曲线，其工作简图如图 5.9 所示。

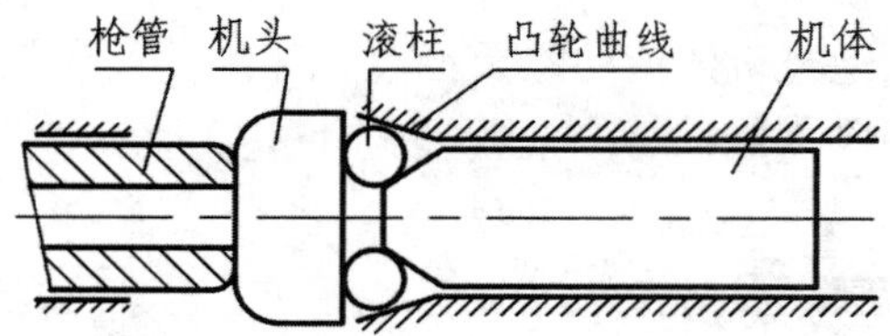

图 5.9　平面仿形加速机构工作简图

闭锁时，滚柱进入枪管节套内（图上未画出），使枪机和枪管连成一体，枪机后坐时，通过滚柱拉枪管共同后坐，在自由行程结束后，滚柱即与加速凸轮曲线相作用，使滚柱逐渐收拢。此时，滚柱抵压机体迫使其后坐，使机体对机头和枪管获得相对加速度。当开锁结束后，滚柱完全收拢，枪机即与枪管脱离连接。由于机体的后坐速度比机头大，机体即带动机头一起加速后坐。当滚柱与加速凸轮曲线相作用时，枪管运动受阻，速度降低，枪管的能量即通过加速凸轮曲线传递给机体，使机体加速后坐。

图 5.10 为德国 MG－42 通用机枪加速机构，其加速过程分为两段。①机体加速：自由行程终了后机匣定形板使滚柱逐渐收拢，滚柱中部的凸缘使机体加速。②机头加速：开锁后，滚柱中部凸缘继续沿机匣定形板运动，滚柱上下两部分分别沿枪管和机头上的定形面运动使机头加速，打开枪膛。

2. 回转仿形加速机构

回转仿形加速机构的加速凸轮曲线刻制在机匣上。

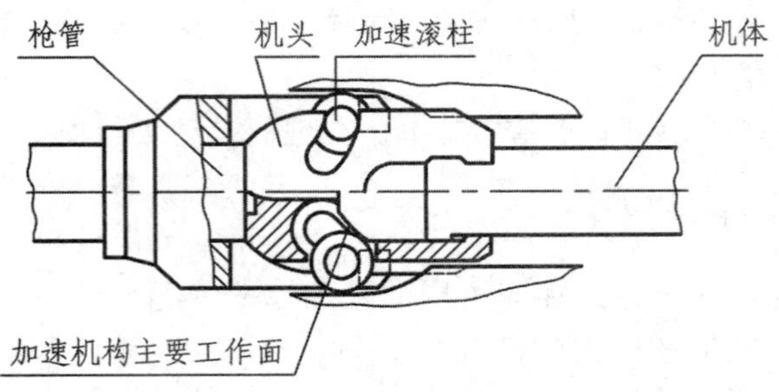

（a）开始加速状态

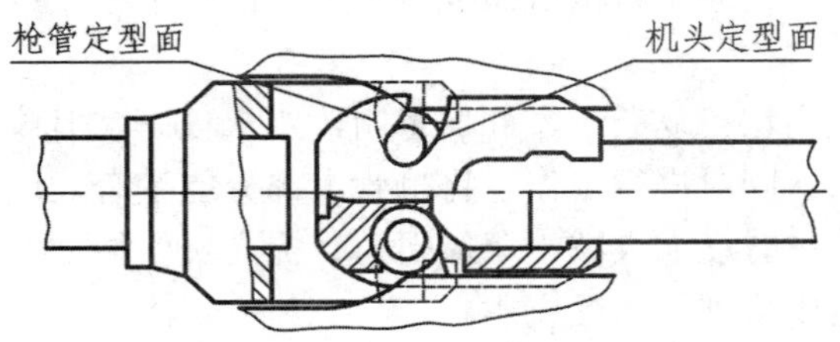

（b）加速终了状态

图 5.10　德国 MG－42 通用机枪加速机构

56 式 14.5mm 高射机枪的加速机构为典型的回转仿形式加速机构，其凸轮曲线为刻制在机匣上的两条定型槽斜面。枪管机头机体后坐至自由行程末，加速杆与机匣上定型板相遇即回转开锁，并通过机体上的螺旋槽使机体加速。定型面和螺旋槽均有两个，并对称分布，使加速开锁阶段机匣受力均衡，如图 5.11 所示。

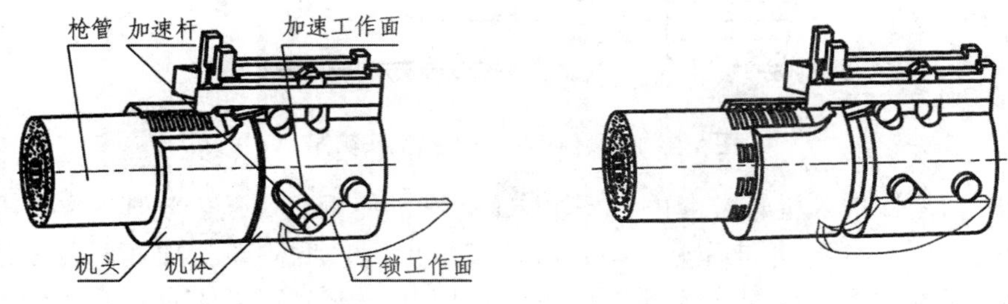

（a）开始加速状态　　（b）加速终了状态

图 5.11　56 式 14.5mm 高射机枪加速机构

图 5.12 为美国强生轻机枪加速机构，枪管机头机体后坐至自由行程末，机头与机匣上定型面相遇即回转开锁，并通过机体上的定型面使机体加速。在加速开锁阶段，机匣两侧承受的反力较大，活动机件在运动中摩擦较大（利用滚轮得以减轻）。

图 5.13 为德国 MG－17 航空机枪加速机构，枪管、枪机后坐至自由行程末，与枪管连在一起的套箍滚轮和机匣定形板相遇，使套箍回转。套箍回转时通过枪机上的滚轮先行开锁，然后使枪机加速。套箍的定形板轮廓曲线分为开锁段和加速段两部分。

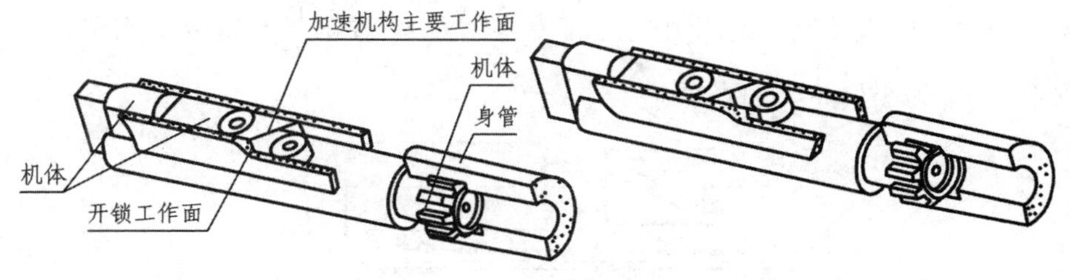

（a）开始加速状态　　（b）加速终了状态

图 5.12　美国强生轻机枪加速机构

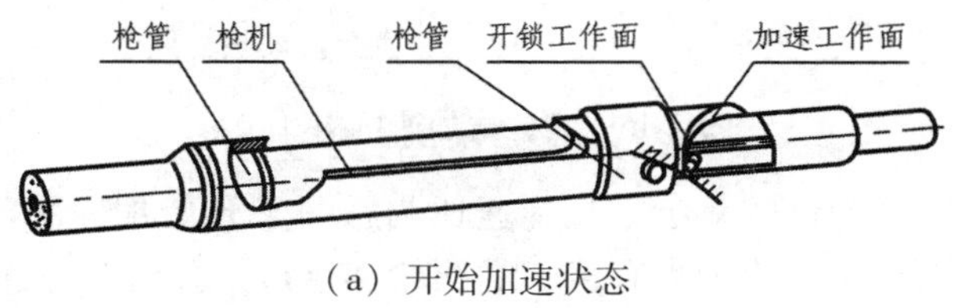

（a）开始加速状态

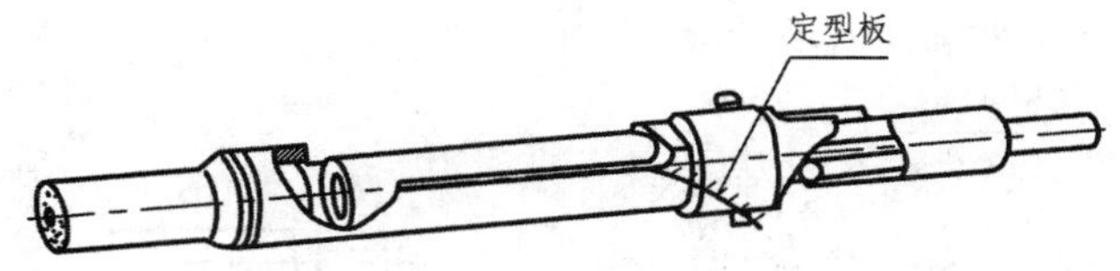

（b）加速终了状态

图 5.13　德国 MG－17 航空机枪加速机构

5.2.4　齿轮式加速机构

齿轮式加速机构利用齿轮和齿条作为中间构件，在炮身后坐或复进过程中使炮闩得以加速后坐。图 5.14 所示的齿轮式加速机构，两根活动的齿条，一根在炮身上，另一根作用于炮闩上，在炮身复进时对炮闩进行加速。

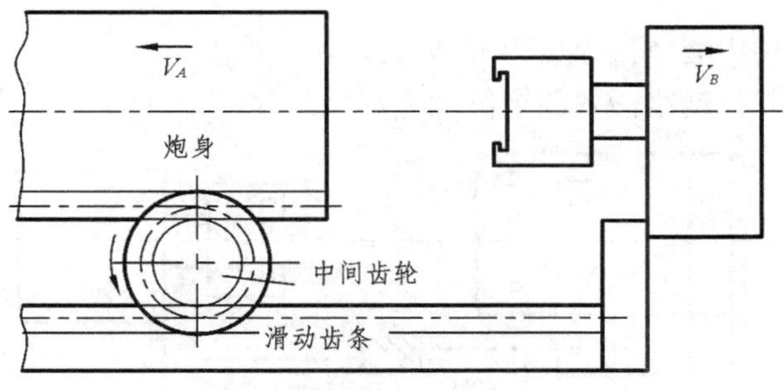

图 5.14　齿轮式加速机构（一）

图 5.15 所示的齿轮式加速机构，大小齿轮同轴，该轴连接在后坐部分上，小齿轮与固定齿条啮合，大齿轮与炮闩上的齿条啮合，炮身后坐时，由于固定齿条的作用，齿

轮组传动使炮闩加速后坐。炮闩对炮身的传速比为 $K=1+\frac{R}{r}=$ 常数。式中，R 为大齿轮节圆半径，r 为小齿轮节圆半径。

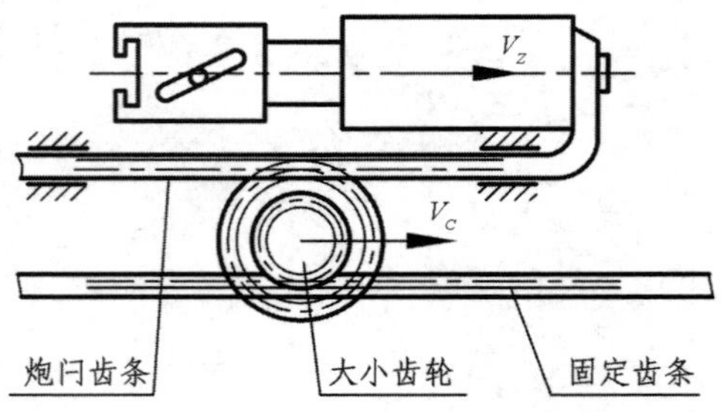

图 5.15　齿轮式加速机构（二）

齿轮式加速机构结构比较复杂，且传速比为常数，开始加速瞬间将产生较大撞击。为减小撞击，可将固定齿条改为带有齿弧的凸轮和卡板，并将凸轮连接于后坐部分，卡板固定于炮箱上，或者反之，如图 5.16 所示。

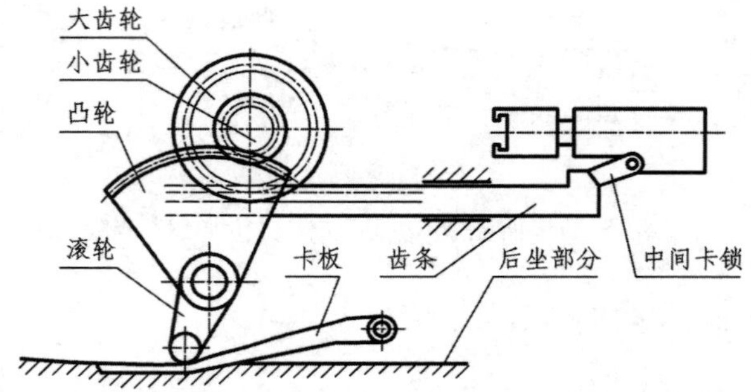

图 5.16　齿条卡板式加速机构

5.2.5　液压式加速机构

液压式加速机构用液体作为传力介质。如图 5.17 所示，炮身后坐时直接作用于大活塞，压缩液体，并传动小活塞使炮闩加速后坐。

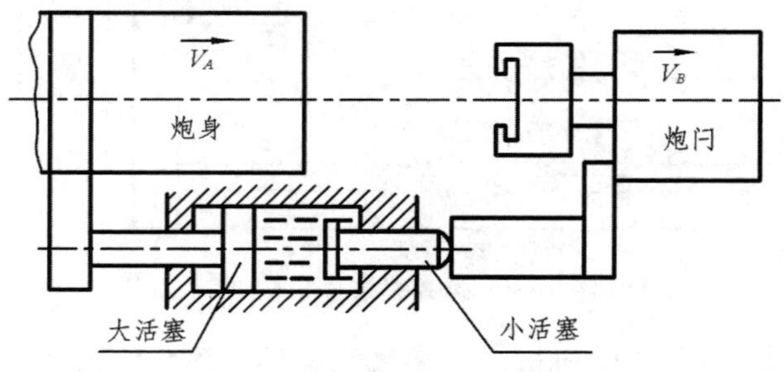

图 5.17　液压式加速机构（一）

图 5.18 所示的液压式加速机构，卡板连接在炮身上，复进时作用于大活塞杆，大

活塞上升，迫使液体经管路推动小活塞，传动炮闩向后运动。

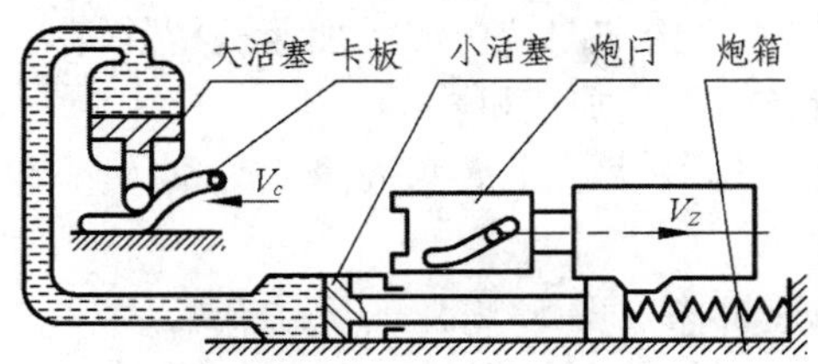

图 5.18　液压式加速机构（二）

液压式加速机构的优点是：机构紧凑，动作平稳可靠，但结构复杂，液压部分制造精度要求高，一般仅用于自动炮上。

5.2.6　弹簧式加速机构

利用弹簧作为加速机构的传力介质。瑞士苏罗通 - 37 自动炮即为弹簧式加速机构。结构原理如图 5.19 所示。当炮身炮闩一同后坐时，加速机构的弹簧被压缩。后坐一定距离后，该弹簧被解脱而得以伸张，推动炮闩加速后坐。

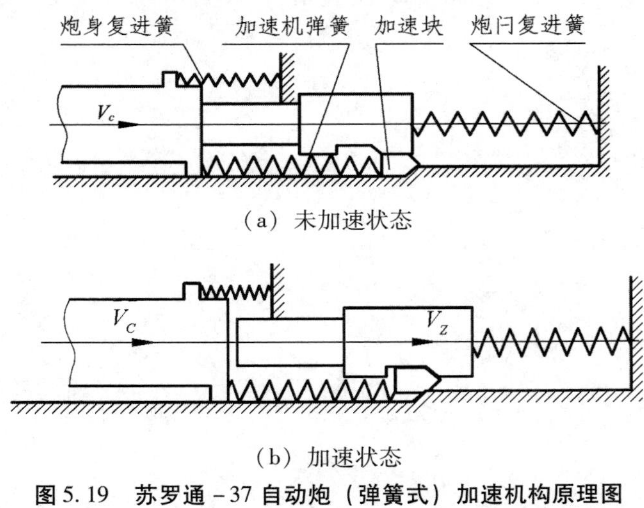

（a）未加速状态

（b）加速状态

图 5.19　苏罗通 - 37 自动炮（弹簧式）加速机构原理图

思 考 题

1. 阐述加速机构的作用、类型及其特点。
2. 分析芬兰 LS - 26 轻机枪加速机构的开、闭锁及加速过程。
3. 分析 56 式 14.5mm 高射机枪加速机构的开、闭锁及加速过程以及在此过程中，机头、机体分别有哪些运动。
4. 分析苏联 HP - 23 航空自动炮加速机构的开、闭锁及加速过程。
5. 分析德国 MG - 42 通用机枪加速机构的开、闭锁及加速过程。
6. 身管后坐式自动武器的枪机为什么常做成机头和机体两部分？试举一例，并简要分析其工作原理。

7. 比较平面仿形式加速机构和回转仿形式加速机构的特点。

8. 分析图 5. 16 中齿条卡板式加速机构的运动。

9. 假定图 5. 17 或图 5. 18 中大、小活塞端面积分别为 A_1 和 A_2，试推导该系统的传速比 K 的表达式。

10. 试分析弹簧式加速机构（图 5. 19）的优缺点。

第 6 章　供弹机构

供弹机构的作用是将容弹具中的枪炮弹依次及时而平稳可靠地送入弹膛。它是自动武器重新装填的主要机构，也是结构比较复杂而且是容易出现故障的机构，其动作的可靠性直接影响自动武器的使用性能。

6.1　供弹机构基本组成及分类

6.1.1　供弹机构基本组成

自动武器的供弹过程通常分为两个阶段：

（1）输弹——由输弹机构将容弹具中的枪炮弹输送到进弹口或取弹口。

（2）进弹——由进弹机构将进弹口或取弹口的枪炮弹送入弹膛或药室。

因此，供弹机构一般由容弹具、输弹机构、进弹机构三部分组成。其功能如下：

（1）容弹具：用以承装枪炮弹，如弹匣体，弹盘体，弹链，弹链盒，弹链箱等。容弹具的形状尺寸等及安装方式对武器的机动性、维修性和射击精度均有很大影响。

（2）输弹机构：用以将枪炮弹由容弹具中送到进弹口或取弹口。输弹机构的结构繁简不一，有些较复杂。

（3）进弹机构：用以将进弹口或取弹口的枪炮弹送入弹膛或药室。

6.1.2　供弹机构分类

根据容弹具结构特点的不同，一般将供弹机构分为弹仓式供弹机构和弹链式供弹机构两大类。

1. 弹仓供弹机构

弹仓供弹机构是通过弹仓簧或托弹簧和托弹板等完成输弹动作；通过弹力和弹仓的装弹口把枪炮弹规正在预备进膛的位置；由枪机的推弹凸榫完成进弹动作。

弹仓供弹机构的优点是：向进弹口输弹时，一般不利用火药气体的能量，因而武器结构简单紧凑，更换容弹具也较方便。但弹仓的容弹量有限，更换容弹具需要一定的时间，将降低武器的实际射速。

2. 弹链供弹机构

弹链供弹机构是利用火药燃气的能量，通过输弹机构拨动弹链将枪炮弹送到进弹口或取弹口，并将其规正在预备进膛或取弹的位置上；由枪机或炮闩上的推弹机构完成进弹动作。

对于双程进弹（二次供弹）的武器，如53式重机枪，输弹机构是拨动弹链将枪炮弹送到取弹口位置上，进弹机构则在枪机后坐时，从弹链中抽出枪炮弹，并把枪炮弹转移到预备进膛的位置上。

弹链供弹机构的主要特点是：结构复杂，容易出故障；弹链过长时不便于操作。但弹链供弹机构容弹量大，能获得很高的实际射速。

目前，手枪、步枪、37mm以上的小口径自动炮等广泛采用弹仓供弹方式；重机枪、高射机枪、航空自动武器、舰用自动武器、37mm以下的自动炮等广泛采用弹链供弹方式。本章介绍弹仓式供弹机构，弹链式供弹机构在下一章进行介绍。

6.2 弹仓式供弹机构

6.2.1 弹仓式供弹容弹具

根据容弹具形状特点不同，弹仓式供弹机构可分为弹匣、弹盘、弹鼓三种类型。

1. 弹匣供弹

1）弹匣分类即外形

枪炮弹在弹匣体内上下成平行排列，供弹时枪炮弹沿直线或弧线移动。根据弹匣和武器的连接方式不同，通常又把弹匣分为固定弹匣和可换弹匣两种类型。

固定弹匣习惯上也叫弹仓，它不能从武器上取下来，枪炮弹用完后，只能在武器上重新装填。采用固定弹匣可以降低武器在战斗状态下的全重，但武器的实际射速较低，密封性较差，主要用于威力较小的步枪上。

可换弹匣是可从武器上取下的弹匣。枪炮弹用完后，将弹匣从武器上取下，换上装满枪炮弹的弹匣。采用可换弹匣的武器，更换弹匣的时间比装填固定弹匣的时间短，且容弹量大，因而具有较高的实际射速，在自动步枪、冲锋枪和手枪等武器上得到广泛应用。但必须配备足够的弹匣，这将增加武器的总重量，降低武器的机动性能。现代武器主要使用可换弹匣。

可换弹匣的外形决定于枪炮弹的结构和枪炮弹在弹匣内的排列。常见的有弧形弹匣、梯形弹匣和矩形弹匣，如图6.1所示。

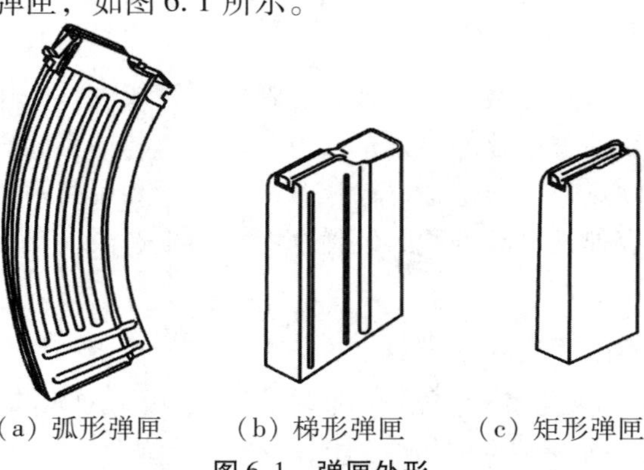

（a）弧形弹匣　（b）梯形弹匣　（c）矩形弹匣

图6.1　弹匣外形

弧形弹匣主要用于弹壳锥度较大，枪炮弹容弹量较多和全底缘式枪炮弹上。其优点是：① 匣内枪炮弹排列合理，输弹时枪炮弹之间无相对移动；② 容弹量大；③ 枪炮弹在弹匣内运动的一致性好，供弹平稳。缺点是：① 形状较为复杂，制造难度增大；② 携带、运输和战斗中取用均不方便。

梯形弹匣是弧形弹匣的简化形式。在弹匣容弹量不需很大时，常取用梯形弹匣。

矩形弹匣主要用于无突出底缘且弹壳锥度很小的枪炮弹。

三种常用弹匣中，矩形弹匣和梯形弹匣在使用、生产和运输上都比较方便。

2）枪炮弹在弹匣内的排列

枪炮弹在弹匣内的排列有单行、双行交错和多行排列三种形式。

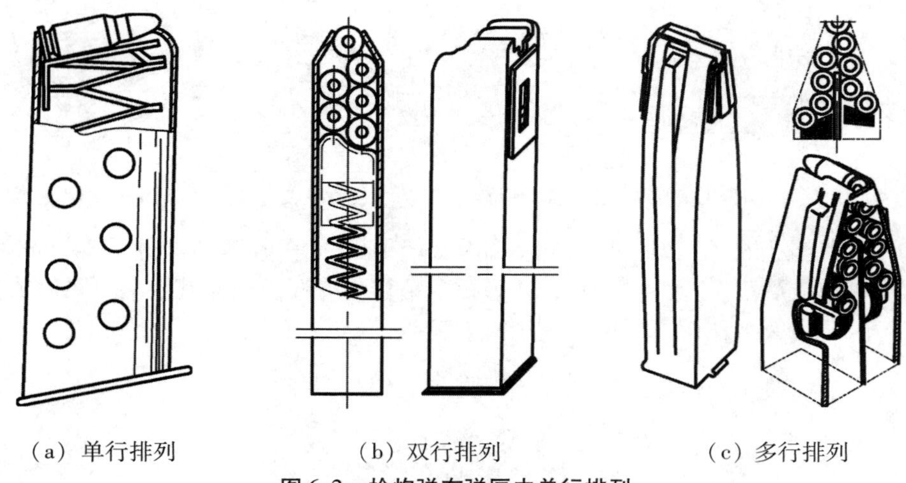

（a）单行排列　　（b）双行排列　　（c）多行排列

图 6.2　枪炮弹在弹匣中单行排列

枪炮弹呈单行排列的弹匣，如图 6.2（a）所示。其结构最为简单，但容弹量小。54 式 7.62mm 手枪弹匣，53 式 7.62mm 骑枪弹仓等均采用单行排列方式。

枪炮弹呈双行排列的弹匣，空间利用率高，能增大容弹量，又不致使容弹具的外廓尺寸过大，这种型式的弹匣得到广泛的应用，如 56 式 7.62mm 半自动步枪，56 式 7.62mm 冲锋枪，54 式 7.62mm 冲锋枪的弹匣，德国 MP－40 冲锋枪和德国柏克门冲锋枪等的弹匣，如图 6.2（b）所示。

枪炮弹呈多行排列的弹匣，如图 6.2（c）所示，内部排列实际上为两个双行交错排列，在进弹口部则逐步改变为单行。其特点是容弹量大，外形较宽，如芬·苏密冲锋枪的弹匣。由于排列行数增加，使结构复杂，装填也较困难，在现代自动武器中已很少使用。

3）空匣挂机

自动武器中，凡用弹匣供弹的一般均设有空匣挂机装置。当弹匣内枪弹射完时，空匣挂机能使枪机自动停在后方，呈待推弹状态。其作用为：① 告知射手枪弹已射完；② 便于重新装弹或更换弹匣，提高二次装填的速度；③ 敞开枪膛，加速身管冷却。

空匣挂机的实现方式有：

（1）利用空匣挂机板或挂机榫实现空匣挂机。当弹仓中最后一发枪弹射完后，托弹板上抬空匣挂机板，使枪机停在挂机板后方。重新装弹后托弹板下沉，拉动枪机时，空匣挂机板在簧力作用下复位，放松枪机即复进推弹入膛，可继续发射。如图 6.3 所示的 56 式 7.62mm 半自动步枪和图 6.4 所示的 54 式 7.62mm 手枪空匣挂机装置。

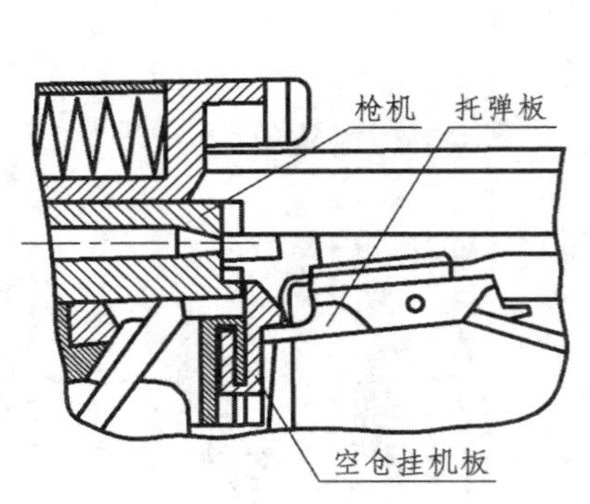

图 6.3　56 式 7.62mm 半自动步枪空匣挂机装置

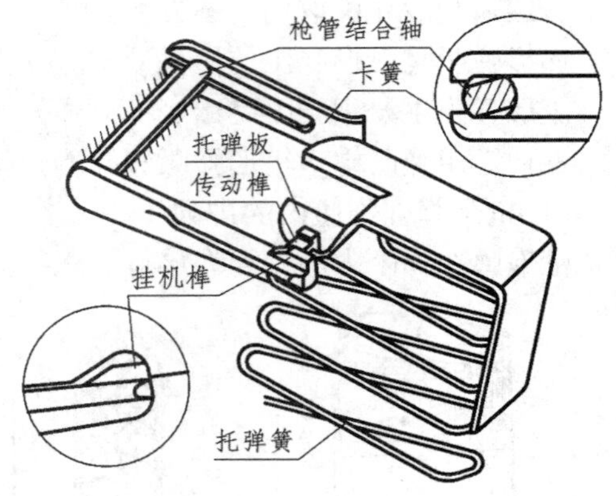

图 6.4　54 式 7.62mm 手枪空匣挂机装置

（2）利用发射机构实现空匣挂机。如图 6.5 所示，在美国汤姆逊 11.43mm 冲锋枪上，当弹匣中最后一发枪弹射完时，托弹板上抬挂机杠杆前端，其后端下降使扳机与阻铁分离，阻铁在簧力作用下上抬，使枪机停在后方。

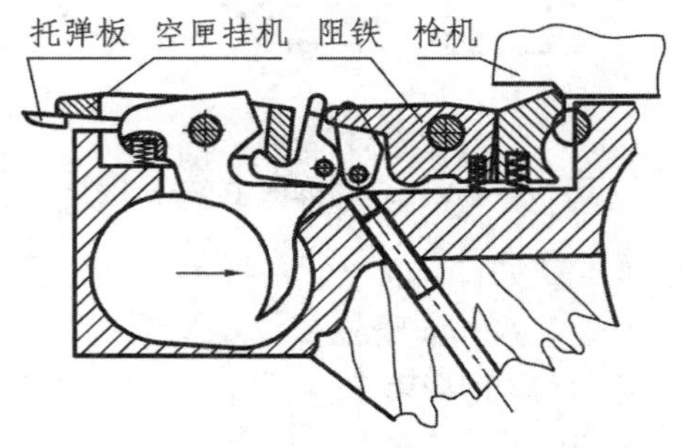

图 6.5　美国汤姆逊 11.43mm 冲锋枪空匣挂机机构

2. 弹盘供弹

弹盘的作用是容纳一定数量的枪炮弹，使其按规定的顺序排列，及时、平稳可靠和有规则地将枪炮弹输送至进弹口，并给以定位。

弹盘的容弹量大，但外形尺寸和重量也大，结构较复杂，使用中装填枪炮弹较困难。弹盘常用于轻机枪、坦克机枪和航空自动武器上。

弹盘一般呈扁平圆盒状，枪炮弹相对弹盘中心成径向排列，供弹时枪炮弹沿圆周或螺旋线移动。

弹盘体由弹盘底和弹盘盖组成。弹盘底用以承装枪炮弹并规正其运动、使其正确进入待进膛位置。弹盘底上装有进弹口、挡弹板、弹盘轴和簧盒。弹盘盖为一活动盘，盖上有两圈梳齿，限定各发枪炮弹的排列次序，并传递弹簧的作用力。活动盘在弹簧的作用下转动，枪炮弹依次沿导弹面到达进弹口位置。最后一发是限制假弹，固定在活动盘上，靠此假弹保持弹簧的预压状态，并将位于其之前的最后一发枪弹送至进弹口。

弹盘一般安装在机匣的上方。盘内枪炮弹的排列有单层、双层和多层三种方式。53式7.62mm轻机枪的弹盘为单层排列形式，如图6.6所示。

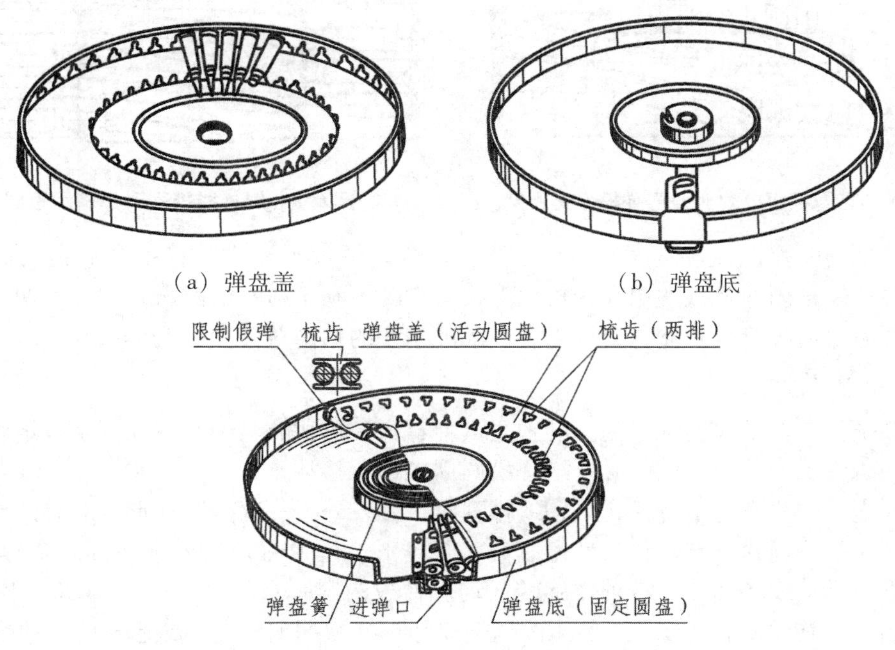

图6.6　53式7.62mm轻机枪弹盘内部结构

在双层和多层弹盘中，枪弹的排列方式有两种：

(1) 枪炮弹各层按圆周平面排列，但相邻两层之间由斜面过渡加以连接。59式7.62mm坦克机枪的弹盘（为三层排列）即是这种例子，如图6.7、图6.8所示。

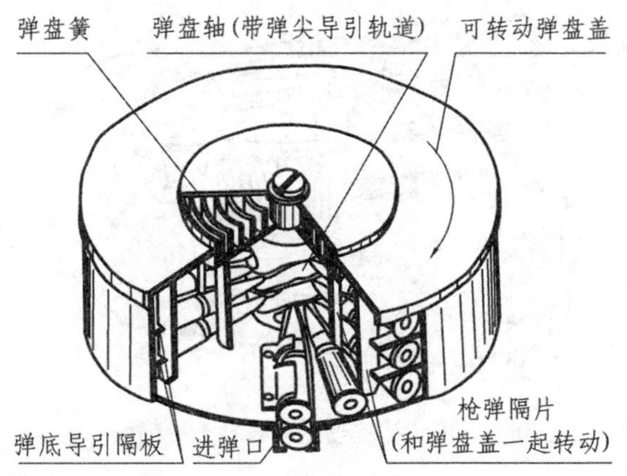

图6.7　59式7.62mm坦克机枪弹盘

（2）枪炮弹各层按螺旋线排列，各层的运动轨迹均为螺旋线。英国维克斯 7.7mm 口径的航空机枪弹盘（为四层排列）即是这种例子。图 6.9 为四层按螺旋线排列的弹槽示意图。

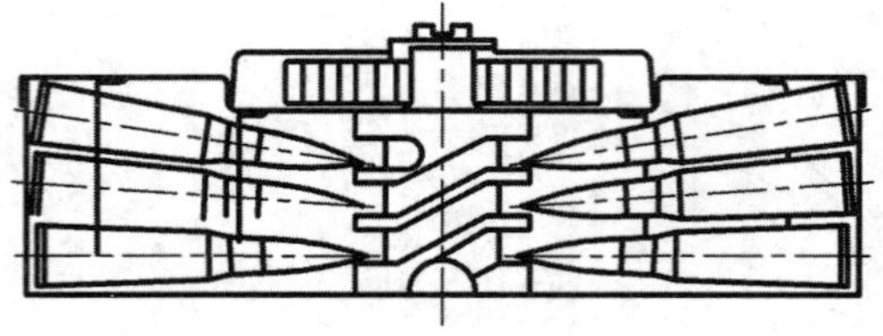

图 6.8　圆周平面排列时各层弹槽示意图

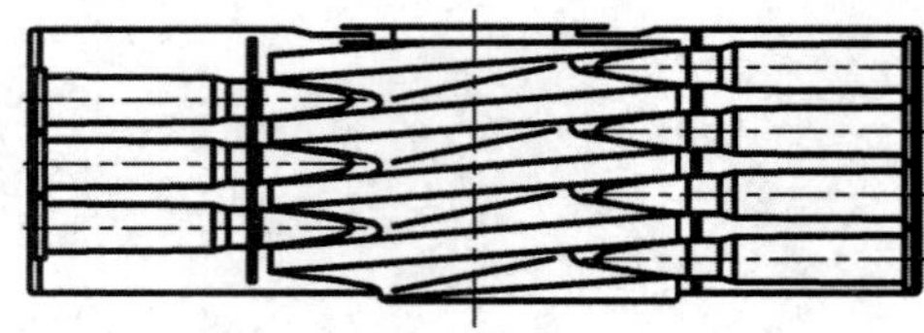

图 6.9　螺旋线排列时弹槽示意图

多层排列的弹盘容弹量大，结构紧凑，但弹盘厚度尺寸大，将抬高武器的瞄准基线。这种多层排列的弹盘如用在轻机枪上，射击时不利于射手的隐蔽，携带不便，勤务性也差。但对坦克机枪和航空机枪来说，瞄准基线的抬高对使用影响不大。

3. 弹鼓供弹

弹鼓是目前自动武器常用的一种弹匣供弹容弹具形式。与弹盘不同的是枪炮弹轴线与弹鼓轴线成平行排列，供弹时枪炮弹沿圆周成螺旋移动。

当枪炮弹轴线完全平行于弹鼓轴线排列时，弹鼓外形一般为圆柱形，对有凸出底缘或锥度较大的枪炮弹，有时将弹鼓做成截头圆锥形。枪弹在弹鼓内排列方向基本一致，供弹时枪炮弹轴线绕弹鼓回转轴作旋转运动。弹鼓的容弹量较大，一般为 50～100 发。与弹匣相比，其体积和质量大，结构较复杂。但与弹盘相比，弹鼓能较紧密地容纳枪弹，结构比弹盘紧凑。同样，弹鼓也存在着一些不足之处，如外廓尺寸较大，战斗状态下勤务操作不太方便，安装在武器一侧的弹鼓，使武器质心偏移，影响射击精度等。

弹鼓内枪炮弹的排列有单圈和多圈排列两种，单圈排列的弹鼓，如美国强生半自动步枪的固定弹鼓，其 10 发枪弹呈圆周排列，如图 6.10 所示。多圈排列的弹鼓中，枪炮弹排列形式又分两种情况：

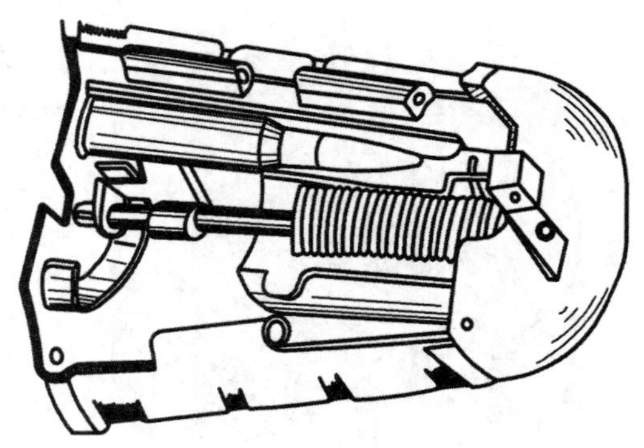

图 6.10　美国强生半自动步枪弹鼓

（1）枪炮弹按同心圆形式排列，但两相邻同心圆之间用一段螺线或圆弧线连接。如 50 式 7.62mm 冲锋枪的弹鼓，其 71 发枪弹呈内外两圈同心圆圆周排列，内沟装枪弹

32发，外沟装枪弹39发。如图6.11所示。它由弹鼓体、活动盘及弹鼓盖等主要部分组成。枪弹分别装在活动盘的外圈和内圈。供弹时，弹簧力通过托弹器推动内圈的枪弹带动活动盘连同外圈的枪弹一起转动。当外圈的枪弹全部送完后，活动盘被卡住而停止转动，内圈的枪弹在托弹器的作用下被逐一送至进弹口。

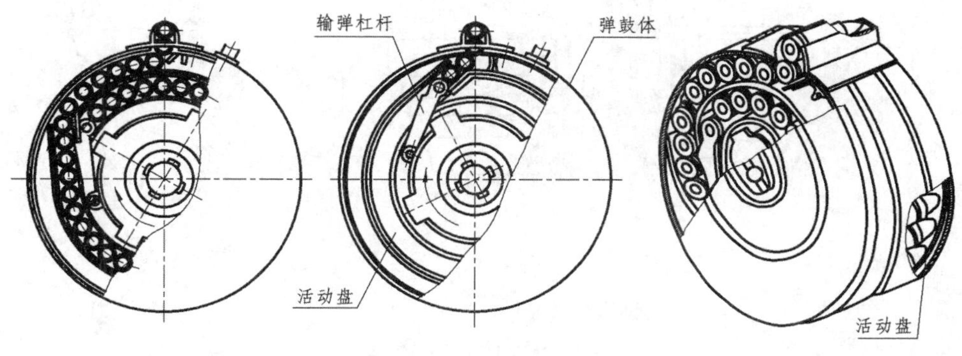

（a）外圈供弹　（b）内圈供弹　（c）活动盘与输弹杠杆组合输弹

图6.11　50式7.62mm冲锋枪弹鼓

（2）枪炮弹按平面螺线排列，输弹运动过程中，按照螺线的轨迹逐渐由内圈向外圈运动，输弹导引运动好。由于没有圈数界限，可得到任一数量的容弹量，但这种排列方式常使弹鼓径向尺寸增大。美国汤姆逊11.43mm冲锋枪的弹鼓即为平面螺线排列的弹鼓，如图6.12所示。

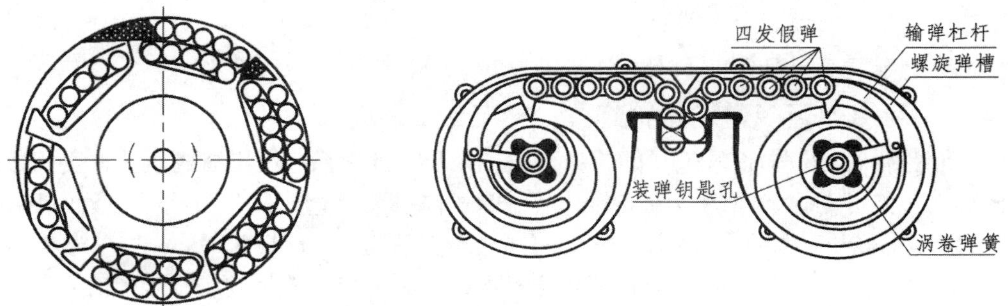

图6.12　美国汤姆逊11.43mm冲锋枪弹鼓　　**图6.13　德国MG34 7.92mm机枪鞍形弹鼓**

德国MG34 7.92mm机枪的弹鼓为平面螺线排列的鞍形弹鼓，如图6.13所示。为增大弹容量，结构上采用两个相联的弹鼓，安置于武器左右两侧。每个弹鼓中的枪弹均按平面螺线排列。在涡卷弹簧的作用下，两弹鼓交替进行供弹。各弹鼓中均有四发假弹位置和输弹杠杆相接触，其作用是能将所有的实弹输送至进弹口。

当弹壳体锥度较大时，弹轴线也可倾斜于弹鼓轴线排列，这时的弹鼓外形为截头圆锥形。为使各弹沿弹壳体母线相互接触，以及便于制作一致的导引沟槽，截头圆锥弹鼓外形的两截面不宜是平面，应将弹鼓的底与盖做成球面形，这样便可使弹鼓内所有的弹沿弹壳体母线相互接触，所有的枪炮弹轴线都交于弹鼓轴线上的同一点，并且使枪炮弹在运动过程中的任何位置都是如此。输弹时枪炮弹仅绕弹鼓轴线作回转运动，以保证输弹的可靠性。这种情况时，弹鼓的形状成为球面锥形，如图 6.14 所示。这种形状的弹鼓较为复杂。

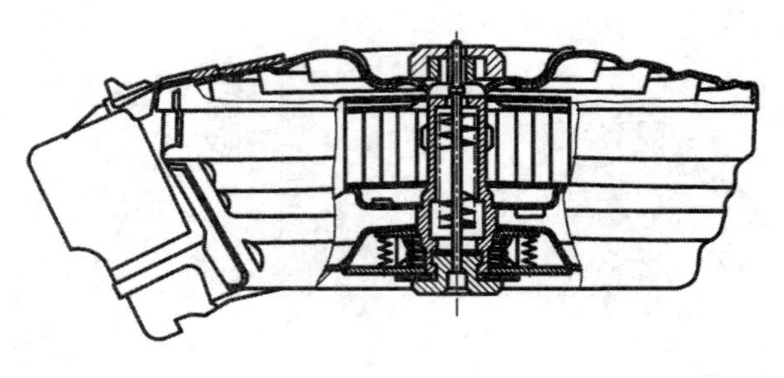

（a）球面锥形弹鼓结构　　（b）枪弹排列形状

图 6.14　球面锥形弹鼓

弹鼓主要用在冲锋枪和轻机枪上，但也常用于大口径机枪甚至小口径自动炮上。它与武器的连接一般采用可换的方式，易于装卸和更换空弹鼓，以提高武器的战斗射速和火力机动性。

弹鼓一般安装在武器机匣的下方。大口径武器上，也有装在机匣的上方或侧方。若采用鞍形弹鼓，则均装在机匣的上方。

6.2.2　弹仓式供弹输弹机构

根据输弹能量来源的不同，弹匣供弹的输弹机构可分为三种类型。

1. 利用弹簧能量输送枪炮弹

利用弹簧能量输送枪炮弹的输弹机构，在装入枪炮弹时，压缩或扭紧弹簧，弹簧所储存的位能即为供弹时的能量来源，这种形式是目前弹仓式供弹机构的主流。如 56 式 7.62mm 冲锋枪的弹匣、53 式 7.62mm 轻机枪的弹盘、50 式 7.62mm 冲锋枪和 74 式、81 式 7.62mm 轻机枪的弹鼓等，其输弹机构都是利用弹簧能量输送枪炮弹的。

在这种机构中，弹匣、弹盘和弹鼓本身既是容弹具，又是输弹机构，同时还是进弹机构的重要组成部分。

1）弹匣供弹输弹机构

弹匣供弹输弹机构一般装在弹匣体内，主要由托弹板及托弹簧等组成，利用托弹簧能量依次而及时地将每发枪炮弹输送至进弹口。

2）弹盘供弹输弹机构

无论是单层排列还是多层排列，弹盘输弹方式基本相同。一般都是采用一个弹盘底（固定盘，见图 6.6（b））和一个弹盘盖（活动盘，见图 6.6（a）组合而成。固定盘和活动盘之间，用平面涡卷弹簧加以连结。活动盘是输弹机构的主要零件，枪炮弹安放在活动盘的梳齿中。活动盘在涡卷弹簧的作用下转动，枪炮弹依次沿导弹面进入进弹口，如图 6.6（c）所示。对于多层排列的弹盘，则将活动盘上的梳齿加高以解决输弹问题，如图 6.7 所示。为了将弹盘中最后一发枪炮弹也顺利送入待进膛的位置，常采用一枚假弹，此假弹不仅可以推送枪炮弹，而且当全部枪炮弹射完后，可保证涡卷弹簧处于预扭状态，方便使用。

3）弹鼓供弹输弹机构

弹鼓中的输弹能量，常由装于弹鼓中心部位的矩形截面涡卷弹簧或圆柱螺旋扭转弹簧提供。输弹机构的形式与容纳枪炮弹的数量和排列方式有关，单圈和多圈排列的弹鼓，其输弹机构不同。弹鼓供弹输弹方式有如下几种。

（1）采用输弹杠杆或托弹板输弹。弹鼓内所有枪炮弹沿弹壳体母线平行排列，弹与弹相邻接，尤其是单圈排列的弹。输弹机构一般是采用输弹杠杆或托弹板进行输弹，如美国强生 7.62mm 半自动步枪弹鼓（图 6.10）。输弹弹簧通过输弹杠杆或托弹板将能量传递给圈内的最后一发弹，使相邻弹逐一前推进行供弹。这种输弹方式摩擦阻力较大，弹鼓的容弹量不能过大。

（2）采用拨弹轮输弹。对于多圈排列的弹鼓，为减小输弹阻力并简化弹鼓形状，常采用拨弹轮输弹，以减小输弹时弹的倾斜量，图 6.12 所示为美国汤姆逊 11.43mm 冲锋枪弹鼓。枪弹轴线平行于弹鼓轴线，拨弹轮上的拨弹齿将每圈中的五发枪弹分为一组，并限制其位置，以减小枪弹的倾斜量。弹在导槽内的运动阻力得以减小，并使弹鼓的形状得到简化。这种弹鼓没有附加的进弹口，外形简单，且能使最后一发弹顺利达到待进膛位置。但弹鼓装于机匣上的位置较深，将削弱机匣的强度。

（3）采用拨弹轮和输弹杠杆组合输弹。为了不削弱机匣的强度，在弹鼓外附加进弹口。但是，当最后的 2～3 发弹进入进弹口后，拨弹轮不能将它们送至待进膛位置，因而不能射出。其结果是减小了实际容弹量。同时，最后这几发弹因在弹鼓内没有约束力，行军中时常发生弹在弹鼓内的碰撞声。为此，在拨弹轮上再加上输弹杠杆。图 6.15(b)所示为 81 式 7.62mm 轻机枪弹鼓，拨弹轮将枪弹分成两发一组，更有利于减小输弹阻力。

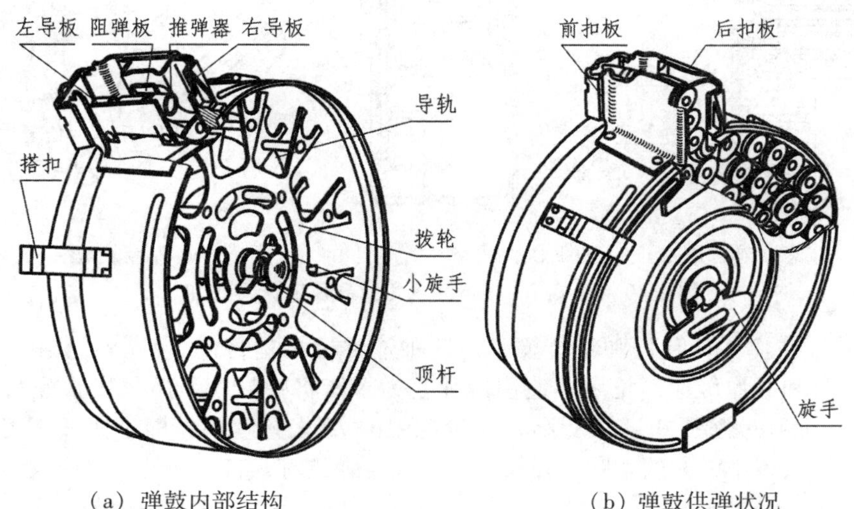

（a）弹鼓内部结构　　（b）弹鼓供弹状况

图 6.15　81 式 7.62mm 轻机枪弹鼓

这种弹鼓的缺点是：在每次供弹完毕时，涡卷弹簧即完全放松，当重新装完枪弹后，需从头上弦紧簧，装填时间较长。同时，当最后一发枪炮弹射毕时，涡卷弹簧骤然放松，撞击太大，影响涡卷簧与簧盒的连接寿命。当簧放松后，仍存在拨弹轮和输弹杠杆处于无约束状态，行军时发出响声，不利于隐蔽。

（4）采用活动盘和输弹杠杆组合输弹。容弹量较大时，为减小输弹阻力，可采用活动盘的输弹方式。图6.11（c）所示的50式7.62mm冲锋枪弹鼓，枪弹分别装在活动盘的外、内圈。靠活动盘转动来实现外圈枪弹输送，此时内圈枪弹与活动盘间没有相对运动，可完全消除内圈枪弹的运动阻力。当外圈枪弹全部输送完毕后，活动盘即停止转动，内圈枪弹则在输弹杠杆的作用下，被逐一送至进弹口。这种弹鼓还设有制止涡卷簧盒转动的机构，当弹鼓盖被打开，处于装、退弹状态时，卡榫在卡榫簧作用下，棘齿进入涡卷簧盒盖上的制转孔内，簧盒可保持在扭紧状态，使装、退弹比较方便，如图6.16（a）所示。若装弹完毕，盖好弹鼓盖后，卡榫被弹鼓盖上的固定卡板提起，棘齿从涡卷簧盒盖上的制转孔内拔出，簧盒制转机构即被解脱，簧力通过输弹杠杆传递给枪弹，弹鼓处于供弹状态，如图6.16（b）所示。当停止射击并将弹鼓内剩余枪弹全部退出后，可用手工使簧盒慢慢往回转，逐渐放松涡卷弹簧，防止由于快速放松而损坏弹簧及簧盒。

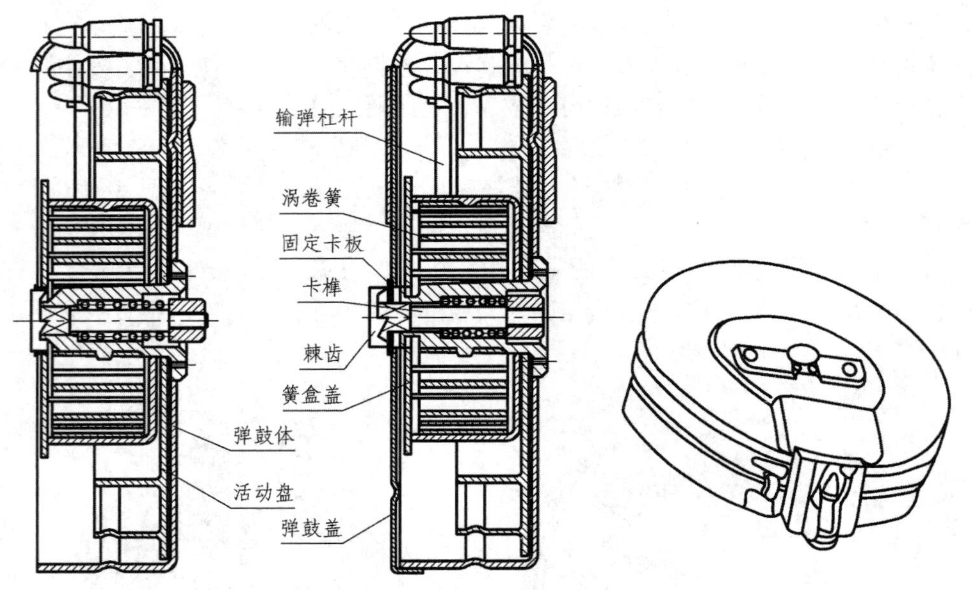

（a）装退弹状态（簧盒固定）　（b）供弹状态（簧盒自由）　（c）弹鼓装满弹

图6.16　50式7.62mm冲锋枪弹鼓棘齿涡簧机构

（5）采用输弹杠杆和假弹组合输弹。这种输弹机构是将涡卷弹簧提供的输弹力，通过输弹杠杆和假弹传递给枪弹。使用假弹是为了能将弹鼓中最后一发弹顺利送入弹膛，图6.13所示的德国MG34 7.92mm机枪配用的75发鞍形弹鼓即是典型应用。但采用假弹时，不仅减小弹鼓的实际容弹量，而且在空弹鼓时，若假弹处于自由状态，行军中会发出响声，易暴露目标。

（6）采用拨弹轮和假弹组合输弹。这种输弹机构如苏联РПК 7.62mm轻机枪弹鼓，见图6.17。输弹簧力通过拨弹轮和假弹传给枪弹，其优缺点与（5）相似。但是，此弹鼓装弹时需逐一装填，速度较慢。而卸弹时，却可打开弹鼓盖一次倒下，比较方便。

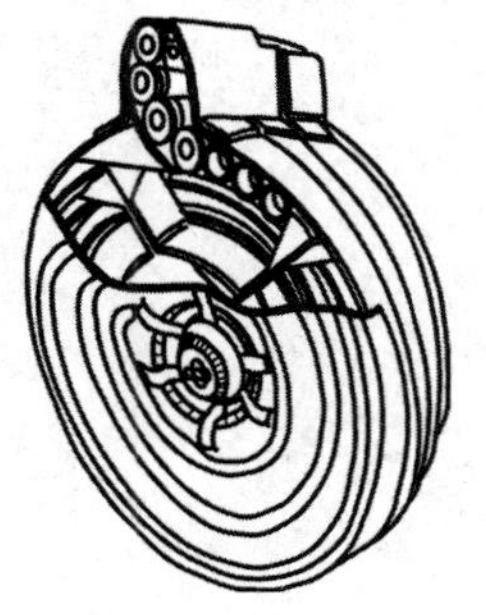

图6.17　苏联 РПК7.62mm 轻机枪弹鼓

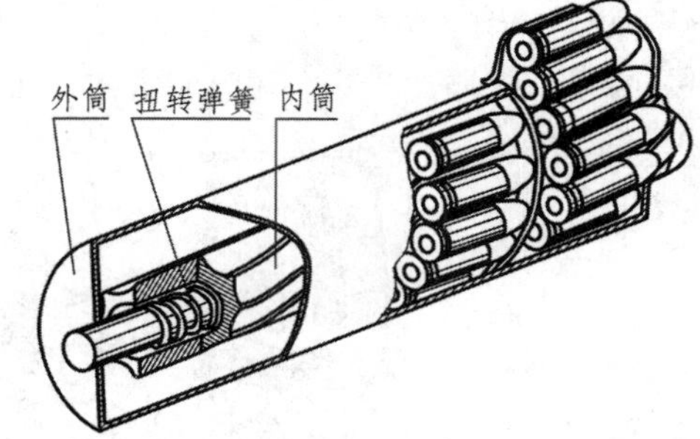

图6.18　螺旋弹鼓结构原理

（7）采用螺旋槽输弹。采用这种原理输弹的弹鼓基本结构为：由一个带小螺旋角容弹槽的内筒与一个带大螺旋角螺旋槽的固定外筒组合而成，内筒可绕自身轴回转。枪炮弹在内、外筒间双层交错放置，并按轴向螺旋排列。内外筒之间用圆柱螺旋扭转弹簧连结，扭簧用以提供输弹能量。供弹过程中，枪炮弹有如滚柱轴承中的滚柱，在弹鼓的内外筒间滚动并前移，如图6.18所示。这种螺旋弹鼓除具有体积小，便于持枪操作，容弹量大，供弹可靠等特点外，尤其是大大缩小了弹鼓的径向尺寸，从而减小武器的横向尺寸，以及消除满弹鼓时武器质心的偏移。有利于提高武器机动性，增强射击时的稳定性。

2. 利用活动机件能量输送枪炮弹

利用活动机件能量输送枪炮弹的弹仓供弹输弹机构，其输弹动作完全由活动机件运动来决定，图6.19所示的英国路易斯轻机枪输弹机构即是这种机构的典型范例。其优点是在装弹时不必压缩弹簧，装弹方便，但结构较复杂。

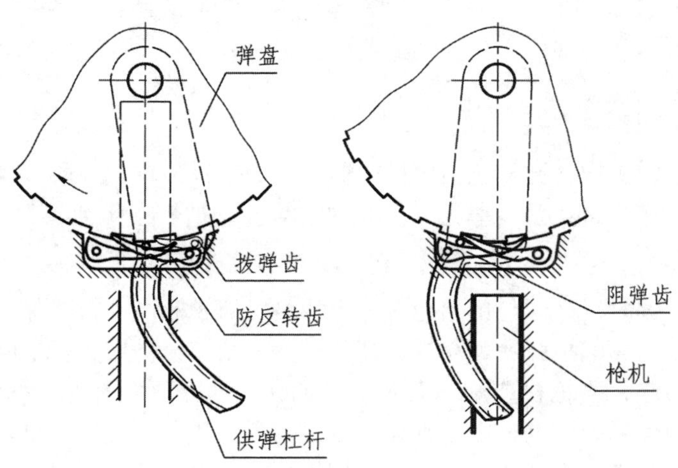

（a）枪机后坐，拨弹盘供弹　　（b）供弹完毕，弹盘被阻止

图6.19　英国路易斯轻机枪弹盘供弹

3. 利用弹簧和活动机件能量输送枪炮弹

利用弹簧和活动机件能量输送枪炮弹的弹仓供弹输弹机构，即利用活动机件后坐的动能和弹簧变形的位能共同完成输弹动作。如日本 91 式轻机枪弹斗式输弹机构，即是这种采用混合式输送枪炮弹的输弹机构，如图 6.20 所示。

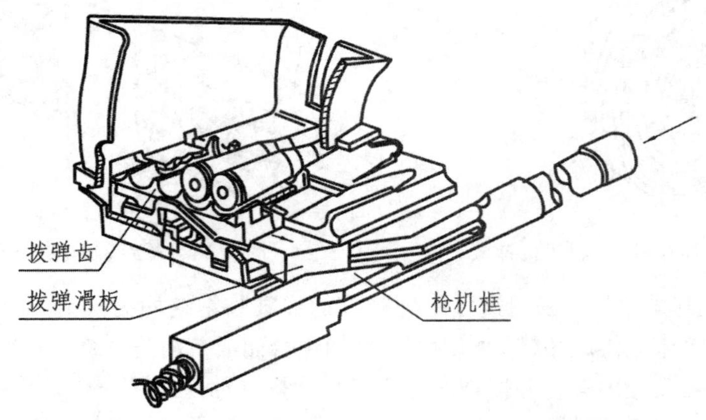

图 6.20　日本 91 式轻机枪弹斗式输弹机构

日本 91 式轻机枪上有一固定式弹斗，弹斗内可装五个带枪弹的弹匣，从弹匣中拨出枪弹和向进弹口输弹都是利用枪机框动能的输弹机构来完成。输弹机构有拨弹滑板和拨弹齿，拨弹滑板的突出部进入枪机框的定型槽中，随着枪机框的往复运动，拨弹滑板也作往复运动，由弹匣内拨出枪弹。当一个弹匣内的枪弹消耗完后，装有弹簧的弹斗盖即将上面的弹匣压至拨弹齿上。

利用弹簧和活动机件能量的输弹机构，其优点是：能够随着枪炮弹的消耗而不断地向弹斗内补充带枪炮弹的弹匣，装填方便。但结构比较复杂，弹仓供弹机构结构简单的特点在这里已不再体现。现代步兵自动武器中已很少采用。

6.2.3　弹仓式供弹进弹机构

弹仓供弹的进弹机构，通常包括枪机或炮闩上的推弹凸榫，弹匣、弹盘或弹鼓上的扣弹齿（进弹口的折弯部）和身管尾端与机匣、炮箱上的各个导弹斜面。

1. 推弹凸榫

推弹凸榫在推弹时，必须与枪炮弹有一定的接触面积和高度，以保证可靠地推弹入膛。推弹高度过小，影响推弹的可靠性；高度过大，则有撞击底火的危险。同时，如果推弹凸榫是局部凸起，当枪机或炮闩开锁后坐时，枪机推弹凸榫从次一发枪炮弹擦过时，将迫使弹匣内全部弹下沉，由于其加速度很大，回跳时容易发生跳弹或造成双弹等故障。因此，推弹凸榫的高度要适中，其底部尽可能平整，并有圆滑的过渡面，推弹高度一般为 1.5～3mm。

推弹凸榫的宽度也要适中，过宽时，会使弹仓上扣弹齿间的距离大而抱弹不牢；过窄则会使推弹不平稳。一般地，对于双行交错排列的弹仓，推弹凸榫的宽度一般取为枪炮弹最大直径的 0. 85 ~ 0. 95 倍，即 $B = (0.85 \sim 0.95) D_{max}$，对于单行排列的弹仓，推弹凸榫的宽度可适当减小。

2. 导弹斜面

各导弹面的作用是引导枪炮弹顺利入膛。进弹时，枪炮弹的加速度很大，一定要避免棱角与枪炮弹接触，以免刮伤枪炮弹，影响进弹和推弹入膛，因此在身管尾端面与机匣或炮箱上均应有导弹斜面，以保证枪炮弹顺利进入弹膛或药室。

双行排列的弹匣，其前壁上端以及两侧壁的前上端均应有导向面，在机匣或节套的下方与两侧应有使枪炮弹上抬和向中间靠拢的导弹斜面。推弹进膛时，导引着枪炮弹，使弹头在高低和纵轴方向上接近枪炮膛轴线，以保证枪炮弹可靠和有规律地进入弹膛或药室。

3. 扣弹齿（折弯部）

弹仓进弹口部位的扣弹齿，是弹仓的重要工作部位，其作用是保证枪炮弹卡在弹仓内一定的位置上，当枪机或炮闩推弹时，引导枪炮弹按一定运动轨迹平稳可靠地进入弹膛或药室。扣弹齿的主要尺寸参数有：

（1）扣弹齿长度。扣弹齿的长度通常为枪炮弹长度的40%~60%，托弹簧作用线应在扣弹齿内。

（2）扣弹齿间宽度。扣弹齿间的宽度，对于单行排列的弹匣，通常为弹壳最大直径的75%~95%；对于双行交错排列的弹匣，则为弹壳最大直径的 1. 10 ~ 1. 35 倍。如图 6. 21 所示。

（3）扣弹齿的内半径。扣弹齿的内半径 R_b，应小于弹壳的半径 R_a，这样，扣弹齿与弹壳沿两条线相接触，枪炮弹在簧力作用下，到达进弹口部位时，位置就能准确一致，保证进弹路线的初始位置。反之，如图 6. 22 所示。若扣弹齿的内半径大于弹壳半径，扣弹齿与弹壳只有一条线接触，枪炮弹在弹匣内的位置不能保持不变，推弹时即不能保持推弹高度一致。

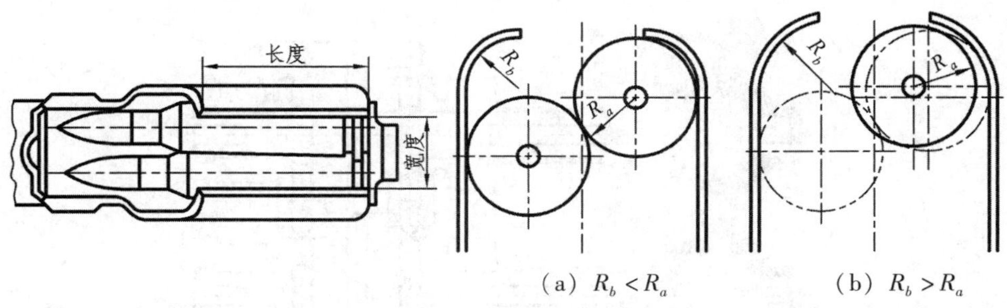

图 6. 21　弹匣进弹口扣弹齿（折弯部）

图 6. 22　弹仓扣弹齿内半径

6. 3　弹链式供弹机构

弹链供弹机构也是由容弹具，输弹机构，进弹机构三个部分组成。

弹链供弹机构的容弹具是弹链，它是利用弹链节具有的弹力，将枪炮弹紧紧抱住，在输弹机构作用下，弹链依次移动，使枪炮弹进入进弹口或取弹口位置，以便进弹机构推弹入膛。弹链供弹的输弹机构由不同结构形式的传动机构和受弹器组成。进弹方式有单程和双程两种方式之分，单程进弹又称一次进弹，双程进弹又称二次进弹。进弹机构的主动件一般是枪机或炮闩，它将位于进弹口的枪炮弹推进弹膛或药室（单程），或将位于取弹口的枪炮弹从弹链中抽出，后坐时移近枪炮膛轴线，复进时推弹入膛（双程）。

6.3.1 弹链结构形式及特性

1. 弹链组合形式

按弹链链节的连接方式，一般分为不散弹链、可散弹链和组合弹链三种。

（1）不散弹链。由一定数量的金属链节用中间零件（如螺旋钢丝销轴等）连接或互相搭挂而成的不可拆弹链。这种弹链便于携带、保管和回收，装弹较快，一般用于轻、重机枪及地面高射机枪、小口径自动炮。如 53 式 7.62mm 重机枪和 54 式 12.7mm 高射机枪的弹链。53 式重机枪的弹链是用螺旋钢丝连接的，54 式高射机枪的弹链则是用销轴互相搭挂连接的，如图 6.23 所示。

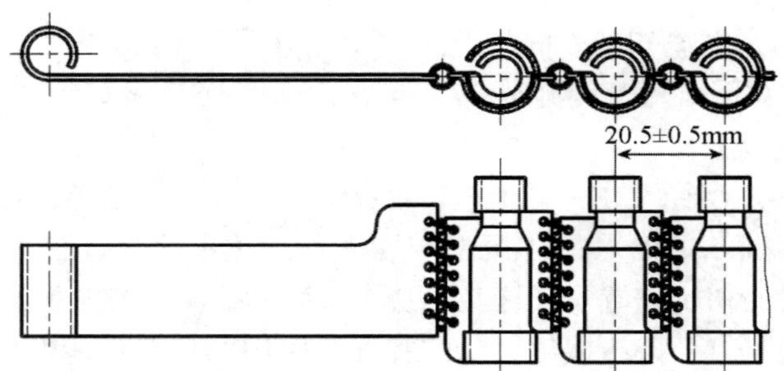

（a）53 式重机枪弹链

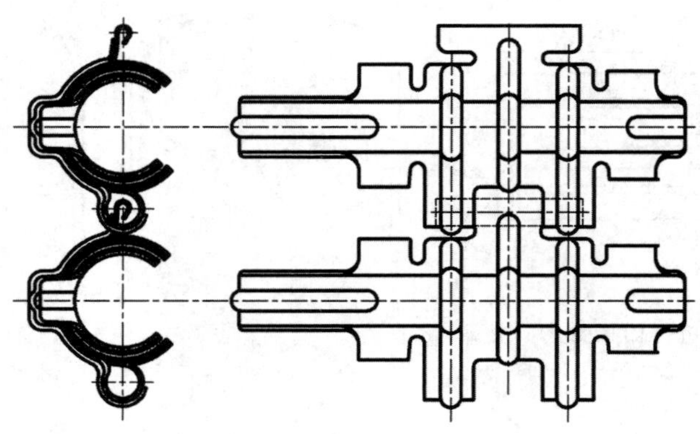

（b）54 式高射机枪弹链——不散弹链

图 6.23　不散弹链

（2）可散弹链。由互相插接或搭挂的单个金属链节，靠所装枪炮弹临时组合在一起的弹链。枪炮弹退出后，弹链即自行散开。这种弹链的优点是能任意增加容弹量，容易排除空弹链，一般适用于排链空间受限制的航空武器和坦克武器上。如苏联 ЩКАС 航空机枪和美国 20 自动炮的弹链是互相插接的，德国 MG131 航空机枪的弹链是互相搭挂的，如图 6.24 所示。

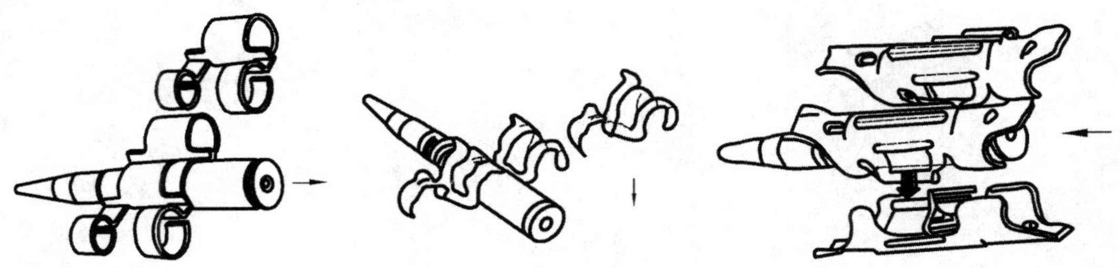

（a）苏联 ЩКАС 航空机枪弹链　（b）美国 20mm 自动炮弹链　（c）德国 MG131 航空机枪弹链

图 6.24　可散弹链

（3）组合弹链。由几段不散弹链首尾用散弹链的连接方式构成的弹链，射击后便自行分成几段不散弹链。这种弹链能满足机枪在各种配备条件下对容弹量的不同要求。图 6.25 为 56－1 式 7.62mm 轻机枪弹链。

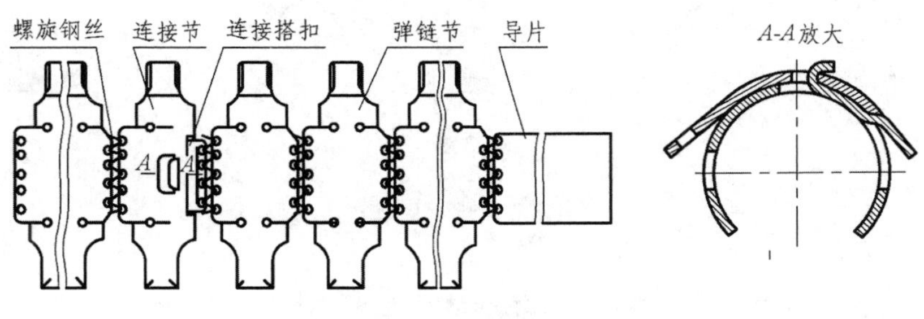

图 6.25　组合弹链

2. 弹链柔度

弹链柔度包括平面柔度和扭转柔度。通常以在平面内自由弯曲后的半径 $R_{尖}$ 和 $R_{底}$ 来描述平面柔度，以弹链在空间成一条直线时自由扭转成螺旋状态时相邻两发弹的扭转角 φ 表示扭转柔度。如图 6.26 所示，它们表示弹链对武器射界变化的适应能力。提高柔度可以改善武器的火力机动性，但柔度过大，会引起开式弹链与枪炮身各部发生勾挂现象，产生挂链故障和损坏弹链。

弹链柔度与链节连接部的结构尺寸相关。用螺旋钢丝作中间连接件的弹链比用销轴的柔度好，链节间互相搭挂的弹链比互相插接的好。几种武器的弹链柔度值如表 6.1 所示。

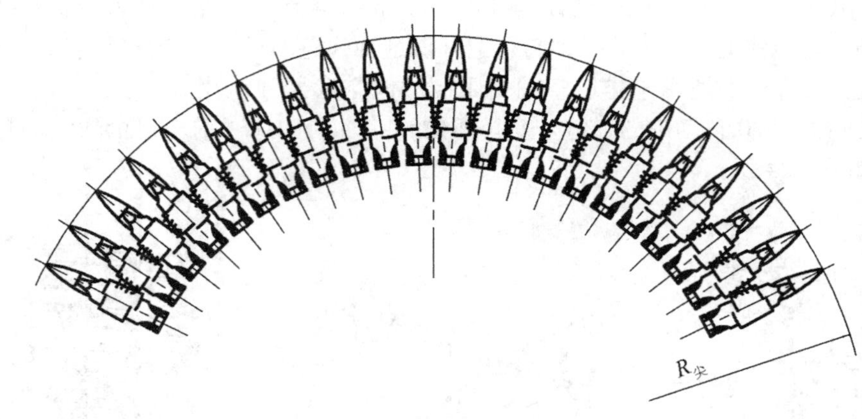

(a) 平面柔度 $R_{尖}$

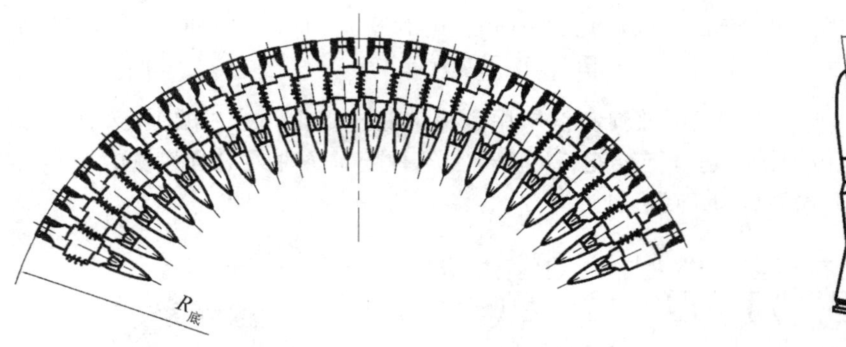

(b) 平面柔度 $R_{底}$

φ

(c) 扭转柔度

图 6.26 弹链柔度

表 6.1 几种自动武器弹链柔度值

武器名称	$R_{尖}$/mm	$R_{底}$/mm	φ
56 式 7.62mm 轻机枪	185	140	10°
56－1 式 7.62mm 轻机枪	160	137	8°
57 式 7.62mm 重机枪	230	200	5°30′
捷克 59 式通用机枪	185	140	12°
捷克 ZB－53 重机枪	420	300	0°
德国 MG－42 通用机枪	180	160	11°
54 式 12.7mm 高射机枪	<350	<250	5°
56 式 14.5mm 高射机枪	540	370	5°

3. 弹链结构形式

1）链节形式

弹链的链节按抱弹部结构的不同，可分为开式和闭式两种链节形式。

闭式链节的链节抱弹部横断面为包角接近360°的封闭圆环，枪炮弹只能从后方取出，供弹时需采用双层进弹机构。如图6.23（a）的53式重机枪的弹链、图6.24（a）苏联ЩKAC航空机枪弹链等的弹链，均为闭式链节。

开式链节的链节抱弹部不封闭，枪炮弹能够从前方、下方或后方三个方向取出，可以采用单层进弹机构将枪炮弹直接推弹入膛。如图6.23(b)、图6.24(b)、图6.24(c)、图6.25等弹链链节均为开式链节。

2）弹链及链节结构

弹链结构主要包括抱弹部、定位部、脱弹支臂或隔链凸起、连接部、弹链尾节及弹链导片等，如图6.27所示。

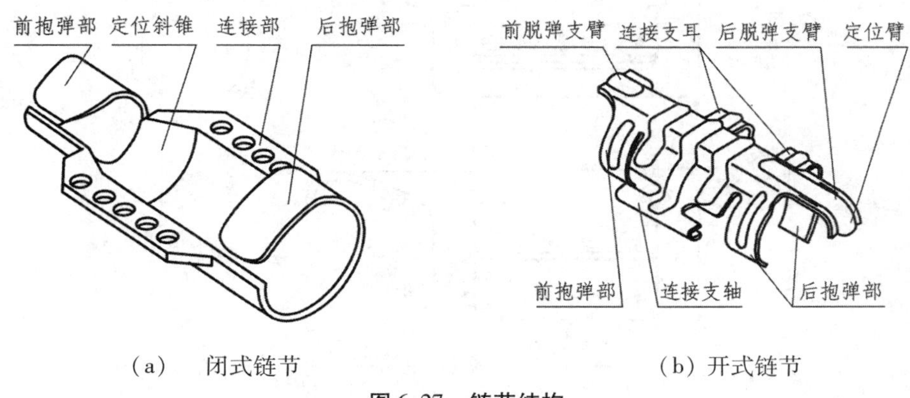

（a）　闭式链节　　　　（b）开式链节

图6.27　链节结构

（1）链节抱弹部。闭式链节的抱弹部有前后两个横断面包角为360°的圆环形抱弹部，后抱弹部抱住弹壳体部，前抱弹部抱住弹壳口部，枪炮弹在链节内纵向移动不会引起前抱弹部的变形量发生改变，抱弹力稳定，不易掉弹；开式链节的抱弹部包角通常在270°左右，抱弹力的大小与抱弹部和枪炮弹间径向配合过盈量有关。抱弹部横断面包角的大小影响枪炮弹定位和进弹动作的可靠性。包角太大，脱弹或推弹进膛时的抗力大，抱弹部的变形大，链节使用寿命低；包角太小则抱弹不牢。几种自动武器所用弹链的包角、抱弹力如表6.2所示。

开式链节的前抱弹部位置与进弹方式有关。采用斜推单层进弹的武器，如56－1式7.62mm轻机枪、54式12.7mm高射机枪等，由于枪弹需滑过前抱弹部，前抱弹部就不能抱住弹壳口部，即前、后抱弹部都只能抱住弹壳体部。链节的抱弹部同时也是枪炮弹进膛运动的引导部，要求前抱弹部至链节尾端应有一距离 b_4，方能可靠地引导枪炮弹进膛。前、后抱弹部应有一定的宽度 b_1 和 b_2，此尺寸直接影响链节的强度，刚度和抱弹力。如图6.28所示。

表 6.2　几种自动武器链节的包角、变形量、抱弹力值

武器名称	包角		变形量/mm	拨弹力/kg	材料	材料厚度/mm
	前抱弹部	后抱弹部				
56 式 7.62mm 轻机枪	269°	—	0.4	6~11	T8A	0.55
56-1 式 7.62mm 轻机枪	273°	—	0.56	5~9	T8A	0.55
57 式 7.62mm 重机枪	360°	360°	0.31	5~10	50	0.85
德国 MG-42 通用机枪	285°	277°	0.4	6~10		0.65
54 式 12.7mm 高射机枪	269°	276°	1.05	10~20	50A	0.9
56 式 14.5mm 高射机枪	360°	360°	0.95	19~45	50	1.0

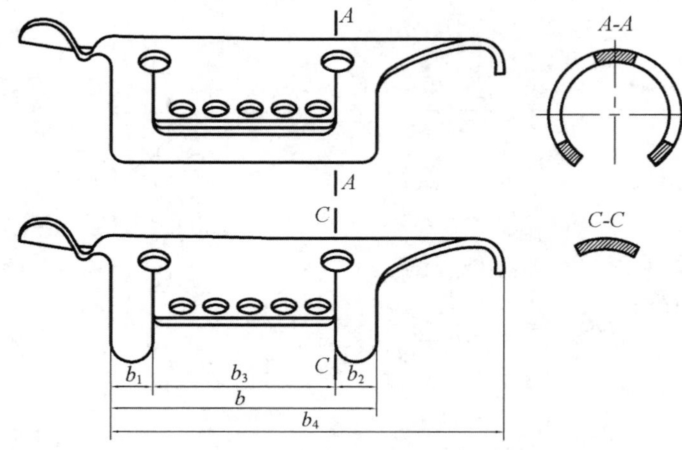

图 6.28　开式链节抱弹部形状

（2）链节定位部。链节的定位部必须保证枪炮弹定位准确，用手或装弹具推压即能到位但不过位，装弹和卸弹时应较方便，不得使枪炮弹卡滞。

闭式链节通常用斜肩定位，定位点为斜肩小端起点。这种定位方式准确，不会产生错位现象。图 6.29 是 56 式 14.5mm 高射机枪链节的定位部结构。

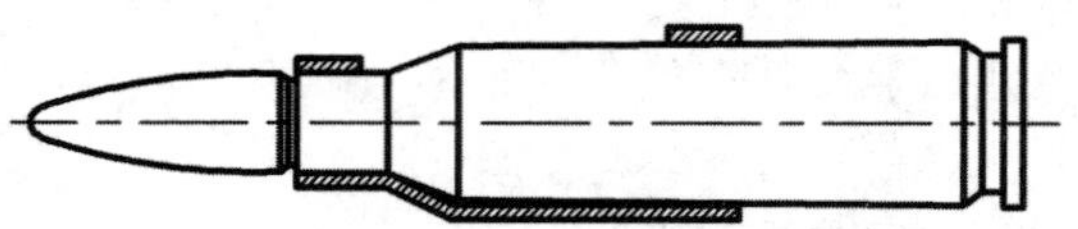

图 6.29　56 式高射机枪链节定位部结构

开式链节通常用链节尾部的定位臂定位。定位臂末端弯曲成一定的形状，以确定枪炮弹的纵向位置。图 6.30（a）是 56 式 7.62mm 轻机枪弹链的定位部结构。其定位臂末端有一凸起，枪弹装入链节后，该凸起即进入弹壳底槽内，以确定枪弹的纵向位置。该方式枪弹装卸方便，但当定位臂弹力失效后，定位可靠性必然降低。图 6.30（b）是 56-1 式 7.62mm 轻机枪链节的定位部结构，由 56 式轻机枪链节改进而得。其定位臂尾

端弯曲成90°，包住枪弹底面，枪弹只能从弹链内向前推出，工作可靠性好。

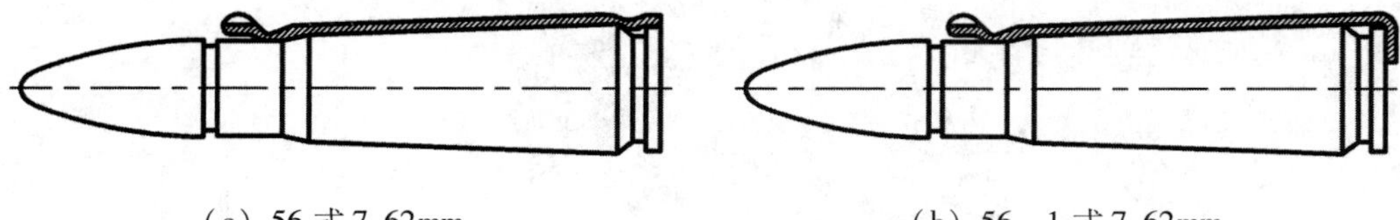

（a）56式7.62mm　　（b）56－1式7.62mm

图6.30　轻机枪链节定位部结构

图6.31为54式12.7mm高射机枪链节定位部的结构，其定位臂尾端弯曲成一定角度，卡在弹壳底槽内，枪弹在链节内不能向前推出。该定位方式定位可靠，不会错位。但定位臂容易变形，链节寿命低，枪弹容易被甩掉。

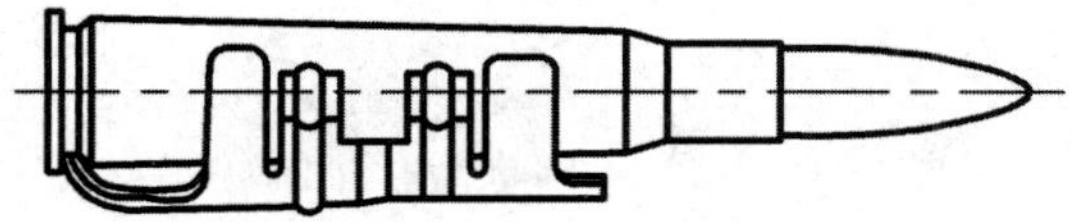

图6.31　54式高射机枪链节定位部结构

（3）链节脱弹支臂或隔链凸起。输弹过程中进行脱弹的开式链节，均设有脱弹支臂。如图6.27(b)所示的链节结构，链节上设有前、后脱弹支臂，输弹过程中，脱弹支臂支撑在隔弹齿上，枪弹被隔弹齿从链节下方挤脱。

有的武器是在进弹过程中由枪机或炮闩将枪炮弹从链节中推出。为了阻止推弹时链节也跟着向前移动，在链节上设有隔链凸起。图6.32(a)是56－1式7.62mm轻机枪链节的隔链凸起，输弹过程中，隔链凸起支撑在隔链齿上，进弹时被隔弹齿前壁抵住，链节不能向前移动，保证枪弹顺利地从链节内推入弹膛。其缺点是隔链凸起为悬臂状，容易失效。图6.32(b)是捷克59式通用机枪链节的隔链凸起，结构很简单，不是悬臂形状，强度、刚度和工艺性均较好，输弹机构中用一块简单的阻链板，即可限制推弹时链节向前移动。

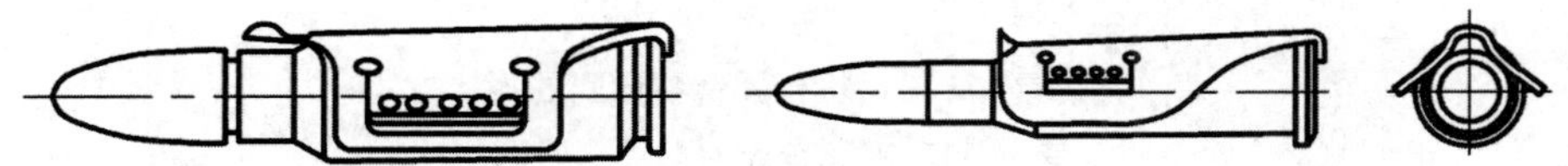

（a）56－1式轻机枪链节隔链凸起　　（b）捷克59式通用机枪链节隔链凸起

图6.32　隔链凸起

（4）链节连接部。链节的连接部由武器的使用条件和链节的形式来确定。合理的连接部的结构尺寸，可保证弹链有足够的强度，尽可能小的节距，以及合适的柔度。

不散弹链的中间连接件多采用螺旋钢丝，如图6.23(a)所示，改变孔和钢丝的间隙，可以改变弹链的柔度。有些大口径机枪用互相搭挂后收口的连接方式，如图6.23(b)所示，该连接方式能减小弹链节距。

可散弹链的连接方式如图6.24所示，该连接方式有利于减小弹链节距，但柔度较小。

组合弹链各段用类似散弹链的连接方式连接，具体结构如图 6.33 所示。

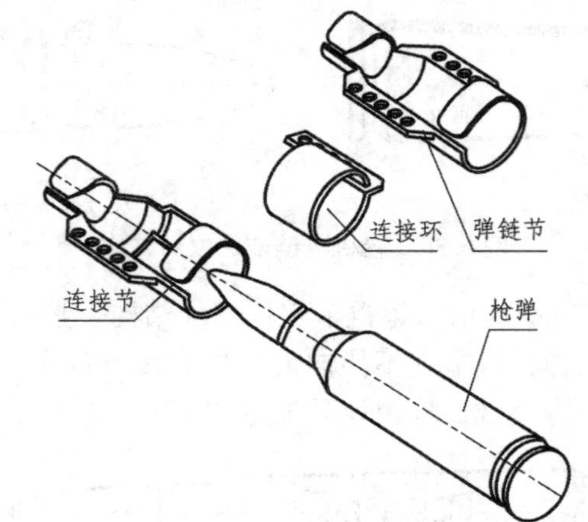

(a) 56 式 14.5mm 高射机枪弹链

(b) 56－1 式 7.62mm 轻机枪弹链

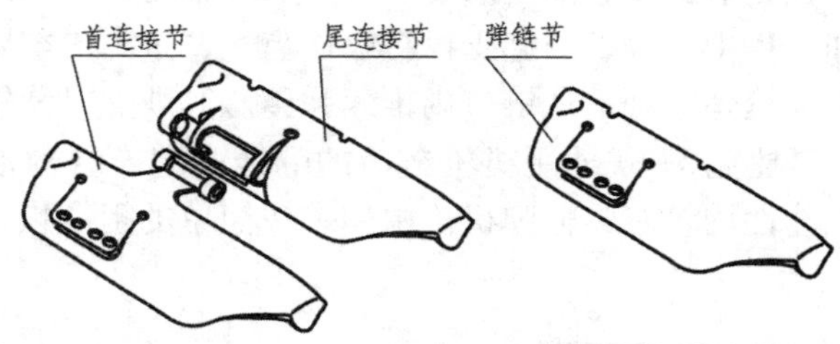

(c) 捷克 59 式通用机枪弹链各段间的连接方式

图 6.33　弹链各段间的连接方式

(5) 弹链尾节和导片。有些武器为了保证弹链的最后一个链节在进入输弹机构后能有确切的位置，不致因移位和歪斜而产生卡弹或空膛故障，一般在弹链后面加一尾节，如图 6.34 所示。但弹链尾节并非必需件，若输弹机构能确保最后一发枪炮弹的正常动作，就不必再加尾节。

图 6.34　56 式 7.62mm 轻机枪弹链尾节

弹链导片是弹链在装入供弹机构内时的引导件，用以缩短弹链装入输弹机构的时间。弹链导片前端常卷成圆环状，以便于操作。其长度通常比供弹机构的宽度大 30 ~ 40mm，如图 6. 35 所示。

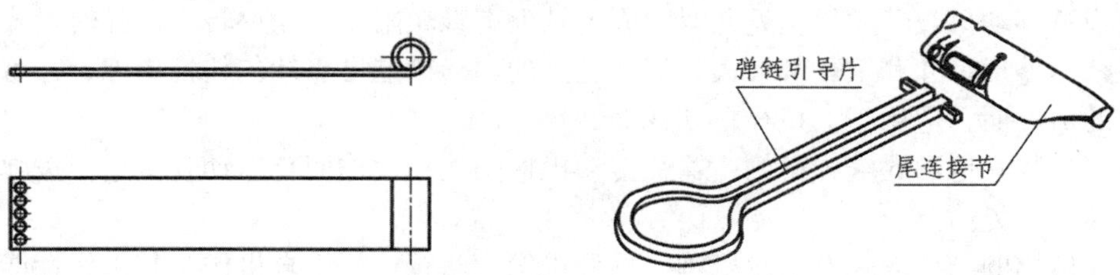

（a）56 - 1 式 7. 62mm 轻机枪弹链导片　　（b）捷克 59 式通用机枪弹链导片

图 6. 35　弹链引导片

4. 弹链工作特点

（1）当输弹机构带动弹链运动时，只有拨弹齿拨动的链节速度与拨弹齿相同，其余链节均要待各链节的间隙消除后才逐一参与运动。也即，只有当拨弹齿拨动的那个链节运动一定距离后，其余悬挂部分的弹链才一起发生运动。

（2）当拨弹到位后，被拨弹齿拨动的链节即行停止运动，而弹链的整个悬挂部分还将继续惯性运动，这种惯性运动可以持续到下一次自动循环，对下一发射击时弹链的运动速度有影响。

（3）在连续射击过程中，弹链只是在活动机件运动循环的某一段参加运动，其运动是时断时续的。惯性力将使弹链链节间受到拉力而张紧。当弹链停止运动时，悬挂的带弹链节间将因惯性发生相互撞击。

（4）若武器在带缓冲器的枪炮架上进行射击，则弹链将随枪炮身的纵向运动而抖动。

6. 3. 2　弹链供弹输弹机构

1. 输弹机构作用与基本组成

弹链供弹输弹机构的作用是拨动带弹的弹链，把枪炮弹依次送到进弹口或取弹口位置，以便进弹机构把枪炮弹送入弹膛或药室。

输弹机构包括受弹器和输弹传动机构。受弹器在输弹过程中容纳和导引弹链，并借以控制弹链的运动方向。输弹传动机构受主动件的带动，在一个自动循环中将弹链移动一个链节，把弹链最前面的一发枪炮弹送到进弹口或取弹口，并保持在预备进膛或取弹的位置上。

2. 输弹机构结构类型及特点

在大部分自动武器中，输送弹链的能量一般来自机构中某个活动件，传动机构的主动件为枪机、炮闩、身管或枪机框，直接运送弹链的构件可分为拨弹滑板式、拨弹转轮两大类，现代机枪、自动炮多采用拨弹滑板式。

拨弹滑板作往复直移运动，传动机构通过拨弹滑板上的拨弹齿拨动弹链运动，当拨弹滑板返回时，阻弹齿即阻止弹链退回。

拨弹转轮绕固定轴作单向回转运动，固定轴与枪炮膛轴线平行。传动机构通过拨弹转轮使弹链移动。当传动机构返回时，固定轴上有棘轮阻止转轮反转。拨弹转轮式结构比较复杂，外形尺寸和重量都较大，但转轮上的弹形槽能可靠地包住枪炮弹，并可作为进弹时的引导面，适用于大口径自动武器。

另有少数其他形式输弹机构，输弹传动机构的从动件作回转运动直接进行拨弹，无转轮，结构较为简单。

输弹机构的结构形式有凸轮机构、杠杆机构、凸轮杠杆组合机构。其工作性能与弹链运动的速度和加速度的变化有关，而加速度在很大程度上取决于传动机构的传速比。

1）凸轮式输弹机构

凸轮式输弹机构的特点是机构的传速比的变化规律由凸轮轮廓曲线决定，因而可以利用合理的凸轮轮廓曲线来获得弹链运动规律，从而避免或减轻机构传动中的碰撞，保证输弹的平稳性和可靠性。凸轮轮廓曲线可以取在主动件上，形状可以是直线、曲线或由直线和圆弧组成的混合曲线。直线加工制造方便，但其传速比为常数，拨弹滑板在启动和停止运动时都将产生碰撞。曲线和混合曲线传速比为变数，拨弹滑板在启动和终止时无碰撞，工作平稳。

以下是凸轮式输弹机构的几个实例。

（1）57 式 7.62mm 重机枪输弹机构

图 6.36 所示为 57 式 7.62mm 重机枪的输弹机构，该武器采用拨弹滑板拨弹。原动

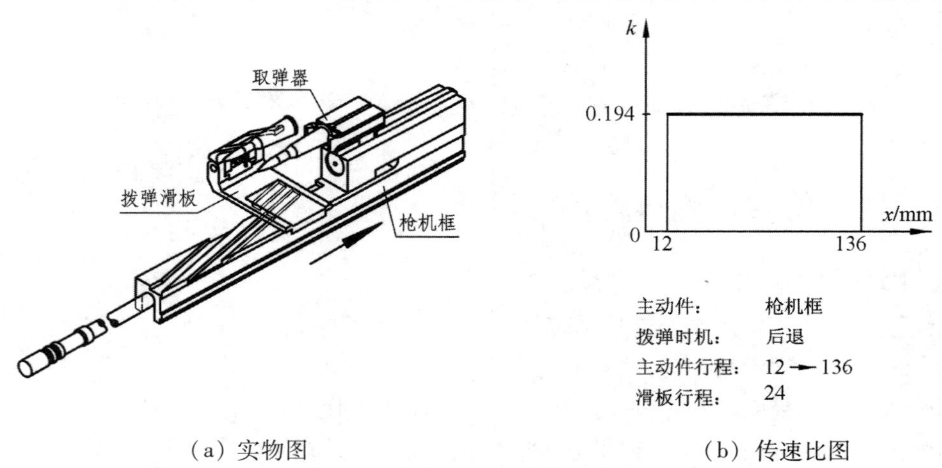

（a）实物图　　（b）传速比图

图 6.36　57 式 7.62mm 重机枪输弹机构

件枪机框的凸轮曲线为两个直线斜槽，与拨弹滑板上的两个凸起相配合，从而决定机构的运动规律。由于原动件供弹行程较长，而枪机框宽度小，所以采用两个斜槽和两个凸起。机构的传速比为常数，拨弹滑板启动有碰撞。

（2）58 式 7.62mm 轻机枪输弹机构

图 6.37 所示为 58 式 7.62mm 轻机枪的输弹机构。该枪亦采用拨弹滑板拨弹。原动

件枪机框带动导板，导板上的曲线槽由一段圆弧和一段直线组成，与拨弹滑板上的圆形凸起配合。机构的传速比由零逐渐上升，增加到一定值后保持恒定，拨弹滑板启动时无碰撞。

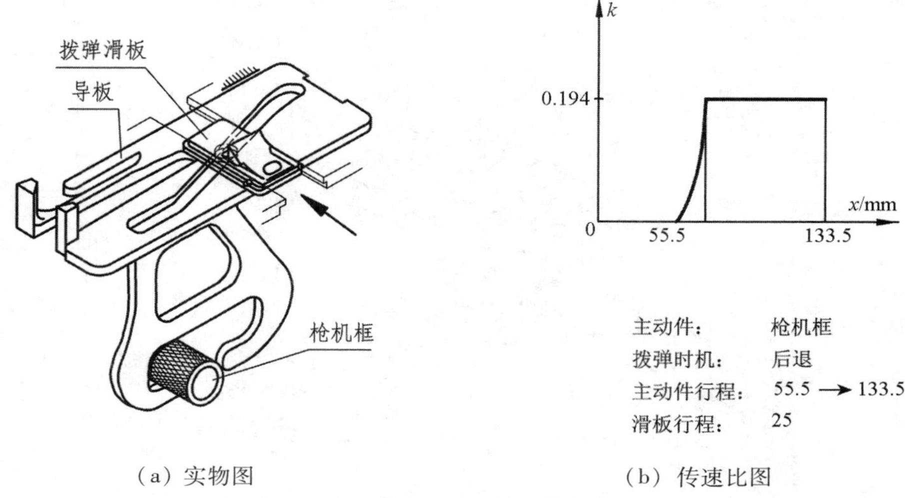

（a）实物图　　（b）传速比图

图 6.37　58 式 7.62mm 轻机枪输弹机构

（3）德国 MG－17 航空机枪输弹机构

图 6.38 所示为德国 MG－17 航空机枪的输弹机构，该枪采用圆柱凸轮传动，拨弹转轮拨弹，原动件枪管上有一凸起沿拨弹转轮前端下面的圆柱凸轮曲线槽内滑动，使转轮回转。拨弹转轮与圆柱凸轮之间有棘轮机构。当枪管后坐时，转轮回转拨弹，当枪管复进时转轮与凸轮脱开，拨弹转轮不动。

（4）59 式 12.7mm 航空机枪输弹机构

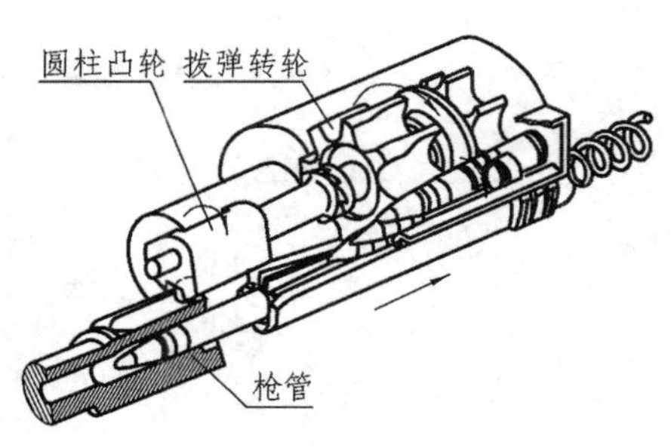

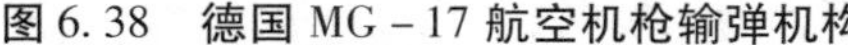

图 6.38　德国 MG－17 航空机枪输弹机构

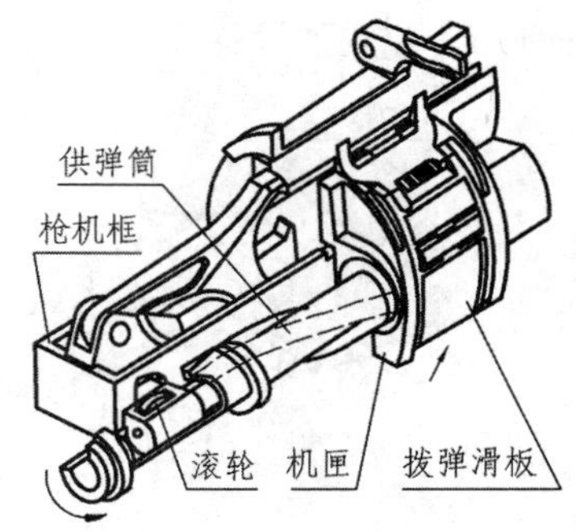

图 6.39　59 式 12.7mm 航空机枪输弹机构

图 6.39 所示为 59 式 12.7mm 航空机枪的输弹机构。该枪采用圆柱凸轮传动，回转式直接拨弹。原动件枪机框上有滚轮，与起圆柱凸轮作用的供弹筒配合使其回转，直接拨动作圆周运动的拨弹滑板进行拨弹。供弹筒上的圆柱凸轮曲线槽为螺旋线，仅两端的过渡部分展开后形状为小圆弧。

（5）捷克 59 式通用机枪输弹机构

图 6. 40 所示为捷克 59 式通用机枪的输弹机构。该枪采用螺旋曲面凸轮传动，回转式直接拨弹。原动件枪机框右侧有两个坡度不同的导引曲面，机匣右侧装有拨弹臂。枪机框后退时，拨弹臂下端的滚轮沿下导引曲面运动，使拨弹臂绕轴转动，其上端的活动拨弹齿直接拨弹。拨弹臂下部凸起与枪机框的上导引曲面配合，枪机框复进时，拨弹臂空回。

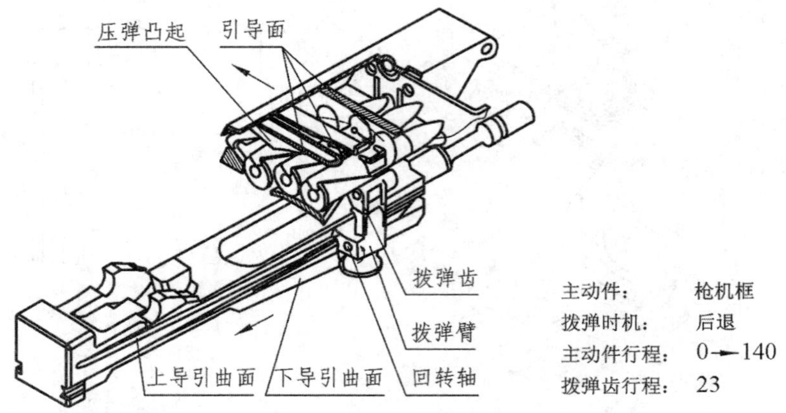

图 6. 40　捷克 59 式通用机枪输弹机构

2） **杠杆机构**

杠杆机构的特点是传速比决定于杠杆各臂的长度和角度。其特点是结构简单，加工方便，但输弹的启动和终止时都有较大的碰撞。以下是杠杆输弹传动机构的几个实例。

（1） 德国马克沁重机枪输弹机构

图 6. 41 所示为德马克沁重机枪的输弹机构。该枪采用拨弹滑板拨弹，杠杆机构的两臂在平行平面内运动。双臂杆的一端为圆柱凸起，与原动件枪管节套上的直槽配合，另一端的圆头与拨弹滑板上的长槽配合，是最简单的杠杆传动机构。

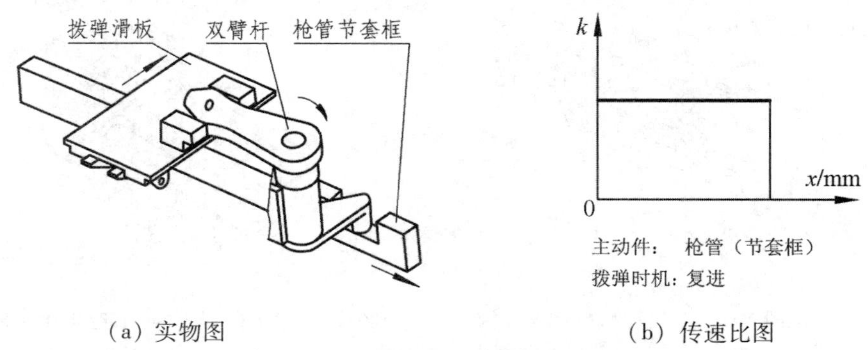

（a）实物图　　（b）传速比图

图 6. 41　德国马克沁重机枪输弹机构

（2）54 式 12. 7mm 高射机枪输弹机构

图 6. 42 所示为 54 式 12. 7mm 高射机枪的输弹机构。该机枪的输弹传动机构由回转轴相互垂直的传动臂和传动杆（两根双臂杆）组成。采用拨弹滑板拨弹，杠杆机构大、小臂的运动轨迹为垂直平面。大双臂杆的一端为叉形开口，与原动件枪机框的圆柄配

合，带动传动臂回转，并保证转动中不产生干涉。小双臂杆（称为曲臂）的一端为圆头，与拨弹滑板的直槽配合，传动拨弹滑板左右移动。另一端为叉形开口，与大双臂杆的另一圆头端相连。

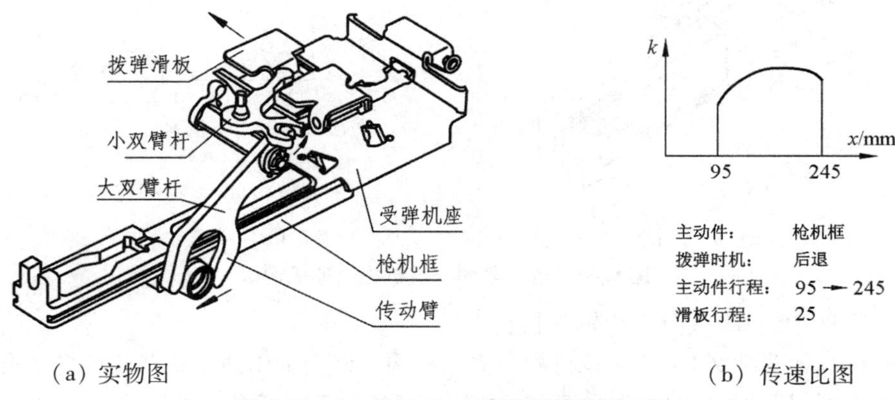

（a）实物图　　（b）传速比图

图 6.42　54 式 12.7mm 高射机枪输弹机构

（3）苏联 38 式 ДШК 高射机枪的输弹机构

图 6.43 所示为苏联 38 式 ДШК 高射机枪的输弹机构。该枪采用拨弹转轮拨弹，原动件枪机框后退时，机柄使拨弹曲臂回转，拨弹曲臂上端的拨弹齿钩住转轮端面凹槽使转轮转动。转轮上有六个弹槽，拨弹曲臂每次使转轮回转一弹位。转轮一端配有棘轮机构，枪机框复进时，转轮被锁住不能回转。

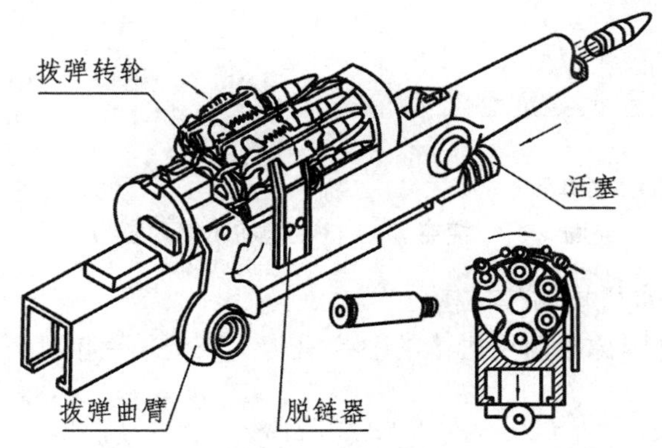

图 6.43　苏联 38 式 ДШК 高射机枪输弹机构

3）轮、杠杆组合机构

凸轮与杠杆组合输弹机构兼有凸轮机构和杠杆机构的双重特性，突出为结构较为紧凑，运动较平稳，但机构较复杂。以下是几个应用实例。

（1）美国勃朗宁重机枪输弹机构

图 6.44 所示为美国勃朗宁重机枪的输弹机构。该枪采用双臂杆凸轮杠杆组合机构，拨弹滑板拨弹，凸轮曲线槽制作在原动件枪机上，双臂杆的一端通过滑轮沿枪机上的凸轮曲线槽运动，另一端带动拨弹滑板作往复运动，机构构件少。

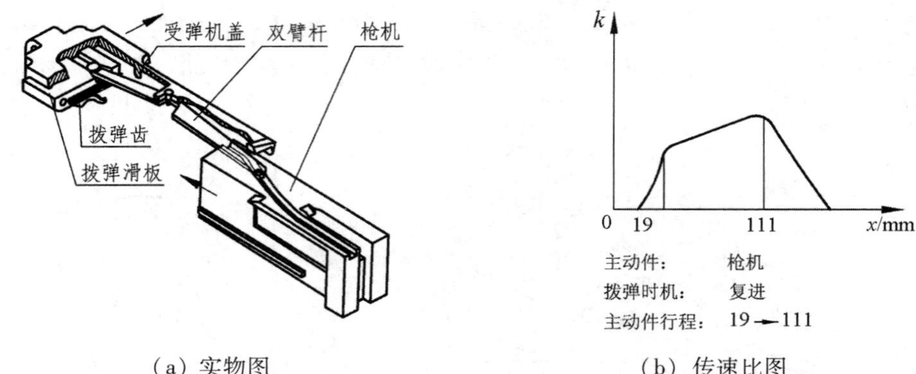

（a）实物图　　（b）传速比图

图 6.44　美国勃朗宁重机枪输弹机构

（2）捷克 ZB－53 式重机枪输弹机构

图 6.45 所示为捷 ZB－53 式重机枪的输弹机构。该枪采用曲拐式凸轮杠杆组合机构，拨弹滑板拨弹。原动件枪机框下平面上有曲线槽，通过双臂杆带动拨弹滑板运动。由于曲线槽在枪机框下方，拨弹滑板在枪机框上面，双臂杆为曲臂杆，其回转轴在机匣侧面。

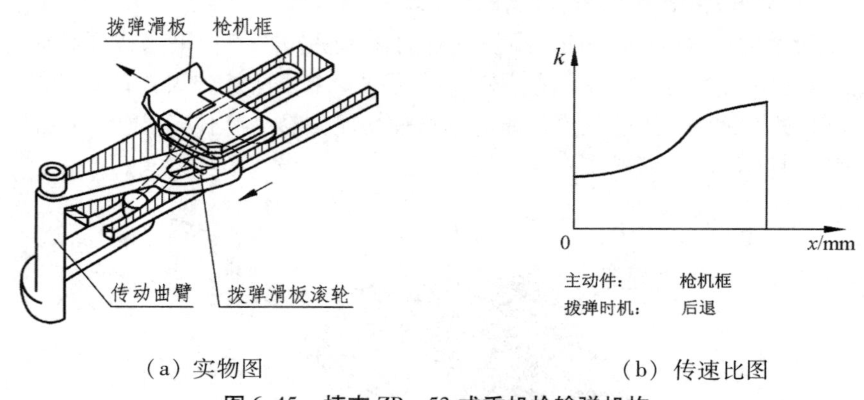

（a）实物图　　（b）传速比图

图 6.45　捷克 ZB－53 式重机枪输弹机构

（3）德国德莱西重机枪输弹机构

图 6.46 所示为德国德莱西重机枪的输弹机构。该枪采用单杠杆凸轮杠杆组合机构，

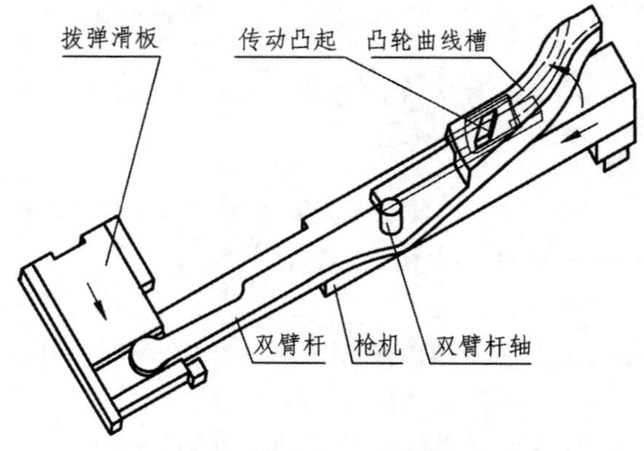

图 6.46　德国德莱西重机枪输弹机构

拨弹滑板拨弹。双臂杆的一臂上有凸轮曲线槽，与原动件枪机相连，另一臂与拨弹滑板相连，双臂杆的回转轴在中部。

（4）56－1 式 7.62mm 轻机枪输弹机构

图 6.47 所示为 56－1 式 7.62mm 轻机枪的输弹机构。该枪采用双杠杆凸轮杠杆组合机构，拨弹滑板拨弹，凸轮曲线在杠杆上。原动件枪机框通过大杠杆、双臂杆将运动传给拨弹滑板。大杠杆回转轴在前端，后部有曲线槽。双臂杆一端与大杠杆中部的凸起配合，另一端与拨弹滑板相连。机构工作时，大杠杆的摆动角很小，使受弹机盖的宽度减小。

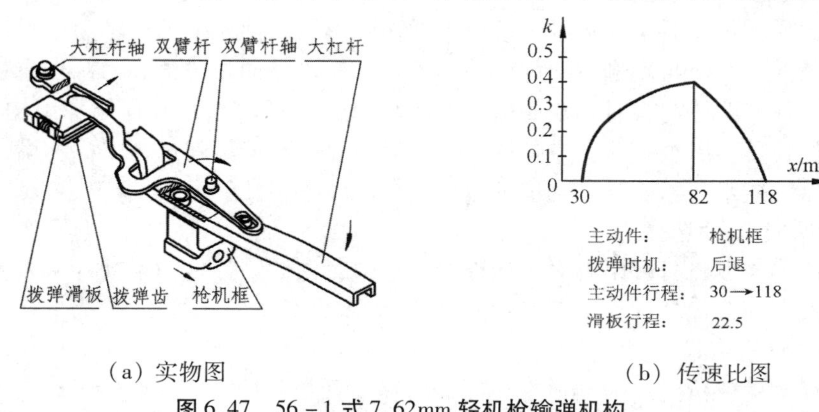

（a）实物图　　（b）传速比图

图 6.47　56－1 式 7.62mm 轻机枪输弹机构

（5）德国 MG－42 通用机枪输弹机构

图 6.48 所示为德国 MG－42 通用机枪输弹机构。该枪采用三杠杆凸轮杠杆组合机构，拨弹滑板拨弹。原动件枪机通过大杠杆，中间双臂杆和小杠杆将运动传给内外两个

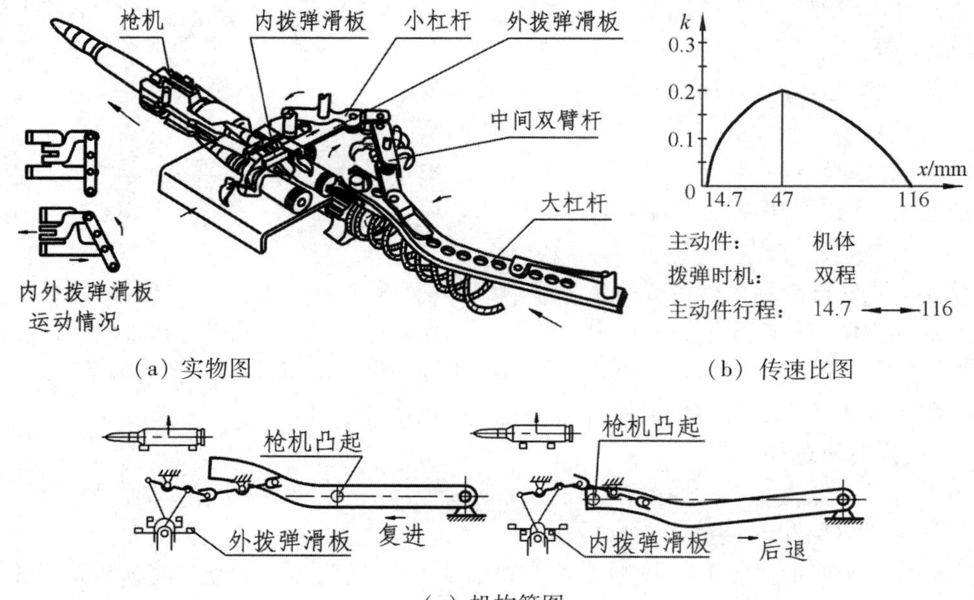

（a）实物图　　（b）传速比图

（c）机构简图

图 6.48　德国 MG－42 通用机枪输弹机构

拨弹滑板。中间双臂杆两端开有指形槽，内外拨弹滑板后端分别与小杠杆的固定回转轴两边铰接，其前端有开口槽沿导柱滑动，两滑板运动方向相反，实现一个滑板时，另一滑板空回。

我国采用类似的三杠杆实现后坐与复进均拨弹以保证供弹可靠性的武器如 85 式 12.7mm 高射机枪。不同输弹机构的应用案例还有很多，不一一举例。

3. 输弹主动件和输弹时机确定

1）单程输弹与双程输弹

单程输弹：仅在后坐或复进时期拨弹的输弹机构，其输弹过程称为单程输弹。

双程输弹：后坐与复进时期都拨弹的输弹机构，其输弹过程称为双程输弹。

单程输弹一般结构相对比较简单，但活动机件行程较长；双程输弹结构比较复杂，但活动机件行程可以短一些，或降低弹链的运动速度，使拨弹过程平稳。设计时，应根据自动武器的战术技术要求，合理确定。

2）输弹主动件选择

自动武器在发射过程中有多个构件参与运动，因此输弹机构主动件有多种选择，而且自动方式不同，运动构件也不尽相同。

（1）身管后坐式武器

可选择身管或枪机作为输弹主动件，两者各有利弊。

用身管作输弹主动件的主要优点是活动机件质量大，能量储备充足。缺点是：① 拨弹行程小，传速比大，使弹链运动的速度和加速度均增大，工作平稳性差；② 输弹机构与进弹机构运动上没有联系，供弹时机较难控制，身管和枪机运动协调困难。现代自动武器应用较少。

用枪机作输弹主动件的优点：① 输弹行程长，传速比小，弹链运动比较平稳可靠；② 输弹和进弹动作皆由枪机完成，运动协调不成问题。缺点是：为了保证枪机足够的能量储备，往往需要增设加速机构，使结构较为复杂。

（2）枪机后坐式武器

采用枪机后坐式武器中的机枪，一般是半自由枪机式。由于身管不动，输弹主动件只能是枪机，通常选用机体作主动件。

（3）导气式武器

导气式武器可以选用枪机或枪机框作为输弹主动件。由于在开锁后枪机和枪机框一起后坐，从能量储备的角度看，两者都一样。动作协调容易，但是，选取枪机框作为主动件更好一些，因其运动行程更长，弹链速度和加速度可以减小，工作更为平稳。

少数导气式武器由于结果上的限制，选用枪机作主动件。

3）拨弹时机选择

拨弹时机可分为后坐时期拨弹、复进时期拨弹以及后坐和复进时期都拨弹三种。

（1）主动件后坐时期拨弹

主动件后坐时期拨弹时，拨弹能量直接自火药燃气获得，能量储备充足，工作可靠。特别是对于单程进弹的武器，由于枪机在复进时完成推弹进膛的动作，恰好能够协调输弹与进弹的动作关系。

对于采用双程进弹的武器，主动件在后坐时期要从弹链中抽出枪炮弹，抽弹过程中弹链不能移动。但仍可以安排在后坐时期拨弹，因为当枪炮弹的外形前小后大时，只要弹壳体部脱离弹链的抱弹部，弹链移动就不会影响抽弹，仅需协调好拨弹与抽弹之间的运动关系即可。

主动件后坐时期拨弹的缺点是因后坐时期运动速度高，弹链启动时引起高加速度，产生较大的惯性力，对武器的强度和工作平稳性均不利。

（2）主动件复进时期拨弹

主动件复进时期拨弹时优缺点与后坐时期拨弹正好相反。复进时期靠复进簧的能量，主动件运动速度低，传动机构启动和弹链运动都比较平稳。但当复进簧能量储备不足或当拨弹能量消耗发生较大变化时，便有可能导致自动机复进不到位的故障。如果过分加大复进簧的预压力和刚度，则会造成首发装填困难。因此，现代自动武器已较少使用。

（3）主动件后坐和复进时期均拨弹

理论射速要求较高的武器，为了降低弹链运动的速度和加速度，以保证输弹动作的确实可靠，往往采用主动件后坐和复进时期均拨弹，即双程输弹方式。图 6. 48 所示的德国 MG－42 通用机枪输弹机构，其主动件总行程为 145mm，拨弹行程为 14. 7 ~ 116mm，采用双程输弹方式，枪机后坐时，外滑板拨弹，内滑板空回；复进时，内滑板拨弹，外滑板空回。供弹行程为单程的 2 倍，在 47mm 处达到传速比最大值，仅为 0. 2 左右。

双程输弹结构上往往需要用凸轮杠杆组合机构来实现，结构上比较复杂。图 6. 48 所示为凸轮杠杆组合机构实现双程输弹的一个实例及其机构图。

4. 受弹器及主要附件确定

受弹器在输弹机构中的作用是容纳、导引、控制弹链的运动。就其功能而言，受弹器既是输弹机构的一部分，也是进弹机构的一部分，枪炮弹到达进弹口位置时，受弹器内的定位装置使弹位于规定的准确位置，等待推弹进膛或取弹后退。

1）受弹器形状和尺寸

受弹器包括受弹器盖和受弹器座两部分。通常，输弹传动机构的各构件安装在受弹器盖内，进弹机构各导引面设在受弹器座上。受弹器的形状尺寸应与弹链链节和枪弹相适应。

（1）受弹器的宽度。能容纳 3 ~ 5 发枪炮弹的宽度，以保证弹链运动的一致性。但不能过宽，否则将影响机匣的外廓尺寸。

（2）受弹器的长度。枪炮弹的长度决定受弹器的长度，前后壁与枪炮弹之间的间隙应适当。保证枪炮弹在受弹器内前后定位。间隙值为 2 ~ 4. 5mm。

（3）受弹器形状。受弹器输弹入口处为喇叭形，以保证弹链在复杂的运动状态下顺利进入受弹器内腔。入口边缘应为圆弧形卷边，以保证弹链进入入口时避免卡住。

2）拨弹齿与阻弹齿确定

拨弹齿和阻弹齿是安装于受弹器内的主要附件，是直接拨动弹链的零件，直接影响到输弹动作的可靠性。

拨弹齿的回转轴装在拨弹滑板上，输弹传动机构工作时，拨弹滑板在受弹机盖或受弹机座的导轨内运动，拨弹齿推弹链向进弹口移动。拨弹滑板空回时，拨弹齿被枪炮弹抬起或压下。拨弹齿越过下一发枪炮弹后，在弹簧的作用下下降或上升以恢复原位，对正次一发弹，等待拨弹，如图 6. 49(a)所示。

阻弹齿的回转轴则装在受弹机座或受弹机盖上。拨弹滑板空回时，阻弹齿阻止枪炮弹和弹链运动。拨弹滑板拨动弹链时，阻弹齿被枪炮弹下压或上抬，枪炮弹从阻弹齿上滑过。弹链被拨到位后，阻弹齿在弹簧的作用下恢复原位，等待下一次拨弹时再行阻弹。如图 6. 49(b)所示。

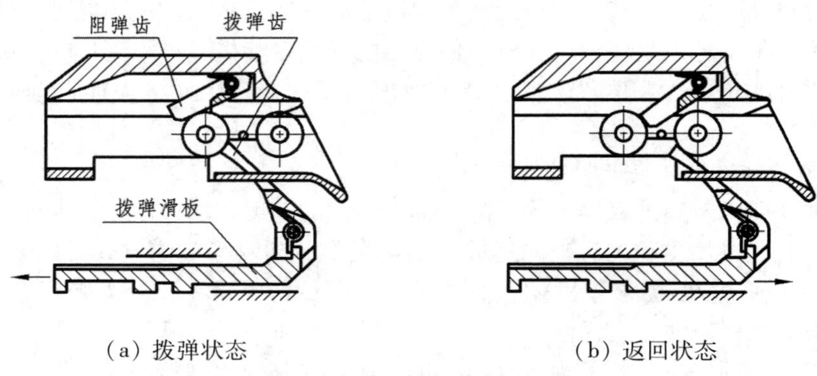

(a) 拨弹状态　　(b) 返回状态

图 6. 49　拨弹齿与阻弹齿工作原理

拨弹齿应满足以下四点：

(1) 合适的高度，尽量使拨弹齿与弹链接触中心在弹链的质心平面上，且接触面的法线方向应平行或接近平行于弹链的质心平面，以改善拨动弹链时的受力状况，减少摩擦阻力，降低输弹所消耗的动能，确保拨弹动作可靠进行。

(2) 合适的宽度，保证在拨弹过程中，枪炮弹运动平稳，不产生过大的左右摆动，并保证在拨弹到位时，枪炮弹拥有合适的纵向位置而不发生左右歪斜。

(3) 合适的拨弹齿簧簧力，保证在拨弹滑板空回到位时，拨弹齿能及时地恢复到工作状态。

(4) 合适的拨弹齿形状，应保证拨弹滑板空回时，拨弹齿不与弹链和枪炮弹发生干涉，在拨弹滑板返回到位时，应能顺利地滑过次一发弹。

阻弹齿应满足以下三点：

(1) 高度和形状适宜，保证在拨弹滑板返回时可靠地阻止弹链退出；在拨弹过程中能顺利滑过下一发弹。

(2) 有合适的宽度，以便控制受弹机构内带枪炮弹的弹链保持一定的方向，且保证弹链内最前面一发弹在预备进膛位置或取弹口位置上。

(3) 阻弹齿簧有足够的簧力，保证拨弹到位时，阻弹齿能够顺利恢复工作状态。在拨弹滑板退回时，可靠地阻止弹链退出。几种常见武器的拨弹齿、阻弹齿几何参数如表 6. 3 所示，有关参数的含义见图 6. 50。

表 6.3　拨弹齿和阻弹齿几何参数

武器名称	弹壳外径/mm	拨弹齿				阻弹齿			
		高度 h_1/mm	宽度/mm	工作面倾角 α_1	弹簧力/N	高度 h_2/mm	宽度/mm	工作面倾角 α_2	弹簧力/N
56－1 式 7.62mm 轻机枪	11.35	6.3	22.5	90°	4.9	1.3	48	65°	4.9
58 式 7.62mm 连用机枪	12.42	52	16.4	97°	12.7	5	34.5	65°	17.6
57 式 7.62mm 重机枪	12.24	4.5	36	75°	19.6	5.5	35.8	72°	17.6
54 式 12.7mm 高射机枪	24.45	11	42	70°	14.7	5.5	60	45°	17.6

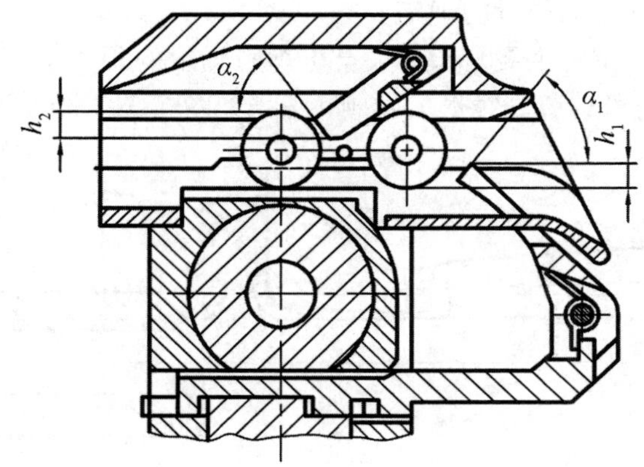

图 6.50　拨弹齿与阻弹齿参数意义

6.3.3　弹链供弹进弹机构

将位于进弹口或取弹口位置上的枪炮弹从弹链内取出并送进弹膛的各有关元件和机构总称为进弹机构。

1. 进弹方式的选择

根据枪炮弹运动的特点，弹链进弹机构的工作方式分为单程进弹（一次供弹）和双程进弹（二次供弹）两种形式。

（1）单程进弹机构：当输弹机构将枪炮弹输入受弹机座的进弹口位置后，在复进时期，活动机件将预备进膛位置的枪炮弹直接推入弹膛。在现代轻、重机枪和自动炮中得到广泛的应用。如 56－1 式 7.62mm 轻机枪、67 式 7.62mm 两用机枪、77 式 12.7mm 高射机枪、54 式 12.7mm 高射机枪。

（2）双程进弹机构：当输弹机构将枪炮弹输入受弹机座的取弹口位置（一般在枪炮膛轴线上方）后，在后退时期，活动机件先将枪炮弹从弹链内抽出，然后将弹向枪炮膛轴线移近，并保持在预备进膛的位置。在复进时期，活动机件再将预备进膛位置的枪炮弹推入弹膛或药室。这种机构与单程进弹相比，其推弹阻力较小；推弹前枪炮弹轴线与枪炮膛轴线重合或很接近，能避免用弹头作导引，能保证枪炮弹顺利、可靠地推入弹膛或药室。使用闭式链节的机枪，由于只有将枪弹自弹链内抽出后才能向前推弹入膛，往往采用双程进弹机构。如美国勃朗宁重机枪、德国马克沁重机枪、53 式和 57 式 7.62mm 重机枪、56 式 14.5mm 高射机枪。

2. 单程进弹机构确定

单层进弹的特点是：位于进弹口的枪炮弹，通常处在枪炮膛轴线的上方。进弹过程中，枪炮弹既向前运动，又同时逐渐向枪炮膛轴线靠近。单层进弹机构内容包括枪炮弹在进弹口位置确定、枪炮弹定位件确定、脱链方式选择、导向元件确定、推弹元件确定以及进弹路线的分析等。

1）炮弹在进弹口的位置与定位装置

（1）枪炮弹在进弹口的位置的确定

枪炮弹在进弹口的位置主要是指弹尖至枪炮膛轴线的距离 y，弹尖至身管尾端面的距离 x，以及枪炮弹与枪炮膛轴线形成的倾角 α，如图 6.51 所示。

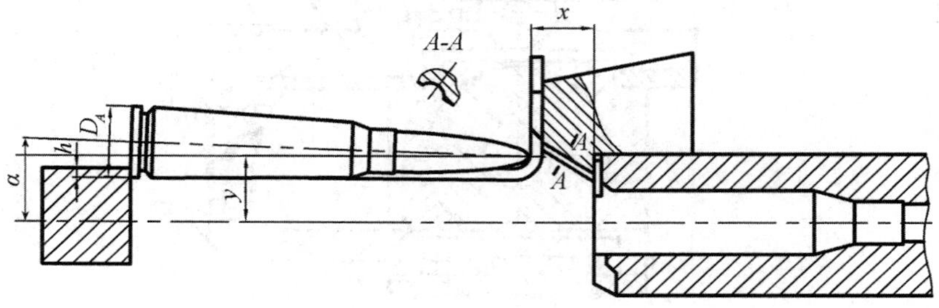

图 6.51　枪弹在进弹口位置参数

尺寸 x，y，α 是互相关联的，其中弹尖至枪炮膛轴线的距离 y 在确定结构时是首先确定的。如果 y 大，为了顺利推弹入膛，则必须加大 x。但这样就使进弹行程增长；亦可增大倾斜角 α，但倾角过大，推弹进膛时枪炮弹承受的弯矩大，容易引起枪炮弹变形和表面损坏而发生故障。几种武器的枪弹在进弹口的位置尺寸如表 6.4 所示。

表 6.4　枪弹在进弹口的位置尺寸

武器名称	弹尖至枪膛轴线的距离 y/mm	弹尖至枪管尾端面距离 x/mm	枪弹倾角 α/(°)
56－1 式 7.62mm 轻机枪	10	10	3°
MG－42 通用机枪	20	65	3°
捷 59 式通用机枪	12	12	3°
54 式 12.7mm 高射机枪	28	19	5°

（2）枪炮弹定位装置

枪炮弹在进弹口的定位是通过各定位零件对弹链链节和枪炮弹的约束得以实现。定位零件主要由进弹口本身，受弹机盖内表面，隔弹齿和阻链板，定弹齿等组成。定位零件一般又是进弹的主要导引面，对进弹动作的可靠性影响很大。

定位零件应使枪弹在进弹口的预备进膛位置上受到多方的约束，使枪炮弹仅有按照某一确定方向运动的可能性。

向前推弹时，定位零件应能阻挡链节向前运动，使枪炮弹能顺利地从弹链内脱出。

枪炮弹纵向位置的定位，一般由受弹机座确定。

枪炮弹左右位置的定位，一般由阻弹齿、导弹齿、隔弹齿、进弹口等零件确定。

枪炮弹上下位置的定位，一般是由进弹口后部的支撑面或其他零件从下方将枪弹托住。枪炮弹的上方一般是由弹性零件或刚性限制凸起确定。

56 - 1 式 7.62mm 轻机枪进弹机构的枪弹定位结构，如图 6.52 所示。

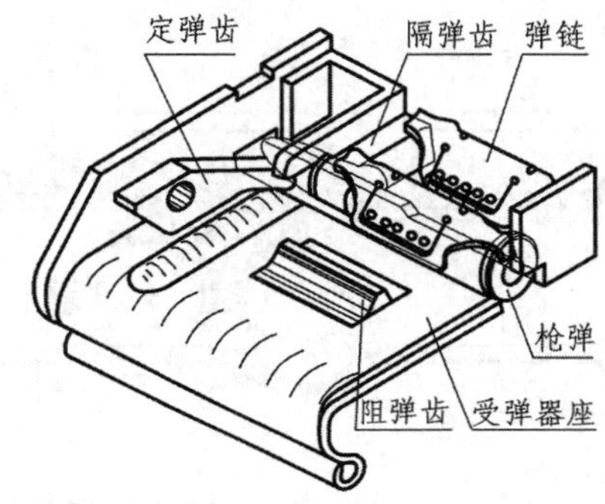

图 6.52　56 - 1 式轻机枪进弹机构枪弹定位结构

枪弹上下位置的定位：枪弹下部被受弹机座的进弹口托住，上部则通过链节被受弹机框限制面压住，此时，隔弹齿的圆弧导棱楔入链节的隔链凸起和弹壳口部之间，圆弧面限制枪弹前部上方，并使枪弹头部向前下方倾斜，以利于推弹入膛。

枪弹左右位置的定位：枪弹在进弹口内，左边由定弹齿及进弹口左侧面定位，右边由隔弹齿弧形面及进弹口右侧面定位。阻弹齿则通过次一发枪弹将弹链限制住，防止向左退出。最后一发枪弹进弹时，虽然阻弹齿失去作用，但因枪弹前部有隔弹齿圆弧面和定弹齿的限制，并靠悬挂在枪身右边空弹链的重力拉住，仍能保证枪弹可靠地进入弹膛。

枪弹纵向位置的定位：隔弹齿弧形导棱前壁抵住链节，以防止推弹时弹链向前移动，受弹机座后壁则抵住枪弹底缘，以防止枪弹后移。

2）脱链方式

单程进弹枪炮弹的脱链方式主要有以下两种情况：

（1）从弹链内直接向前推出

采用这种脱链方式典型的武器有美国 M60 通用机枪、56 - 1 式轻机枪等。如图 6.53 所示，输弹机构将枪弹送到进弹口后，枪机复进时推枪弹向前从弹链抱弹部内滑过，枪弹全部脱离弹链时，弹头已进入弹膛，枪机继续复进推弹入膛，完成进弹动作。枪弹脱离弹链的全部过程见进弹路线图 6.57。

脱弹过程中，隔弹齿阻止弹链向前向下移动。隔弹齿既是限制枪弹的定位面，也是进弹导向面。

（2）从弹链侧方压出

输弹过程中，弹链进入受弹器后，受弹器座上的脱弹齿伸入枪弹和弹链的后脱弹臂内，枪弹从链节开口由侧方挤出。输弹结束时，枪弹处于即将脱出状态，并被弹链抱弹部的下翼卡在进弹口上，使枪弹上下左右均受约束。这种脱链方式合理地利用了输弹机构每次拨弹的剩余能量，减少了复进推弹的能量消耗。

在54式12.7mm高射机枪中，当拨弹齿将枪弹链节送到受弹器后，链节与枪弹分别沿脱弹器的上平面和下方曲面移动以相互拓开，枪弹拓开后被弹链规正在进弹口(图6.53)。枪机复进时推枪弹向前沿着进弹口托弹部和链节抱弹部边缘形成的四条轨道滑动，并推弹入膛。参见进弹路线图6.58。

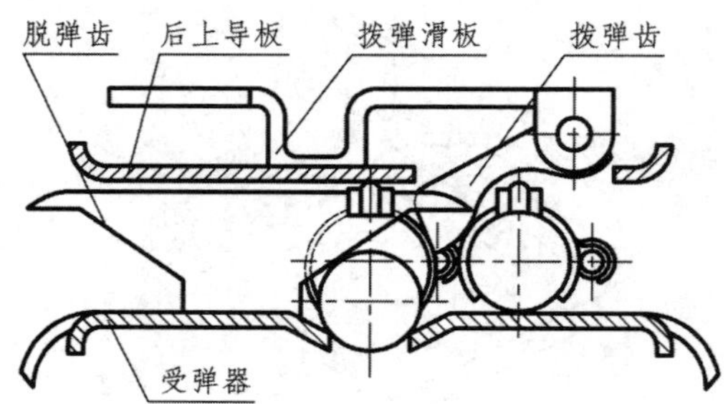

图6.53　54式12.7mm高射机枪枪弹脱链状态

3）**推弹元件和推弹导引面**

（1）推弹凸榫

枪机或炮闩前端面用以推弹入膛的局部凸起，称为推弹凸榫。

枪炮弹位于进弹口位置时，其轴线与枪炮膛轴线并不重合，枪机或炮闩复进以斜推方式推弹入膛。推弹时枪炮弹与枪机或炮闩前端面应有一合适的接触高度（推弹凸榫高度），高度太小，进弹不可靠。通常接触高度 h 应大于 $D_A/6$（D_A 为枪炮弹最大直径），但不应撞击底火。此外，推弹伊始，推弹力作用线应接近枪炮弹质心，并使推弹力对枪炮弹所产生的翻转力矩的方向有利于使枪炮弹入膛。

推弹凸榫过高，当弹尖距枪炮膛轴线的距离 y 较小时，枪机或炮闩后坐中可能与弹链或枪炮弹发生干涉。为保证有较高的推弹凸榫而又不发生干涉，一些武器在枪机或炮闩上安装弹性推弹杆，如图6.54所示。当枪机或炮闩后坐时，弹性推弹杆被压下与枪机或炮闩上表面平齐，使其不妨碍枪炮弹进入受弹器。枪机或炮闩复进时，弹性推弹杆在弹簧作用下升起，保证枪机或炮闩与弹间的接触高度以确保推弹入膛。

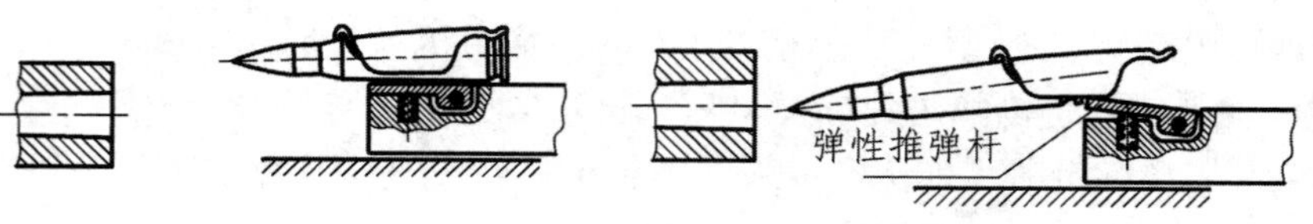

（a）后坐式时推弹杆折叠　　（b）复进时推弹

图6.54　弹性推弹杆

（2）推弹臂

对于枪机或炮闩横动闭锁的武器，不能利用枪机或炮闩复进完成推弹动作，这种情况下常采用推弹臂。如59式12.7mm航空机枪的进弹机构（图6.55）。该枪的枪机框上制有复进加速机构及推弹臂，枪机框复进时推弹入膛。由于复进加速机构的作用，推弹臂比枪机框的速度大，行程长，所以枪机框能在较短的行程内即完成推弹入膛动作，有利于提高武器的射速。

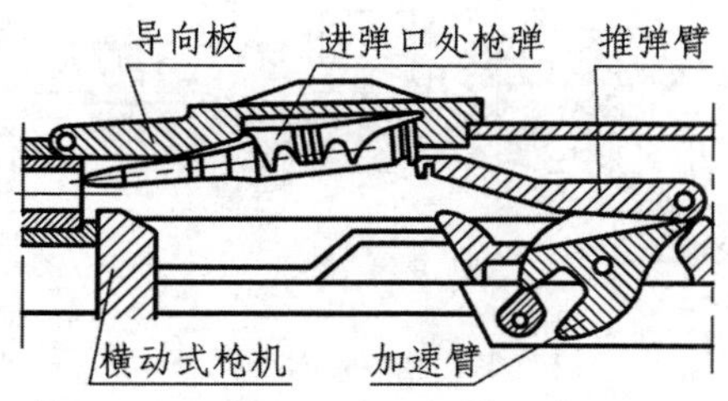

图6.55　59式12.7mm航空机枪推弹臂

（3）进弹口导引面

为了使枪弹顺利进入弹膛，在进弹口、隔弹齿下表面、身管尾断面或导弹凸榫上均有进弹导引面（导弹斜面），进弹导引面都应有良好的几何形状、边缘均为光滑无棱角弧面，使枪炮弹能顺利滑过，避免刮伤枪炮弹外表面以致影响闭锁和抽壳。

如图6.56所示，受弹器座进弹口的中部有弹底通过的较宽部分 b，b 应大于枪炮弹的最大外径。后部为导引枪炮弹进膛的托弹部。适当加大托弹部的宽度 a，可降低枪炮弹在进弹口的高度，也即减小 y 值（见图6.51）。但 a 值不能太大，否则就无法托住弹，a 值应小于弹壳外径的0.95倍。托弹部还应有一合适的长度 l_1，使枪炮弹前部进入弹膛一定长度后弹底才能从托弹部脱离。

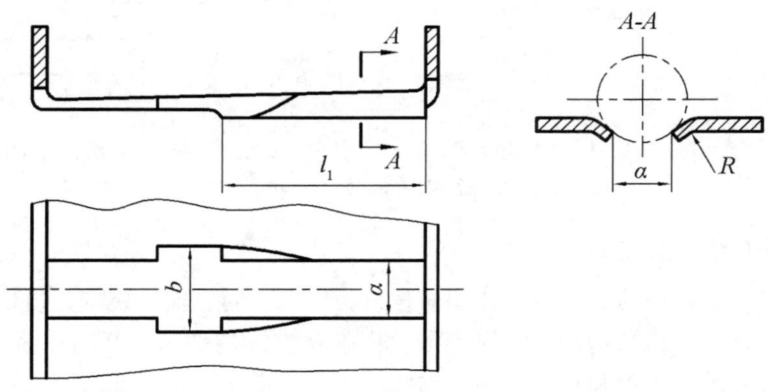

图6.56　进弹口导引面

4）进弹路线几何分析

分析弹链供弹机构，一般须进行进弹路线的几何分析，以便研究枪炮弹自进弹口进入膛内的运动轨迹。为确保进弹可靠，从结构上必须限定枪炮弹只能沿着规定的路线运动，消除枪炮弹脱离规定路线的任何可能性。

进弹路线几何分析的方法，是绘制进弹机构各零件在枪炮弹运动面的纵向剖面和横向剖面图，并绘制枪炮弹进弹过程中几个位置的断面图。

图 6. 57 所示是 56－1 式 7. 62mm 轻机枪的进弹路线。可清楚地看出枪弹脱离弹链的过程。在此过程中，隔链齿阻止弹链向前向下运动，枪弹逐渐从弹链中脱出。

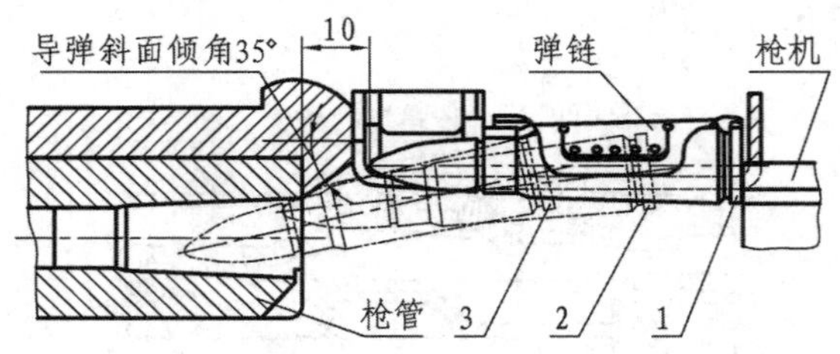

1. 枪弹在进弹口； 2. 枪弹在抱弹部内滑动； 3. 枪弹尾部脱离弹链。

图 6. 57 56－1 式 7. 62mm 轻机枪进弹路线

图 6. 58 所示为 54 式 12. 7mm 高射机枪的进弹路线。在枪机推弹前枪弹已经与弹链脱离。推弹时，枪弹沿进弹口托弹部两侧棱和链节两边缘形成的轨道滑动，枪弹进入弹膛一定长度后，枪弹才脱离受弹器，由枪机推弹入膛。

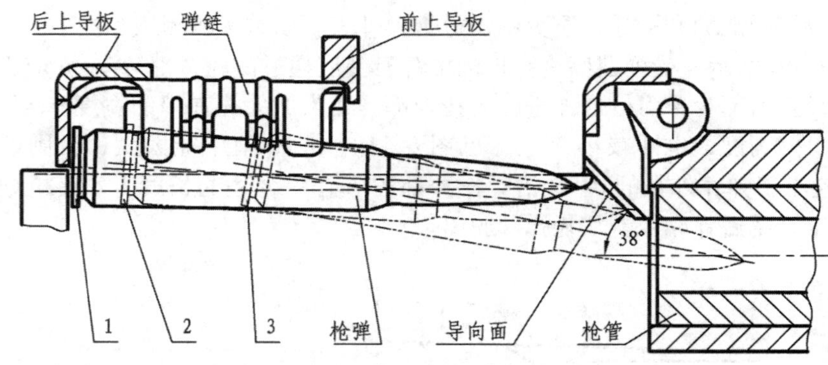

1. 枪弹在进弹口； 2. 枪弹由托弹部和弹链导引； 3. 枪弹脱离受弹器，弹尖已进膛。

图 6. 58 54 式 12. 7mm 高射机枪进弹路线

3. 双程进弹机构确定

采用闭式弹链的武器，进弹方式用双程进弹。供弹时，输弹机构先将枪炮弹输送至枪炮膛轴线上方。枪机或炮闩后坐时先将枪炮弹从弹链内抽出，并向枪炮膛轴线移近。复进时再推弹入膛。枪炮弹移近枪炮膛轴线的运动可以是在枪机或炮闩复进时，也可以是在后坐时进行。

1） 枪弹运动轨迹

图 6. 59 所示是几种武器进弹时枪弹的运动轨迹。由于所选用的压弹元件不同，枪弹的运动轨迹也各不相同。

2） 取弹器

取弹器与枪机上的抽壳机构类似。枪机或炮闩复进到位时，取弹器抓住枪炮弹底

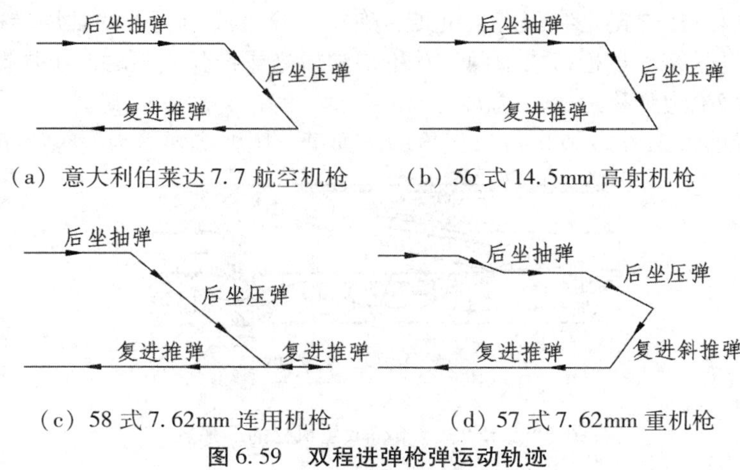

（a）意大利伯莱达 7.7 航空机枪　（b）56 式 14.5mm 高射机枪

（c）58 式 7.62mm 连用机枪　（d）57 式 7.62mm 重机枪

图 6.59　双程进弹枪弹运动轨迹

缘，后坐时先从弹链内将弹抽出，图 6.60 是几种典型武器的取弹器结构。

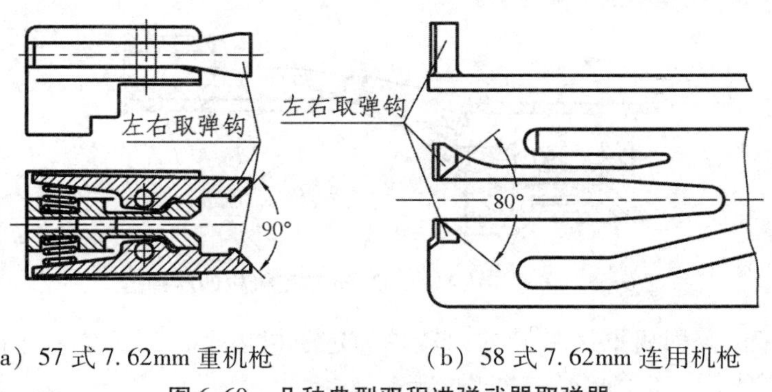

（a）57 式 7.62mm 重机枪　（b）58 式 7.62mm 连用机枪

图 6.60　几种典型双程进弹武器取弹器

3）压弹元件

压弹元件的作用是当枪机或炮闩以取弹器从受弹器中将枪炮弹抽出并后退一定行程后，压弹元件将枪弹压到进弹口或枪机的弹底窝内，压弹元件有多种结构形式。

（1）楔形压弹板。楔形压弹板为一种固定于机匣或炮箱上的压弹元件，其上有一倾斜的工作面，在枪炮弹后退过程中，弹壳底部沿该工作面滑动，枪炮弹即逐渐被下压。工作面分为直线形和弧形，弧形工作面可减小枪炮弹与之接触时的撞击。图 6.61 分别为直线形和弧形工作面压弹板工作原理图。

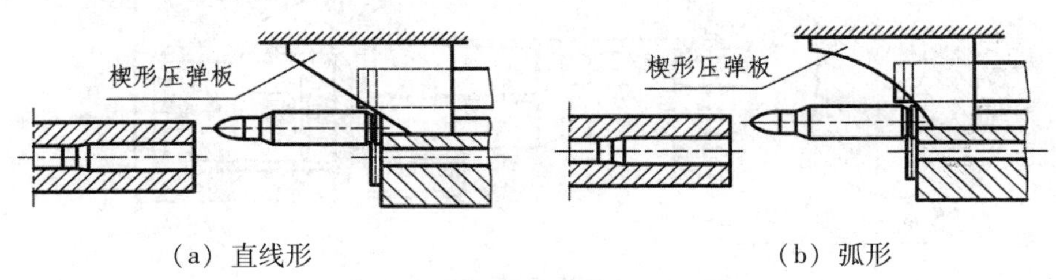

（a）直线形　（b）弧形

图 6.61　楔形压弹元件工作面形状

（2）压弹挺。压弹挺是绕固定于机匣、炮箱、枪机或炮闩上的轴回转的压弹元件，其上装有压弹挺弹簧。当枪机或炮闩带动枪炮弹后坐或推弹入膛时，压弹挺在压弹挺弹簧的作用下，将枪炮弹移近枪炮膛轴线。

图 6.62 所示为 57 式 7.62mm 重机枪的压弹挺，压弹挺弹簧为一螺旋扭转弹簧。

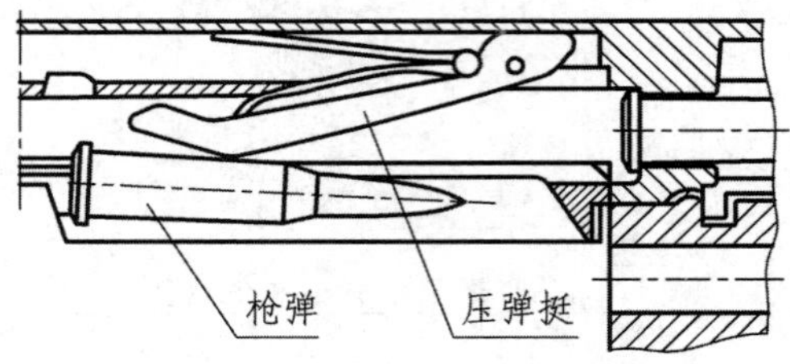

图 6.62　57 式 7.62mm 重机枪的压弹挺

图 6.63 为苏联 ШКАС 7.62mm 航空机枪的压弹挺，压弹挺弹簧为一螺旋压缩弹簧。压弹挺向上移动枪弹，又称托弹挺。

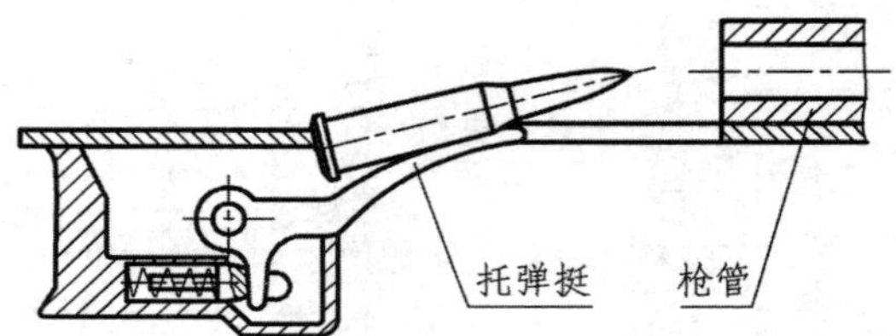

图 6.63　苏联 ШКАС 7.62mm 航空机枪的压弹挺

56 式 14.5mm 高射机枪压弹挺的回转轴固定于机体上，当机体后坐时，由固定在机匣上的中棱操纵压弹挺的动作，见图 6.64。

56 式 14.5mm 高射机枪供弹机构总的工作原理为：输弹机构输送到位的枪弹停留在受弹器取弹口内。枪机连同取弹器复进到位时，取弹器抓住枪弹，压弹挺前端同时正好压在枪弹的上方。后坐时，取弹器将枪弹从弹链中抽出，压弹挺将枪弹自取弹器压入机头的压弹导槽内。压弹导槽内有定位销阻止已发射过的弹壳向下滑移，待发射的枪弹

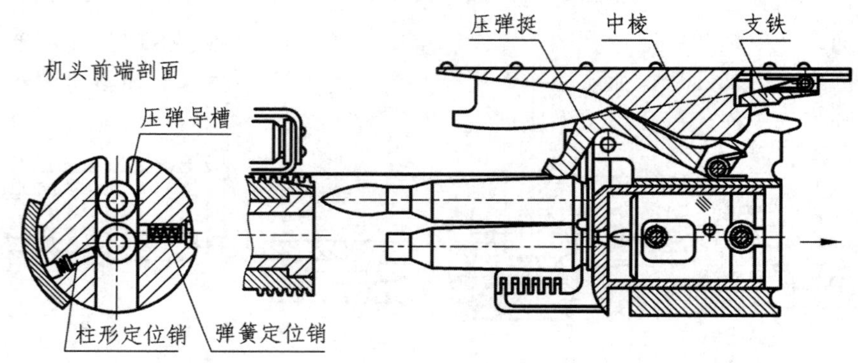

（a）机体后坐压弹及挤壳

压在弹壳上。枪机继续后坐，定位销遇机匣上的凹槽而缩进，压弹挺在机匣盖上的中棱

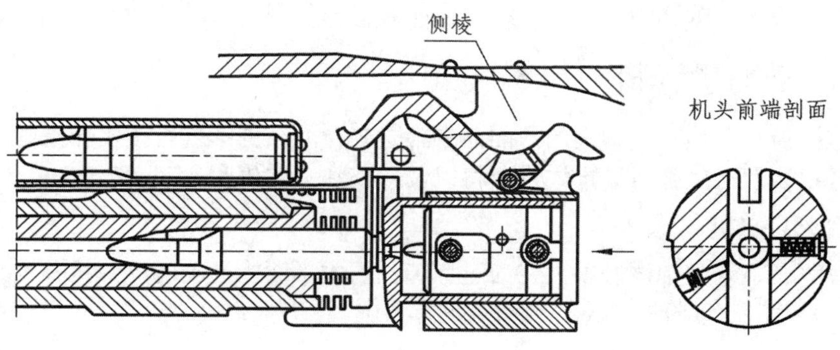

（b）枪机复进送弹入膛

图 6.64　56 式 14.5mm 高射机枪进弹机构

压弹工作面的作用下，将枪弹强制向下压，同时将弹壳向下挤出。枪弹压至枪膛轴线后，定位销又离开凹槽而凸出于压弹导槽内，阻止枪弹下移。复进时，枪机带枪弹入膛，压弹挺在机匣盖上侧棱的作用下前端抬起，便于取弹器抓取下一发弹。

6.4　自动炮供输弹机构

自动炮所用炮弹与枪械一样，都是定装炮弹。供弹机构和方式也基本一样。目前，介绍自动炮的各种书籍一般将对应于枪械输弹和进弹的两个过程分别称为供弹和输弹，实现功能运动的机构分别称为供弹机构和输弹机构。

6.4.1　自动炮供弹方式选择

自动炮的供弹方式分有链供弹和无链供弹两种主要形式，无链供弹可细分为弹夹供弹、弹鼓供弹、弹槽供弹、传送带供弹、机械手供弹（智能供弹）等多种方式。

目前，37mm 以下小口径自动炮广泛采用弹链供弹，如 23－1、23－2、30－1 等航空自动炮、25mm 高射炮、61 式 25mm 舰用自动炮等。37mm 以上小口径自动炮广泛采用弹夹供弹，如 37mm、57mm 高射炮。为便于操作，一般每夹炮弹不大于 30kg。因此每夹炮弹只有 4～5 发。

弹鼓供弹应用于 30mm 以上的小口径自动炮。弹鼓内炮弹容量较大，可以实现较长时间的连续射击。弹鼓供弹主要采用外能源供弹，自动机结构比较简单，故障率低，更换弹鼓容易，尤其适用于高射速自动炮。

弹槽供弹、传送带供弹、机械手供弹主要用于中大口径自动炮。

在供弹和输弹过程中，炮弹必须经过三个严格确定的位置：在等待压到输弹线上时所处的位置称为进弹口，在等待输弹入膛时所占据的位置称为输弹出发位置，输弹到位时炮弹所占据的位置即药室。

上述三个位置将炮弹的运动分成三个阶段：将炮弹前移一个节距并依次将当前一发炮弹拨至进弹口的运动称为拨弹，将进弹口的炮弹压至输弹出发的运动称为压弹，将输弹出发位置炮弹输入药室的运动称为输弹，拨弹和压弹统称为供弹。完成拨弹和压弹的机构称为供弹机构，输弹则是由输弹机构或能起输弹作用的纵动式炮闩完成。

6.4.2 自动炮供弹机

自动炮因口径、炮身、炮闩的不同而有各式各样的结构形式。按工作原理主要可分为直接供弹机、双层供弹机、推式供弹机以及双路和多路供弹机四种。

1. 直接供弹机

供弹过程中，炮弹轴线基本上在通过炮膛轴线的平面内运动的供弹机称为直接供弹机，如图 6.65 所示的 59 式 7mm 高射炮即是采用这种供弹方式。

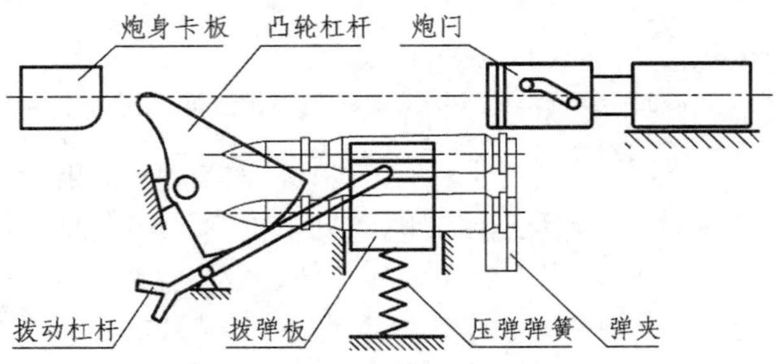

图 6.65 直接供弹机

2. 双层供弹机

又称阶层供弹机。在拨弹和压弹过程中，炮弹轴线不在同一平面内运动的供弹机构。例如 23 – 1、30 – 1 等航空自动炮的供弹机构均是双层供弹机构。

一般将炮弹拨到输弹出发位置上方，用压弹臂或脱弹器将炮弹压到输弹出发位置。这种供弹方式适用于弹链供弹，其拨弹机构和压弹机构通常是分开的。

1）压弹机构

与枪械弹链供弹相同，双层供弹的自动炮压弹机构根据其弹节结构的不同，可分为开式和闭式两种。

闭式弹节的压弹机构是利用装在炮闩上的取弹器，在炮闩后坐时将进弹口上的炮弹从封闭的弹节中向后抽出，并通过固定的压弹板的作用将炮弹压到输弹线上，如图 6.66 所示。压弹与后坐同时进行，炮闩在后方不停留，但炮闩的后坐行程一般比炮弹全长大很多。

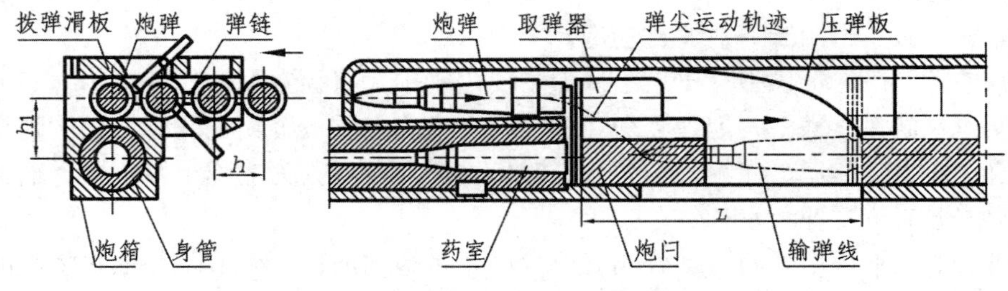

图 6.66 闭式弹节阶层供弹机

开式弹节的压弹机构是利用压弹器的作用，将进弹口上的炮弹从弹链侧方直接压至输弹线上，如图 6.67 所示。压弹动作在炮闩后坐完毕之后，炮闩必须停留在后方等待压弹，但炮闩的后坐行程一般只需略大于炮弹全长。

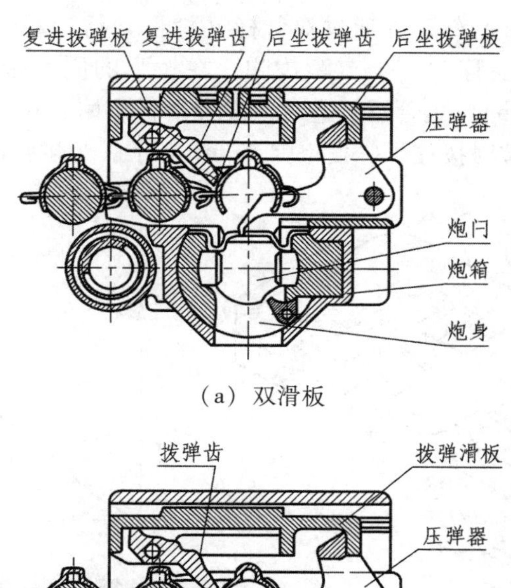

（a）双滑板

（b）单滑板

图 6.67　开式弹节阶层供弹机

2）拨弹机构

双层供弹的拨弹机构有滑板式、凸轮杠杆式、凸轮齿条式、转轮式、链轮齿条式等。使用滑板式拨弹机构的有 Б－20、23－2 等航空自动炮。滑板式拨弹机构应恰当选取滑板曲线，通常都取斜直线，且倾角较小。曲线槽可在导板上，也可在拨弹滑板上。前者导板宽度比拨弹行程大，后者可减小导板宽度，结构较紧凑，其工作原理如图 6.68 所示。

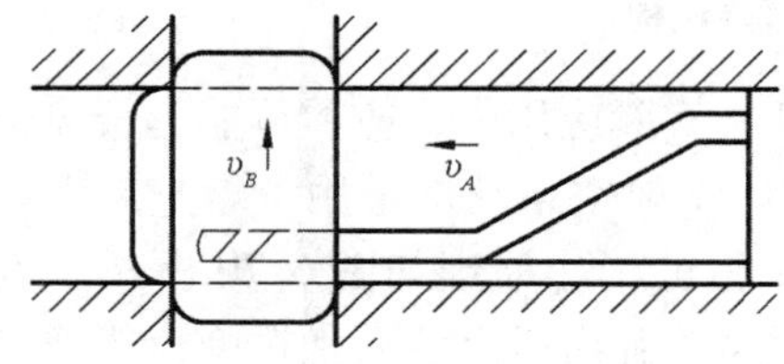

（a）曲线槽在导板上

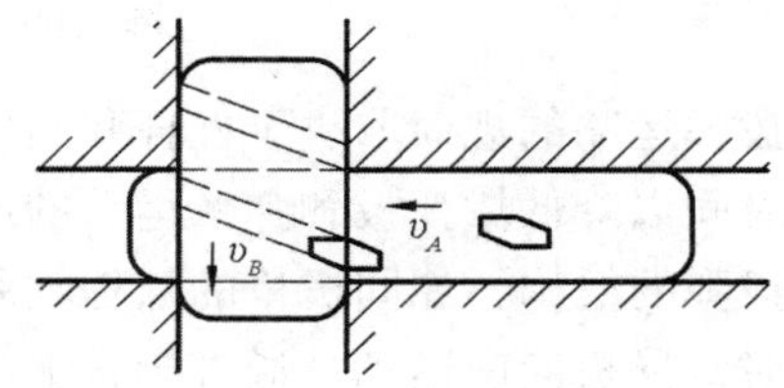

（b）曲线槽在拨弹滑板上

图 6.68　滑板式拨弹机构

凸轮杠杆式拨弹机构应用范例有 23－1、30－1、HP－23 等航空自动炮和 61 式 25mm 舰炮。23－1、HP－23 等航空自动炮及 61 式 25mm 舰炮的工作原理图如图 6.69 所示，该机构采用含有圆柱凸轮的凸轮杠杆组合机构，拨弹滑板拨弹。原动件炮管匣后坐时通过传动臂转动圆柱凸轮，并通过双臂杆（杠杆）将运动传给拨弹滑板向箭头方向移动，使整个弹带向前移动一个节距拨弹。在拨弹的同时带动压弹器顺时针转动（空回），参见图 6.67（b）。炮管匣复进时，拨弹滑板空回，在空回的最后阶段传动压弹器进行压弹。空回到位时拨住下一发空弹链，准备下一个供弹循环。其特点是结构紧凑，但比较复杂。

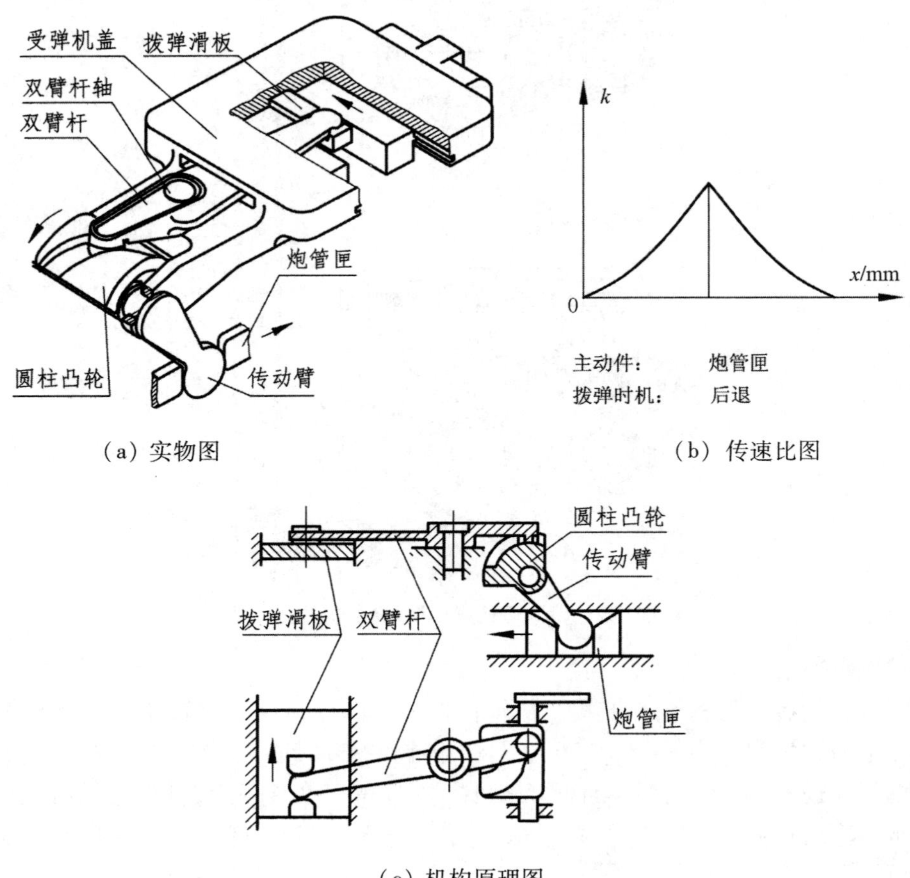

（a）实物图

（b）传速比图

（c）机构原理图

图 6.69　凸轮杠杆式拨弹机构

拨弹运动的规律取决于杠杆和凸轮曲线的形状。实际应用中，应尽可能延长拨弹运动的时间以降低拨弹板和弹带运动的最大速度。30－1 航空自动炮采用了炮身后坐和复进均拨弹的机构，如同机枪的双程输弹。其拨弹机构的工作原理如图 6.70 所示。炮身后坐时，导板向前运动。通过导板上的曲线槽使后坐拨弹滑板上的后坐拨弹齿拨弹带移动一段距离（见图 6.67（a））。与此同时，复进拨弹滑板空回，其上的复进拨弹齿越过第二发炮弹链节并恢复至工作角度。炮身复进时，导板和两拨弹滑板均反向运动。复进拨弹齿拨动第二发弹节，使弹带在后坐拨弹的基础上继续移动，直至移动一个弹链节距。后坐拨弹齿则空回，越过进弹口炮弹和链节。整个循环完成拨送一发炮弹运动的全过程。炮身复进末期，后坐拨弹滑板在运动最后阶段带动压弹器迅速逆时针转动进行压弹。

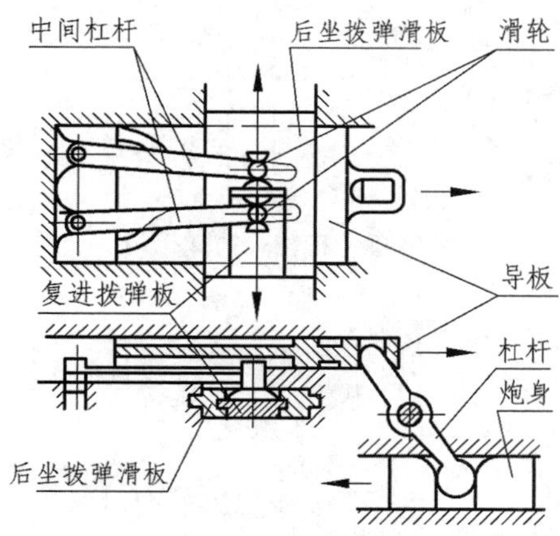

图6.70　后坐、复进均拨弹的凸轮杠杆式拨弹机构

图中的两根中间杠杆是为了减小拨弹滑板运动时的侧向力而设置的。中间杠杆前端与导板及拨弹滑板同时用滑轮相连接，后端用滑轮与供弹机体相连，因而可不改变导板与拨弹滑板之间的运动联系，又可承受曲线槽作用于拨弹滑板的侧向力。

凸轮齿条式拨弹机构如图6.71所示，利用活动件上的凸耳嵌入拨弹齿轮框上的凸轮曲线槽，使其转动，并通过齿轮齿条机构传动拨弹板拨弹。

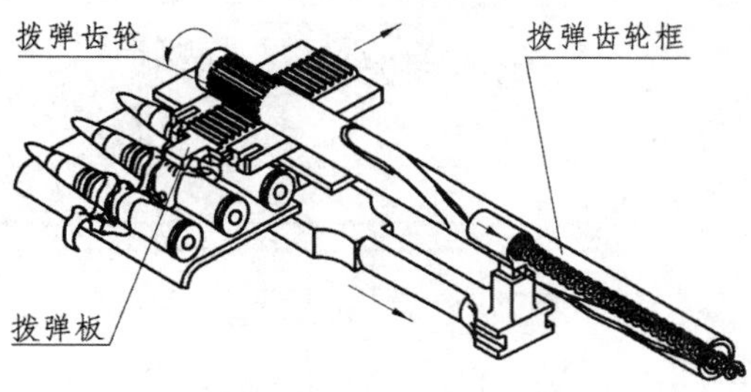

图6.71　凸轮齿条式拨弹机构

转轮式拨弹机构的应用有苏联 ШВАК－20 航空自动炮。其工作构件即一个绕平行于炮身轴线的转轴作定向转动的转轮，如图6.72所示。转轮式拨弹机构在转管式和链式自动炮中也得到应用。

链轮齿条式拨弹机构如图6.73所示。通过链轮和齿条带动链条运动，链条上的拨弹齿直接拨动炮弹。

3. 推式供弹机

推弹臂或炮闩从输弹出发位置推送炮弹向前的同时，借助于导向面使炮弹倾斜进入药室的供弹机构称为推式供弹机构，如图6.74所示。推式供弹机把压弹和输弹动作结

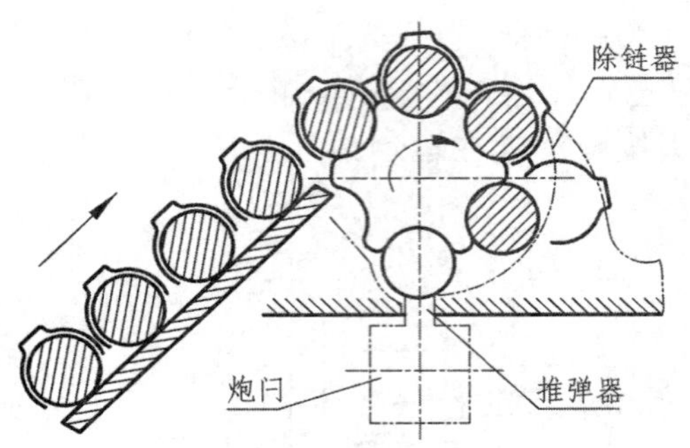

图 6.72 转轮式拨弹机构

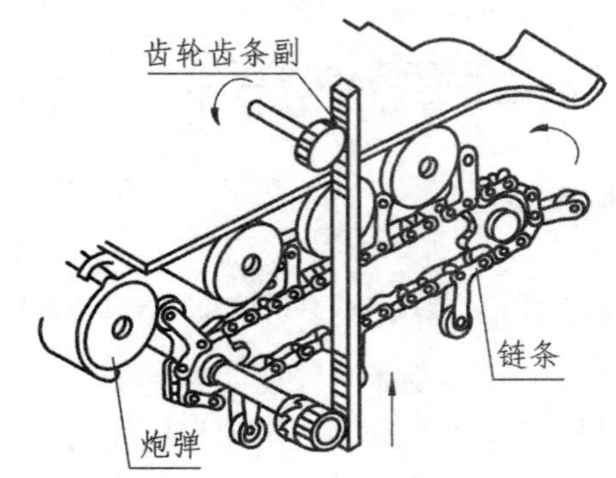

图 6.73 转轮齿条式拨弹机构

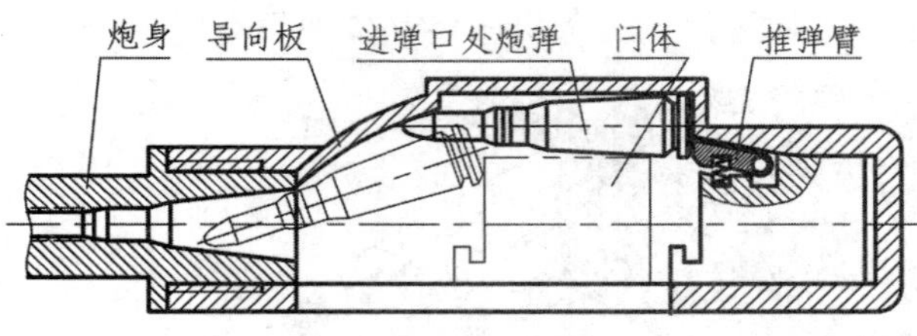

（a）纵动式炮闩

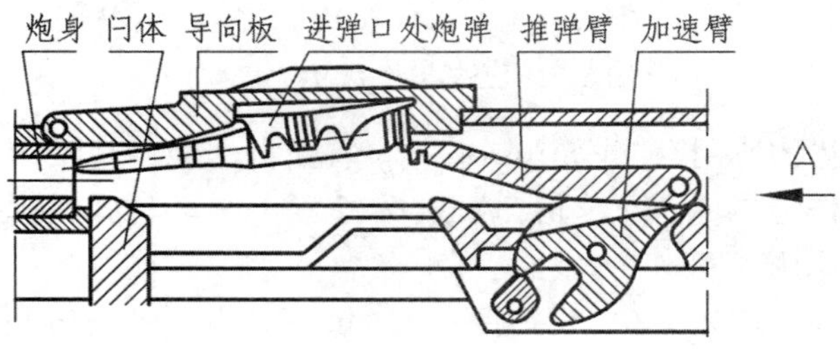

（b）横动式炮闩

图 6.74 推式供弹机原理图

合起来，供弹机构简单。推弹臂不必在后方停留，对提高发射速度有利，但炮弹运动轨迹复杂，较易发生故障。

使用推式供弹机的有瑞士双管35mm高射炮、23－2航空自动炮、61式25mm舰炮等。

4. **双路和多路供弹机**

发射时能在两条不同弹种的供弹线路中，任选一种炮弹进行发射的机构，称为双路供弹机，具有两条以上不同弹种供弹线路的机构称为多路供弹机。为了能有效地对付空中和地面的不同目标，多路供弹机构可保证迅速选择穿甲弹、燃烧爆破弹或其他弹种进行发射。新式自动炮大多采用双路或多路供弹机。

6.4.3　自动炮输弹机

输弹机构的作用是将输弹出发位置的炮弹沿输弹线路可靠地送进炮膛，或将进弹口的炮弹可靠推入炮膛。

1. **输弹方式**

自动炮的输弹方式主要可分为强制输弹和惯性输弹两种。

1）**强制输弹**

强制输弹指在整个输弹过程中，炮弹都是在外力作用下被强制进行运动。59式57mm、69式100mm高射炮，58式23mm、59式30mm航空自动炮，61式25mm舰炮等都采用强制输弹方式。

2）**惯性输弹**

惯性输弹指输弹过程分为两段，在开始一段输弹行程上，炮弹被强制运动，在获得一定速度之后依靠惯性运动进行输弹。65式37mm高射炮，69式30mm舰炮等均采用惯性输弹。

2. **常见自动炮输弹机结构形式**

1）**弹簧式输弹机**

弹簧式输弹机广泛应用于小口径自动炮上，结构简单，工作可靠。图6.75所示为37mm高射炮输弹机的工作原理图。其输弹弹簧是在炮身复进时被压缩以积蓄输弹能量，复进之末开始伸张，进行输弹。

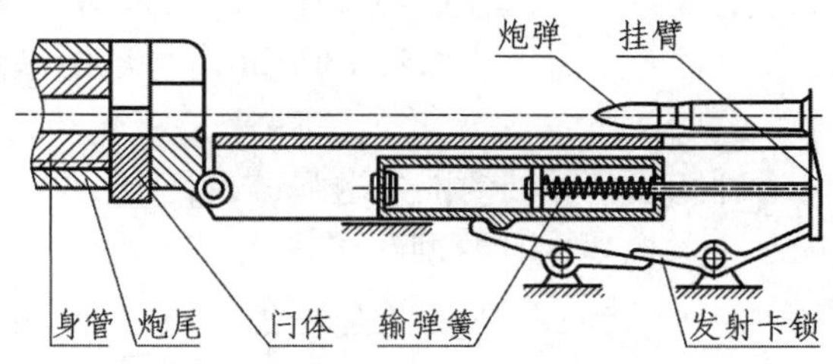

图6.75　弹簧式输弹机构原理图

2）**液体气压式输弹机**

这种输弹机多用于中、大口径自动炮上。图6.76所示为其工作原理。主要由工作筒和加速筒组成。工作筒在结构上被设成内筒和外筒两部分，内、筒盛装液体，外筒有部分液体和气体。液体用来传递动力，气体用来储存能量。内、外筒偏置，可减少液体的储存量。

第一发装填时用人力将输弹杆拉向后方，被制栓卡住，工作筒外筒内的空气被压缩，以储存输弹能量。解脱制栓，输弹杆在空气压力的作用下带动炮弹入膛。发射后的复进过程中，身管带加速筒的活塞杆向前，使输弹杆向后运动，再次被制栓卡住，工作筒中的空气又被压缩以储存输弹能量。100mm 高射炮即是采用这种型式的输弹机。

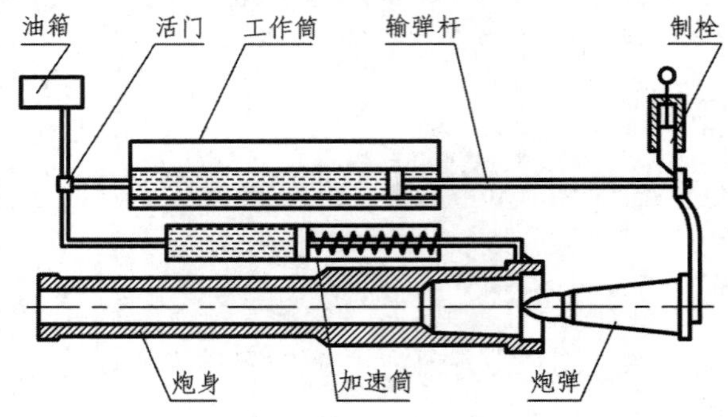

图 6.76　液体气压式输弹机构原理图

3）**气压式输弹机**

这种型式的输弹机以压缩空气为输弹能源。其工作原理图见图 6.77。为了减小气筒与活塞杆的纵向尺寸，机构中常采用齿轮加速器。

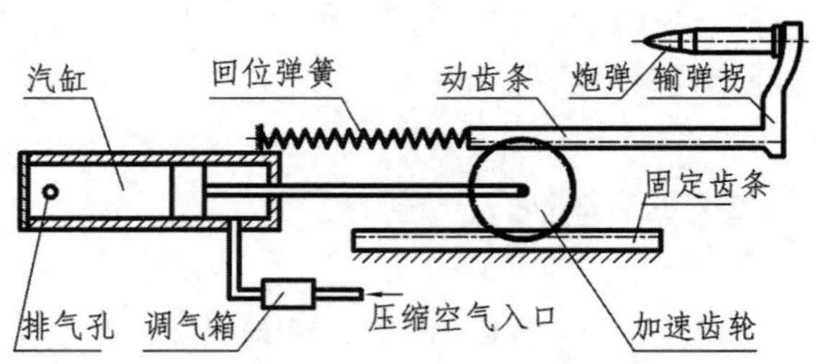

图 6.77　气压式输弹机原理图

由于需要专门的压缩空气源，使这种输弹机在一般的自动炮上使用受到限制，仅能用于有压缩空气条件的大口径海岸炮上。双管 130mm 海岸炮的输弹机即是这种结构。

4）**链式输弹机**

这种输弹机利用电动机经减速器带动一条送弹链，将炮弹推入膛内。其工作原理图见图 6.78。链条只能向一个方向弯曲，收回时可进入弹链盒内。输弹机可以横向移动，

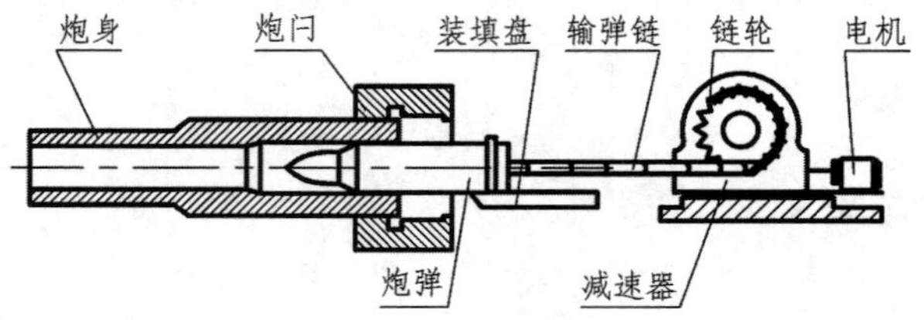

图 6.78　链式输弹机原理图

以免妨碍炮尾后坐和抽筒动作。其特点是结构简单，占用空间小，适用于坦克炮，如苏联 T72 式 125mm 坦克炮和美国 M117 式 175mm 自行炮。

思 考 题

1. 简述弹仓供弹机构的种类及其特点。
2. 何谓空匣挂机？空匣挂机有何作用？
3. 简述弹鼓供弹输弹采用弹簧输弹时的具体方式。
4. 分析弹仓供弹进弹机构的组成及其作用。
5. 弹链有哪些组合形式？各有什么特点？
6. 何谓弹链的柔度？弹链的柔度有哪些具体参数？它们对武器的可靠发射有何影响？
7. 分析弹链供弹输弹机构的结构类型及特点。输弹传动机构有哪几种？
8. 怎样保证弹链供弹机构供弹的可靠性。
9. 根据德国 MG－42 通用机枪输弹机构的机构简图，分析其工作（运动）原理。
10. 画出 56－1 式 7.62mm 轻机枪输弹机构的机构简图，分析其工作（运动）原理。
11. 何谓单程输弹？何谓双程输弹？双程输弹有何作用？
12. 何谓单程进弹？何谓双程进弹？各用于什么场合？
13. 阐述 56 式 14.5mm 高射机枪供弹机构的供弹过程。
14. 由图 6.67(a)和图 6.70 构成一双程输弹机构，试分析其动作原理。

第7章　退壳机构

本章介绍的退壳机构主要针对枪械、自动炮以及小口径高射炮等武器而言，在火炮中，完成这一自动环节动作的机构称之为抽筒机构。较大口径的半自动火炮的抽筒机构与小口径武器相比，在结构上有较大差异，本书将在第10章里给予介绍。

7.1　退壳机构作用与组成

退壳机构的作用是将射击后的弹壳或将膛内因故未击发的枪弹从弹膛内抽出并抛出枪外。通常包括由拉壳机构和抛壳机构两部分组成。

将弹壳或枪弹从弹膛内抽出的机构，称为抽壳机构，其主要零件是抽壳钩；将抽出后的弹壳或枪弹抛出枪外的机构，称为抛壳机构，其主要零件是抛壳挺。图7.1所示为一种典型的退壳机构工作原理图。

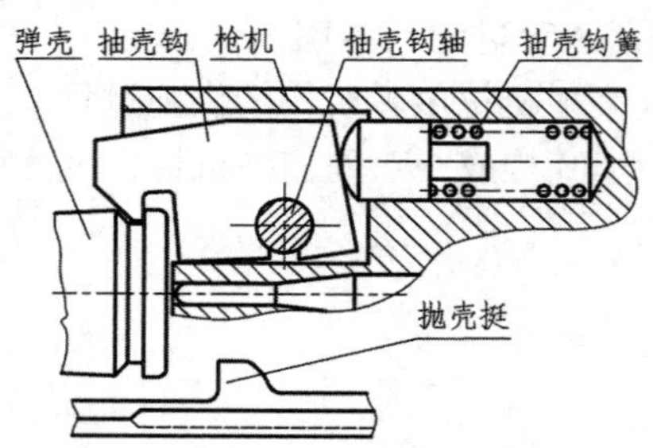

图7.1　退壳机构工作原理图

退壳机构的结构一般比较简单，在武器中所占空间也很小，但却是保证自动武器动作可靠性所不可缺少的机构。

7.2　退壳机构种类与结构

现代自动武器退壳机构的退壳方式主要可以分为三种：顶壳式、挤壳式、拨壳式。此外，还有少数其他形式的退壳机构。

枪机作纵向运动的武器，枪机上的抽壳钩从弹膛内抽出弹壳，后坐一定距离后，抛壳挺顶弹壳底缘的另一边，形成一力偶，使弹壳从抛壳口抛出，这种退壳方式，称为顶壳式。现代自动武器大都采用这种退壳方式。

采用双程进弹的某些自动武器，在枪机的前端有两个刚性抽壳钩，当弹壳被抽出弹膛后，在将次一发枪弹压至身管轴线位置的同时即将弹壳挤出，这种利用压弹过程完成抛壳动作的退壳方式，称为挤壳式。

采用枪机摆动或枪机横动闭锁机构的某些自动武器，枪机不能抽壳，当枪机开锁后，由一拨壳杠杆拨动弹壳的底缘，使弹壳沿弹膛滑出，这种抽壳与抛壳由同一机构拨动弹壳完成的退壳方式，称为拨壳式。

退壳机构的结构与闭锁机构和供弹机构的形式有关。如枪机作纵向运动的武器，抽壳机构一般装于枪机上，通常采用顶壳式、挤壳式等退壳方式，其中单程进弹的武器，大都采用顶壳式；双程进弹的武器大都采用挤壳式。枪机摆动和横动式闭锁的武器则不能利用枪机的运动抽壳，抽壳机构只能安装于枪机之外，多采用拨壳式。

7.2.1　顶壳式退壳机构

顶壳式退壳机构的退壳动作，包含抽出弹壳和抛出弹壳两个过程，这两个过程一先一后，非常明显。

1. 抽壳

抽壳动作由枪机上的抽壳钩完成。抽壳钩在抽壳钩簧力作用下，可以转动或移动，以便在推弹入膛时，钩部能顺利跳过弹壳底缘，并抱住弹壳，抛壳时弹壳又能顺利脱离。

按照其结构特点，抽壳钩有弹性抽壳机构，回转式抽壳机构，平移式抽壳机构，偏转式抽壳机构四种形式。

1）弹性抽壳机构

弹性抽壳机构本身即一个弹簧片，抓壳与抛壳时，抽壳钩体弯曲，用其本身的弹力抱住弹壳底缘，如德国希买司冲锋枪的抽壳钩。有些武器在抽壳钩体上再加一片状弹簧，以增强其抱弹力，如图 7.2 所示。

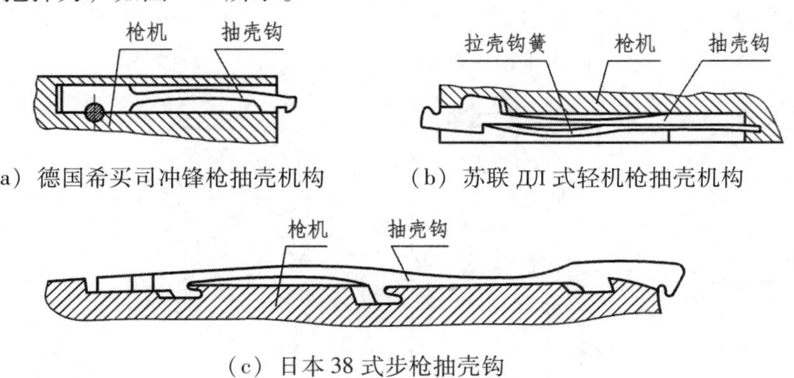

（a）德国希买司冲锋枪抽壳机构　　（b）苏联 ДП 式轻机枪抽壳机构

（c）日本 38 式步枪抽壳钩

图 7.2　弹性抽壳机构

弹性抽壳钩结构简单，但尺寸较长，容易折断，现代自动武器已极少采用。

2）回转式抽壳机构

回转式抽壳机构工作时一般绕一垂直于枪膛轴线方向的轴回转，通常采用圆柱螺旋弹簧。弹簧的位置可以是平行或基本平行枪机轴线的，如 53 式 7.62mm 轻机枪和 56 式

7.62mm 冲锋枪的抽壳钩；也可以是垂直于枪机轴线的，如美国 M16 自动步枪的抽壳钩；也有倾斜于枪机轴线的，如美国 M14 自动步枪的抽壳钩，如图 7.3 所示。

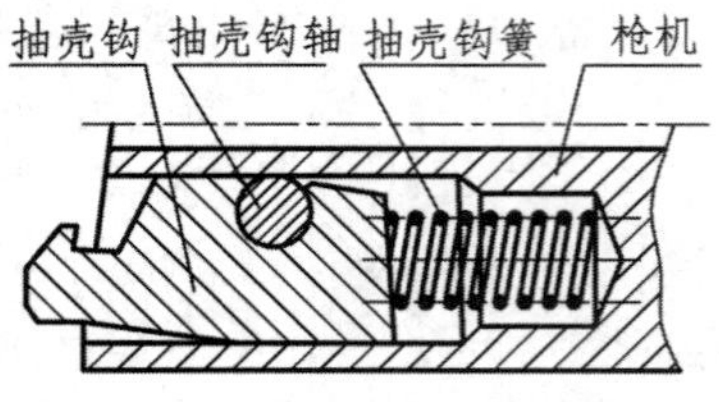

（a）53 式 7.62mm 轻机枪抽壳机构

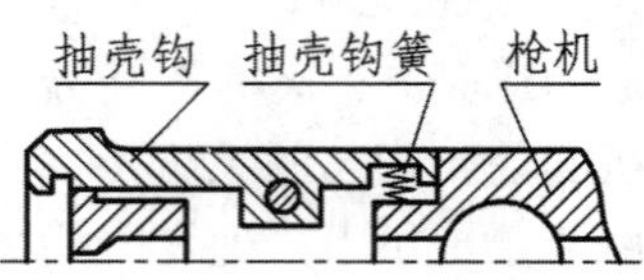

（b）美国 M16 自动步枪抽壳机构

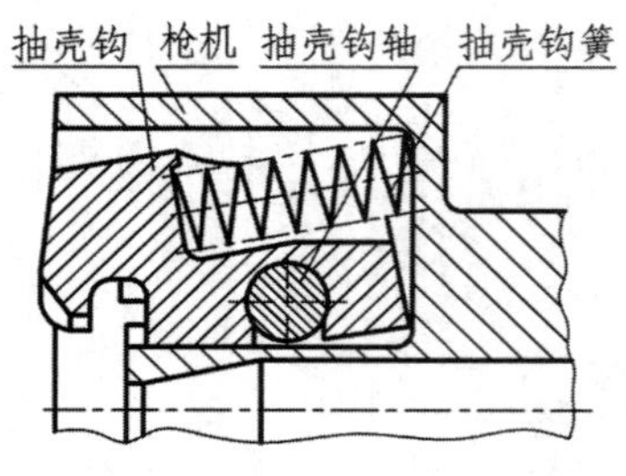

（c）56 式 7.62mm 冲锋枪抽壳机构

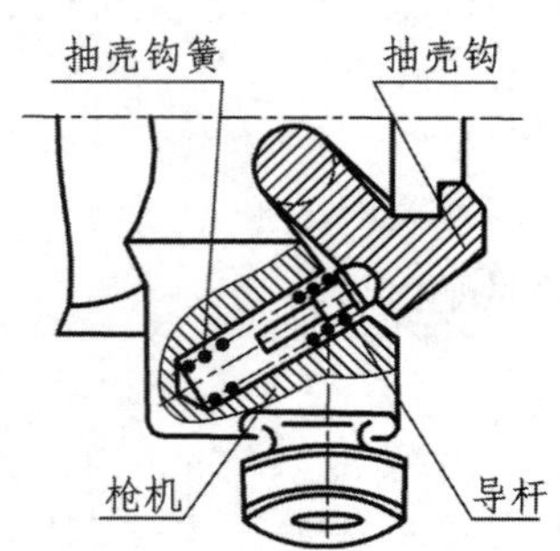

（d）美国 M14 自动步枪抽壳机构

图 7.3　绕横轴转动的回转式抽壳机构

以与枪膛轴线方向垂直的轴为回转轴，这种回转式抽壳机构结构比较简单。但由于抽壳钩绕横向固定轴回转，纵向不能移动，在抓壳和抛壳时，抽壳钩及轴受到较大的撞击，要求有较大的尺寸。

抽壳钩回转轴也可以平行于枪膛轴线方向。图 7.4 所示的德国 G41 5.56mm 自动步枪的抽壳机构。该枪抽壳钩在枪机头部前端右上方，与水平成 30°，抽壳钩簧位于枪机

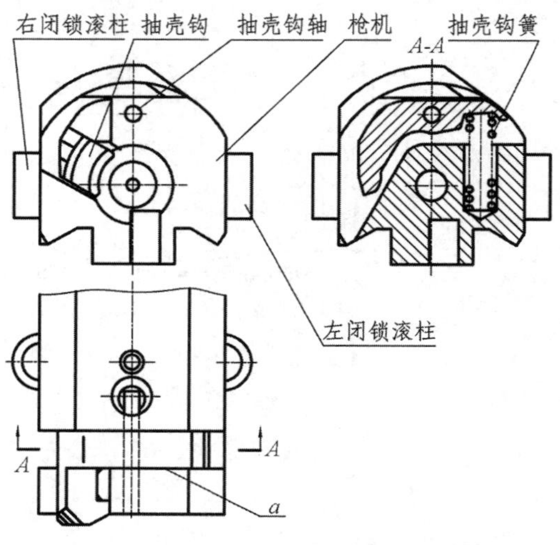

图 7.4　德国 G41 5.56mm 自动步枪抽壳机构

头部左侧。其结构优点有如下三点：

（1）抽壳钩在机头上所占纵向尺寸较小。

（2）抽壳钩轴不承受抽壳所产生的约束反力。

（3）抽壳钩支撑部位（如图 7.4 中 a 面）受力面积大，且作用于钩齿上的抽壳力可确保抽壳钩在绕其轴回转而不致从弹底缘上滑脱。

3）平移式抽壳机构

平移式抽壳机构在枪机的两个定型槽内运动，其运动方式有垂直于枪机轴线平移和倾斜于枪机轴线平移两种。垂直于枪机轴线平移的抽壳机构通常采用片状弹簧，如 50 式 7.62mm 冲锋枪、日本 91 式轻机枪等抽壳机构。倾斜于枪机轴线平移的抽壳机构通常采用螺旋弹簧，如捷克 ZB－53 重机枪的抽壳机构；也有采用弹簧钢丝的，如德国 G3 自动步枪的抽壳机构，如图 7.5 所示。

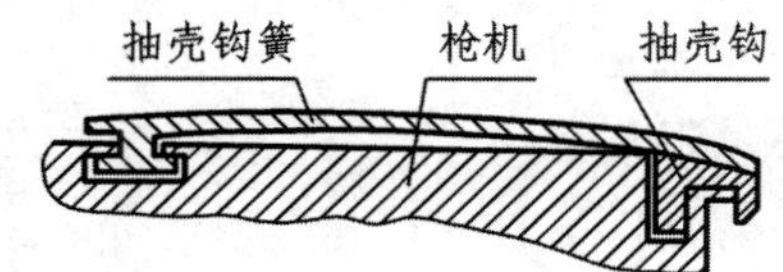

（a）日本 91 式轻机枪抽壳机构

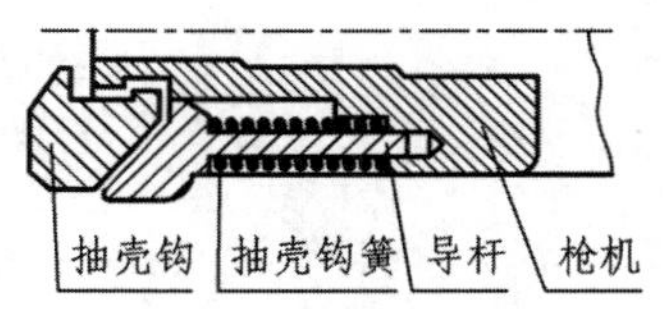

（b）捷克 ZB－53 重机枪抽壳机构

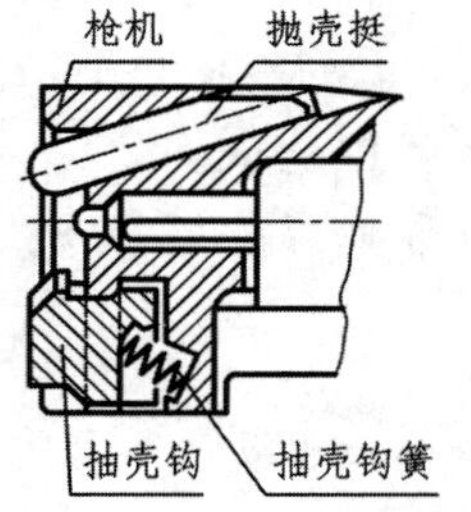

（c）某 12.7mm 高射机枪抽壳机构

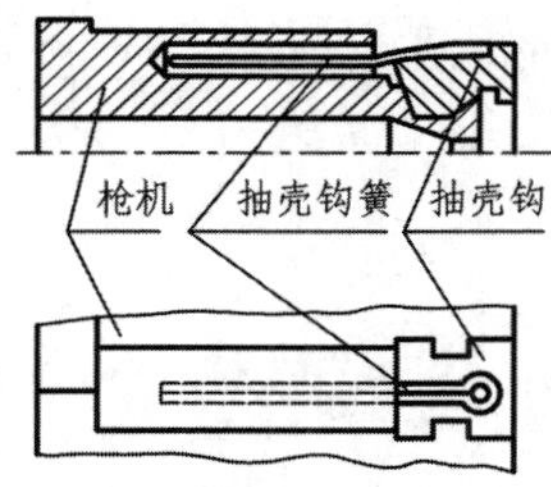

（d）德国 G3 自动步枪抽壳机构

图 7.5　平移式抽壳机构

垂直于枪机轴线平移的抽壳机构会增加枪机横向尺寸，并且不便于采用螺旋弹簧作抽壳钩簧，现代自动武器中已很少采用。

倾斜于枪机轴线平移的抽壳机构在抓壳时便于跳过弹壳底缘，抽壳时又能可靠地抱住弹壳，现代自动武器中仍有较广泛的应用。

4）偏转式抽壳机构

偏转式抽壳机构在抽壳时，抽壳钩支撑在枪机的斜面上。抓壳与抛壳时，抽壳钩绕瞬时轴作偏转运动，通常均采用螺旋弹簧作抽壳钩簧。由于抽壳钩由一斜面支撑于枪机斜面上，抽壳钩强度较高；抽壳时，由于斜面作用，使抽壳钩紧贴枪机，能牢固抱住弹壳；在抓壳时，抽壳钩可向后移动，减小冲击。因此，现代自动武器多有采用。如 54 式 7.62mm 冲锋枪、54 式 7.62mm 手枪、德国 MG－42 通用机枪和美国 M60 通用机枪等的抽壳机构，如图 7.6 所示。

安装于枪机之外的抽壳机构也有不同的形式。图 7.7 所示为 59 式 12.7mm 航空机枪、4－25 自行高射炮等的退壳机构，这类武器的枪机或炮闩采用横动式闭锁机

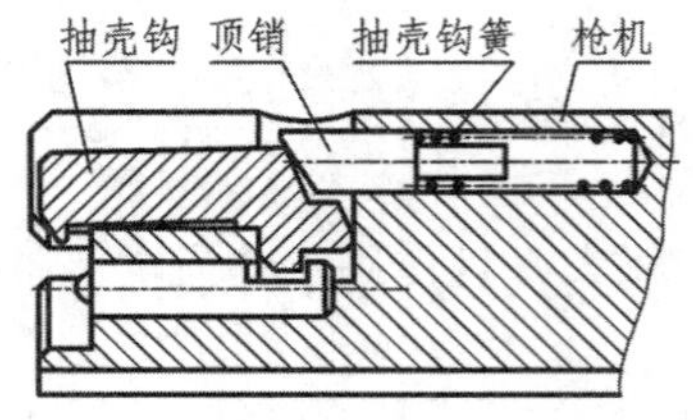

（a）54 式 7.62mm 冲锋枪抽壳机构

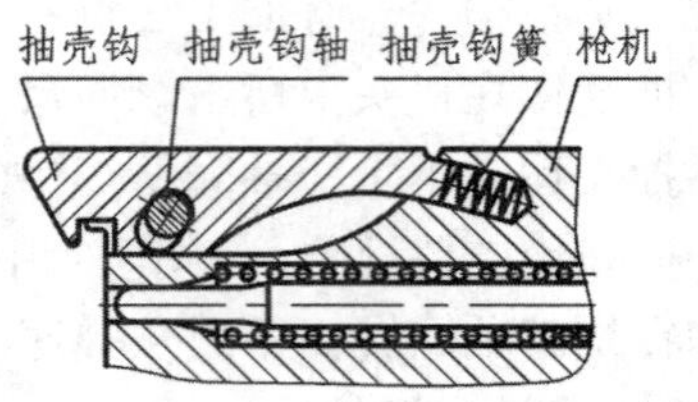

（b）54 式 7.62mm 手枪抽壳机构

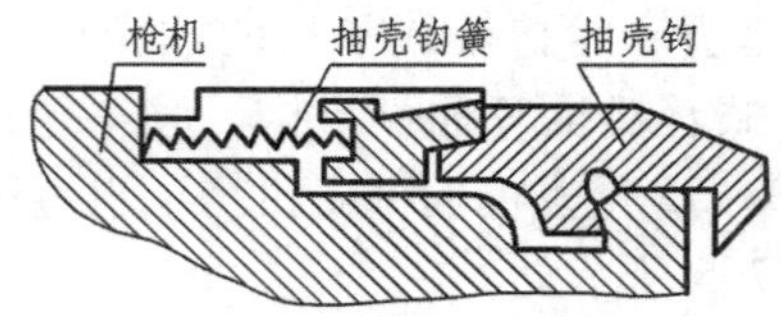

（c）德国 MG－42 通用机枪抽壳机构

图 7.6　偏转式抽壳机构

构。闭锁状态下，推弹除壳器前端的抽壳钩齿抓住弹壳底缘。发射后，枪机框带着加速臂后坐，加速臂则相对于枪机框回转，上端向前，下端向后。开锁后，枪机框带着加速臂和推弹除壳器一并后坐，并自弹膛抽出弹壳。枪机框继续后坐至加速臂下方与固结在机匣或炮箱上的加速限制板相遇时，加速臂上端被迫加速向后运动，推弹除壳器即抓住弹壳加速向后运动。弹壳在被向后拉的同时，受除壳引导器上的弹壳导引曲面（A 面）的作用而向下移动，直至与推弹除壳器脱开，并从机匣下方抛出。

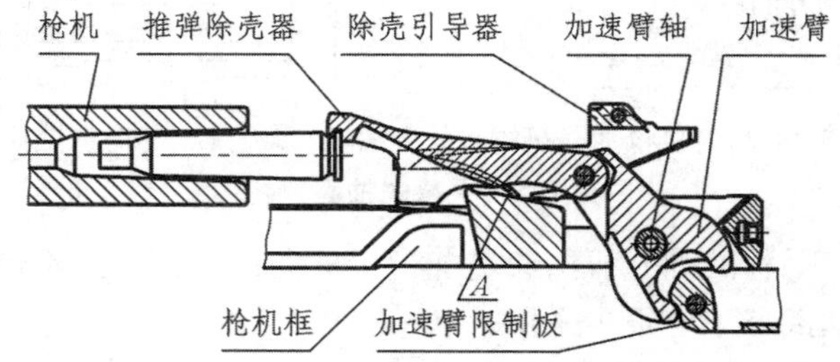

图 7.7　59 式 12.7mm 航空机枪、4－25mm 自行高射炮等抽壳机构

该退壳机构在抽壳后期能使弹壳获得加速，有利于提高武器的理论射速。

2. 抛壳

按其结构的特点，顶壳式退壳机构的抛壳动作分为弹性抛壳和刚性抛壳两种。

1）刚性抛壳机构

抛壳挺直接撞击弹壳底缘将弹壳抛出，这种抛壳方式，称为刚性抛壳。

常见的刚性抛壳方式有固定式、折叠式、撞杆式和杠杆式四种形式。

（1）固定式刚性抛壳。主要抛壳零件为一固定于机匣上或与机匣做成一体的固定抛壳挺，使用这种抛壳挺的武器很多，56 式 7.62mm 冲锋枪、81 式 7.62mm 枪族等均采用这种抛壳方式，如图 7.8 所示。这种抛壳方式结构简单，但枪机上必须有能让抛壳挺穿过的纵槽，影响枪机的强度。

（2）折叠式刚性抛壳。为保证枪机的强度，或者枪机的结构不允许在其上有全部纵深的抛壳挺槽，可以采用折叠式抛壳挺，如图 7.9 所示。在枪机前部作一斜槽，抛壳挺通常用轴固定在机匣上，可相对于机匣转动。抛壳挺簧使抛壳挺头部紧贴枪机，平时被枪机抬起，退壳时则进入枪机弹底巢，撞击弹壳底缘使弹壳抛出。53 式 7.62mm 轻机枪即是采用这种抛壳方式。

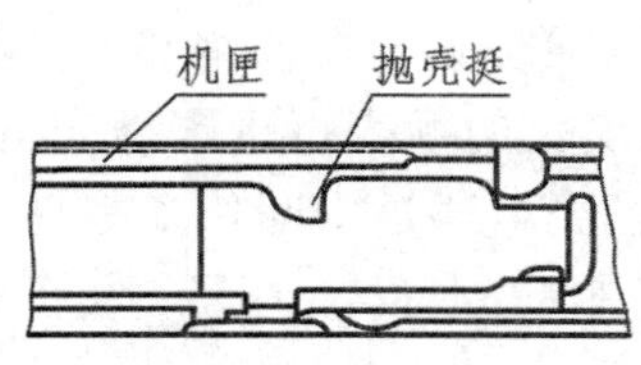

图 7.8　固定式刚性抛壳挺

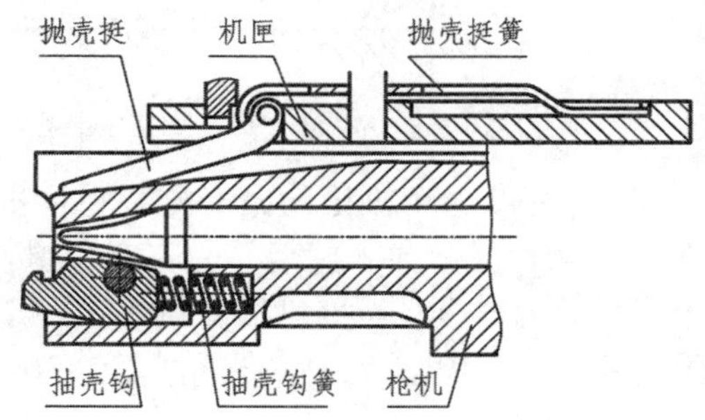

图 7.9　折叠式刚性抛壳挺

（3）撞杆式刚性抛壳。主要抛壳零件为一能在枪机内移动一定距离的撞杆。当枪机抽壳后退时，撞杆与机匣斜面相撞，迫使撞杆前移，撞击弹壳底缘使弹壳抛出，54 式 12.7mm、77 式 12.7mm、85 式 12.7mm 高射机枪、53 式 7.62mm 重机枪等均采用这种抛壳方式，如图 7.10 所示。

（4）杠杆式刚性抛壳。主要抛壳零件为一中部有固定在机匣上的轴的杠杆抛壳挺。当枪机抽壳后坐至一定位置时，枪机框上的斜面推动杠杆抛壳挺后端，使抛壳挺前端进入枪机弹底巢，撞击弹壳底缘使弹壳抛出，如图 7.11 所示。德国 G3 自动步枪采用这种抛壳方式，这种抛壳方式能避免在枪机的全长上开抛壳挺槽，有利于提高枪机强度。

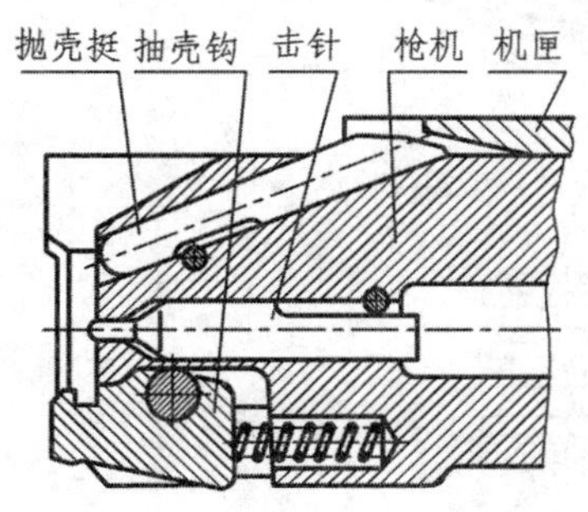

图 7.10　撞杆式刚性抛壳挺

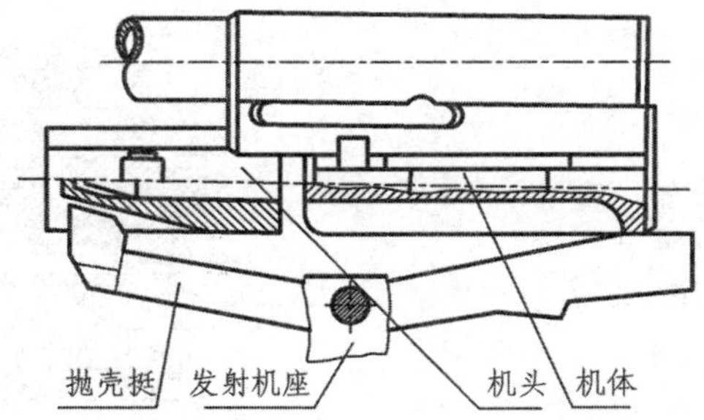

图 7.11 杠杆式刚性抛壳挺

2）弹性抛壳机构

弹性抛壳即抛壳挺在弹簧作用下撞击弹壳底缘将弹壳抛出。

抛壳挺弹簧有安装在枪机上的，也有安装在枪炮身上的。美国 M14 自动步枪的抛壳挺弹簧安装在枪机上，如图 7.12 所示。当枪机推弹入膛后，弹壳底缘迫使突出于弹底巢的抛壳挺进入抛壳挺巢内，并压缩抛壳挺簧。当弹壳自弹膛内全部抽出时，抛壳挺在抛壳挺簧作用下抛出弹壳。这种抛壳方式的优点是抛壳时没有撞击，枪机上不开沟槽。但因枪机的结构尺寸小，较难安装能量较大的抛壳挺簧，且抛壳挺的行程不长，导致抛壳速度较小，而且抛壳速度和方向均不够稳定。此外，枪机推弹入膛时，压缩抛壳挺簧还需消耗部分复进能量，因此这种抛壳方式在现代自动武器中未被广泛采用。

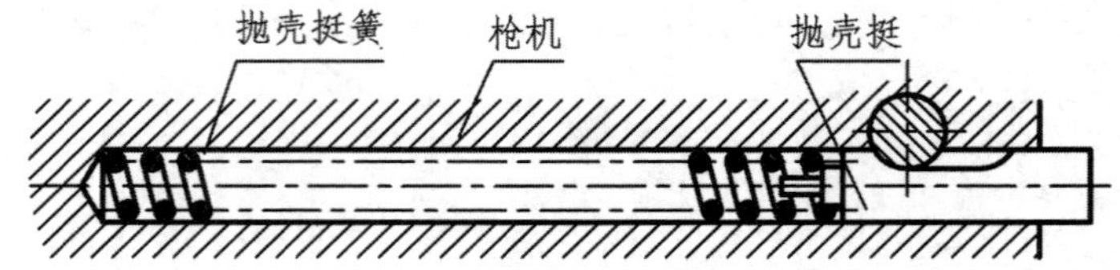

图 7.12　**弹簧安装在枪机上的弹性抛壳**

德国 MG－42 通用机枪的抛壳挺装在枪机上，抛壳挺弹簧则装在枪尾部上，如图 7.13 所示。当枪机推弹入膛后，弹壳底缘迫使突出于弹底巢的抛壳挺进入抛壳挺巢，并使退壳片后端突出，当枪机抽壳后坐至一定位置时，抛壳挺通过中间传动零件撞击头、退壳片与弹簧撞击后，抛壳挺前端即突出弹底巢抛出弹壳。

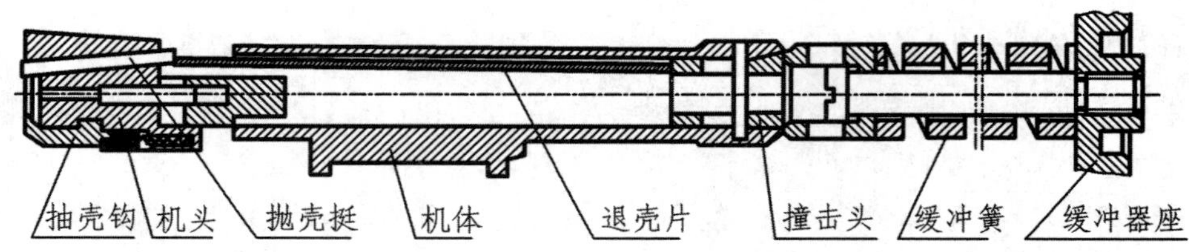

图 7.13　**德国 MG－42 通用机枪抛壳机构**

有的自动炮的弹性抛壳机构，其抛壳挺装于炮箱上，可相对于炮箱移动。抛壳时，弹壳撞击带弹簧的抛壳挺后被抛出，可以减小抛壳时的撞击，如图 7.14 所示。

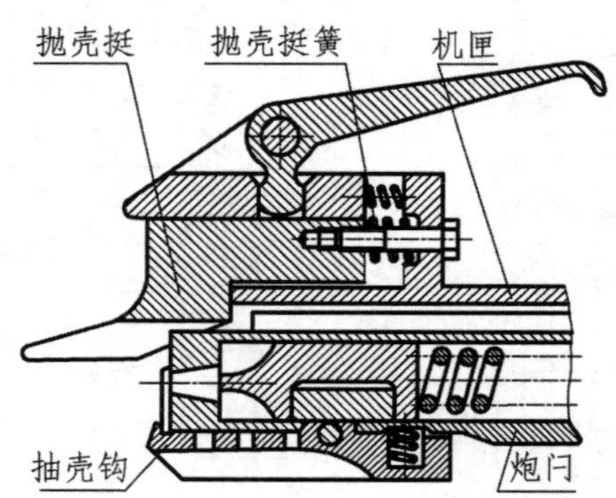

图 7.14　**加拿大 MKⅡ20 自动炮抛壳机构**

7.2.2　挤壳式退壳机构

根据退壳过程中挤壳的时机不同，挤壳式退壳机构可分为压弹挤壳式和取弹挤壳式两类。

1. 压弹挤壳式退壳机构

在压弹过程中，当枪弹靠近枪膛轴线时，将弹壳从枪轴横向挤出的退壳方式，称为压弹挤壳。

采用双程进弹武器，通常利用压弹过程挤出弹壳。如 56 式 14. 5mm 高射机枪的退壳机构，如图 7. 15 所示。

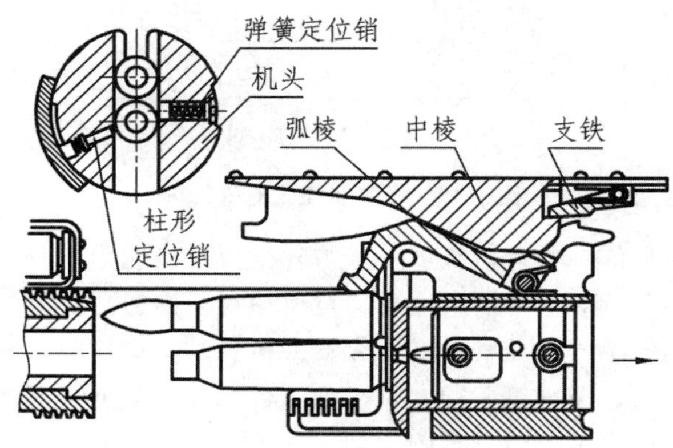

图 7. 15　压弹挤壳式退壳机构

发射时，枪机后退，机头前端对称的两个取弹钩从取弹位置抽出一发枪弹后坐。开锁后，机头从弹膛内抽出弹壳。在枪机继续后退过程中，压弹挺将取弹钩内的枪弹压入机头弹底垂直槽内并挤压弹壳向下抛出。

由于压弹挤壳式退壳机构是利用枪弹挤出弹壳，因此，当射击最后一发枪弹后，就需要一个辅助装置将最后一发弹壳抛出。56 式 14. 5mm 高射机枪在机匣盖上设置一个支铁，当射击完最后一发枪弹，枪机后退时，压弹挺在簧力作用下，前端下降紧贴于弹壳上，后端上抬较高。当枪机后退至抛壳位置时，支铁撞击压弹挺后端，迫使压弹挺逆时针回转，前端向下撞击出最后一发弹壳，如图 7. 16 所示。

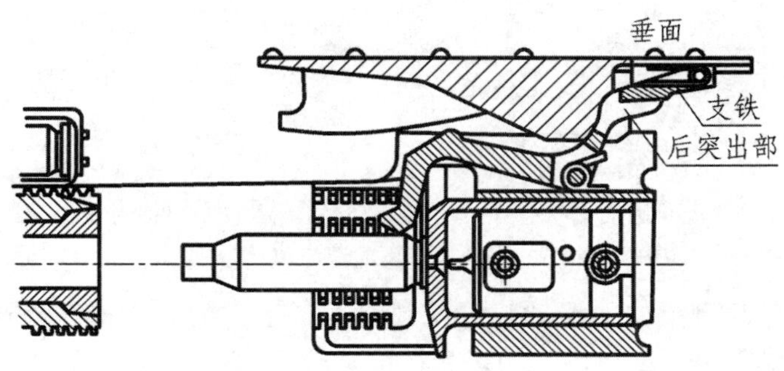

图 7. 16　最后一发弹壳的抛出

2. 取弹挤壳式退壳机构

当活动机头上抬取弹时，弹壳被一零件或某种结构所阻止而脱离机头上的抽壳钩，称为取弹挤壳。

采用双程进弹的武器，也有利用取弹过程挤出弹壳，如德国马克沁重机枪的退壳机构，如图 7.17 所示。

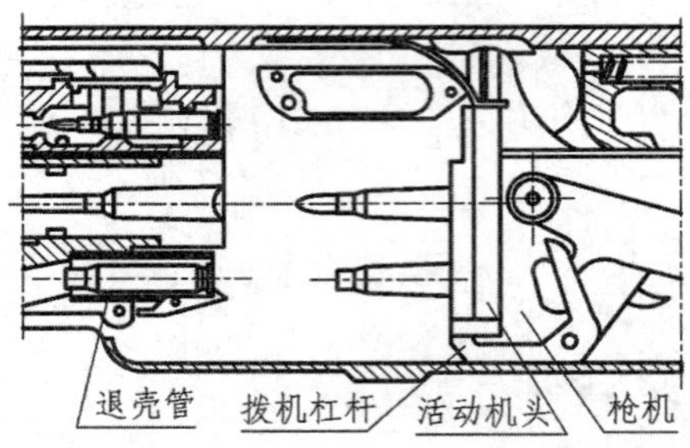

图 7.17　取弹挤壳式退壳机构

该枪的机头是活动的。活动机头抓取枪弹随枪机后坐时，同时将射击过的弹壳自膛内抽出，机头由机匣上的导板控制其运动。枪机后退时由机匣盖上的片状弹簧压机头下降，直至使枪弹对准弹膛，弹壳则对准退壳管或机匣抛壳口。枪机复进将到位时，枪机连杆传动拨机杠杆回转，拨动机头向上，机头抓弹抽壳钩的上部即抓取新一发枪弹，弹壳则被挤出抓弹抽壳钩而留在退壳管内。

取弹挤壳式退壳机构的优点是：退壳可靠；没有撞击，退出最后一发弹壳不需辅助装置。缺点是结构较复杂。

7.2.3　拨壳式退壳机构

采用枪机横动或枪机摆动闭锁机构的武器，不能利用枪机的轴向运动直接退壳，只能利用枪管或枪机框等原动件的运动来退壳，如丹麦麦德森轻机枪退壳机构。该机构装在枪管节套上，如图 7.18 所示。

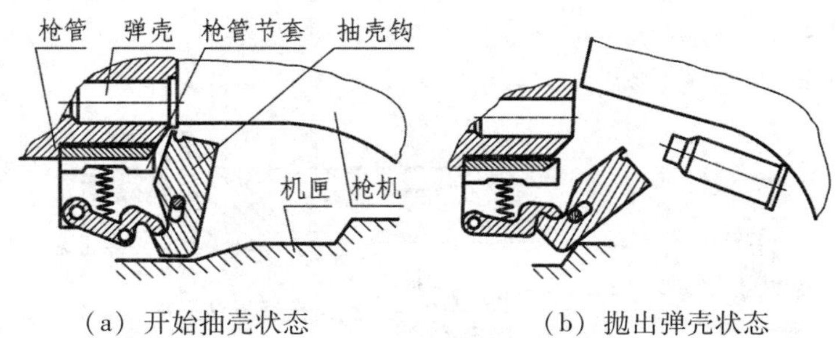

（a）开始抽壳状态　　（b）抛出弹壳状态

图 7.18　拨壳式退壳机构

当枪管后坐带动机头向上摆动打开枪膛时，节套上的拨壳挺在机匣斜面作用下上升，拨壳齿嵌入弹壳底缘凹槽内。当拨壳挺的下端碰到机匣的退壳面时，拨壳挺即绕轴回转，上端拨弹壳的底缘，使弹壳从枪机下方抛出。

拨壳式退壳机构的退壳动作无抽壳和抛壳之分，动作紧凑。其缺点是结构复杂，横向尺寸大。

7.2.4　其他型式退壳机构

除了上述三大类退壳机构外，也有其他式样的。日本 99 式轻机枪的退壳机构的主要退壳零件为一杠杆，此杠杆的回转轴安装在机匣上。当枪机抽壳至抛壳位置时，枪机后端撞击杠杆后端，杠杆回转，前端撞击弹壳使弹壳抛出，如图 7.19 所示。

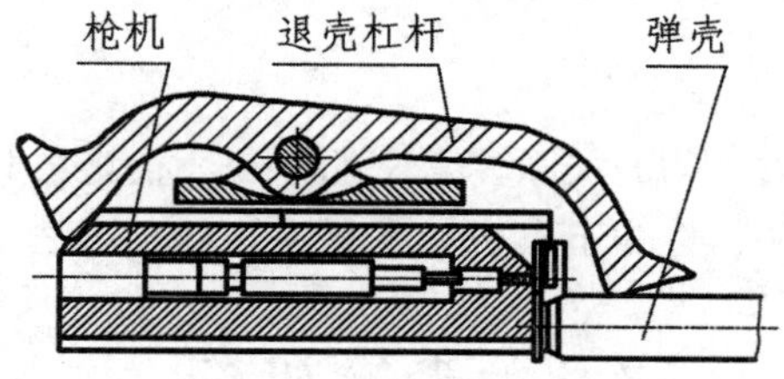

图 7.19　日本 99 式轻机枪的退壳机构

这种退壳机构抛壳时抽壳钩受力很小，但抛壳机构的尺寸太大，又经常暴露在机匣外侧，不便于维护保养，现代自动武器已不采用。

思 考 题

1. 简述各种退壳机构及其结构特点。
2. 分析 56 式 14.5mm 高射机枪退壳机构的工作原理。
3. 分析德国 G41 5.56mm 自动步枪抽壳机构（图 7.4）的工作原理。
4. 在顶壳式退壳机构中，比较几种抽壳钩的特点，哪些应用更多，为什么？
5. 59 式 12.7mm 航空机枪抽壳机构是如何工作的？为什么说在供弹和抽壳过程中还有加速？
6. 比较弹性抛壳和刚性抛壳的优缺点。
7. 试述美国 M14 自动步枪抛壳机构（图 7.12）的优缺点。
8. 压弹挤壳式退壳机构为什么要考虑最后一发弹壳的退壳问题，采用何种措施解决问题？
9. 采用拨壳式退壳机构的武器在结构上有何特点？
10. 试根据取弹挤壳式退壳机构（图 7.17）的工作原理，设计使拨机杠杆及相关构件运动的机构（用机构简图表示）。

第 8 章　击发、发射及保险机构

击发、发射、保险三大机构的关系非常密切，一般很难将其完全分离开来。一些武器将三大机构合为一个整体，称为击发机。本章为使概念清楚，将三大机构分别叙述。

8.1　击发机构

用一定的动能撞击火帽或底火，引燃火帽药或底火的各零件的组合，称为击发机构。其作用是引燃发射药以发射弹头或弹丸。

引燃火帽药或底火有机械引燃法和热力引燃法两种方法。机械引燃法是用具有一定动能的某物体撞击火帽，以引燃火帽药，热力引燃法则是利用电流通过金属丝对火帽药加热，以引燃火帽药。自动武器广泛采用机械引燃法，但在火炮上也常采用热力引燃法。

本节主要介绍枪械和自动炮的击发机构，半自动火炮的击发机构将在第 12 章予以介绍。

击发机构通常是由击针和击针簧、击锤和击锤簧等主要零件组成。根据击针所受外力作用的特点和能量来源不同，击发机构分为击针式击发机构和击锤式击发机构两类。

8.1.1　击针式击发机构

利用击针簧或复进簧能量直接使击针向前撞击火帽或底火的击发机构，称为击针式击发机构，又称推动式击发机构。根据能量来源的不同，又分为击针簧式击发机构和复进簧式击发机构两种。

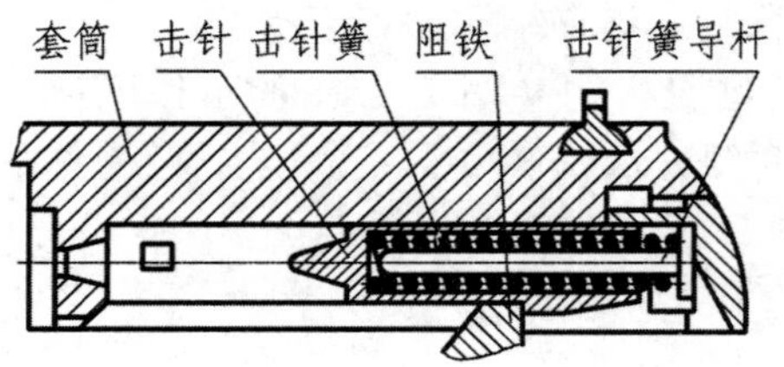

图 8.1　77 式 7.62mm 手枪击针簧式击发机构

1. 击针簧式击发机构

击针能量由击针簧提供。其优点是由解脱击针至引燃火帽或底火的时间短，撞击小，有利于提高武器的射击精度，尤其对单发射击和第一发射击时的效果颇为显著。缺点是结构较复杂，击针尺寸大，增大了枪机的尺寸，或影响枪机的强度。

由于击针簧式击发机构击发迅速，射击精度高，在手枪等自动武器和非自动步枪中广泛采用。图 8. 1 所示为 77 式 7. 62mm 手枪击发机构，其击针装于套筒（枪机）内，发射后随套筒一起后坐。套筒复进时，击针被击发阻铁（控制扳机的重要零件）扣住，击针簧被压缩，武器成待发状态。

2. 复进簧式击发机构

击针能量由复进簧供给。击针可固定在枪机内与枪机无相对运动。其优点是：结构简单；击针有足够的能量和速度引燃火帽，击发可靠。缺点是：第一发射击时解脱枪机至打燃火帽的时间长，不利于对快速运动目标进行射击；活动机件在前方撞击大，影响首发命中精度。由于复进簧式击发机构结构简单，击发可靠，在现代机枪、冲锋枪上被广泛采用。

图 8. 2 所示分别为 54 式 7. 62mm 冲锋枪的击发机构、53 式 7. 62mm 轻机枪的击发机构和 14. 5mm 系列高射机枪的击发机构。

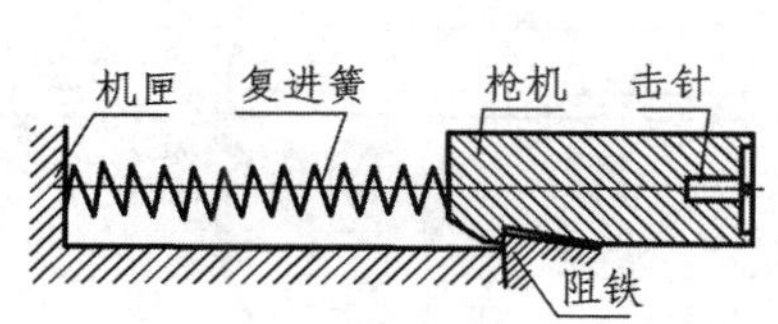

（a）54 式 7. 62mm 冲锋枪击发机构

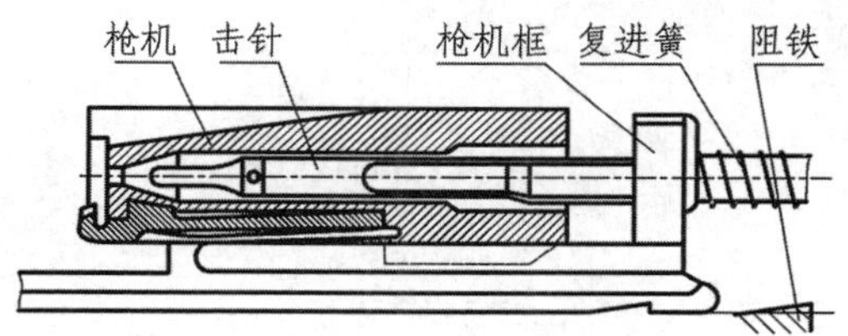

（b）53 式 7. 62mm 轻机枪击发机构

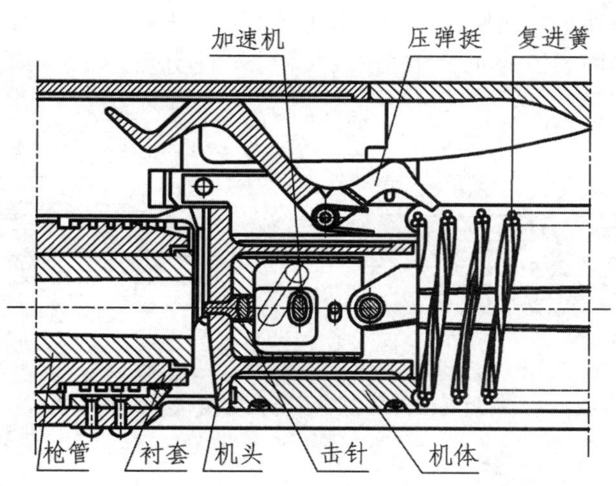

（c）14. 5mm 系列高射机枪击发机构

图 8. 2　复进簧式击发机构

8. 1. 2　击锤式击发机构

击锤式击发机构又称撞动式击发机构，击针能量由击锤撞击击针提供，通过击锤撞击击针时将动能传给击针，击针以惯性向前撞击火帽或底火。根据击锤运动方式的不同，击锤式击发机构又分为回转式和直动式两种。

1. 击锤回转式击发机构

击锤作回转运动撞击击针。击锤的能量来源于击锤簧或复进簧。

利用击锤簧能量使击锤作回转运动的击锤回转式击发机构常用于单发武器或单连发武器中。其优点是：击发动作延续时间较短，击发时武器的撞击较小，单发或连发第一发的射击精度较高；击锤成待发状态是在枪机后坐时进行，因此击锤成待发的过程较简单；击锤成待发时，枪机已闭锁枪膛，可随时射击。因此，在手枪、半自动步枪、自动步枪中被广泛采用，如54式7.62mm手枪、56式7.62mm冲锋枪、半自动步枪的击发机构，81式7.62mm枪族的击发机构等。其81式7.62mm枪族击发机构及54式7.62手枪击发机构的击锤回转式击发机构工作原理简图如图8.3所示。

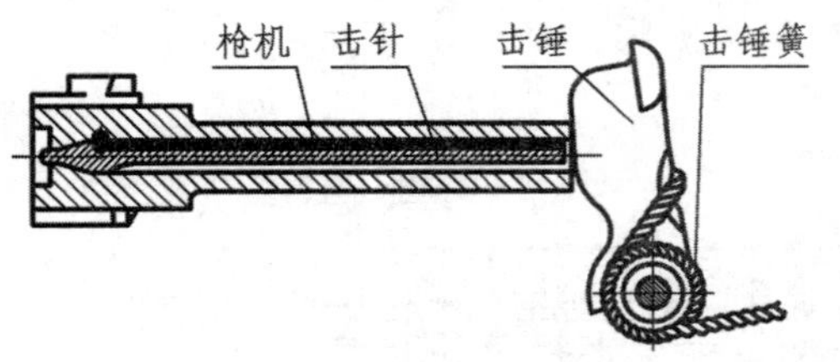

（a）81式7.62mm枪族击发机构

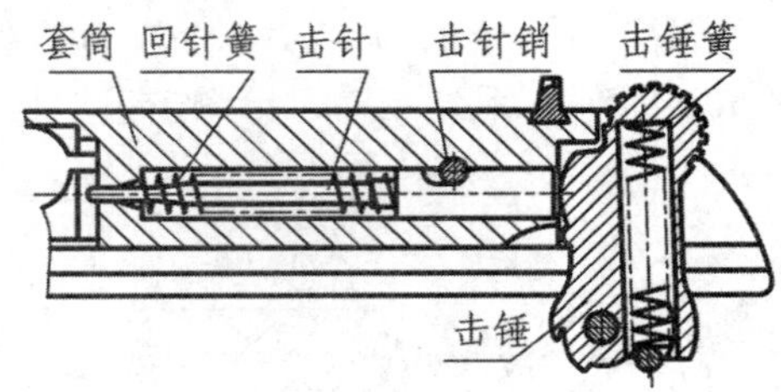

（b）54式7.62mm手枪击发机构

图8.3　利用击锤簧的击锤回转式击发机构工作原理

利用复进簧能量使击锤作回转运动，这种结构形式没有击锤簧，结构较简单，常用于连发武器上，如美国汤姆逊冲锋枪的击发机构，瑞士苏罗通20mm高射炮的击发机构等，如图8.4所示。

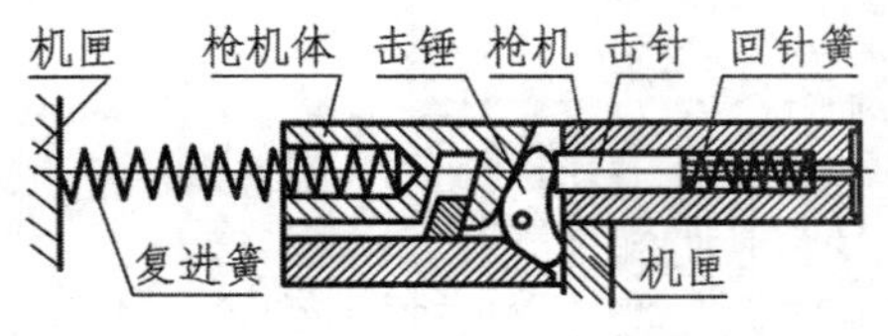

（a）美国汤姆逊冲锋枪击发机构

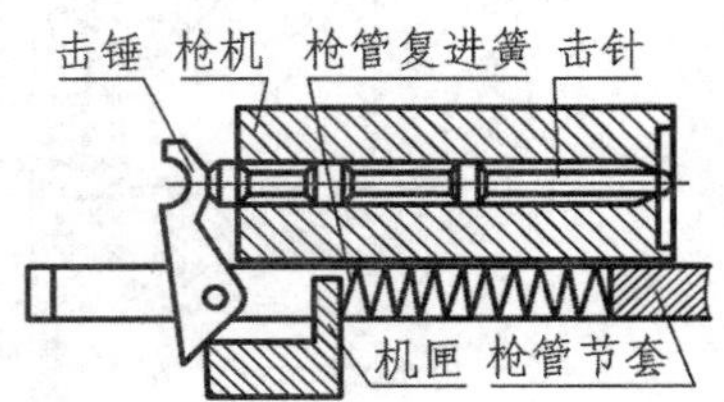

（b）瑞士苏罗通20mm高射炮击发机构

图8.4　利用复进簧的击锤回转式击发机构工作原理

2. 击锤直动式击发机构

击锤（或击铁）作直线运动撞击击针。击锤（或击铁）的能量来源于击锤簧或复进簧。

利用击锤簧能量使击锤作直线运动，这种结构形式适用于单连发武器，其优点是：击锤成待发时可使枪机停于前方，使单发或连发第一发射击时对武器的撞击较小，有利于提高其射击的精度。图8.5所示为捷克58式冲锋枪的击发机构。我国新一代枪族也是采用以击锤簧能量使击锤作直线运动的击发机构。

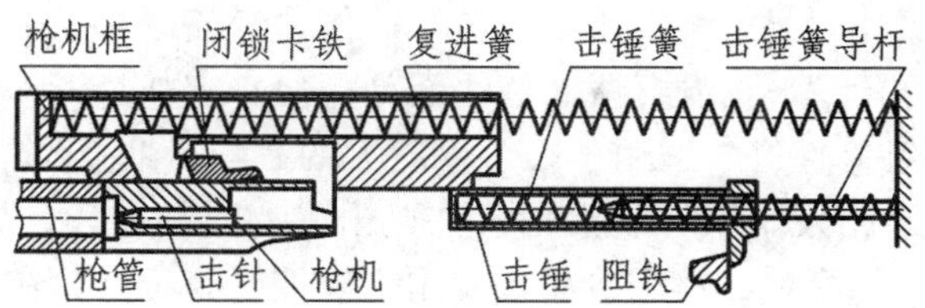

图 8.5　利用击锤簧的击锤直动式击发机构

利用复进簧能量使击锤作直线运动，其优点是：结构简单，而且可减小击针尺寸，从而减小枪机尺寸或提高枪机的强度；击针有足够的能量和速度引燃底火，击发可靠。缺点是：连发第一发射击时，解脱枪机至引燃火帽的延续时间较长，不利于对快速目标的射击；活动机件在前方撞击大，影响首发命中精度。

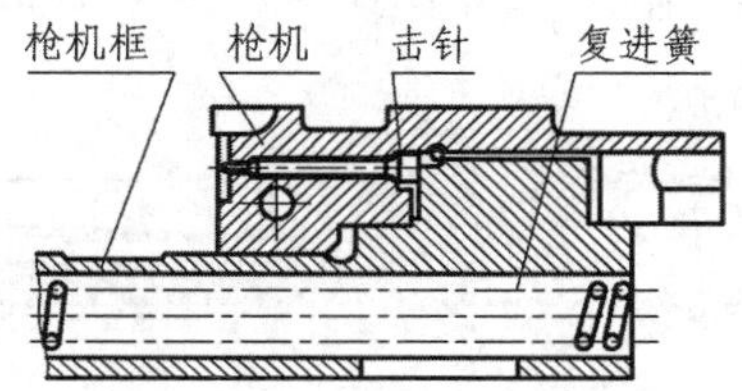

图 8.6　利用复进簧的击铁直动式击发机构

由于该机构的结构简单，击发可靠，在现代机枪中被广泛采用。图 8.6 所示为 53 式 7.62mm 重机枪。此外，56 式 7.62mm 轻机枪等击发机构，均采用这种结构。

8.2　发射机构

将击针、击锤或枪机框扣在待发位置上并使之迅速解脱，以撞击火帽的各零件的组合，称为发射机构。其作用是控制击发机构成待发和操纵发射时机。

如本章开头所述，发射机构与击发机构的联系最为紧密。有些武器发射机构和击发机构连为一个整体，如 56 式 7.62mm 半自动步枪的发射机构。由于保险机构是直接控制发射机构和击发机构的工作，因此，发射机构与保险机构也有着直接的联系，有些武器发射机构中的某个零件兼起保险机的作用。如 56 式 7.62mm 冲锋枪发射机构中的快慢机，不仅可以控制单、连发动作，还能完成保险作用。

发射机构通常由扳机和扳机簧、击发阻铁和阻铁簧等主要零件组成。当发射机构的击发阻铁扣住击针、击锤或枪机框时即成待发状态；扣动扳机，使击发阻铁解脱击针、击锤或枪机框时，即形成发射。

发射机构种类繁多，形式变化也很大，根据武器的火力要求不同，可分为单发发射机构，连发发射机构，单、连发发射机构，以及点射机构等。

8.2.1　连发发射机构

采用连发发射机构的武器，通常由扳机控制击发阻铁运动，利用击发阻铁将活动机件（枪机或枪机框）扣于后方成待发状态。其优点是：① 利用枪机框（或枪机）兼作击发机构的击锤（或击针体），并利用复进簧兼作击锤簧（或击针簧），结构简单；② 停射时枪机位于后方位置，枪膛开敞，膛内无弹，便于冷却身管和免除因枪弹自燃而发火的故障；③ 使用维修性好，适用于火力强度大的武器。缺点是：① 活动机件前进到位时的撞击大；② 从击发阻铁解脱活动机件至击发的时间较长，导致第一发射击精度较差。由于其具有结构简单，作用可靠，使用维修性好等优点，在现代机枪和小口径自动炮中得到广泛应用。

以下是连发发射机构的几个经典实例。

（1）56 式 7.62mm 轻机枪的发射机构，如图 8.7 所示。其工作原理是在待发位置扣引扳机压阻铁下降，阻铁尾部放开枪机框，枪机框复进并击发，扣住扳机不放，即成连发。放开扳机，阻铁在阻铁簧的作用下回转，其后部上升扣住枪机框实现停射，并使扳机复位。将保险销的半圆柱面转至上方挡住阻铁，即不能击发。

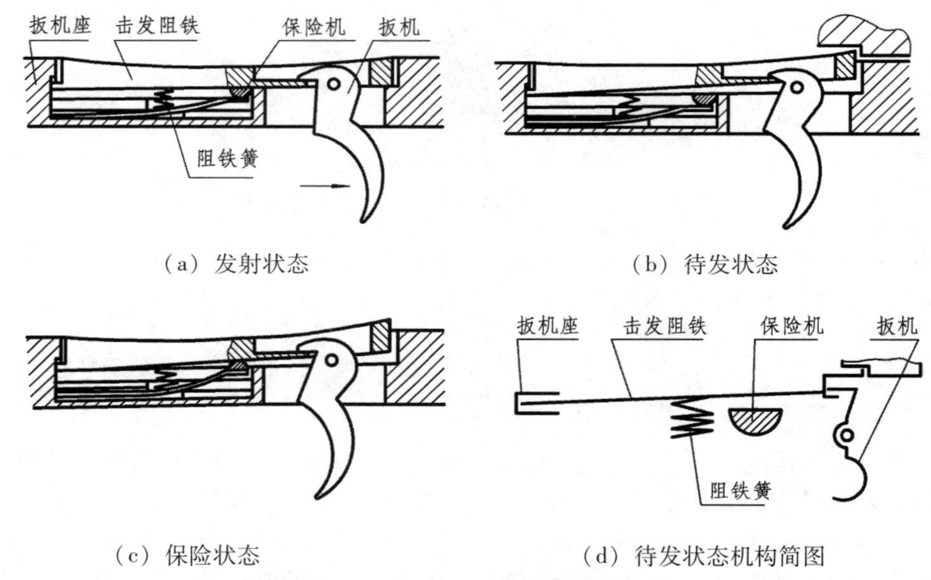

图 8.7 56 式 7.62mm 轻机枪发射机构

该种发射机构特点是结构简单，无阻铁轴，击发阻铁强度好。因此，我国 67－2 式 7.62mm 重机枪发射机构也采用了这种形式，而 89 式 12.7mm（图 8.8）重机枪发射机构也仅小有不同。

（2）57 式 7.62mm 重机枪发射机构如图 8.9 所示。扳机或推杆推发射杆向前，发射杆中间凸起与阻铁下突部脱离，枪机框在复进簧作用下向前并迫使阻铁下降（自动脱离，见图 8.9（a）、图 8.9（b）），前进产生击发。若停射时阻铁未上升到位，枪机框由后方前进时，可迫使阻铁头下降而继续发射。

若枪机框在前方位置放松扳机，枪机框后退先压解脱器拨动发射杆（见图 8.9（c）），使阻铁尾部离开发射杆中间凸起，并迫使它下降而越过阻铁头。此后，发射杆簧带动发射杆使解脱器和阻铁上升，从而保证停射对枪机框的扣合面全部接触，不致撞坏阻铁。

某新型 12.7mm 高射机枪的发射机构工作原理与 57 式 7.62mm 重机枪极其相似，

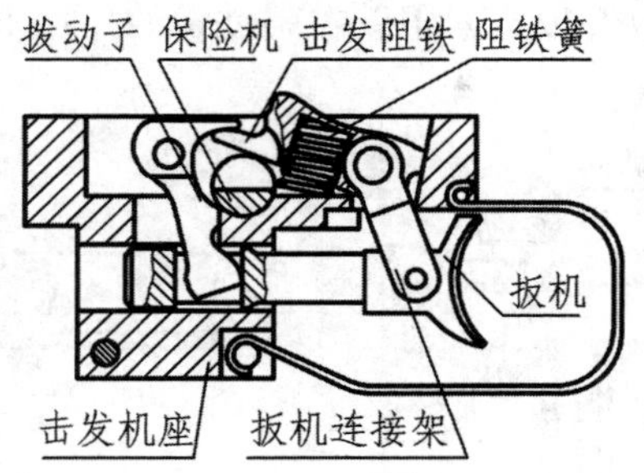

图 8.8　89 式 12.7mm 重机枪发射机构

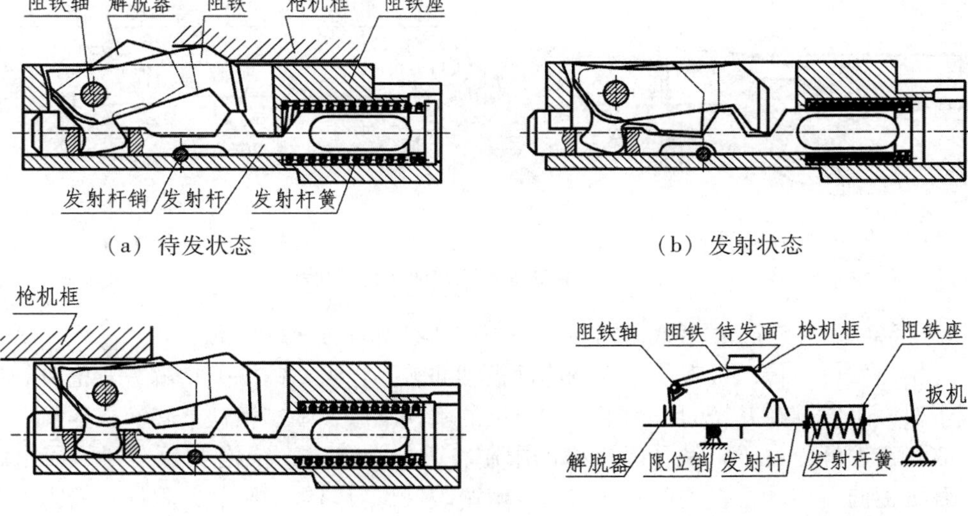

图 8.9　57 式 7.62mm 重机枪发射机构

如图 8.10 所示。

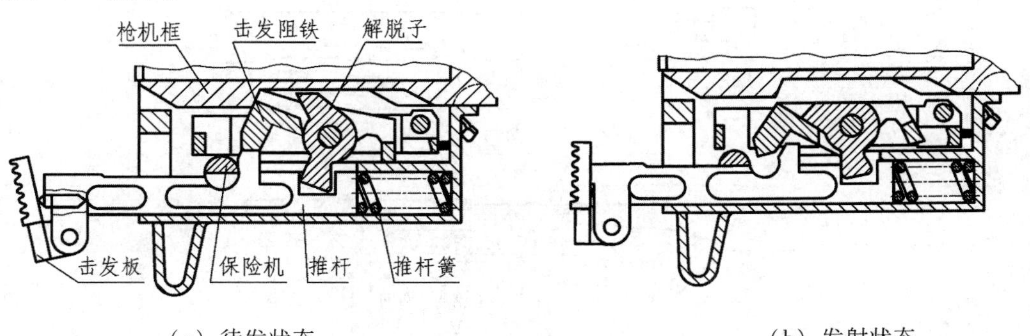

图 8.10　某新型 12.7mm 高射机枪发射机构

（3）美国 M60 通用机枪的发射机构，如图 8.11 所示。其工作原理是：在待发位置扣引扳机，扳机顶阻铁前端上升，阻铁尾部下降，放开枪机框，枪机框复进并击发，扣住扳机不放，即成连发。放开扳机，阻铁在阻铁簧的作用下回转，其后部上升扣住枪机框实现停射，并使扳机复位。

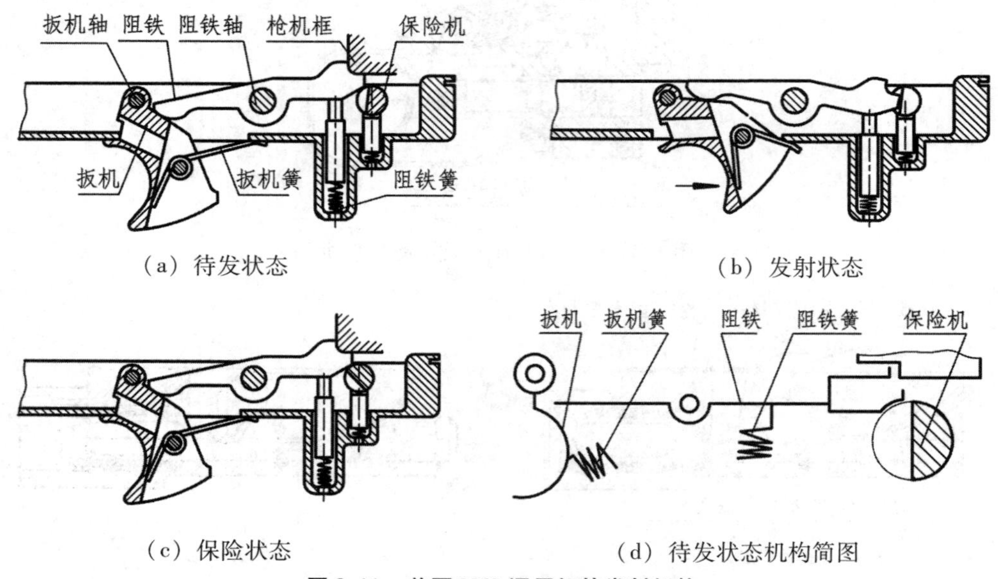

(a) 待发状态　(b) 发射状态

(c) 保险状态　(d) 待发状态机构简图

图 8.11　美国 M60 通用机枪发射机构

(4) 58 式 14.5mm 二联高射机枪的发射机构，如图 8.12 所示。

上抬击发杆，传动板带动阻铁绕传动板轴回转。当阻铁前方上抬解脱对枪机的扣合即成击发。阻铁榫在其簧力作用下卡住上抬的阻铁下方，限制阻铁下降而成连发。停射时，放下击发杆，由于阻铁受阻铁榫的限制，仍停在上方，待枪机后坐到位撞击解脱板，解脱板向后移动将阻铁榫向外挤出，解脱阻铁榫对阻铁的限制，阻铁在簧力作用下转动。阻铁钩下降；后坐到位的枪机又复进，向前撞击完全下降的阻铁钩并压缩阻铁簧，阻铁才将枪机扣住而停射。

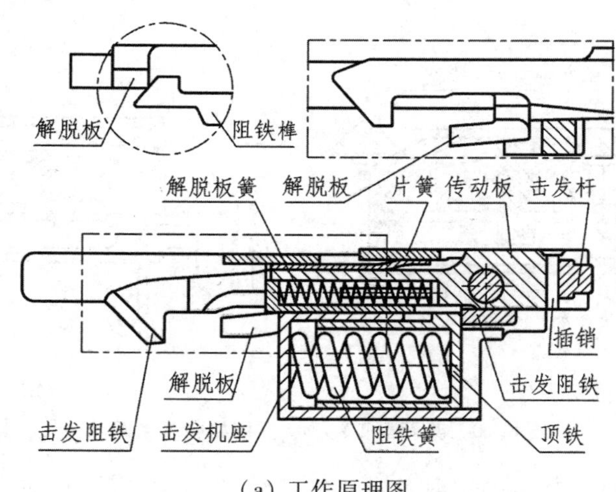

(a) 工作原理图

58 式 14.5mm 高射机枪发射机构的特点是：利用辅助扣机和传动板以保证枪机的

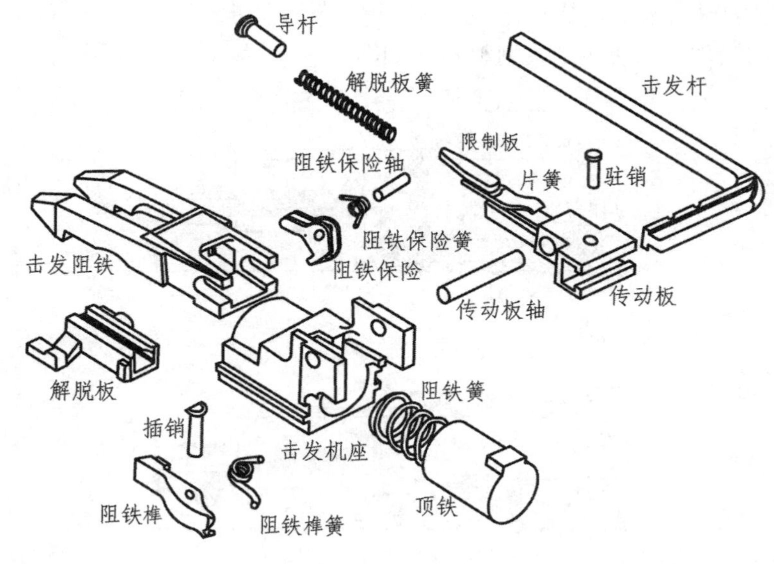

（b）零件组成及名称

图 8.12　58 式 14.5mm 二联高射机枪发射机构

阻铁凸榫与击发阻铁的扣合面全部接触；利用阻铁簧兼作击发阻铁的缓冲簧以减小枪机停射时对阻铁的撞击，从而使停射可靠并保证阻铁有足够的强度。

（5）捷克 59 式通用机枪的发射机构，如图 8.13 所示。其工作原理与美国 M60 通用机枪的发射机构相似。特点在于它利用制动器抵住阻铁，当扳机即将恢复原位时，才压

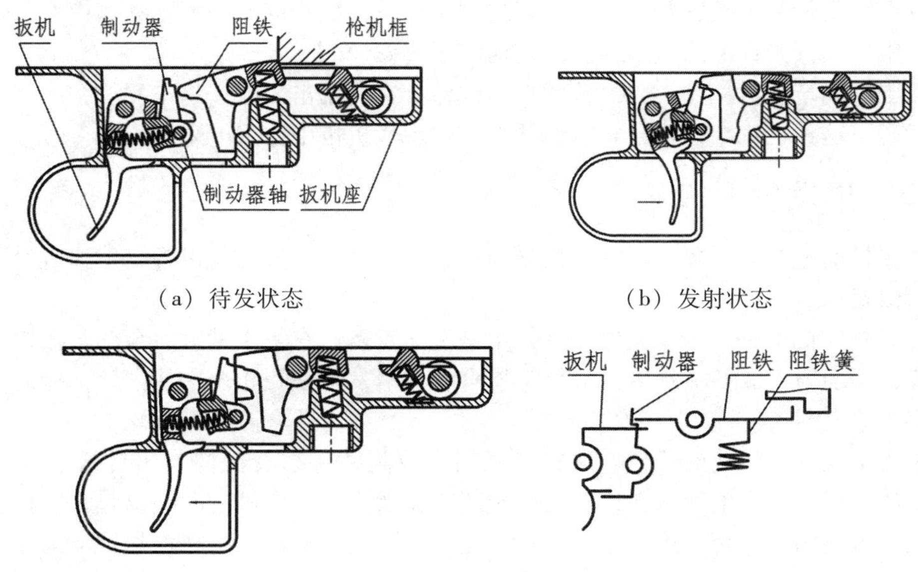

图 8.13　捷克 59 式通用机枪发射机构

转制动器解脱阻铁，使阻铁的上升不受放开扳机快慢的影响。因此，在停射时枪机框与

阻铁局部接触的机会极少，能防止在停射时枪机框撞坏击发阻铁。

（6）美国勃朗宁重机枪的发射机构，如图 8.14 所示。

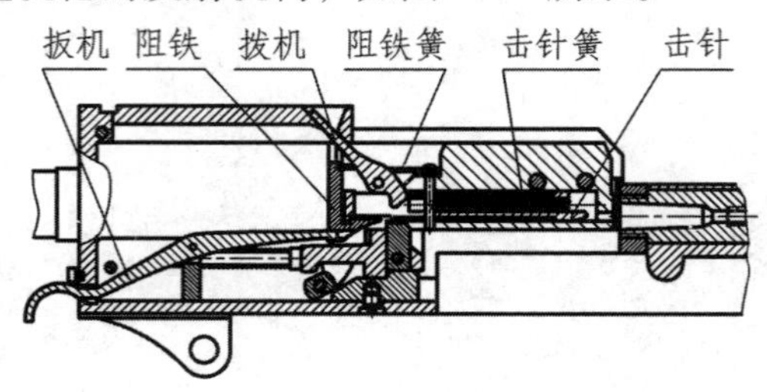

（a）待发状态

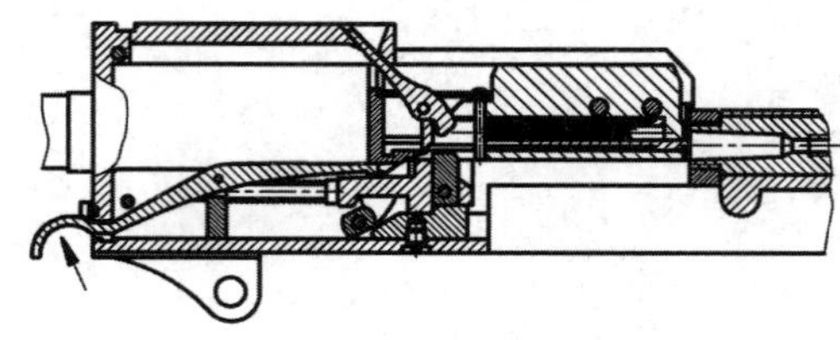

（b）发射状态

图 8.14　美国勃朗宁重机枪发射机构

美国勃朗宁重机枪的发射机构的动作原理为：待击位置（图 8.14（a））扣引扳机，扳机前端带动阻铁向下，使阻铁放开击针。击针在簧力作用下向前击发，击发后（图 8.14（b）），枪机后退使扳机头部与阻铁分离，阻铁在簧力作用下上升，当枪机上的拨杆拨回击针后，击针又被阻铁扣住。枪机复进到位时，扳机头部又进入阻铁槽内，迫使阻铁下降，阻铁放开击针而击发，如此反复而实现连发。

美国勃朗宁重机枪是一种老式的自动武器，它利用击发阻铁将击发机构扣在后方成待发状态。这种机构结构复杂，可靠性差，在现代机枪中已很少采用。

8.2.2　单发发射机构

很多情况下，只需要发射一发枪弹即可，即需采用单发发射机构，射弹数目多会造成弹药浪费。

单发发射机构有一单发装置，其作用是使击发阻铁在每次发射后自动与扳机有关零件分离，而当射手放开扳机后，扳机又能自动与击发阻铁相扣合，使击发机构成待发状态而实现单发射击。

采用单发发射机构的武器，通常是利用击发阻铁将击发机构（击针或击锤）扣在后方成待发状态。当推弹入膛，击发机构成待发状态时，枪机已闭锁枪膛。这种机构的优点是：击发的时间短，撞击小，有利于提高武器的射击精度。缺点是：结构较复杂。

由于单发武器的火力强度较小，待发时，枪弹进入弹膛，枪机停在前方亦不致产生自行发火的故障。

常见的单发装置有：

（1）利用活动机件后坐运动使击发阻铁与扳机强制分离，以实现单发。如日本南部十四年式手枪单发发射机构，如图 8. 15 所示。

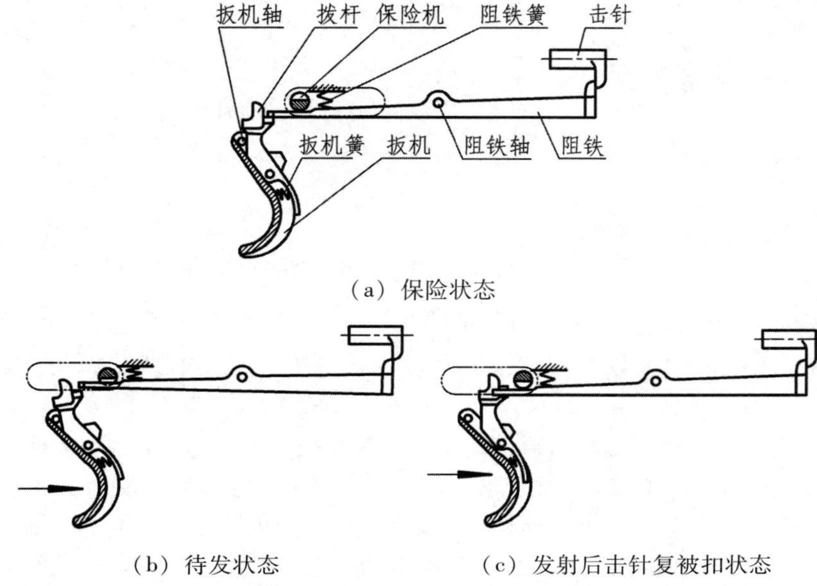

（a）保险状态

（b）待发状态

（c）发射后击针复被扣状态

图 8. 15　日本南部十四年式手枪发射机构

日本南部十四年式手枪的发射机构与击针扣合，单发的动作原理为：在待发位置扣引扳机，扳机上的拨杆头部沿扳机护圈的垂直面向上，顶阻铁前臂上抬，其后端下降放开击针而击发(图 8. 15(b))。击发后枪管后坐，枪管上拨杆槽前臂推拨杆头部，使拨杆头部与阻铁前端分离，并落在阻铁前臂凸榫的后部，阻铁在簧力作用下恢复原位。枪机复进，击针被阻铁扣住，不能击发(图 8. 15(c))。只能放开扳机，带动拨杆头部向前下方转动，并落在阻铁前臂凸榫的下部，重扣扳机才能再次发射。

（2）利用两个阻铁头在扳机转动或移动时分别与击锤的不同部位扣合与分离，以实现单发。如捷克 ZH－29 半自动步枪的单发发射机构(图 8. 16)和美国强生半自动步枪的单发发射机构(图 8. 17)。

① 捷克 ZH－29 半自动步枪发射机构的动作原理为：击发机构成待发状态时扣引扳机，扳机后臂推阻铁后臂回转，阻铁前钩放开击锤，击锤回转打击击针击发。击发后，枪机框后坐压倒击锤被单发阻铁扣住不能击发(见图 8. 16(c))。只有放开扳机，使击锤脱离单发阻铁而被阻铁前钩扣住，再扣扳机，才能发射。

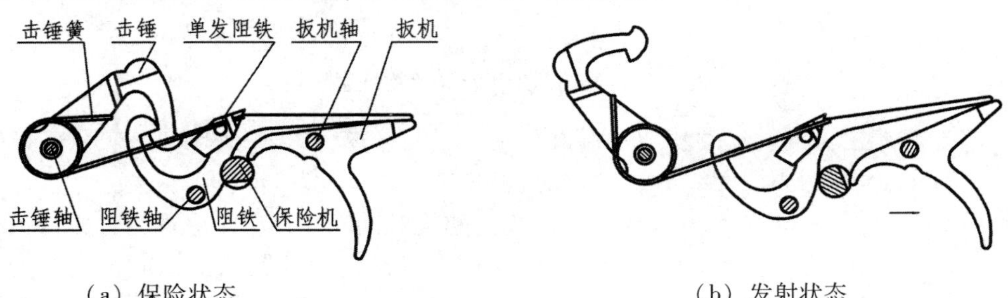

（a）保险状态　　（b）发射状态

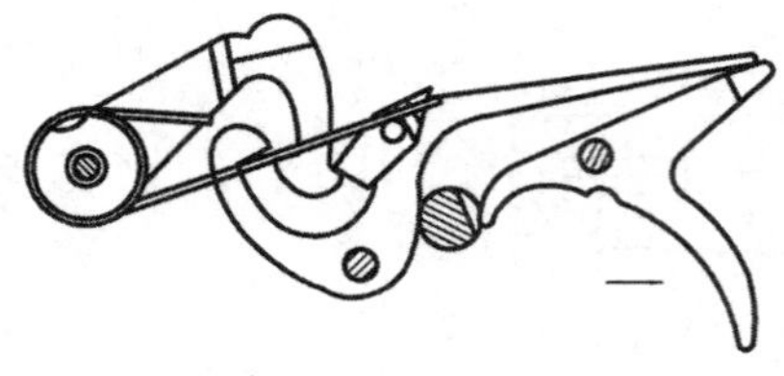

(c) 击锤被单发阻铁扣住状态

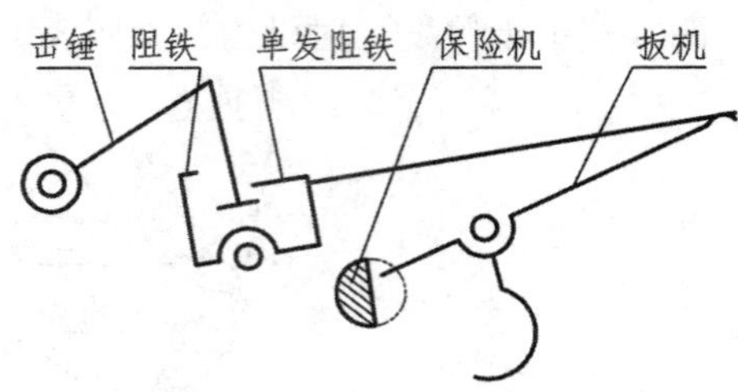

(d) 待发状态机构简图

图 8.16　捷克 ZH－29 半自动步枪发射机构

捷克 ZH－29 半自动步枪发射机构的特点是：利用阻铁与单发阻铁的往返转动，交替扣合与解脱击锤，形成单发，动作协调且可靠；零件数量少，尺寸较大，强度好，结构简单。

② 美国强生半自动步枪发射机构的动作原理与捷克 ZH－29 半自动步枪的发射机构相似，不过是采用刚性体的单发阻铁和击发阻铁作平移往复运动，使其分别扣合或放开击锤以实现单发。其特点是：结构简单；因单发阻铁为刚性体，当枪机压倒击锤与单发阻铁头扣合时，将迫使阻铁与扳机前移，射手的手指将产生振动，影响动作可靠性；没有不到位保险机构，不能保证武器可靠击发。

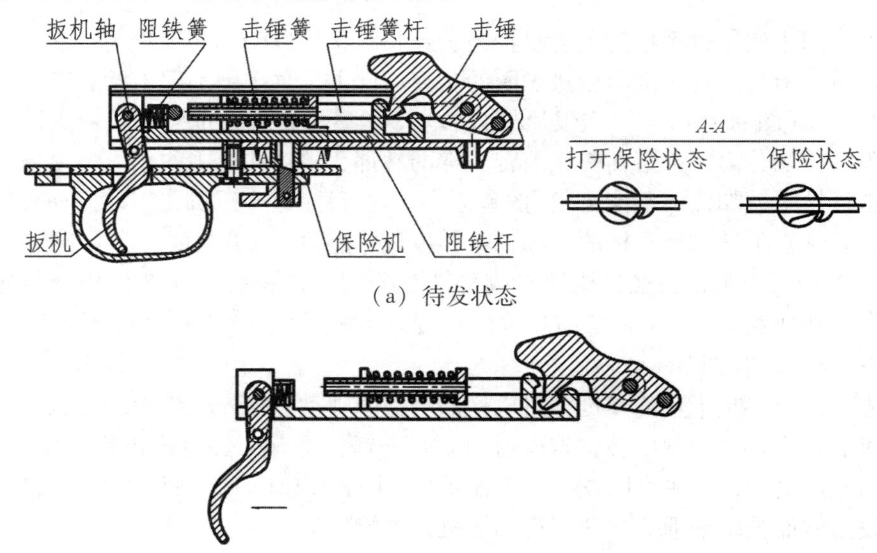

(a) 待发状态

(b) 击锤被单发阻铁扣住状态

图 8.17　美国强生半自动步枪发射机构

(3) 利用击锤回转运动使击发阻铁与扳机强制分离，以实现单发。应用实例有 56 式 7.62mm 半自动步枪和 85 式 7.62mm 狙击步枪等的单发发射机构。

图 8.18 所示为 56 式 7.62mm 半自动步枪的发射机构，其动作原理为：在待击位置(图 8.20(b))扣引扳机，与扳机相连的传动杆推阻铁向前，解脱击锤而击发。击锤向前回转的同时其弧形凸起即下压不到位保险，保险又下压扳机传动杆，使它与阻铁分

离，阻铁在簧力的作用下恢复原位。放开扳机后，扳机推杆对正阻铁成待发状态。

56 式半自动步枪发射机构的特点是：利用击锤前转或后倒时强制使阻铁与击锤分离而实现单发射击，机构动作确实可靠，如当传动杆前端向下弯曲，在枪机未前进到位确实闭锁能扣动扳机时，或击发阻铁的待发面磨损而不能控制击锤时，在压杆中段设有一卡槽将扣住击锤的垂面，使击锤不能向前回转撞击击针，形成不到位保险。当击锤的弧形凸起磨损，在击锤向前回转过程中不能使传动杆与阻铁脱离时，增设的辅助零件压铁便在击锤压倒时，将传动杆压下，使其与阻铁脱离，保证阻铁恢复原位扣住击锤以完成单发射击；发射机构为一单独部件，装卸较方便，但小轴较多，结构较复杂。

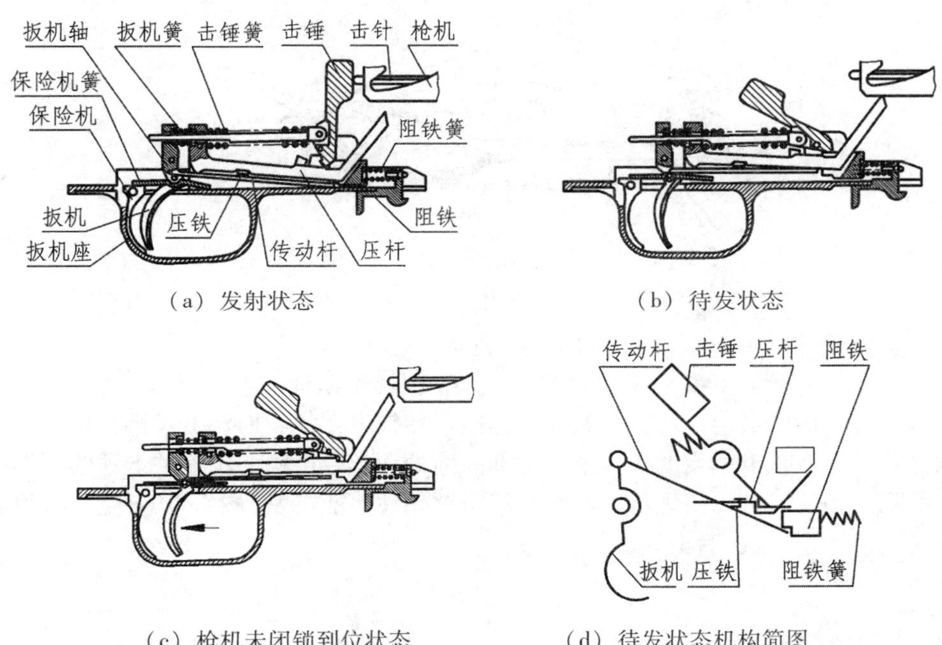

图 8.18　56 式 7.62mm 半自动步枪发射机构

图 8.19 所示为 85 式 7.62mm 狙击步枪的发射机构，其动作原理为：在待击位置(图 8.19(b))扣引扳机，扳机拉杆左移，其上的钩部拉击发阻铁，使击发阻铁绕其轴顺时针转动，其待发面逐渐放开击锤以行击发。击发后，枪机框后坐压倒击锤，并放开不到位保险机。击锤头中间槽部压扳机拉杆右端圆头，迫使其下移，放开击发阻铁，击发阻铁在弹簧的作用下恢复原位。

枪机框复进时，击锤跟着反转，但不到位保险机的下部前端与击锤扣合，击锤停止转动。枪机框复进到位时，下凸部压下不到位保险机，放开击锤，击锤转动一小角度后，即被击发阻铁扣在待发位置。手放扳机，扳机拉杆在弹簧的作用下向上向前，其钩部落在击发阻铁的下方，成待发状态。

(4) 利用击锤簧导杆强制分离，以实现单发。应用实例如苏联托加烈夫半自动步枪的单发发射机构，见图 8.20。其动作原理为：在待击状态扣引扳机，扳机上端推杆推阻铁下部向前，其上部向后并放开击锤，击锤在簧力作用下向前回转，击针发射。

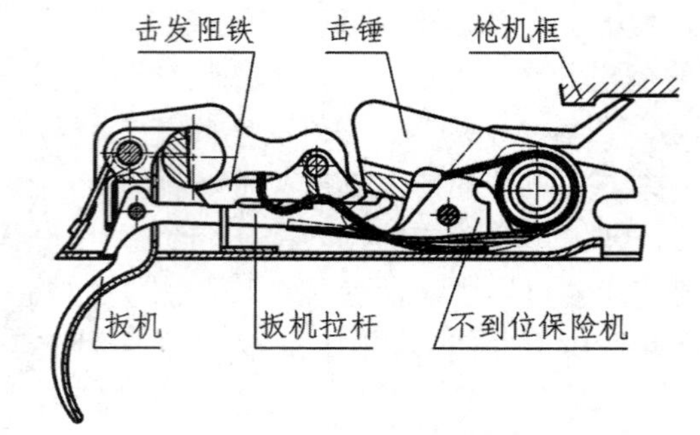

（a）发射后击锤被压倒状态

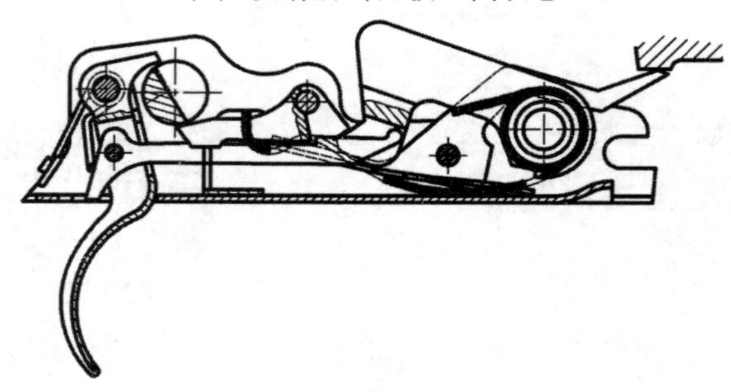

（b）待发及保险状态

图 8.19　85 式 7.62mm 狙击步枪发射机构

枪机后坐时压倒击锤，使击锤簧导杆向后，导杆后端的斜面将击发推杆压下，使它与阻铁分离，阻铁在击锤簧的作用下，上部向前处在扣合击锤的位置，击锤的下端被不到位保险阻铁扣住。枪机闭锁后，击锤才被阻铁扣住不能击发(图 8.20(c))。必须放开

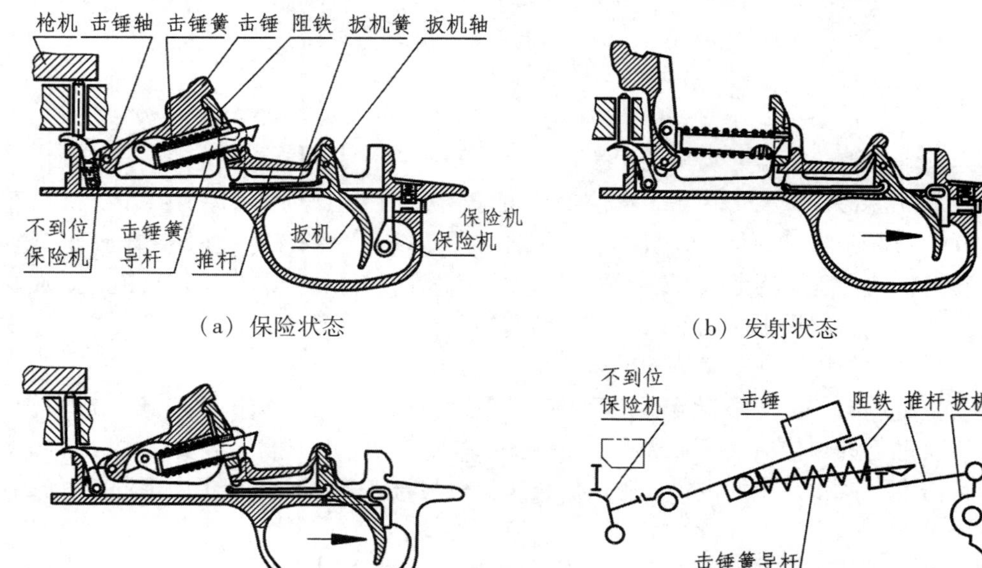

（a）保险状态　　（b）发射状态

（c）发射后未放扳机状态　　（d）待发状态机构简图

图 8.20　苏联托加烈夫半自动步枪发射机构

扳机，扳机在簧力作用下回到待击位置，同时扳机前端向上与击发阻铁扣合，再扣扳机，才能发射。

苏联托加烈夫半自动步枪发射机构的特点是：利用击锤簧导杆使扳机与阻铁强制分离而实现单发射击，发射机构为一单独部件，装卸较方便。

（5）利用弹簧能量分离，以实现单发。如英国 L_1A_1 半自动步枪的单发发射机构，见图 8. 21。其动作原理为：在待发状态扣引扳机，扳机旋转迫使阻铁后端上升，前端下降，解脱击锤以行击发。阻铁解脱击锤后在阻铁簧的作用下前移，由扁圆孔限制其前移量。阻铁的后端则脱离扳机平台，在阻铁的作用下向下回转，为单发做好准备(图 8. 21(b))。击发后枪机后坐，压倒击锤，击锤被不到位保险扣住，阻铁前端进入击锤的卡槽(图 8. 21(c))，只有放开扳机，且当扳机复位时，阻铁尾端滑入平台上才成待击状态。本机构是利用阻铁簧的能量使阻铁与扳机上的平台分离。

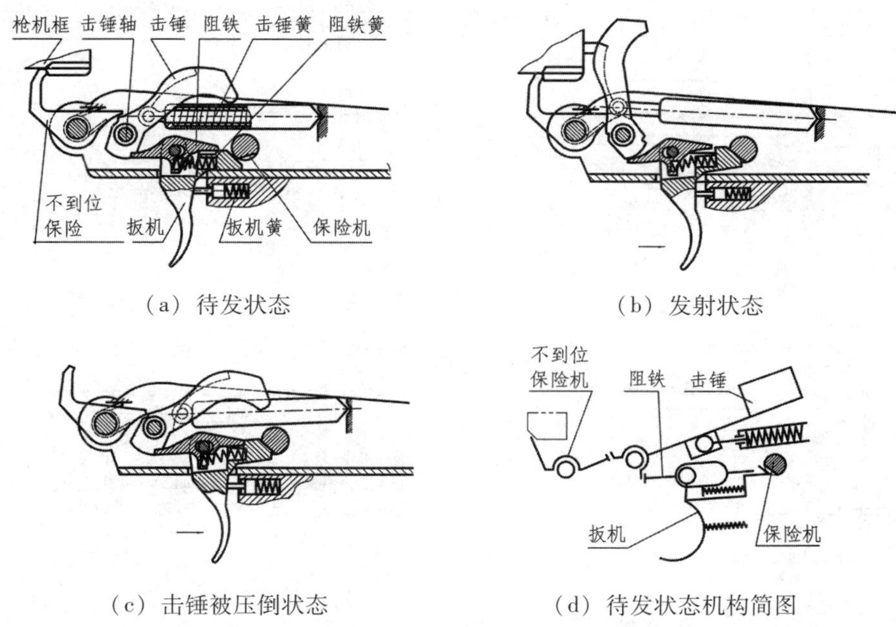

（a）待发状态　　（b）发射状态

（c）击锤被压倒状态　　（d）待发状态机构简图

图 8. 21　英国 L_1A_1 半自动步枪发射机构

英国 L_1A_1 半自动步枪发射机构的特点是：发射机构组装在枪托、握把上，零件尺寸较大，强度好；击锤簧与导杆组成一组零件，装卸方便；利用阻铁簧的能量使阻铁与扳机分离，然后又使阻铁恢复原位，即利用阻铁和阻铁簧代替了单发机构，机构较简单紧凑。

8. 2. 3　单连发发射机构

单连发发射机构由单发和连发两个机构密切结合而成，既有专设的单发装置使击发阻铁在每次发射后自动与扳机有关零件分离，又有使击发机构自动发射的连发装置。这种机构便于射手根据战斗需要选用射击方式。

单连发发射机构的单发、连发状态的切换由一变换装置实现。常见的单发、连发变换装置有如下几种方式。

1. **转动变换杆以改变单发、连发状态**

这种型式目前应用最为广泛。应用实例如 56 式 7.62mm 冲锋枪的发射机构（图 8.22）；美国 M16 自动步枪的发射机构（图 8.23）；德国 G3 自动步枪的发射机构（图 8.24）；捷 58 冲锋枪的发射机构（图 8.25）等。

（1）56 式 7.62mm 冲锋枪发射机构 其动作原理为：将变换杆置于中间为连发位置（图 8.22（a）），单发阻铁后端被发射变换杆压住，不能随扳机转动，击锤被阻铁扣住，若扣引扳机，阻铁放开击锤，击锤在簧力作用下回转打击击针而击发。击发后，枪机框后退压倒击锤，击锤被不到位保险扣住，枪机框复进到位即行连发。只有放开扳机，阻铁扣住击锤才停止射击。

变换杆在后方时为单发位置（图 8.22（c）），变换杆放开单发阻铁，扣扳机时，单发阻铁随扳机向前转动，阻铁放开击锤而击发。枪机框后坐压倒击锤，击锤被单发阻铁扣住，不能再击发。必须放开扳机，击锤从单发阻铁解脱，被阻铁扣住，再扣扳机，才能发射。

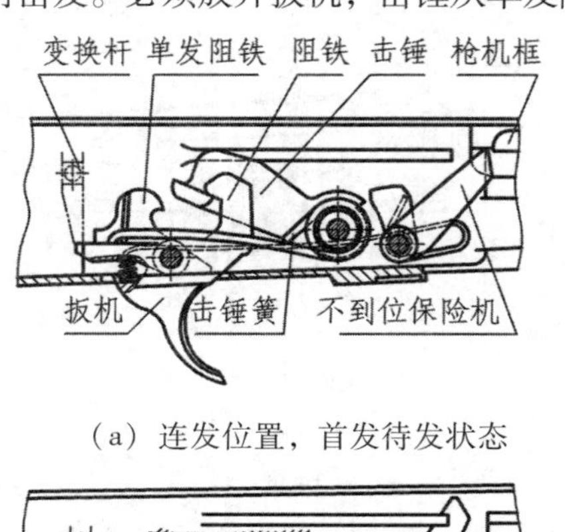

（a）连发位置，首发待发状态

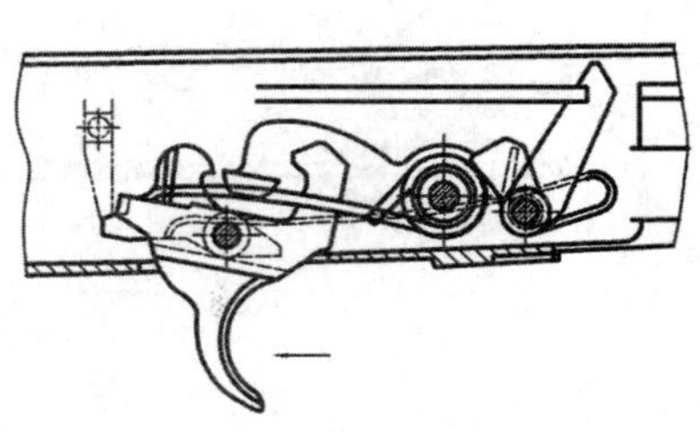

（b）连发位置，不到位保险扣住击锤状态

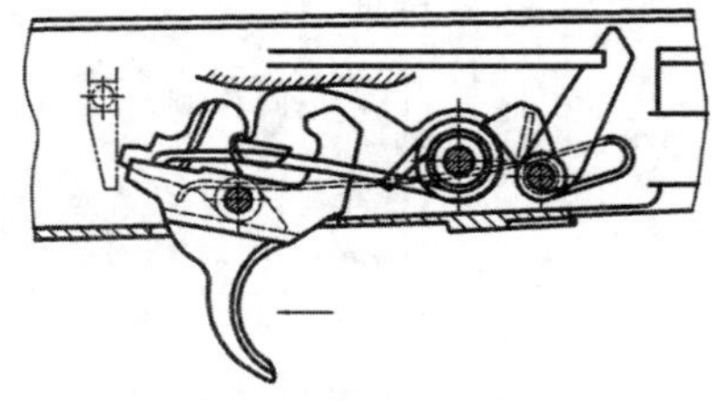

（c）单发位置，单发阻铁扣住击锤状态

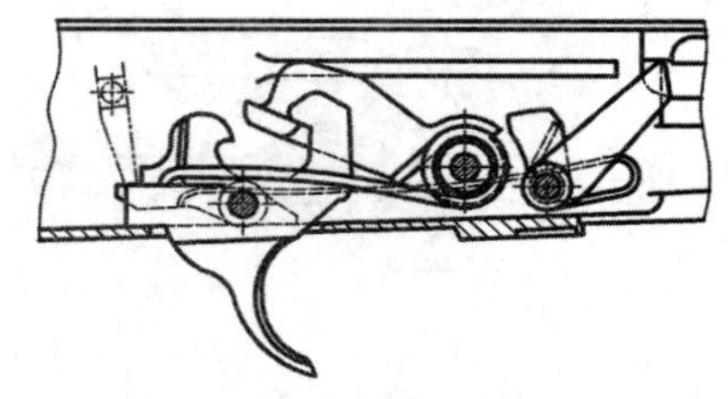

（d）保险状态

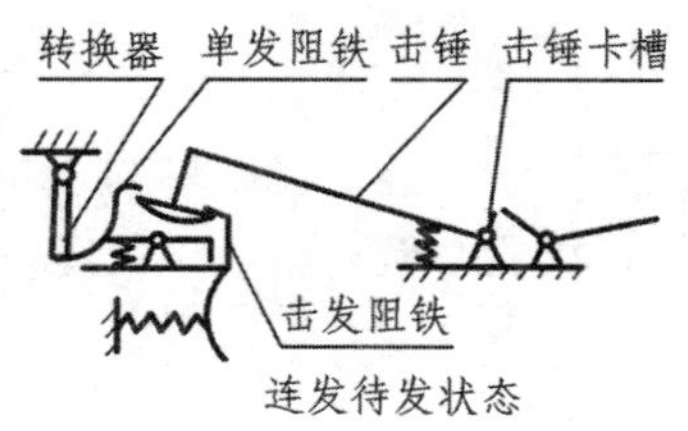

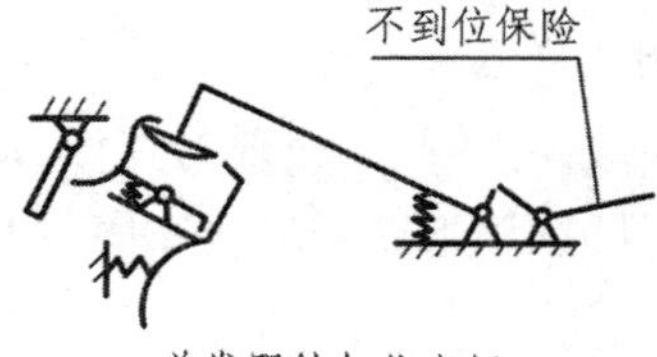

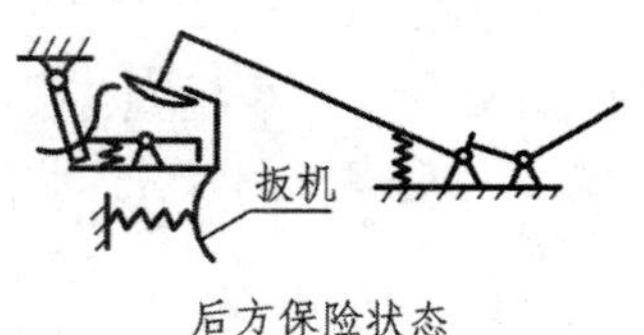

（e）三种状态机构简图

图 8.22　56 式 7.62mm 冲锋枪发射机构

56 式 7.62mm 冲锋枪发射机构的特点是：利用变换杆实现单发、连发和保险三个状态。发射机构由扳机、单发阻铁、击锤、不到位保险机及弹簧等主要零件组成，零件尺寸较大，工作可靠、强度好，故障率低。不少零件具有多种用途，结构简单紧凑，如扳机与击发阻铁为同一零件，击锤簧兼作扳机簧，不到位保险机簧兼作三个轴的定位簧，变换杆柄兼作防尘盖及定位簧。

这种发射机构使用十分广泛，我国 79 式 7.62mm 冲锋枪、81 式 7.62mm 枪族等的发射机构均采用这种形式。此外，如图 8.23 所示的某新一代枪族发射机构，虽然结构上差异甚大，但其工作原理却完全相同。

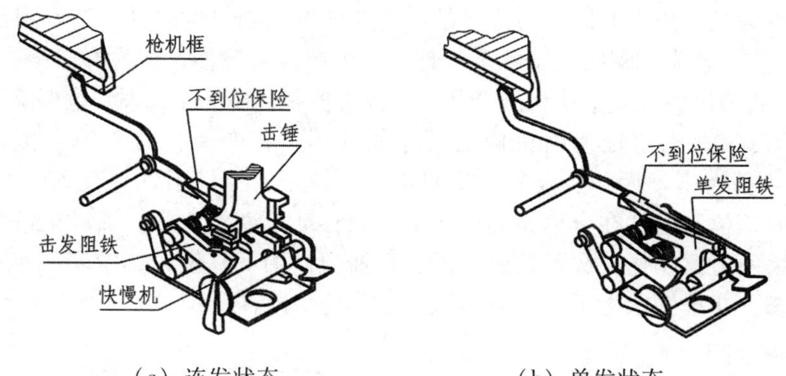

（a）连发状态　　（b）单发状态

图 8.23　某枪族发射机构

（2）美国 M16 自动步枪发射机构的动作原理为：将变换杆置于单发位置（图 8.24（a）），连发阻铁不能与击锤接触。扣引扳机，扳机前端向下回转解脱击锤而进行击发。

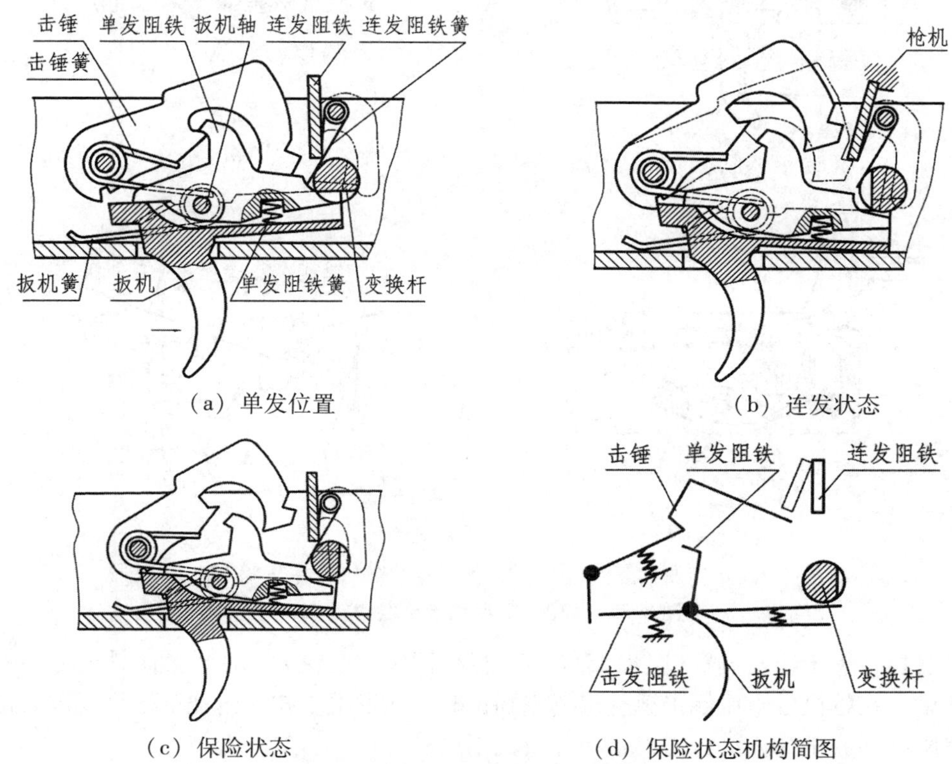

（a）单发位置　　（b）连发状态

（c）保险状态　　（d）保险状态机构简图

图 8.24　美国 M16 自动步枪发射机构

活动机件后退压倒击锤，击锤被单发阻铁扣住，放开扳机，扳机在簧力作用下复位，单发阻铁解脱击锤，同时扳机前端顶住击锤下部凸起成待击状态而实现单发。

在连发位置(图 8.24(b))，单发阻铁不能与击锤接触。连发阻铁的下臂进入变换杆轴的缺口内，扳机前端向下回转放开击锤而进行击发。扣住扳机不放，活动机件后退压倒击锤，击锤被连发阻铁扣住。活动机件复进到位撞击连发阻铁上端，解脱击锤实现连发。

美国 M16 自动步枪发射机构的特点是：变换杆可控制单发阻铁，连发阻铁和扳机的回转以实现单发、连发和保险三个状态；打开和关闭保险方便，保险时击锤在待发位置，可迅速开火；连发阻铁在发射机构的后部，由扳机控制，还能完成不到位保险作用。

(3) 德国 G3 自动步枪发射机构的动作原理为：将变换杆置于单发位置(图 8.25(b))，在待发位置击发后扣引扳机，其回转角度较小，单发阻铁（兼作击发阻铁）放开击锤击发后，单发阻铁在分离簧的作用下向前移动而恢复原位。活动机件后退压倒击锤，击锤被单发阻铁扣住。放开扳机，扳机在簧力作用下复位，其后端落在击发阻铁下方成待发状态。在单发状态下，连发阻铁起不到位保险作用。

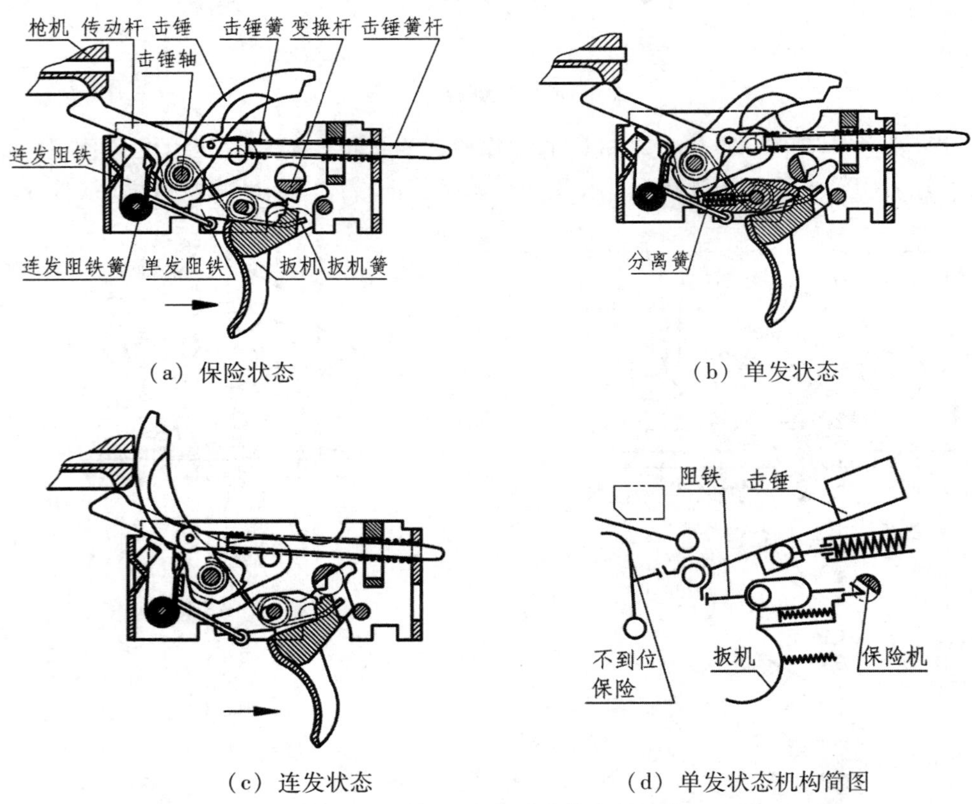

(a) 保险状态　　(b) 单发状态

(c) 连发状态　　(d) 单发状态机构简图

图 8.25　德国 G3 自动步枪发射机构

将变换杆置于连发位置(图 8.25(c))，扳机回转角度较大，使单发阻铁前方不能与击锤接触。在枪机后坐压倒击锤且未复进到位时，连发阻铁扣住击锤。枪机复进到位时使连发阻铁解脱击锤而进行击发，扣住扳机不放实现连发。

德国 G3 自动步枪发射机构的特点是：单发机构是利用弹簧使单发阻铁与扳机分离，

用击锤簧的能量使单发阻铁回到待发位置；用扳机与单发阻铁回转较大角度使单发阻铁不与击锤接触而实现连发；发射机构与握把组成为单独部件，冲压零件多，工艺性好。

（4）捷克 58 式冲锋枪发射机构，如图 8.26 所示，其特点是：采用两个发射拉杆，由变换杆控制以实现单发和连发；击发阻铁与直动击锤相扣合，结构尺寸小，片状弹簧既是击发阻铁簧又是连发阻铁簧和变换杆卡簧，结构较紧凑；把小零件组成组合件，如把击发阻铁与连发阻铁装成一组合体；扳机与单发拉杆及其簧，连发拉杆及其簧装成一组合体，因此装卸方便，维修使用性能好。

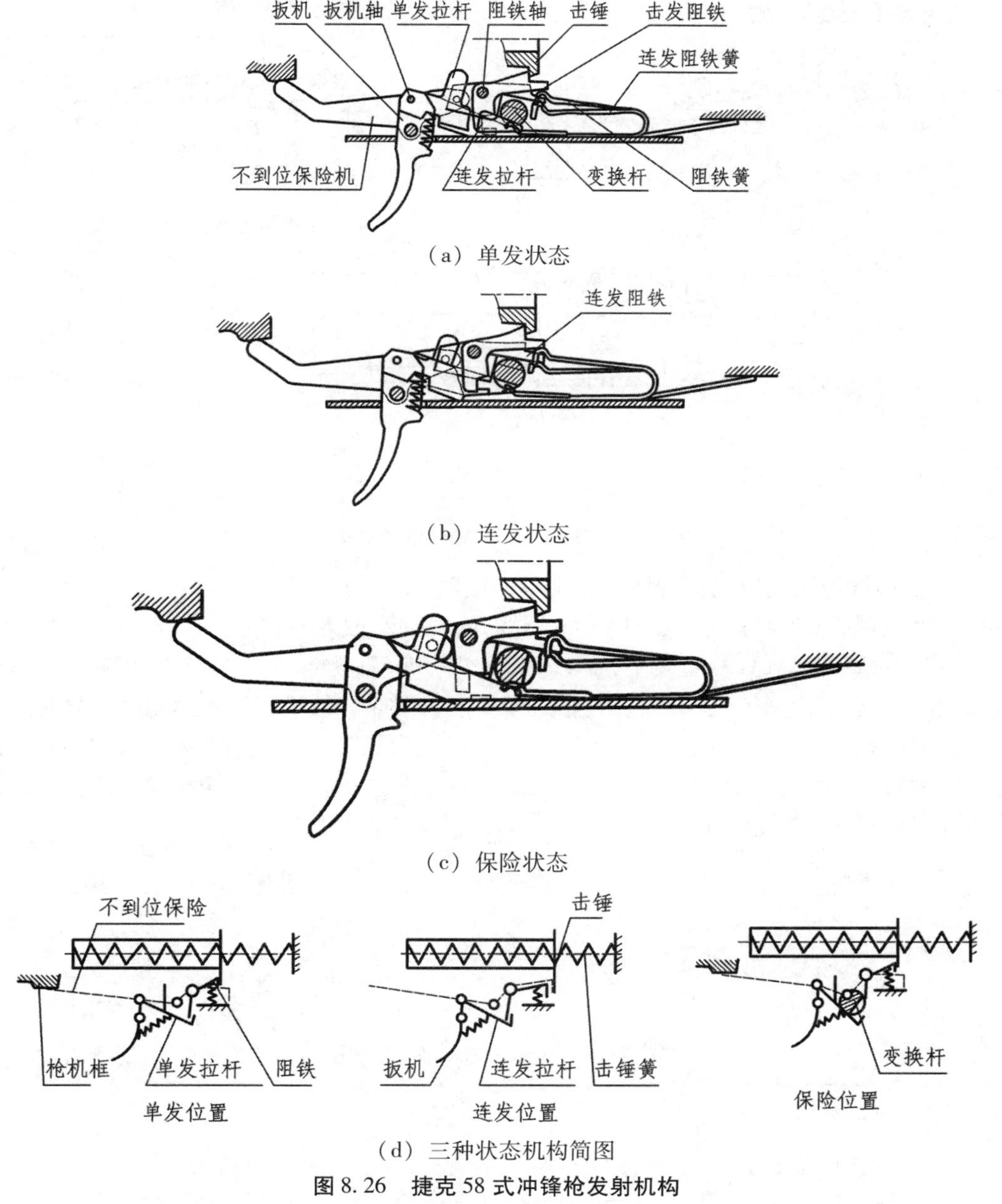

（a）单发状态

（b）连发状态

（c）保险状态

（d）三种状态机构简图

图 8.26　捷克 58 式冲锋枪发射机构

2. 改变扳机行程以实现单、连发

如瑞士启拉利轻机枪、德国 MG34 轻机枪等发射机构。图 8. 27 所示为瑞士启拉利轻机枪发射机构，其特点是：采用改变扳机行程实现单、连发；用轻扣扳机（短行程）实现单发，重扣扳机（长行程）实现连发，火力变换快，能提高火力机动性。但控制扳机行程全凭射手的感觉和经验来操作，火力变换不易掌握，容易误发火，在现代机枪中已很少采用。

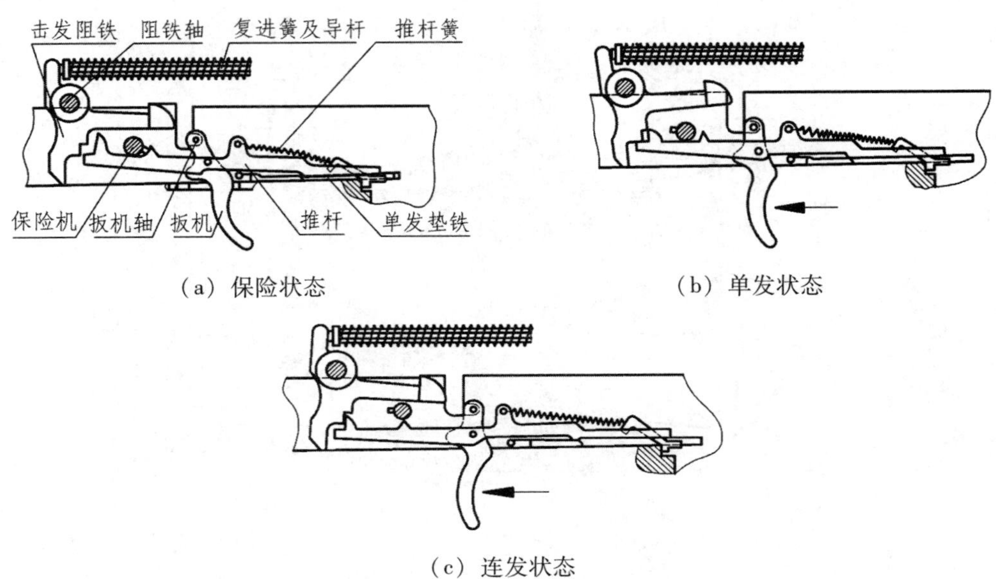

（a）保险状态　　（b）单发状态

（c）连发状态

图 8. 27　瑞士启拉利轻机枪发射机构

3. 变换杆与改变扳机行程结合实现单、连发

如奥地利的 AUG 步枪、法国 FA MAS 5. 56 自动步枪等的发射机构。

（1）奥地利的 AUG 步枪发射机构。图 8. 28 所示为奥地利的 AUG 步枪等的发射机构原理图，其工作原理为：发射转换器处于中间位置时，扳机运动受到限制，只能完成单发射击。如果在击发后扣住扳机不放，由于单发阻铁碰到固定在发射机座上的销钉，击锤后倒挤开单发阻铁，被单发阻铁扣住，只有松开扳机，单发阻铁解脱击锤，击锤又被击发阻铁扣住，成待发状态。

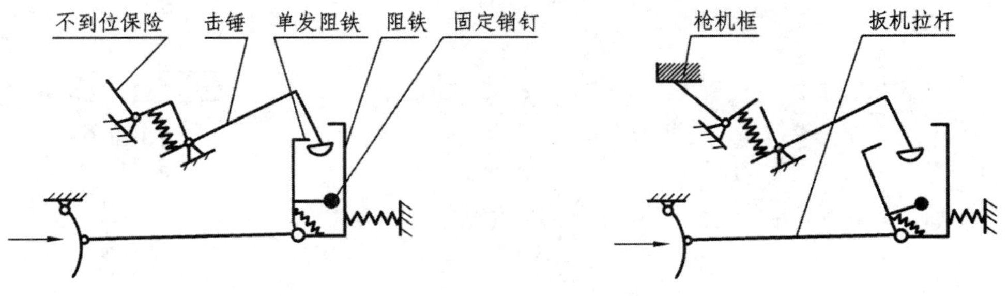

（a）发射转换器处于中间位置　　（b）发射转换器处于最右位置

图 8. 28 奥地利 AUG 步枪发射机构

当发射转换器处于最右端位置时，若将扳机扣到全行程的一半位置，可完成单发射击，如果将扳机扣到底，在扳机连杆作用下，单发阻铁被固定在发射机座上的销钉顶开，不能扣住击锤，击发阻铁位置靠后，也无法扣住击锤。枪机框复进到位时，压下不到位保险，解脱击锤，完成击发动作，以此完成连发射击。

该发射机构不需扳动发射转换器就可以迅速转变单、连发两种射击状态，但是控制单、连发比较困难，凭扳机行程感觉来控制很难掌握，因此，本枪的发射转换器专门设了半自动射击来控制扳机行程。如果采用显著增大连发射击时的扳机压力来控制连发，容易引起瞄准线突变，显著增大了点射时的散布。如果缩小单、连发扳机压力差，往往又使单、连发不易区分，射手控制发射机构感到很紧张。

发射转换器处于左端位置，将扳机制动使之不能工作，武器为保险状态。

（2）法国 FAMAS 5.56mm 自动步枪发射机构。如图 8.29 所示，该枪有三种发射方式，即单发、连发和点射。其中，点射机构的工作原理将在下一节介绍。

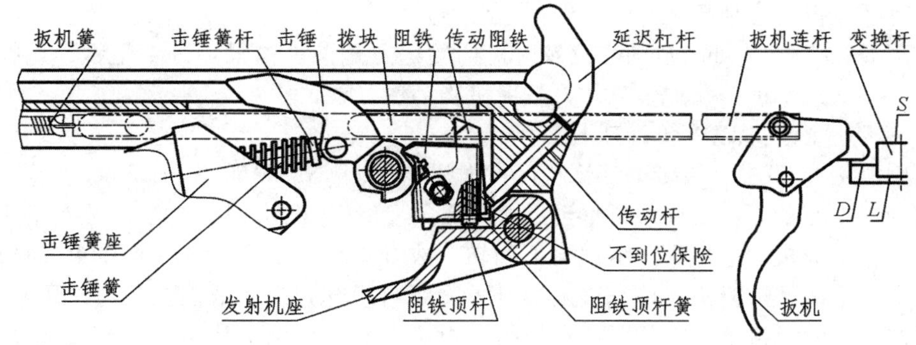

图 8.29　法国 FAMAS 5.56mm 自动步枪发射机构

发射机构的工作原理为：当变换杆置于中间位置时，扳机扣不动，枪处于保险状态，以下状态分别为单发和连发状态。如图 8.30 所示。

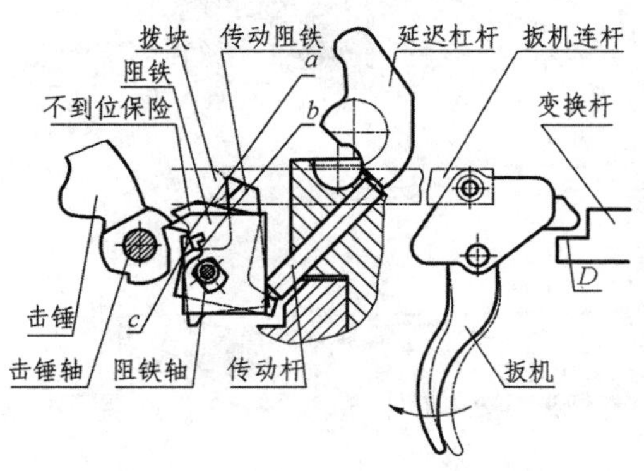

图 8.30　法国 FAMAS 5.56mm 自动步枪发射机构单、连发动作

① 变换杆置于单发状态。待发状态手扣扳机。传动阻铁的“c”面与阻铁的“a”面贴合。扳机连杆、拨块随之向前运动，传动阻铁带动阻铁绕其轴顺时针转过约 9.2°，扳机行程约 7~8mm，阻铁释放击锤。在击锤簧的作用下，击锤回转打击击针，实现击

发。此时，传动阻铁的“c”面与阻铁的“b”面扣合。

在火药燃气作用下，枪机后坐，压倒击锤。枪机在复进时击锤被不到位保险扣住。复进终了时，枪机推延迟杠杆转动。其左角向下压传动杆，传动杆向下压不到位保险的前下角，不到位保险绕阻铁轴顺时针转动释放击锤，击锤即刻被阻铁扣住以实现停射。继续向后扣不动扳机，因变换杆的“D”面使扳机行程限制在8mm之内，扳机连杆向前运动受到限制，传动阻铁不能带动阻铁回转而释放击锤。若要再击发，必须手放扳机，在传动阻铁与阻铁分离的瞬间，击锤始终压在阻铁上，消除阻铁上长圆孔与阻铁轴套之间1.1mm的间隙，发射机又成待发状态。再扣扳机，实施第二次单发动作。

② 变换杆置于连发状态。第一发击发动作和单发方式相同，但变换杆在连发位时，“L”面起作用，扳机行程较长，约12mm，扳机连杆可大幅度向前运动，使阻铁释放击锤后继续回转约达17.5°，只要手扣扳机不放。阻铁就再也扣不住击锤，只有不到位保险控制阻铁，枪机复进到位，不到位保险解脱击锤即行击发。如此循环，实现连发动作，只有手放扳机或弹匣无弹时，射击才会停止。

法国FAMAS 5.56mm自动步枪发射机构的优点是该机构只用一个阻铁，用控制扳机行程的办法来实现单、连发动作，发射机构动作可靠。

4. 移动快慢机以改变单、连发

应用实例如50式7.62mm冲锋枪的发射机构(图8.31)。50式7.62mm冲锋枪的发射机构的动作原理为：将快慢机推到后方时成单发射击(图8.31(a))，单发杆后端靠近扳机头，扣引扳机，扳机头压阻铁向下回转，放开枪机。枪机复进，推压单发杆前端，其后端则向上挤压扳机头，使它进入扳机体内而与阻铁分离，阻铁在簧力作用下上升，枪机到位复进时又被阻铁扣住。放开扳机，扳机在簧力作用下复位，扳机头滑过阻铁，

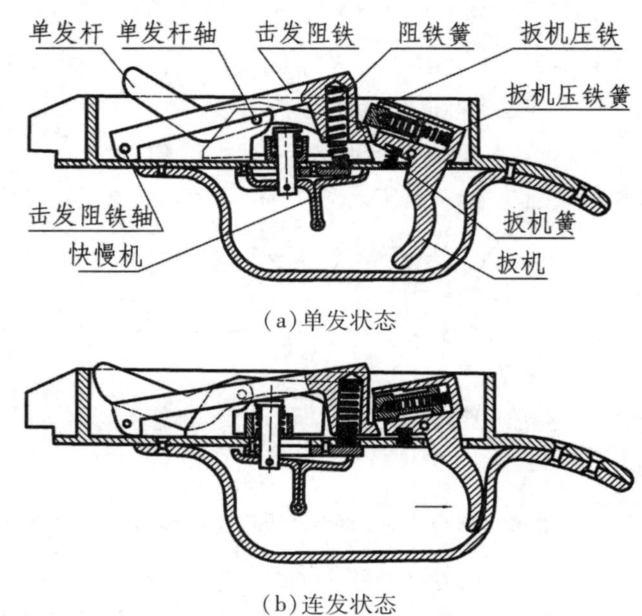

(a)单发状态

(b)连发状态

图8.31　50式7.62mm冲锋枪发射机构

被弹簧推出，又与阻铁扣合；推快慢机向前成连发射击(图 8.31(b))，单发杆后端不与扳机头接触，前部也不能伸入机匣。扣引扳机压下阻铁，扳机头与阻铁不能分离，阻铁不能上升，枪机往返运动无阻而实现连发射击。

50 式 7.62mm 冲锋枪发射机构的特点是：发射机构组装成一组合件，装卸较方便。但零件数量多，结构较复杂。且保险机单独安装在枪机上，操作不方便。

5. 利用两个扳机以改变单、连发

如法国沙特洛轻机枪的发射机构，如图 8.32 所示。法国沙特洛轻机枪发射机构的特点是：采用两个扳机以实现单、连发，火力变换较快，可提高火力机动性；单发扳机离握把较远，操作使用不方便，维修使用性能较差。

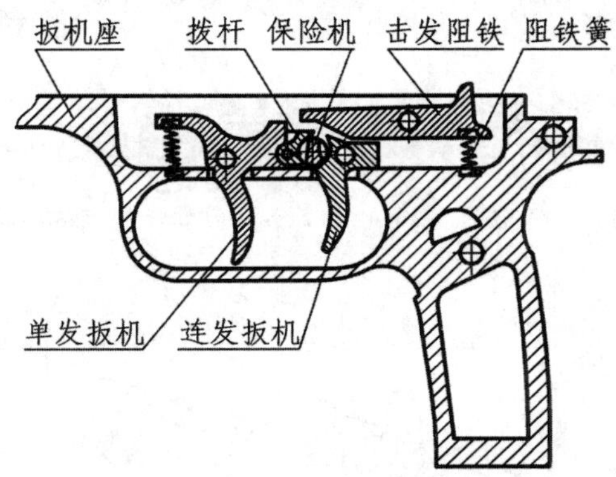

图 8.32　法国沙特洛轻机枪发射机构

8.2.4　点射机构

现代自动步枪，特别是小口径突击步枪的单、连发发射机构中，一般都装有点射机构。点射机构可提高命中率和节省弹药。

点射机构是一种可控制点射射弹数量的发射机构。使用这种机构，射手每扣压一次扳机，只可以发射一定数量的枪弹（一般为 3 发），也有射弹数量可变（如 2 ~ 5 发）的点射机构。一般由控制机构与单连发发射机构结合而成，有专门的零部件（例如棘轮）控制或用它代替阻铁，能在发射完规定数量的枪弹后即自动停射。点射机构的实例有法国 FAMAS 5.56mm 自动步枪，比利时 FN · CAL 5.56mm 自动步枪和德国 HK4.6 突击步枪等。

1. 法国 FAMAS 5.56mm 自动步枪点射机构

法国 FAMAS 5.56mm 自动步枪点射机构如图 8.33 所示。变换杆置于连发“R”位，点射旋钮置于点射位时，即为三发点射状态。

点射旋钮置于位置“3”时，偏心轴使点射拉杆后移，棘轮传动杆在传动杆簧的作用下，顺时针回转，与棘轮横轴中心部位接触(图 8.34)。

扳机处于放松状态时，棘轮解脱片使主动爪、止动爪与棘轮的齿总是处于分离状态，棘轮处于原始的正常位置。待发状态扣着扳机不放，就以连发方式发射三发而停止，其点射机构的动作如下：

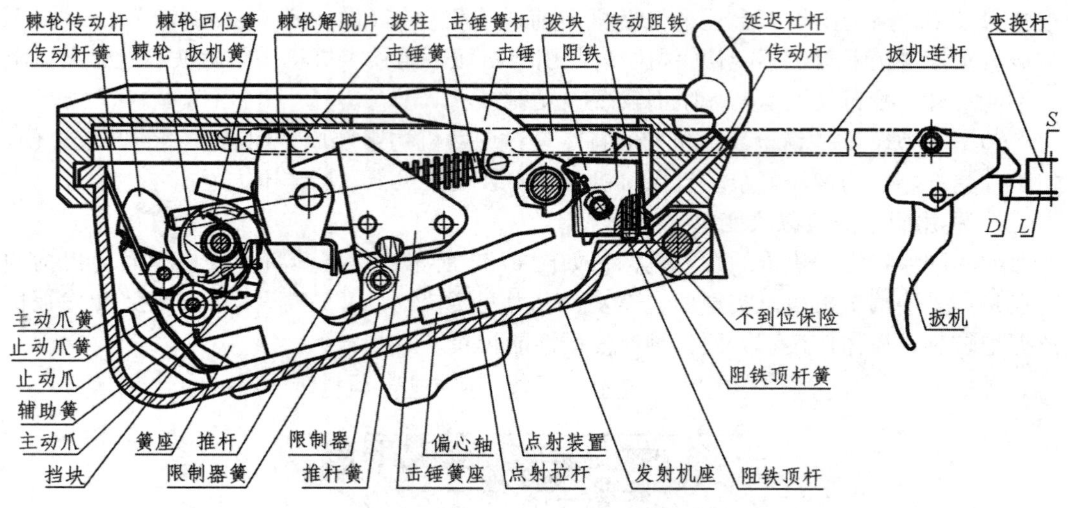

图 8.33　法国 FAMAS 5.56mm 自动步枪点射机构

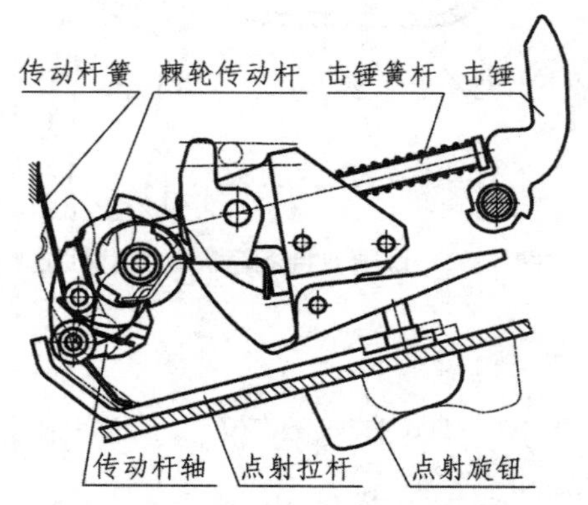

图 8.34　点射旋钮的作用

手扣扳机时，扳机连杆、拨柱向前运动，拨柱与棘轮解脱片分离，在推杆簧的作用下，推杆推棘轮解脱片顺时针绕其支点转动，其下支片释放主动爪、止动爪，击发的瞬间，主动爪、止动爪已在棘轮的棘齿下面（图 8.35）。主动爪在棘轮传动杆右侧下方，止动爪在棘轮传动杆的左侧下方。棘轮左右两侧各有三个棘齿，左侧齿落后于右侧齿一个位置，即左侧第一个齿与右侧第二个齿同位。

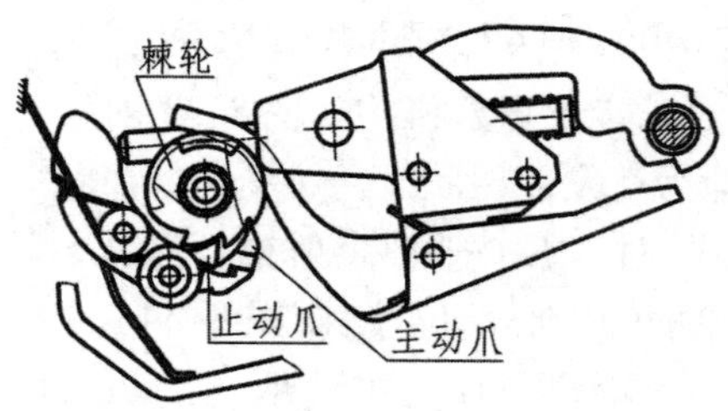

图 8.35　点射第一发后枪机压倒击锤

在火药燃气作用下，枪机后坐压倒击锤，击锤簧杆向后撞棘轮传动杆，棘轮传动杆带动主动爪向前推棘轮右侧第一个齿到限定位置，止动爪则进入棘轮左侧第一个齿的下方（图 8.35）。

在复进簧的作用下，枪机复进到位，不到位保险解脱击锤，击锤完成击发动作的瞬间，击锤簧杆在击锤簧作用下向前运动，释放棘轮传动杆。棘轮传动杆在传动杆簧的作用下恢复原位，止动爪顶在棘轮左侧第一个齿的齿根下，阻止棘轮倒转，主动爪退到棘轮右侧第二个齿下面的待推位置（图 8.36）。击发后，在火药燃气作用下，枪机自动循环，点射机构重复上述动作，手扣扳机不放，以连发方式射击 3 发。

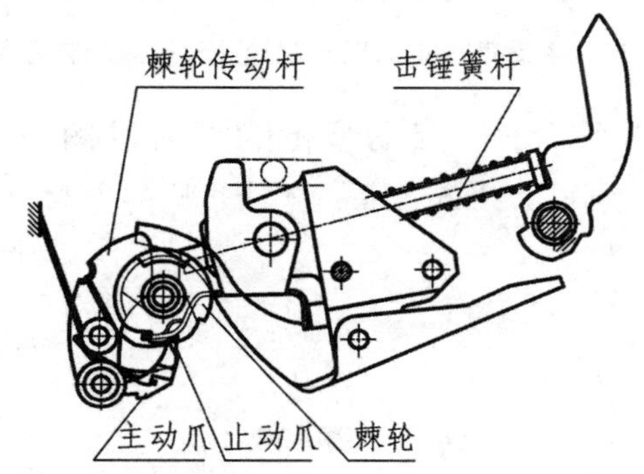

图 8.36　点射第二发射击后状态

射完第三发，枪机进行下一个循环。击锤被压倒时，主动爪推过第三个齿，止动爪顶在棘轮左侧第三个齿下。限制器绕支点逆时针转动，后支杆由棘轮的高位处（R）降到低位处（r），前支杆位置抬高。当枪机复进到位，完成下一发的装填时，击锤被卡住而不能回转，射击停止(图 8.37)，即第一个点射完毕。

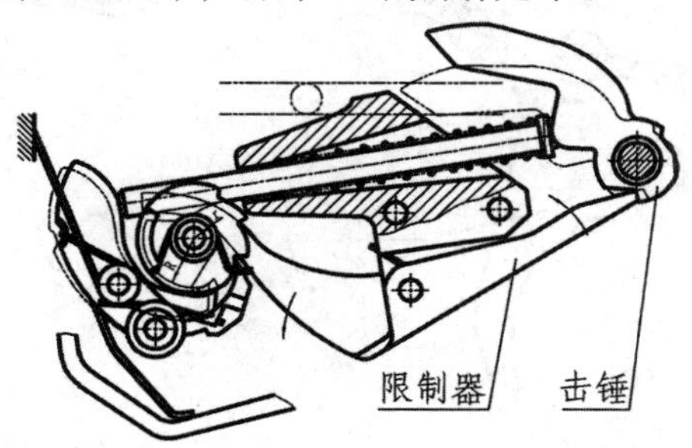

图 8.37　点射第三发完，不松扳机状态

要进行第二个点射循环，必须手放扳机。在扳机簧的作用下，扳机连杆向后运动，其上的拨柱向后拨棘轮解脱片逆时针转动，棘轮解脱片下面的支片下压止动爪和主动爪与棘轮分离，在棘轮回位簧的作用下，棘轮恢复原始位置，被挡块挡住，限制器也随之回到原位，释放击锤（图 8.38）。于是，击锤被阻铁扣住，成待发状态。再扣扳机，即实施第二个点射循环。

该点射机构大约有 70 多个零件。零件较多，使机构比较复杂。

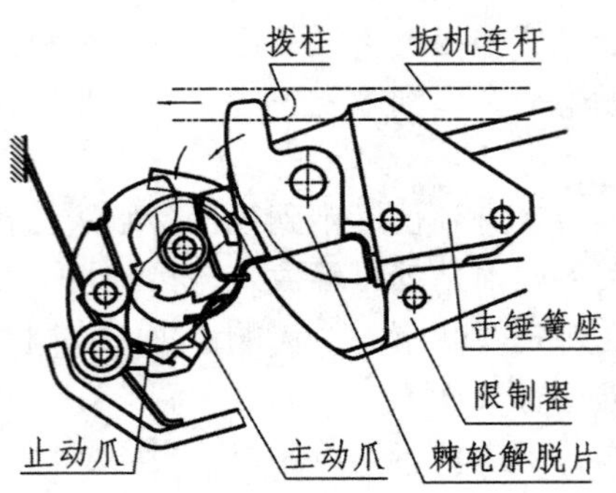

图 8.38　主动爪、止动爪与棘轮分离，棘轮恢复原位

2. 比利时 FN. CAL 5.56mm 自动步枪的点射机构

图 8.39 所示为比利时 FN. CAL 5.56mm 自动步枪的点射机构，该枪的发射机构能进行单发、连发发射和三发点射。

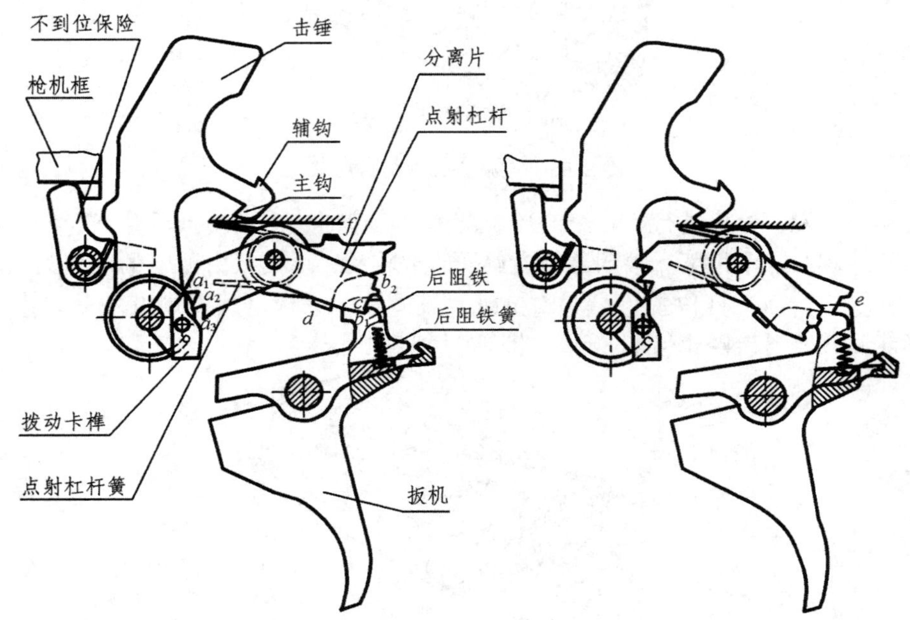

（a）第一发发射后位置　　　　（b）三发射结束瞬间位置

图 8.39　比利时 FN. CAL 5.56mm 自动步枪点射机构

发射转换器置于“3”时为点射状态。其作用原理如下：发射转换器置于点射位置时，扣压扳机解脱击锤后，击锤带动装在其上的拨动卡榫向上转动，使点射杠杆前端的第一个棘齿 a_1 向上方转动，点射杠杆后端的第一个计数齿 b_1 推阻铁向后，使阻铁卡在计数齿 b_1 和 b_2 之间的凹槽内，不能向前回转。发射一发后击锤被枪机框压倒时，不能挂在阻铁上，而被不到位保险扣住。枪机框第二次复进到位，压下不到位保险，击锤即被解脱向前回转，同时击锤上的拨动卡榫又带动点射杠杆的第二个棘齿 a_2 向上转动，点射杠杆后端的计数齿 b_2 压阻铁向后，阻铁上的凸起 c 被 b_2 上方的面卡住，阻铁仍被卡在后方。当击锤第三次被解脱向前回转时，其上的拨动卡榫带动点射杠杆的第三个棘齿 a_3 向上转动，点射杠杆后下方压分离片上的凸起 d 使分离片向下转动。此时，分离片上的 e 面将阻铁上的凸起 c 卡住，点射杠杆后端的计数齿与阻铁的凸起 c 分离（见图 8.39(b)），当枪机框再次压倒击锤时，点射杠杆在其簧力作用下，逆时针方向转动，并作用在分离片的凸起 f 上，使分离片向上转动，解脱阻铁，阻铁在其簧力作用下逆时针回转将击锤扣住，实现了 3 发点射。如改变棘齿数和计数齿数，可得到所需的点射发数。图 8.40 为其三发点射过程示意图。

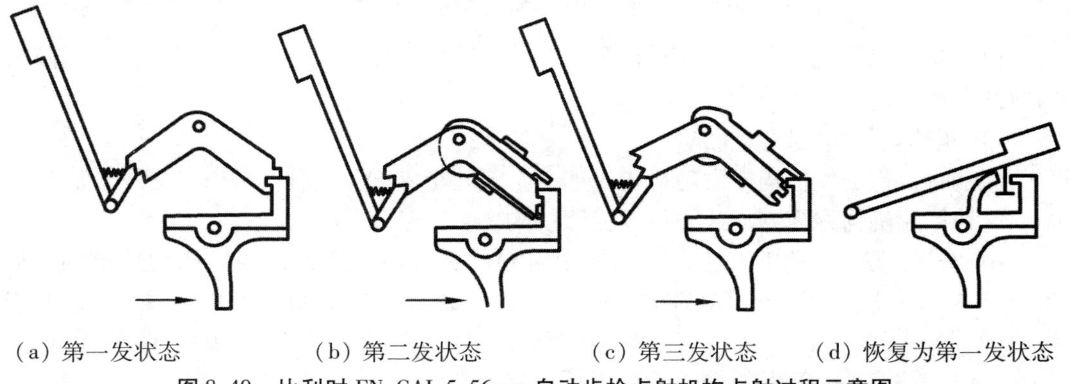

(a) 第一发状态　(b) 第二发状态　(c) 第三发状态　(d) 恢复为第一发状态

图 8.40　比利时 FN. CAL 5.56mm 自动步枪点射机构点射过程示意图

8.3　保险机构

用以确保自动武器使用和活动机件工作安全的各零件的组合，称为保险机构。保险机构通常是由保险机及簧、不到位保险机及簧等组成。其作用是保证武器在射击、操作和携带时安全可靠。为确保自动武器使用的安全可靠，通常同时设有防早发保险机构和防偶发保险机构。

8.3.1　防偶发保险机构

当机构处于保险位置时，发射机构和击发机构即处于不能工作的状态，这种保险机构称为防偶发保险机构。防止偶然发火的保险机构形式多样，早期有一些称为自动保险的防偶发保险机构，如图 8.41 所示。

打开和关闭保险时，不需射手做专门的操作。当射手握住枪颈时，同时压保险机后端，使保险机前端下降，解脱扳机。扣扳机，扳机以轴转动，扳机上端即压下击发阻铁解脱枪机框，形成发射(图 8.41(b))。当射手放开枪颈时，保险机在簧力的作用下自动恢复原位，保险机构前端抵住扳机后端，使扳机不能后转，扣不动扳机，形成保险。其机构特点是：战斗准备迅速，能提高火力机动性。但在操作使用武器时，射手经常握住枪颈，这时自动保险即被解脱，不能确保武器使用时不发生偶发。

现代自动武器中广泛应用人工保险。即打开和关闭保险时需要射手做专门操作的防偶发保险机构，这类防偶发保险机构动作确实可靠。

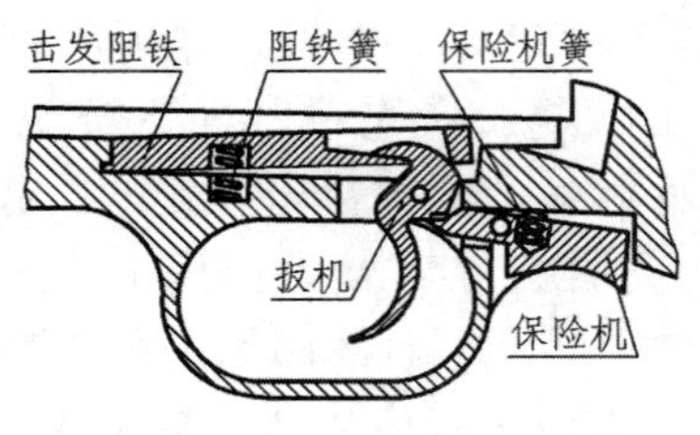

(a) 保险状态

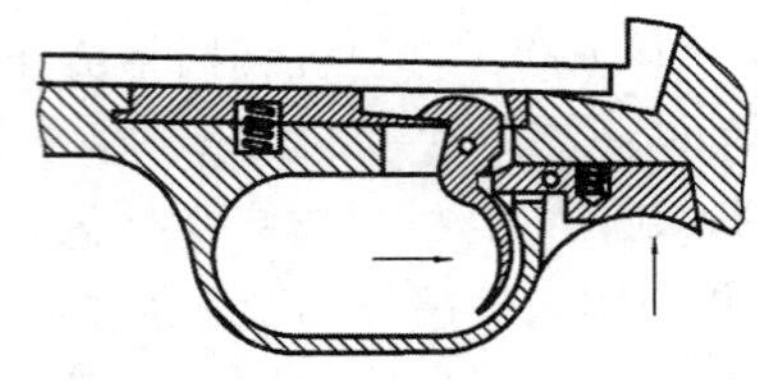

(b) 发射状态

图 8.41　苏联 ДП 式轻机枪自动保险机构

根据其作用原理，人工保险机构分为制动式防偶发保险机构与分离式防偶发保险机构两种形式。

1）制动式防偶发保险机构

保险时，将击发机构或发射机构中的一个或几个零件制动住，使其处于不能工作状态，这种保险机构称为制动式防偶发保险机构。

制动式防偶发保险机构在自动武器中得到广泛应用。这种机构有制动扳机的，如 56 式 7.62mm 半自动步枪保险机构(图 8.18)；有制动击发阻铁的，如 56 式 7.62mm 轻机枪的保险机构（图 8.7)；有制动击锤的，有同时制动扳机和阻铁的，如 56 式 7.62mm 冲锋枪的保险机构(图 8.22)；还有制动击针的。

德国 P9S9.0 手枪的制动式防偶发保险机构(图 8.42)为一圆柱形切体。图中所示为保险(杆)机构中间部分的横断面，当保险杆处于可发射状态时(图 8.42(b))，保险杆不妨碍击针运动。当保险杆处于保险状态时(图 8.42(a))，即使扣动扳机使击锤解脱，击锤也只能撞到保险杆圆柱面 *A* 处，撞不到击针，况且保险杆也阻止击针向前运动，使击针不能撞击底火。只有转动保险杆，使击针处于可发射状态，扣动扳机才能击发。

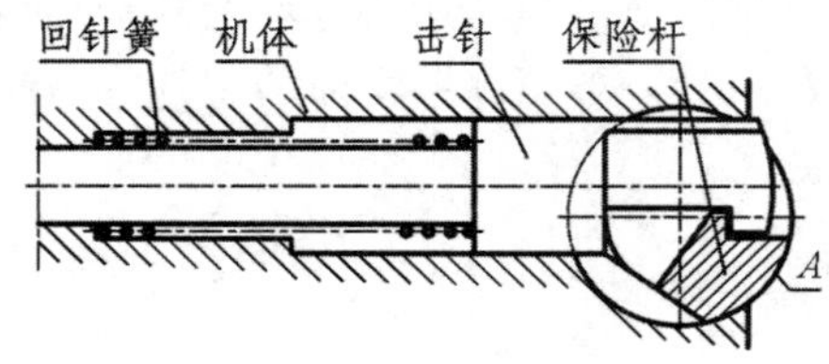

(a) 保险状态

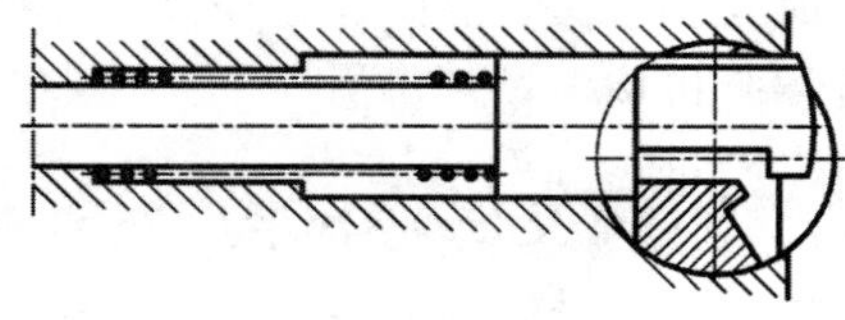

(b) 待发状态

图 8.42　德国 P9S9.0 手枪保险机构

采用自由枪机后坐式的冲锋枪上，击针常与枪机固结成一整体。为防止偶发火，平时常将枪机锁在前方，使其不能自由运动。如某轻型冲锋枪，当枪机处在前方位置时，使其拉机柄左端插入机匣左侧孔中(图 8.43(a))，也是一种制动击针的形式。打开保险时，只需将拉机柄向左压，并绕其轴转动 90°，拉机柄在拉机柄簧的作用下，左端即可缩入枪机内，不影响枪机运动(图 8.43(b))。

制动式保险机构以仅制动扳机的保险机构最不可靠，因其阻铁和活动机件均可动，在武器受到剧烈的振动和撞击时，可能会解脱活动机件而走火。

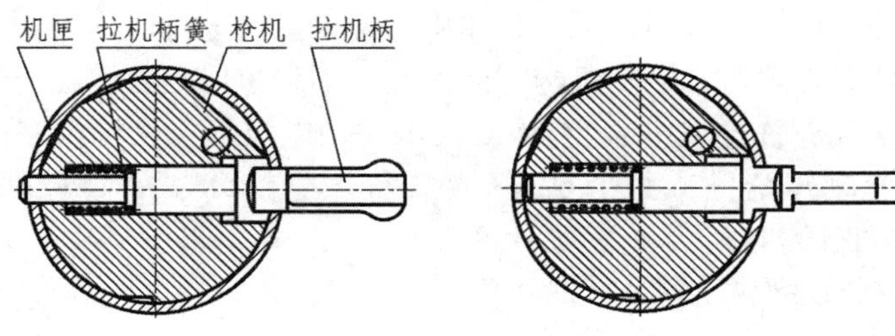

（a）保险状态　　（b）待发状态

图 8.43　某轻型冲锋枪保险机构

2）分离式防偶发保险机构

保险状态时，将发射机构中的一个或几个零件从机构动作中分离出来，使发射机构与击发机构失去联系，这种防偶发保险机构，称为分离式防偶发保险机构。如捷克 58 式冲锋枪的保险机构图 8.26。保险时，使扳机与击发阻铁相分离。扣动扳机时，不能使击发阻铁解脱击锤。

分离式保险机构结构简单，但由于阻铁没有被卡住，当武器遇到剧烈的振动或撞击时，可能使阻铁解脱击锤而导致偶发，防偶发作用不太可靠，在现代自动武器中很少采用。

8.3.2　防早发保险机构

早击发有两种可能情况：①当枪机前进到位但尚未确实闭锁时，发射机构便解脱击发机构而打燃火帽；②当枪机复进到位但尚未确实闭锁时，击针即以惯性向前打燃火帽。

为防止枪机前进到位但尚未确实闭锁时，发射机构便解脱击发机构而打燃火帽的机构，称为不到位保险机构。

为防止枪机前进到位但尚未确实闭锁时，击针即以惯性向前打燃火帽的机构，称为不击发保险机构。

1）不到位保险机构

不到位保险机构的作用是：保证枪机前进到位并确实闭锁时，才能解脱击发机构，以免导致武器的损坏和影响射手的安全。

通常不到位保险机构与闭锁机构相联系，在大多数枪机与枪机框停于后方成待发的连发武器，其闭锁机构利用闭锁后的自由行程，也能完成不到位保险功能。如 53 式 7.62mm 重机枪，枪机框带动枪机前进到位并确实闭锁后，枪机框上的击铁（击锤）才能撞击击针。这种不到位保险机构不需要设置专门零件，结构简单紧凑。

不到位保险机构亦有与击发机构或发射机构相联系的。根据实现不到位保险的方式不同，有阻铁式、分离式、空击发式三种类型。其中阻铁式不到位保险机构结构简单，动作准确可靠，在现代自动武器中得到广泛应用。

（1）阻铁式不到位保险机构

阻铁式不到位保险机构是采用一个不到位保险阻铁（亦称不到位保险机）以控制

击发机构的击锤等零件，完成不到位保险作用。当枪机前进到位确实闭锁后，由枪机或枪机框解脱不到位保险阻铁，击发机构才能击发。不到位保险阻铁在连发或单连发武器中，又称连发阻铁（亦称连发机），在连发射击时，以控制击发机构完成连发射击。如56式7.62mm半自动步枪、56式7.62mm冲锋枪、捷克58式冲锋枪的不到位保险机，均为阻铁式不到位保险机构。

（2）分离式不到位保险机构

分离式不到位保险机构是采用一个传动杆和传动斜面使扳机与击发阻铁分离，以完成不到位保险作用。只有当枪机前进到位确实闭锁后，才使扳机与击发阻铁发生联系完成击发。如54式7.62mm手枪的压杆和压杆斜面(图8.44)、59式9mm手枪的拨杆和拨杆斜面、77式7.62mm手枪的解脱凸榫等，均为分离式不到位保险机构。

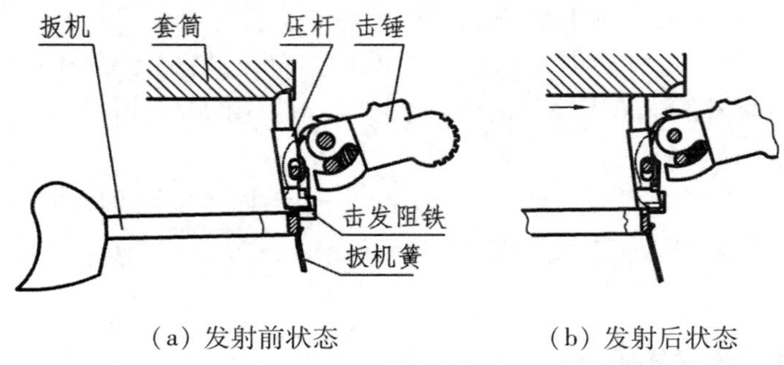

（a）发射前状态　　（b）发射后状态

图8.44　54式7.62mm手枪分离式不到位保险机构

（3）空击发不到位保险机构

空击发不到位保险机构是采取一些特殊结构，当枪机前进到位但尚未确实闭锁时，即使击发阻铁解脱击锤，击锤也打不着击针，以完成不到位保险作用。只有当枪机前进到位确实闭锁后，击锤才能打着击针，完成击发。如美国强生轻机枪的不到位保险机构，如图8.45所示。当枪机前进到位确实闭锁后，击发凹槽两侧的保险凸起在前方，击锤的宽头部越过保险凸起撞击击针，完成击发。当枪机未前进到位闭锁时，击锤的宽头部撞击机体中部击发凹槽两侧的保险凸起上，击锤打不着击针，形成不到位保险。

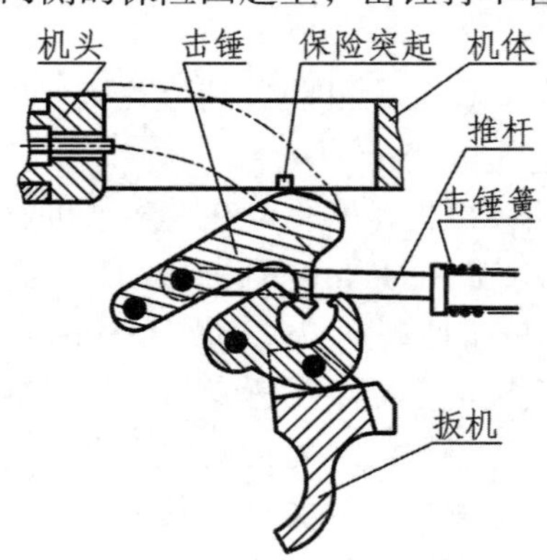

图8.45　美国强生轻机枪的空击发不到位保险机构

2）不击发保险机构

不击发保险机构的作用是：保证枪机前进到位但未确实闭锁时，击针不因惯性向前打燃火帽。如果击针惯性运动的能量很大，便可能打燃火帽，导致武器零件的损坏和对射手的危害。因此，必须采取措施，使枪机前进到位但未确实闭锁时，击针不应打燃火帽。主要措施有：

（1）减小击针的质量

减小击针的质量可以降低击针惯性向前的动能，使击针的动能远小于打燃火帽所必需的能量。因而，当枪机前进到位时，击针虽以惯性向前撞击火帽，但不能打燃火帽，形成不击发保险。如捷克 58 式冲锋枪的击针。

（2）采用回针簧

采用回针簧可以阻碍击针向前的惯性运动，吸收击针的惯性动能，使击针的动能远小于打燃火帽所必需的能量，使击针不能打燃火帽，形成不击发保险。如 54 式 7.62mm 手枪的击针和回针簧(见图 8.3(b))。回针簧还能使击发后的击针回到后方位置，有利于进弹和抛壳动作的顺利进行。

思 考 题

1. 分析击发机构的种类及其优缺点。
2. 分析发射机构的种类及其优缺点。
3. 分析某新型 12.7mm 高射机枪发射机构(图 8.10)的工作原理。
4. 画出美 M60 通用机枪发射机构(图 8.11)的机构简图，并分析其工作原理。
5. 分析 56 式 7.62mm 冲锋枪发射机构(图 8.22)的工作原理。
6. 分析 50 式 7.62mm 冲锋枪发射机构(图 8.31)的工作原理。
7. 简要论述击发、发射、保险机构及其作用。
8. 分析法国 FAMAS 5.56mm 自动步枪三发点射机构(图 8.33)的工作原理。
9. 分析比利时 FN. CAL 5.56mm 自动步枪三发点射机构(图 8.39)的工作原理。
10. 何谓不到位保险？自动武器中有哪几种不到位保险结构形式？分析其工作原理。

第 9 章　辅助装置

前面介绍的各机构构成自动武器火力部分的主体。此外，火力部分还有一些辅助装置。如复进装置、导气装置、膛口装置、缓冲装置等，它们对自动武器的运动或性能的提高有比较重要的作用。

9.1　复进装置

复进装置也称复进机。其作用是作为活动机件复进动作的能源，同时减轻活动机件后退到位的撞击。复进装置的主要零部件是复进簧。

自动机的活动机件后坐时，复进簧被压缩，吸收并储存其后坐能量，减轻自动机的主动件（身管、枪机、枪机框）后坐到位时与机匣或架体的撞击。活动机件复进时，复进簧伸张，释放所储存的能量，使活动机件完成一系列复进过程中的机构自动动作，如推弹、闭锁、击发等，并以所要求的速度复进到位，保证武器能连续射击。

本节主要介绍枪械等武器的复进装置，有关半自动火炮的复进机，将在地面半自动火炮部分加以介绍。

9.1.1　复进装置结构

枪械中复进装置一般为弹簧式。通常由复进簧、复进簧导管与导杆、挡圈等零件组成，其中复进簧是基础零件，如图 9.1 所示。

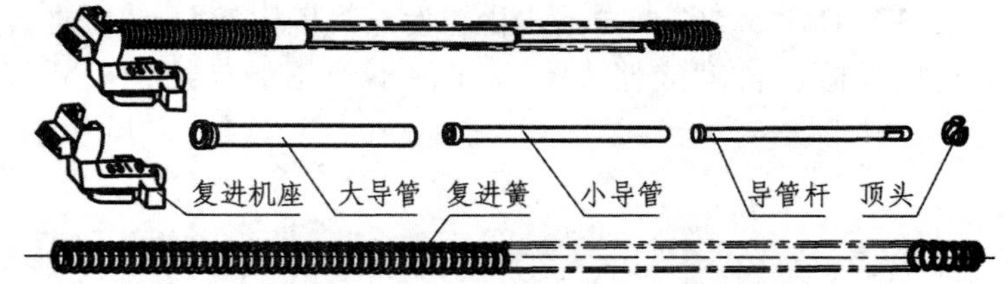

图 9.1　复进装置一般结构形式

复进簧一般都使用圆柱螺旋压缩弹簧，其簧丝截面为圆形，采用单股钢丝或三、四股钢丝拧成的钢索。

轻型自动武器复进装置按结构形式分为散装式和整装式两种。散装式复进装置在打开枪尾后，复进簧和导向系统便分离成自由状态，并可随枪机一同从机匣中取出，如图 9.2 所示的 53 式 7.62mm 重机枪的复进装置即为散装式。

整装式复进装置是将复进簧、导杆、导管和挡圈等零件合装成一个完整的部件，装

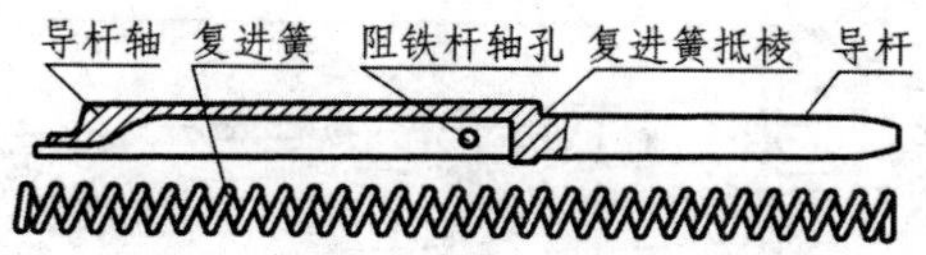

图9.2　53式7.62mm重机枪复进装置

拆武器时不再分解，如图9.1所示的87式5.8mm班用枪族的复进装置。这种形式使用方便，且复进簧的预压量较大，因而得以广泛使用。

9.1.2　复进装置配置形式及其在武器上的安装位置

1. 复进簧的配置形式

复进簧一般均为圆柱螺旋压缩弹簧，簧丝截面多为圆形。根据其结构特点不同，在武器上的配置形式可分为以下5种类型：

1）单股圆柱螺旋压缩弹簧

这种形式多用于口径在8mm以下的武器。其复进簧结构简单，制造工艺性好，且易于擦拭。如56式7.62mm冲锋枪、57式7.62mm重机枪以及各种手枪等均为这种形式。

2）串联圆柱螺旋压缩弹簧

串联的弹簧具有单股圆柱螺旋弹簧的特点。但两个外径不等的同心弹簧套装起来，比同样装配长度的单一弹簧能吸收更多能量。因此，在不增加装配长度的条件下，可使复进装置能储存更多的能量，以保证武器动作的可靠性。图9.3所示为56－1式7.62mm轻机枪的复进装置，该装置采用大复进簧套在小复进簧外面的串联形式，能缩短复进簧在复进装置中所占的装配长度，使武器结构更为紧凑。

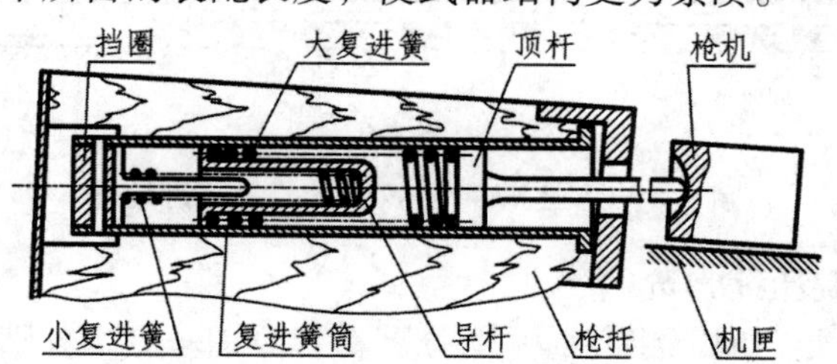

图9.3　56－1式7.62mm轻机枪复进装置

3）同轴并联圆柱螺旋压缩弹簧

用同轴的两根单股圆柱螺旋弹簧并联安装，替代一根单股圆柱螺旋弹簧，工作时两根复进簧的变形量相同。若总工作能量与一根单股圆柱螺旋弹簧相同，则每根弹簧的刚度小，工作平稳，使用寿命长。这种两簧并联的复进装置工作时能储存更多的能量。

使用同轴并联圆柱螺旋压缩弹簧复进装置时必须注意，应使两根复进簧的旋向相反，且其端部须有定位装置；两根弹簧之间应留有足够大的间隙，以防止受力变形时扭在一起，影响运动的灵活性。图9.4所示的比利时FN. FAL 7.62mm自动步枪的复进装置，即是此种配置形式。

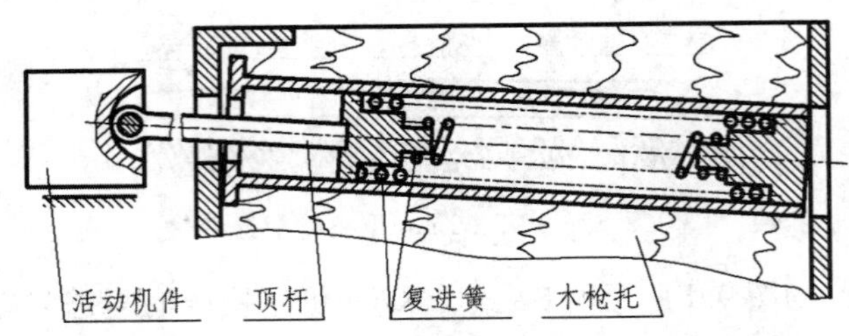

图 9.4　比利时 FN. FAL 7.62mm 自动步枪复进装置

4）串并联结合圆柱螺旋压缩弹簧

串并联结合形式宜用作身管后坐式武器中的身管复进装置。由于身管的后坐速度较大，在开始阶段，各复进簧串联工作，刚度较小，便于通过加速机构将更多的能量传给枪机，以保证工作可靠性和有利于提高射击频率。当身管后坐到一定距离后，复进簧转变为并联工作，刚度突增，迅速吸收身管的大部分能量，以减轻其后坐到位时的撞击，起到缓冲作用。图 9.5 为德国 MG42 7.92mm 机枪的枪管复进簧，整个复进装置所占空间较小，比较紧凑。图 9.5（b）清楚地示出了在并联阶段挡圈抵在套筒凸缘上，各导杆穿过挡圈，后面的导杆头顶住前面的导杆端部，以传递弹簧力。

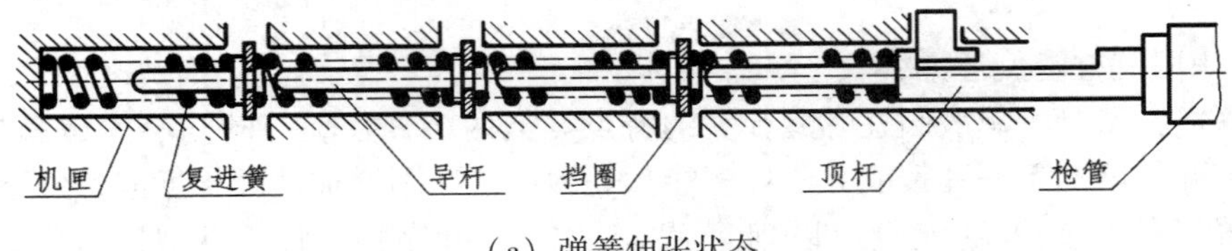

（a）弹簧伸张状态

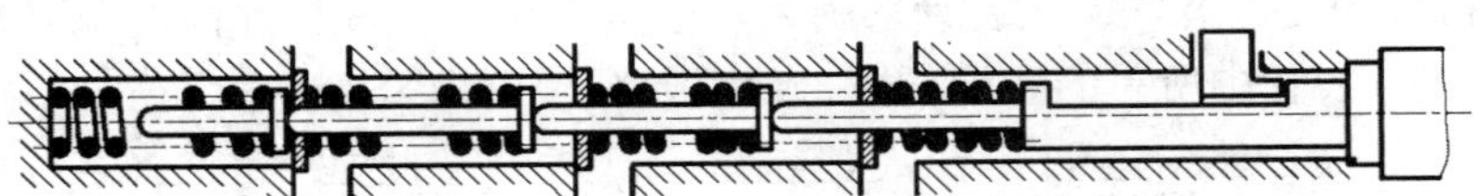

（b）弹簧受压状态

图 9.5　德国 MG42 7.92mm 机枪复进装置

5）多股圆柱螺旋压缩弹簧

多股螺旋弹簧在受力时，将载荷平均分配在各股钢丝上，分别产生扭转变形，相当于几根弹簧并联工作，能承受较大的载荷。具有强度好、储能多、柔度大、寿命高等优点。工作时部分能量消耗在各股簧丝的变形和摩擦所做的功上，因而兼有缓冲簧的作用。大口径高射速自动武器常用多股螺旋弹簧作复进簧，如 54 式 12.7mm 高射机枪、56 式 14.5mm 高射机枪、58 式 14.5mm 高射机枪以及 59 式 12.7mm 航空机枪等均采用此结构。图 9.6 所示为 56 式 14.5mm 高射机枪的复进装置，其复进簧由多根钢丝扭合而成。

2. 复进装置在武器上的安装位置

合理选择复进装置在武器上的安装位置和结构形式，能缩小武器的体积，减小武器的质量，保证武器的战斗性能。若复进装置在武器上安装位置不合理，则会影响活动机件在射击运动中的受力条件，增大武器在射击中的跳动，影响其射击精度；同时还会使其外形尺寸增大，质量增加，直接影响武器机动性和战斗性能。

现有武器复进装置的安装位置一般有以下三种形式。

1）与内膛轴线同轴配置

复进簧力的作用线与内膛轴线重合，这种配置能消除因复进簧力作用线偏离内膛轴线而形成的动力偶的影响，有利于提高连发射击精度。其具体安装位置可以是在活动机件后方、活动机件前方、以及装于枪托之中三种。

装在活动机件后方形式适用于自由枪机式和身管后坐式武器，复进簧很容易与内膛轴线重合。身管后坐式武器可拥有身管复进簧和枪机复进簧。56 式 14.5mm 高射机枪的复进装置即为这种安装位置，如图 9.6 所示。其特点是结构简单，容易制造，拆装方便。活动机件后坐时，复进装置能吸收较多的能量、减轻活动机件后坐到位的撞击。复进时又把储存的大部分能量放出来，使活动机件增速，以保证工作的可靠性和所要求的射速。

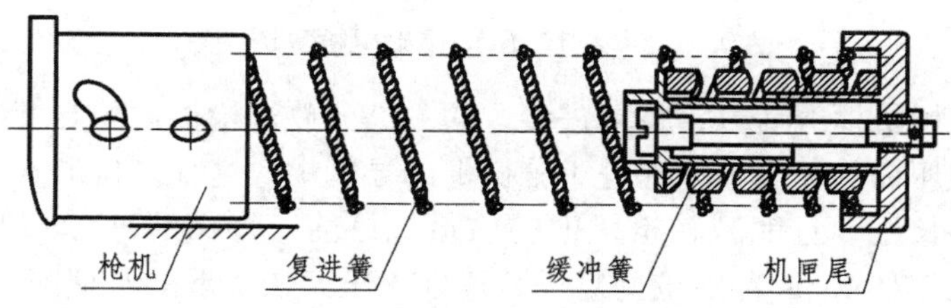

图 9.6　56 式 14.5mm 高射机枪复进装置

复进装置安装于活动机件前方时，复进簧一般是套在身管上。其构造简单，结构紧凑。但连续射击时，身管温度升高，影响复进簧工作性能的稳定。因此，多用在实际射速较低的手枪上，如 59 式、77 式、92 式手枪等，图 9.7 所示为 59 式 9.0mm 和 77 式 7.62mm 手枪的复进装置安装位置。

对于有枪托的武器，为缩短机匣的长度，复进簧可安置在枪托内，则总体结构更加紧凑。图 9.8 所示为美国 M16 5.56mm 自动步枪的复进装置，它安装在直枪托内，枪机框与装于枪托内的复进簧顶杆直接接触，受力在枪膛轴线上，对提高射击精度有利。

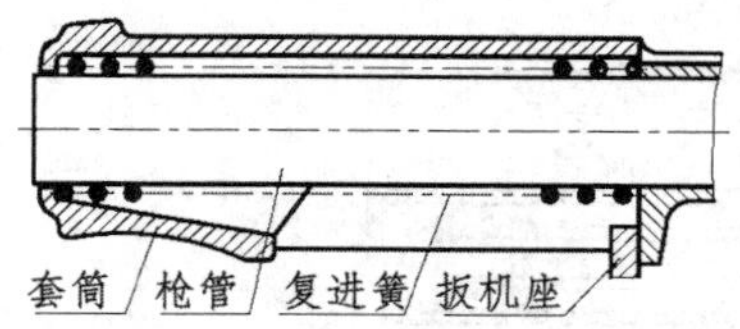

图 9.7　59 式 9.0mm、77 式 7.62mm 手枪复进装置

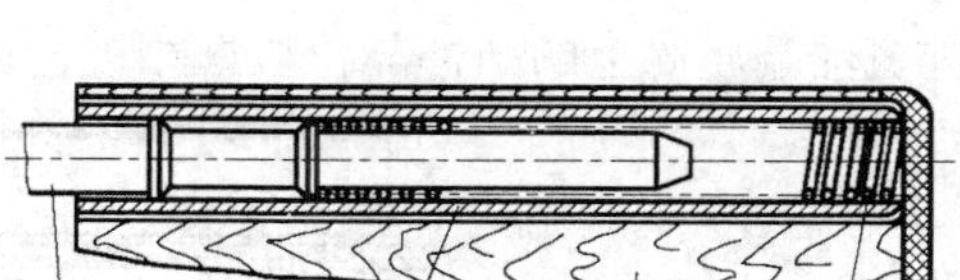

枪机框　惯性管　枪托　复进簧

图 9.8　美国 M16 5.56mm 自动步枪复进装置

2）与枪膛轴线平行配置

由于结构的限制，亦或是为了改善复进簧的工作环境，将复进簧设计成偏离内膛轴线一段距离且平行于膛轴。这种结构常用于导气式自动武器上，具体安装位置有装于活动机件后方、装于活动机件前方、装于机匣的外侧三种。

复进簧装于活动机件前方时，一般是将复进装置安置在身管的侧方或下方，有利于缩短机匣尺寸和全枪长度以及减轻武器质量。但若复进簧距身管壁较近，则在连续射击时，身管的热量容易传给复进簧，使其温度升高，影响工作性能，降低寿命。若距身管壁较远，则会增加附加动力偶，对射击精度不利。这就需要根据武器的具体战术技术要求，权衡利弊，进行合理安排。美国莱逊冲锋枪的复进簧即是装于活动机件前方，如图3.5所示。图9.9所示为54式12.7mm高射机枪的复进装置，将其装在枪管的下方，复进簧距膛轴中心较远（43.5mm）。

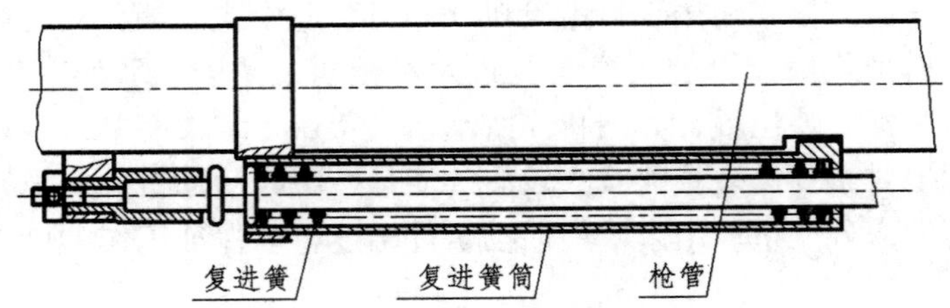

图9.9　54式12.7mm高射机枪复进装置

复进簧装在枪机框的后方，将复进装置的一部分放进枪机框的导管内。当活动机件后坐到位时，被压缩的复进簧全部进于枪机框的导管中。这种结构形式能较好地利用空间，缩短机匣的长度，且能减轻枪机框的质量。目前，采用这种方式的武器较多。图9.10所示为56式7.62mm冲锋枪的复进装置处于压缩状态下的原理图。

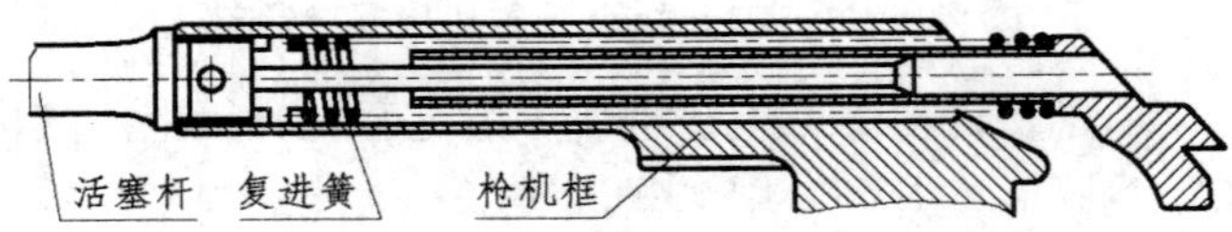

图9.10　56式7.62mm冲锋枪复进装置

对威力小或实际射速低，身管温升不高的武器如手枪、步枪等，可采用这种方式。

复进装置安置在机匣侧方的结构常用于大口径机枪。它有利于减小全枪长度，保证复进簧不受身管温升的影响，且装拆方便，但会加大武器的横向尺寸。图9.11所示为59式12.7mm航空机枪的复进装置，复进簧单独装在机匣侧方的复进簧筒内，通过复进簧前端压筒上的凸榫与枪机框相连，借以相互带动。

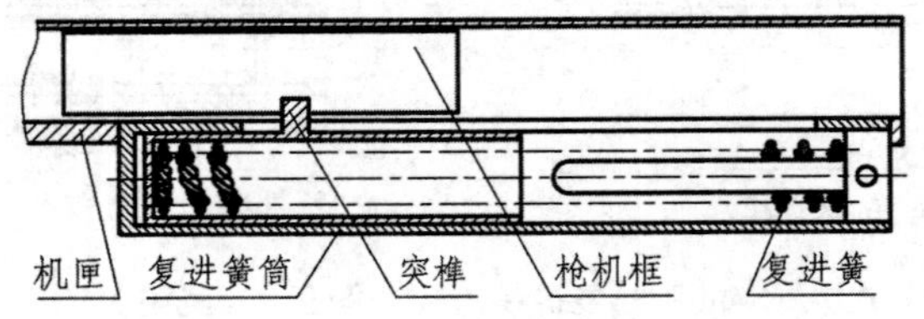

图9.11　59式12.7mm航空机枪复进装置

值得注意的是，无论上述哪种情况，均应尽量减小偏距。否则，射击时会产生过大的附加动力偶，这将影响射击精度。

3）与枪膛轴线成夹角配置

将复进簧安置在倾斜的枪托内，其运动方向与内膛轴线构成一定倾角。这种配置的优点是既能缩短机匣的长度，也可降低瞄准基线的高度。缺点是复进簧的蓄力未能得到充分利用。由于复进簧处于倾斜状态，仅有平行于内膛轴线方向的弹簧分力使活动机件复进，能量的利用不合理，从而降低武器的效率。比利时 FN. FAL 7.62mm 自动步枪的复进装置（见图9.4）即是此种安装形式，该枪的活动机件通过铰接在枪机框上的顶杆与复进簧连接。枪机框后坐时，通过顶杆压缩枪托中的复进簧。后坐到位后，复进簧伸张，通过顶杆推枪机框复进。

9.2　导气装置

导气式自动武器均设有导气装置，其作用是利用从身管侧孔导出的火药气体推动活塞，以保证活动机件完成自动动作。导气装置通常由导气孔、气室、活塞、调整器等部分组成。导气孔是枪炮膛内火药气体流入气室的通道；气室是容纳火药气体的空间；活塞用以直接承受火药气体作用，并传动活动机件后退完成自动动作；调整器用来调整气室内火药气体对活塞的作用。

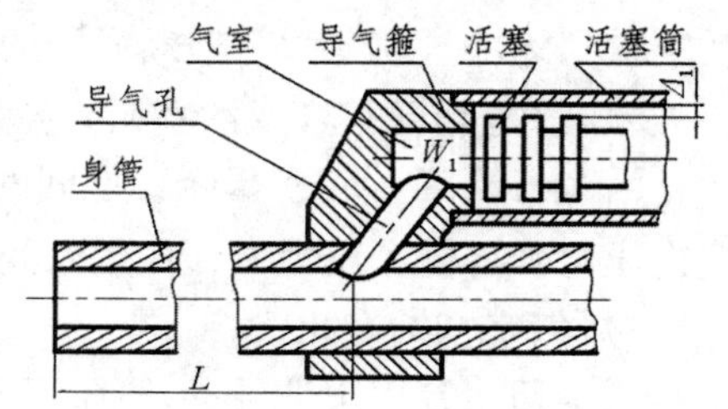

图9.12　导气装置基本结构

导气装置的基本结构如图9.12所示。射击后，部分火药气体经导气孔流入气室，并作用于活塞上，活塞推动枪机框带动枪机向后运动，完成自动动作。

9.2.1　气室内火药气体压力变化规律

射击后，弹头弹丸沿枪炮膛向前运动，当弹头弹丸越过导气孔后，膛内火药气体即经导气孔流入气室，气室内压力迅速增大，作用于活塞使其向后运动，气室容积开始逐渐增大。刚开始时活塞运动位移较小，气室容积增加不大，膛内压力较高，气室压力持续增大至最大值。活塞运动加大后，气室容积增大，膛内压力逐渐降低。同时气室中的火药气体从活塞间隙中不断泄出，使气室内压力逐渐下降。当膛内压力与气室内压力相同时，膛内的火药气体即停止进入气室。当气室内压力降到大气压力时，火药气体便停止对活塞的作用。气室内火药气体压力的变化规律如图9.13所示。

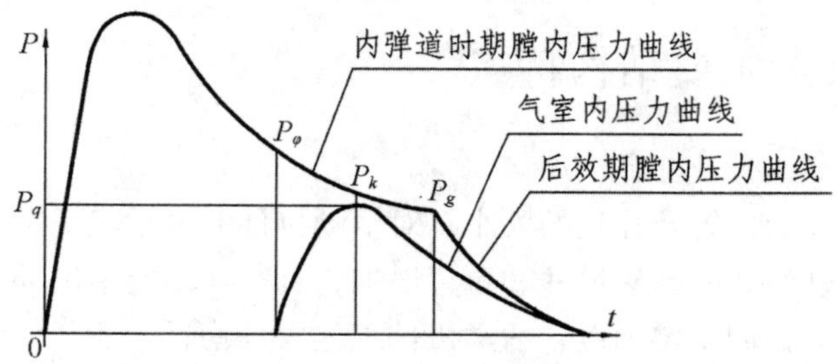

注：P_φ——弹头到达导气孔瞬间的膛内压力；P_q——气室内的最大压力；P_k——气室内压力达最大值时的膛内压力；P_g——弹头飞离枪口瞬间的枪口压力。

图9.13　气室内火药气体压力的变化规律图

9.2.2 影响气室内火药气体压力的因素

影响气室内火药气体压力的因素较多，主要介绍以下几种。

1）导气孔位置

导气孔在身管上的位置 L 对气室压力的影响很大。导气孔越靠近弹膛或药室，开始流入气室的火药气体压力越高，气室压力上升快，压力值高。同时，气体对活塞作用的时间也越长，活塞能得到更大的冲量。反之，导气孔越靠近膛口，则活塞得到的冲量越小。

2）导气孔的横断面积

导气孔横断面积以 S 表示。S 愈大，则流入气室的火药气体愈多，压力上升愈高，活塞得到的冲量亦愈大。横断面积的大小对气室压力的影响很大。

3）活塞与气室（或活塞筒）壁间的间隙

活塞与气室（或活塞筒）壁间的间隙以 Δ_1 表示，Δ_1 大，泄出的火药气体多，则气室内压力升得慢，压力低，作用时间短，活塞得到的冲量小。

4）气室初始容积

气室初始容积用 W_1 表示。在其他条件不变的情况下，W_1 增大，则气室内压力上升慢，活塞得到的冲量较小。

5）活塞端面积

在其他条件不变时，活塞端面积的变化对气室压力的影响不大，但是当活塞端面积增大后，作用力将增大。因此，活塞端面积增加后，活塞得到的冲量将增大。

6）活塞重量

活塞重量是指气室压力作用时期与活塞一起运动的零件总重量。当其他条件不变时，活塞重量增加，则活塞的运动速度下降，使气室容积增长减慢，因而气室压力相应地会略有升高。由于速度下降，活塞运行一定行程的时间增长，使气体对活塞作用的时间加长。

7）散热情况

气室内火药气体温度较高，部分火药气体热量将通过气室壁散入大气。散热状况良好将引起气室内压力下降，使活塞得到的冲量减小。

9.2.3 导气装置主要结构特点

1. 导气孔

导气孔在身管上的位置及孔径的大小，对活动机件的运动状况影响很大。若导气孔位置向膛口靠近，则活塞的结构尺寸和重量增加，且往往不能给活动机件提供足够的能量。但气室压力较低，冲量增加慢，活动机件工作较平稳，并能降低射速；若导气孔位置向弹膛或药室移近，则火药燃气压力大，冲量足，有利于提高射速，且结构较紧凑。但气孔处高压火药气体的烧蚀和冲刷作用较严重，容易使气孔直径扩大，影响活动机件的动作。

因此，当导气孔位置靠近膛口时，其孔径相应地大一些。反之，则应相应地减小孔径。如捷克 ZB－26 轻机枪，枪管总长为 600mm，导气孔设置在离枪口 26mm 处，其孔径为 8. 8mm。而美国加兰德 M_1 式半自动步枪的枪管总长为 452mm，导气孔设置在离枪管后端面 124mm 处，离弹膛近，其直径仅为 1. 5mm。

2. **气室**

气室的形式较多。根据结构形式及气体对活塞的不同作用，气室可分为四种类型。

1）**动力式**

动力式气室的结构特点是：气体对活塞的作用主要靠气室内开始充气阶段高压火药气体对活塞的冲击，使活塞在短时间内获得较高的速度。我国制式步兵自动武器中的导气式武器均采用动力式气室，结构原理如图 9. 14 所示。

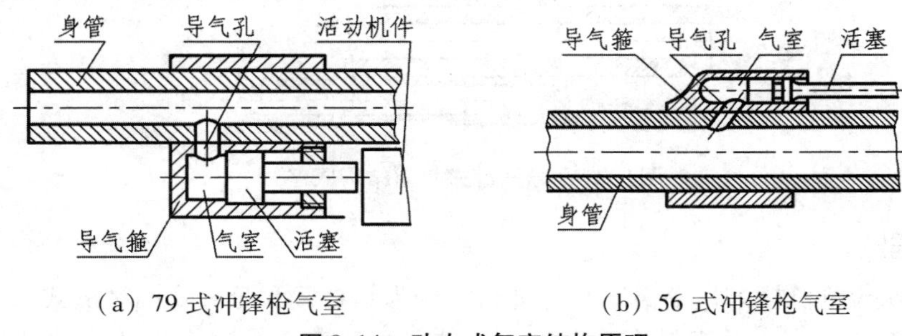

（a）79 式冲锋枪气室　　　（b）56 式冲锋枪气室

图 9. 14　动力式气室结构原理

2）**膨胀式**

膨胀式气室的结构特点是：气体对活塞的作用主要靠气室内火药气体的膨胀，以较长作用时间使活塞达到预期的速度。膨胀式气室的初始容积较大，气室内最大压力较低，活塞的加速度小，工作较平稳。捷克 ZB－26 轻机枪导气装置即采用膨胀式气室，结构原理如图 9. 15 所示。

3）**截流式**

截流式气室的结构特点是：当火药气体推动活塞运动一短距离后，导气孔即被关闭，膛内火药气体不能流入气室，气室内火药气体亦不易流出，其压力持续膨胀，推动活塞继续运动。截流式气室的主要优点有：

① 最大压力较小，活塞加速度较小，工作较平稳；

② 能对活塞能量起调节作用。若气室开始压力高，活塞速度大，则气孔被关闭较早，可减少火药气体的进入量。若气室开始压力低，活塞速度小，则气孔被关闭较晚，可增加火药气体的进入量，促使活塞加速后退，以保证活动机件运动平稳，动作确实可靠。美国 M60 通用机枪导气装置即采用截流式气室，结构原理如图 9. 16 所示。

4）**导气管式**

导气管式气室的结构特点是：膛内火药气体经导气孔导气管直通枪机框的前端面，以推动枪机框向后运动。导气管式气室的最大压力较低，活动机件运动较平稳；由于省

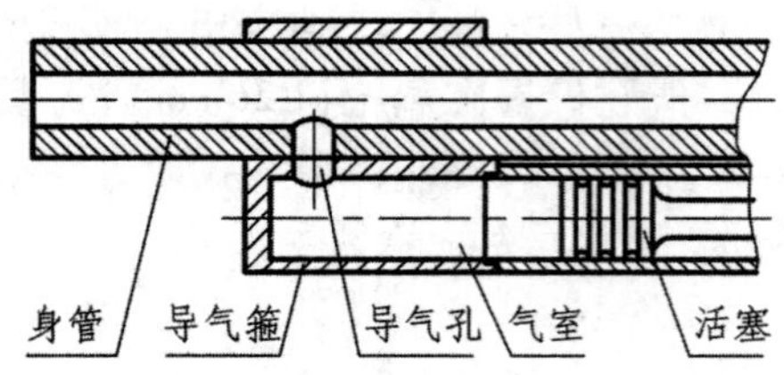

图 9.15　膨胀式气室结构原理

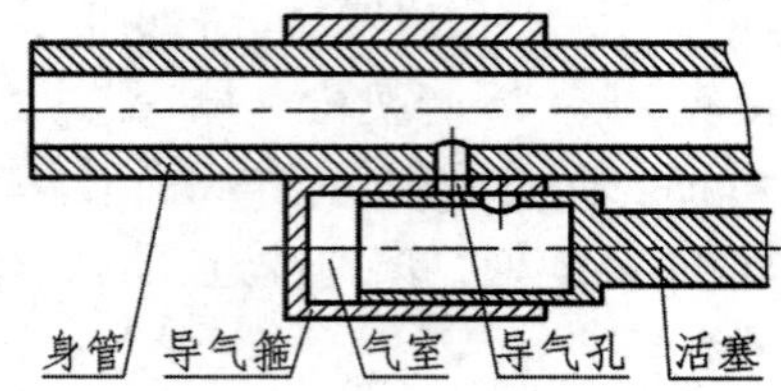

图 9.16　截流式气室结构原理

略了活塞，活动机件的质心可更靠近枪炮膛轴线，使结构更为紧凑，有利于提高武器的连发精度。但枪机框、机匣、枪架上火药气体烟垢较多，给擦拭保养带来不便。77 式 12.7mm 高射机枪、美国 M16 自动步枪等均采用气管式气室，结构原理如图 9.17 所示。

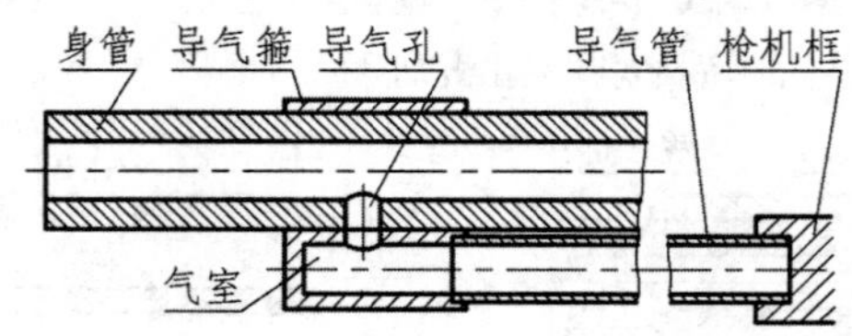

图 9.17　导气管式气室结构原理

3. 活塞

根据活塞与枪机框的运动情况，可把活塞分为结合式和分离式两种形式。

（1）结合式活塞：活塞与枪机框连为一体。当活塞承受气室火药气体冲量后即与枪机框一起后退。其结构简单，应用较多。如 53 式 7.62mm 半自动步枪、56 式 7.62mm 冲锋枪、轻机枪等均采用结合式活塞。

（2）分离式活塞：活塞与枪机框结构独立，当活塞承受气室火药气体冲量，对枪机框作用一短行程后，活塞即与枪机框分离，停止作用，此后枪机框靠惯性后退。分离式活塞结构紧凑，枪机框的质心位置容易设置得靠近枪膛轴线，有利于提高武器的连发精度；当导气孔位置在上方时，也不影响从上方向弹仓压弹。如 56 式 7.62mm 半自动步枪、63 式 7.62mm 自动步枪等均采用分离式活塞。

结合式活塞与枪机框的连接形式通常采用螺纹连接后加横销防止转动。若需更换活塞，则在更换后应保持活塞底端面与枪机框接触，以承受火药气体的轴向压力。应避免横销受力，以防止剪断。56 式 7.62mm 重机枪、53 式 7.62mm 轻机枪等一些自动武器，当活塞与枪机框连接后，要求活塞可小量的摆动，其目的是为了便于装配，使活塞易于进入气室以及保证活塞运动的灵活性。

活塞端面形状对活动机件的动作也有影响。制式步兵自动武器的活塞端面一般都制成凹面，这样可使反射的气流易于集中，以减少漏气，增强火药气体的作用效果。图 9.18 示出了活塞的几种端面形状。

为了便于装配并保证活动机件动作灵活，在活塞与气室壁（活塞筒壁）间通常应保留一定间隙。现有导气式武器活塞与气室壁间的配合间隙可参阅有关资料。

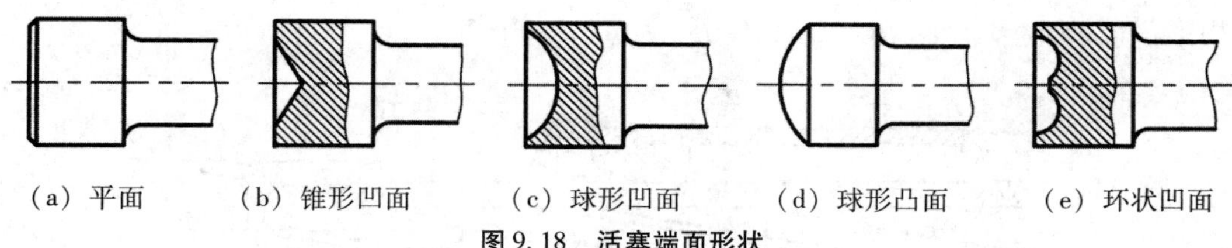

图9.18　活塞端面形状

4. 调整器

调整器的作用是改变导气装置的某个因素，使武器在各种不同使用条件下均能获得的合适能量，以保证可靠工作而不过量。在正常条件下，活动机件仅以较小的能量保证动作可靠，有利于提高射击精度。在恶劣的条件下，用较大的能量以保证正常射击。调整火药气体能量的方法很多，现有武器通常采用的有：

1）改变导气孔道的最小截面积

改变导气孔道的最小截面积，即可改变火药气体进入气室的流量，使活塞得到不同的速度，以保证活动机件动作可靠。这种调整方式结构简单，效果明显。如53式7.62mm轻机枪、56式7.62mm轻机枪、67式7.62mm两用机枪、57式7.62mm重机枪、54式12.7mm高射机枪、捷克59式通用机枪等，其调整器均采用这种调整方式。

56式7.62mm轻机枪导气孔位置在距身管尾端面0.77L处（L为身管全长）。活塞与枪机框用螺纹刚性连接。活塞后坐约30mm后离开气室，气室与大气相通，如图9.19所示。

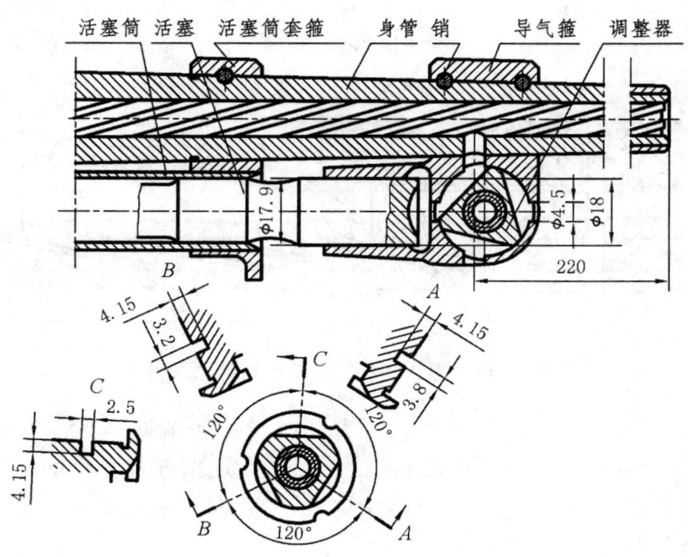

图9.19　56式7.62轻机枪导气装置

53式7.62mm轻机枪导气孔位置在距身管尾端面0.65L处，利用调整器上不同直径的孔调整气体流入气室的多少。活塞套在调整器之外，其后端与活塞杆以螺纹连接，活塞杆与枪机框也以螺纹连接。活塞后坐约23mm后，即与调整器脱离，气体停止对活塞作用。气室为调整器的内腔，面积较大，如图 9.20 所示。

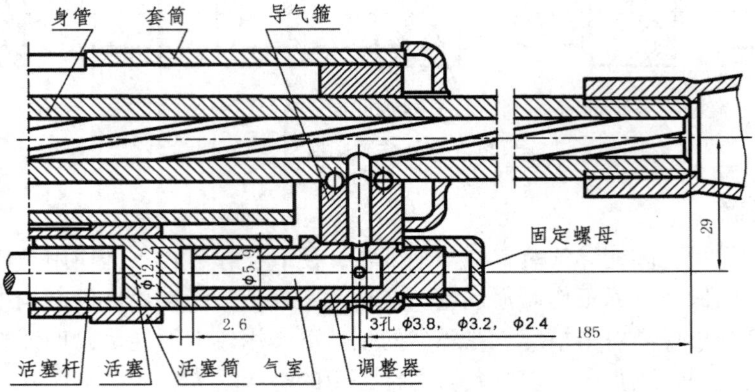

图 9.20　53 式 7.62 轻机枪导气装置

2）改变气室的初始容积

改变气室的初始容积，以改变气室的压力，使活塞得到不同的速度，保证活动机件动作可靠。这种调整方式的缺点是：若调整量小，则对活动机件动作影响不大，若调整量大，则拧转调整器不方便。德国 MP43 式冲锋枪、美国加兰德 M_1 式半自动步枪均采用这种调整方式。

德国 MP43 式冲锋枪导气孔位置在距身管尾端面 0.58L 处，距导气孔 90mm 处的活塞筒上有 2 个 Φ5 的的气孔，活塞后坐 24mm 后即开放气孔，气室与外界大气相通。气室初始容积较大，内部压力适中，活动机件工作较平稳，如图 9.21 所示。

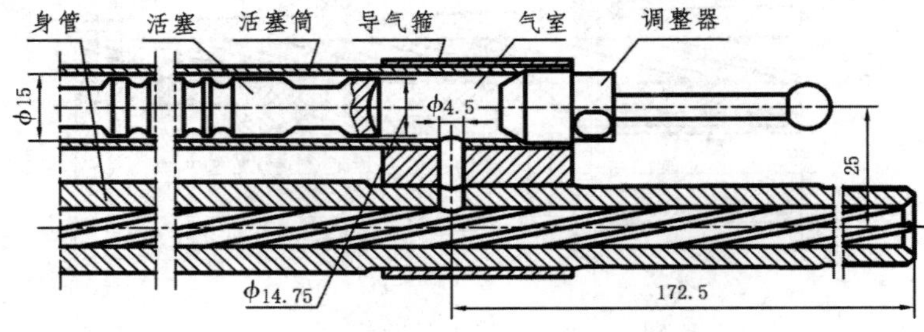

图 9.21　德国 MP43 式冲锋枪导气装置

美国加兰德 M_1 式半自动步枪导气孔位置在距身管尾端面 0.93L 处，导气孔直径为 Φ2，离枪口仅为 39mm。该枪膛压较高，虽然导气孔远离弹膛，仍能保证活动机件正常工作。活塞与枪机框为一体。活塞本身封闭在导气筒内，且间隙小，漏气少，气体对其作用时间长，如图 9.22 所示。

3）改变气室的漏气量

改变气室的漏气量，亦可达到改变气室的压力，使活塞得到不同的速度，以保证活动机件动作可靠。此调整方式在武器正常工作条件下，调整器必须经常放气，只有在特别恶劣条件下，活动机件需要较大能量时，才调整气室，使其少漏气或不漏气，这对火药气体能量的利用并不合理。英国 L_1A_1 式半自动步枪采用这种调整方式。

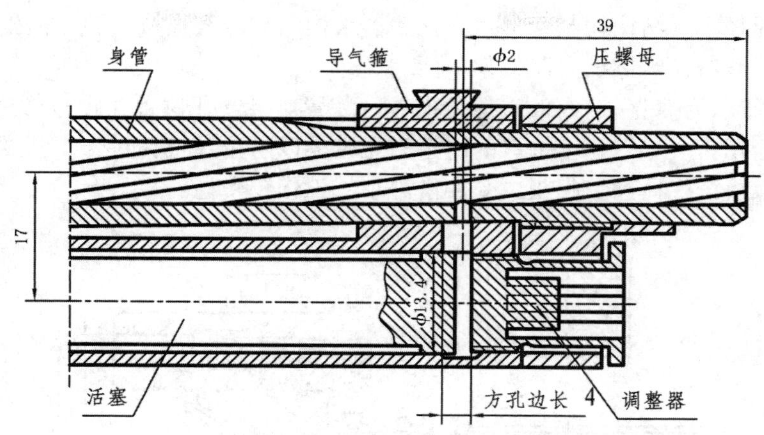

图 9.22　美国加兰德 M_1 式半自动步枪导气装置

该枪活塞后坐一短距离后，气室上 Φ2.5 的调整孔即被打开。调整孔的外层套有一带曲面的套圈，转动套圈即可借套圈上的曲面覆盖调整孔面积的大小，以达到调整流出的气体量。气室前端面有一气室塞。正常射击时，导气孔与气室相通。若发射枪榴弹时，将气室塞转动 180°，导气孔完全关闭，活动机件不能工作，如图 9.23 所示。

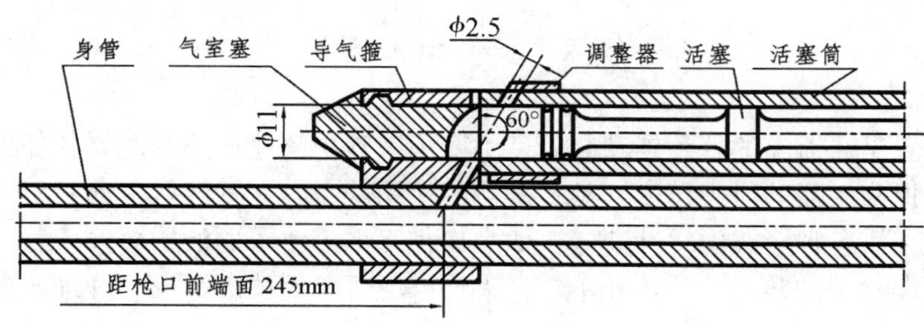

图 9.23　英国 L_1A_1 式半自动步枪导气装置

为了简化结构，许多武器的导气装置采用不可调整的，如 56 式 7.62mm 半自动步枪、56 式 7.62mm 冲锋枪、美国 M14、M16 自动步枪和 M60 通用机枪、捷克 ZB－26 轻机枪和 58 式冲锋枪等。

图 9.24 所示为美国 M16 自动步枪的导气装置，气体流入量不可调。气体由身管上导气孔流入导气管内，经导气管流入枪机与枪机框组成的气室内，推动枪机框向后运

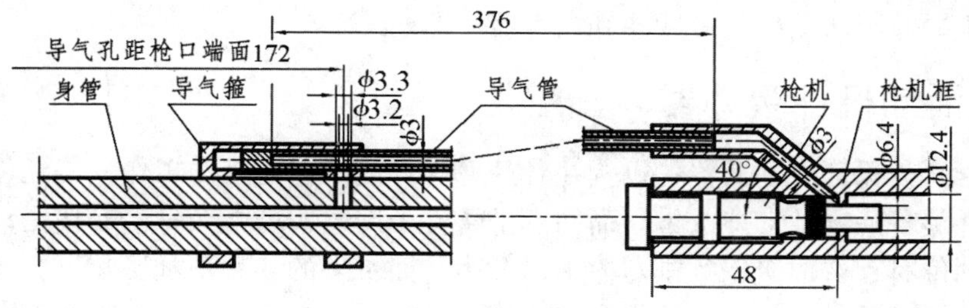

图 9.24　美国 M16 自动步枪导气装置

动。导气管孔径小，结构较紧凑，对简化武器结构和减轻其重量有利。但枪机及枪机框内易残留火药残渣，给擦拭武器带来不便。

图 9.25 所示为捷克 ZB－26 轻机枪的导气装置。导气孔位置在距身管尾端面 0.95L 处，导气孔面积大。导气孔至枪口的内膛为光膛，以防止导气孔对弹头精度的影响。活塞运动速度取决于气体静力膨胀，受冲击力小，工作较平稳。

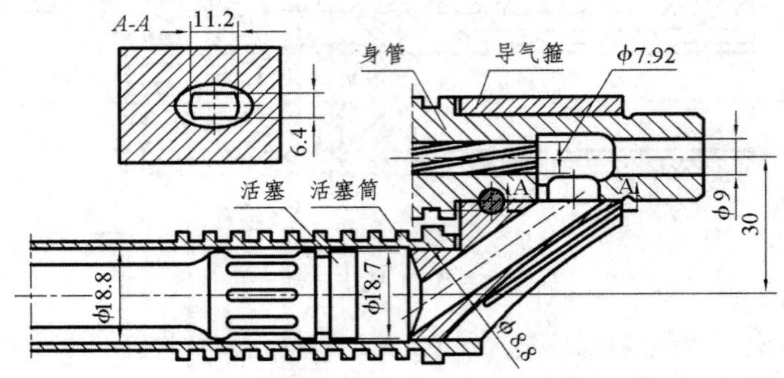

图 9.25　捷克 ZB－26 轻机枪导气装置

现代导气式自动武器导气装置的结构形式多种多样，其结构特点参见有关书籍。

9.3　缓冲装置

缓冲装置是武器上的一种辅助装置，主要用来减小高速运动的武器各部件间的撞击及跳动，以提高武器的射击精度，延长武器的使用寿命，并减轻射手的疲劳。现代自动武器中广泛采用各种形式的缓冲装置，如大口径火炮广泛采用液压缓冲装置；航炮广泛采用气体减振和缓冲装置；枪械和小口径火炮广泛采用固体的金属、纤维质或橡胶缓冲装置等。

根据缓冲作用零件不同，可分为活动机件缓冲器，身管缓冲器，击发阻铁缓冲器和车轮缓冲器等。

活动机件缓冲器：射击时，用以减小活动机件在后方时对枪炮身的冲击。

枪炮身缓冲器：射击时，用以减小身管后坐及复进时对架体的撞击。

击发阻铁缓冲器：射击时，用以减小活动机件成待发时对击发阻铁的撞击。

车轮缓冲器：行军时，用以减小火炮或机枪的振动。

本节主要介绍活动机件缓冲器和枪身缓冲器。

9.3.1　活动机件缓冲器

设计时，为保证自动武器各机构在各种恶劣环境下仍能正常工作，必须使自动机的各活动机件储备一定的动能余量。而在正常条件下，这些动能余量势必使活动机件在后坐和复进到位时，造成机构的剧烈撞击以及由此而带来的各种不利影响。为改善这种不利状况，自动武器中一般都设有自动机的缓冲装置。如枪机后坐式武器有枪机缓冲装置；导气式武器有枪机框缓冲装置，有时还兼有枪机缓冲装置；身管后坐式武器则分别有身管缓冲装置和枪机或炮闩缓冲装置。

活动机件缓冲器的工作能量和结构形式与活动机件后坐到位时，能量的大小、武器的射速和具体结构特点有关。对于高射速自动武器要求活动机件缓冲器吸收的能量尽量放出，以提高活动机件复进速度，增大射击频率，如 54 式 12.7mm、56 式 14.5mm 和 85 式 12.7mm 等高射机枪的自动机缓冲器。有些自动武器则要求活动机件缓冲器吸收的后坐能量尽可能消耗而不释放，以减小活动机件后坐和复进到位时的撞击，降低射击频率，如 77 式 12.7 高射机枪的活动机件缓冲器。

现代自动武器活动机件缓冲器一般为以下几种类型和形式，其结构和工作性能如下。

1. 螺旋弹簧缓冲器

螺旋弹簧缓冲器装置常用于大口径机枪，一般选用刚度很大的圆柱螺旋弹簧。由于金属的内耗，弹簧在变形时有能量损失，能量损失值与弹簧刚度成正比，一般变形后能量损失可达 25% ~30%。在有缓冲簧的情况下，活动机件比后坐到位直接撞击机匣（恢复系数为 0.4）时的复进速度大，因此可提高射击频率。

根据截面形状可分为圆形、矩形、鼓形截面圆柱螺旋弹簧等三种。它们均能很快恢复原位，并将吸收的能量大部分释放出来，是一种在短时间内作用的高效率缓冲装置，三种不同截面形状的螺旋弹簧，其性能基本相同，其中圆形截面结构最为简单，制造容易，应用也最为广泛。而矩形和鼓形圆柱螺旋弹簧在外廓尺寸相同时，由于簧丝截面积增大，能承受更大的载荷，有利于减小缓冲装置的结构尺寸和武器质量。图 9.26 ~ 图 9.28 分别所示为 54 式 12.7mm 高射机枪、苏联 УБ12.7mm 航空机枪、62 式 14.5mm 高射机枪的枪机缓冲簧的缓冲装置。

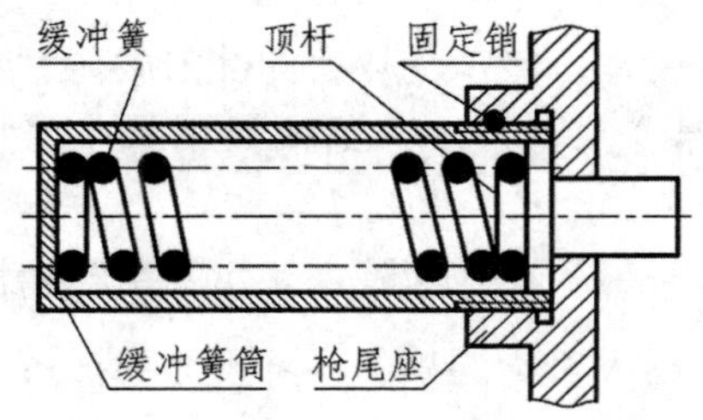

图 9.26　圆形截面

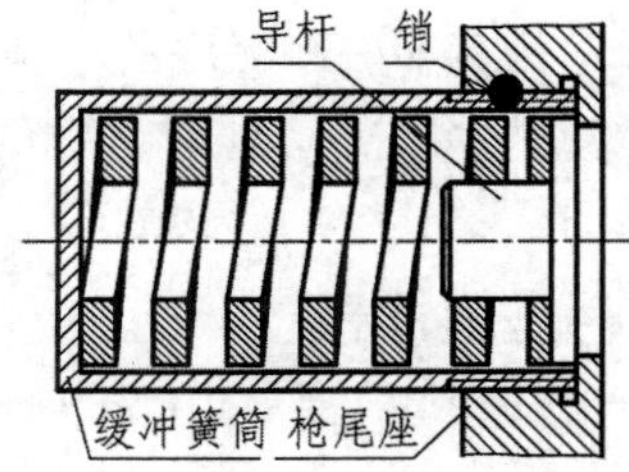

图 9.27　矩形截面

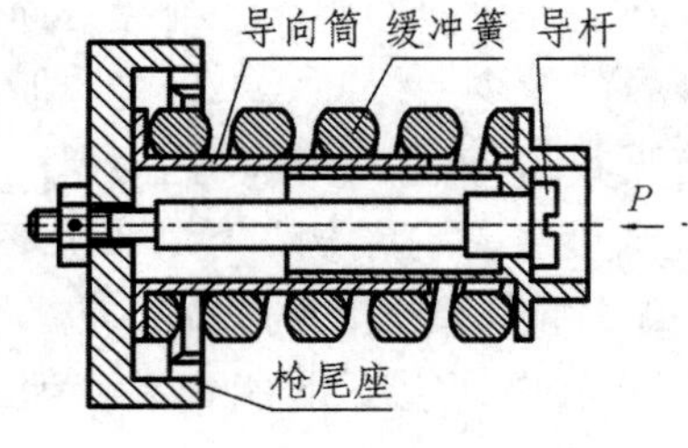

图 9.28　鼓形截面

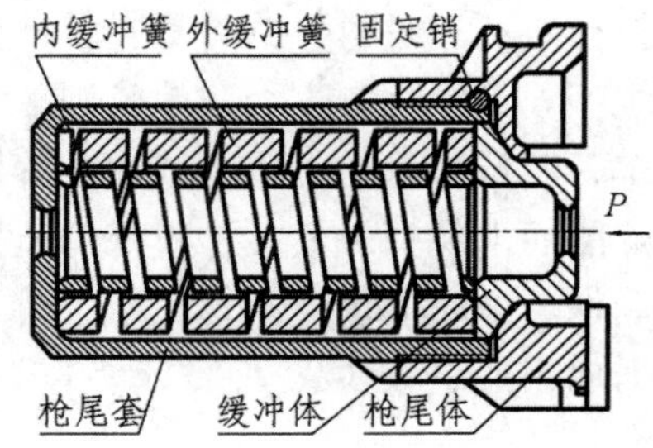

图 9.29　内外组合

为能吸收较多的能量，又不增大外廓尺寸，可采用同心并联组合式螺旋弹簧缓冲器，图 9. 29 所示为 59 式 12. 7mm 航空机枪的缓冲装置。它具有矩形截面纵绕圆柱螺旋弹簧缓冲装置的特点，但外廓尺寸小。为了防止内外弹簧产生过度的歪斜和改善受力条件，两根弹簧的旋向应相反，或留有足够的间隙，并在端部设有定位机构，防止两根弹簧工作时扭在一起。

2. 环形弹簧缓冲器

环形弹簧由若干彼此以锥面相接触的内、外钢环叠合而成。工作时，内外环锥面间产生较大的摩擦力，使所吸收的大部分能量不可逆地消耗掉，只有总能量的 1/3 左右能释放出来。适用于自动机多余能量较大的武器中，其工作性能与内外环锥形面的表面粗糙度和润滑条件有关。图 9. 30 所示为采用环形弹簧的苏联 HP－23 航空自动炮的机心缓冲簧。

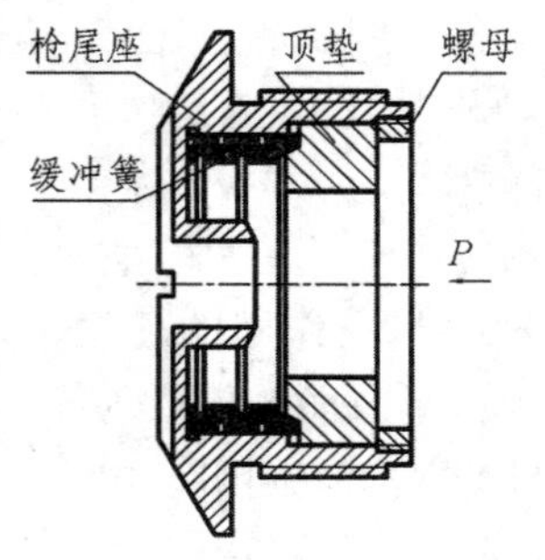

图 9. 30　环形弹簧缓冲器

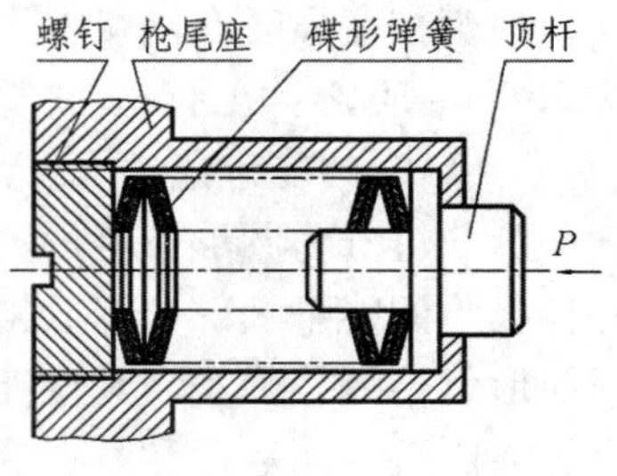

图 9. 31　碟形弹簧缓冲器

3. 碟形弹簧缓冲器

碟形弹簧有如一个无底的小碟，受力时产生变形，能承受较大的冲击载荷。吸收和放出能量的多少取决于排列重叠的片数。特点是变形量较小，结构简单紧凑，制造容易，不易损坏，其结构形式如图 9. 31 所示。

4. 衬垫缓冲器

衬垫缓冲装置主要用于吸收并耗散自动机后坐的多余能量。这种缓冲元件可以消耗活动机件后坐多余能量的 34% ～75%，大都以摩擦热的形式散失于空气中，以达到使自动机工作平稳、提高射击精度、延长零件工作寿命和降低武器射击频率等目的。

按衬垫所用材料可分为塑料缓冲垫、胶木板缓冲垫、橡胶缓冲垫、纤维片缓冲垫等几种类型。其中，胶木板质地较硬，变形能力低，吸收能量少，缓冲效果较差。但其结构简单，制造容易，可用于威力小的武器；橡胶可将吸收的一部分能量转化为弹性变形能和热能而消耗掉。其缓冲效果随所选用的橡胶性能改变，具有结构简单，制造容易，使用和保养方便等优点。常用于手持式自动武器；纤维片能承受较大的载荷，吸收能量较多而放出能量较少，大部分能量以摩擦热能的形式散失，它变形能力差，但不易损坏。

图 9. 32 所示为采用胶木板的美汤姆逊 11. 43mm 冲锋枪枪机缓冲垫，图 9. 33 所示为德国 G3 7. 62mm 自动步枪橡胶枪机缓冲垫。

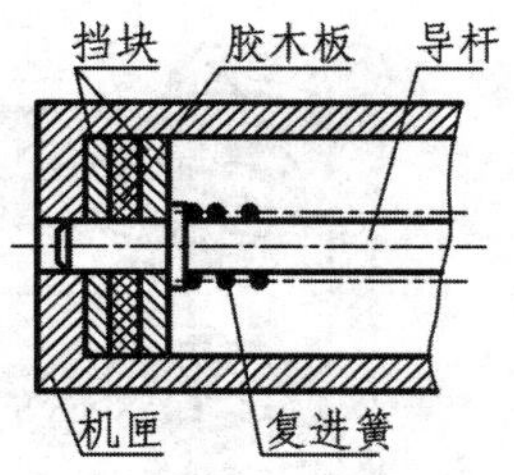

图9.32 美国汤姆逊11.43mm冲锋枪枪机缓冲垫

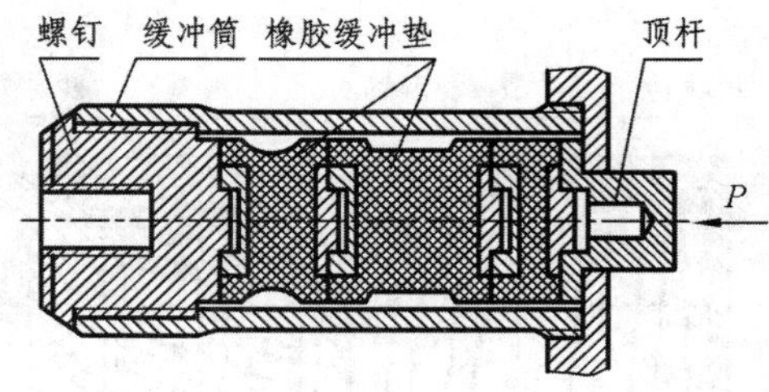

图9.33 德国G3 7.62mm自动步枪枪机缓冲垫

5. 摩擦式弹簧缓冲器

环形弹簧与碟形弹簧虽是理想的强力缓冲簧，但它们承载时其轴向变形均很小，环形簧还对锥面要求较高，通常用于大口径武器。利用摩擦原理与各式弹簧相配合工作设计出的摩擦式弹簧缓冲器，既可保证大量耗损多余能量，又可有较大的轴向位移。以下是几种不同组合方式的摩擦式弹簧缓冲器。

（1）开口环与轴向弹簧组合式缓冲器。它是由一系列铜环和开口钢环及一个圆柱螺旋弹簧组成。图9.34所示为美国勃朗宁7.62mm轻机枪的缓冲装置。铜环与钢环之间以圆锥内、外表面相接触，当活动机件撞击缓冲器时，迫使各组铜环和钢环向后运动，并压缩螺旋弹簧。由于铜环与铜环相互挤压，铜环胀大时，其外表面与缓冲筒内表面之间产生很大的摩擦力，使活动机件大部分能量损失掉。后坐终止后，靠螺旋弹簧伸张将铜环和钢环送回原位。

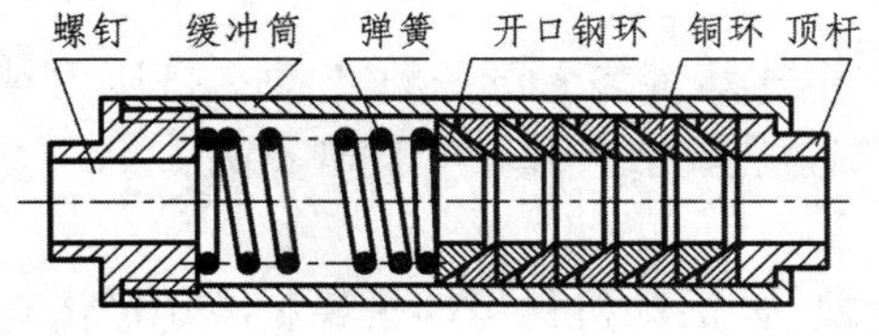

图9.34 美国勃朗宁7.62mm轻机枪缓冲装置

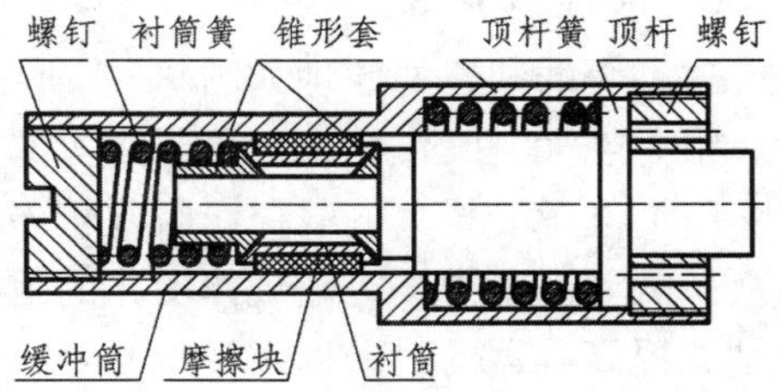

图9.35 美国M60 7.62mm通用机枪缓冲装置

（2）摩擦块与轴向弹簧组合式缓冲器。由一个衬筒、两个锥套及两根螺旋弹簧和若干个摩擦块组成。图9.35所示为美国M60 7.62mm通用机枪的缓冲装置。当活动机件与缓冲器撞击时，顶杆迫使两个锥套接近，将带摩擦块的衬筒向外挤压，使之与缓冲筒之间产生很大的摩擦力，以消耗掉大部分后坐能量。顶杆被撞后，同时压缩顶杆簧和衬筒簧，两根并联簧各吸收一小部分能量，然后分别将顶杆、锥套和衬筒送回原位。

（3）摩擦块与径向弹簧组合式缓冲器。这种缓冲器的结构原理如图9.36所示。在缓冲器内装有若干个与运动方向垂直的弹簧，这些弹簧始终向两侧顶住摩擦块，从而可消除由于磨损而造成摩擦力不稳定的因素。这些弹簧的强弱可根据所需吸收能量的多少来设置。当活动机件撞击缓冲器体并压缩缓冲簧时，摩擦块与缓冲筒壁产生摩擦阻力，这一阻力甚至存在于整个缓冲工作过程中。因此，其耗损活动机件的后坐能量，比其他弹簧式缓冲器更多。

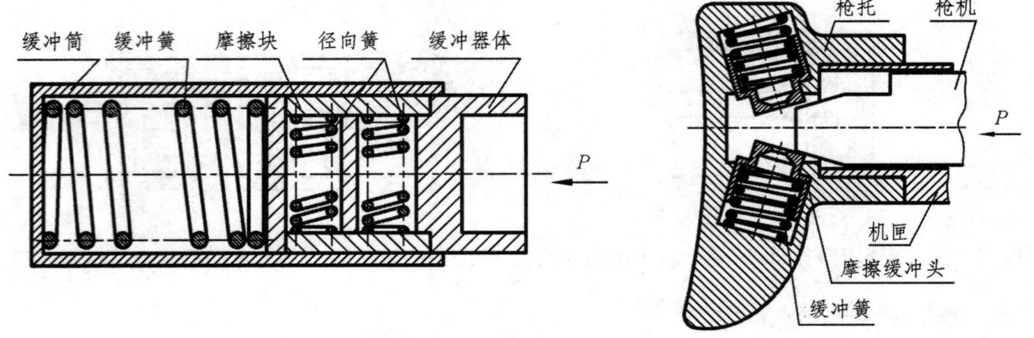

图 9.36 摩擦块与径向弹簧组合式缓冲装置　　**图 9.37 摩擦缓冲头与斜向弹簧组合式缓冲装置**

（4）摩擦缓冲头与斜向弹簧组合式缓冲器。该装置由两个摩擦缓冲头与两根圆柱螺旋弹簧组成，其轴线与枪机运动方向成 α 角。机体后端为楔形，后坐到位时分别与两个缓冲头的楔面发生摩擦，以消耗其后坐剩余能量。缓冲簧在后坐时提供阻力，复进时使缓冲头复位，同时给枪机以一定初速复进。簧力大小和斜角 α 的大小可根据耗能多少来选取。为防止后方夹死机体，一般 $\alpha > 16°$，图 9.37 所示为某 5.8mm 自动步枪枪机缓冲装置。

摩擦式弹簧缓冲器的共性问题是装置工作不均匀，常随摩擦表面的状态（涂油、磨损）变化。

6. 液压缓冲器

这种缓冲装置的原理如图 9.38 所示，它与弹簧式缓冲装置的特性不同，挤压力越大，阻力越大。工作中，把吸收的大部分能量转变为热能散失掉。其优缺点为：

（1）能承受较大的载荷，吸收较多的能量；

（2）可以获得按一定规律变化的阻力特性曲线，使活动机件运动平稳，减小撞击与振动，提高武器的射击稳定性；

（3）对活动机件的后坐和复进都有缓冲作用；

（4）使用寿命长；

（5）结构较复杂，密封性要求高，制造和调整比较困难。

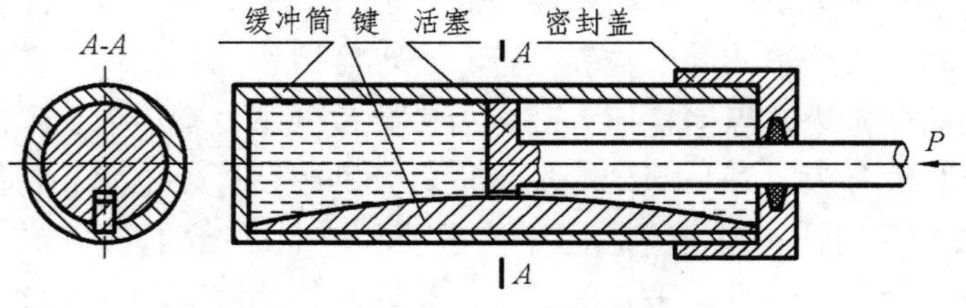

图 9.38 液压缓冲装置

7. 气体缓冲器

这种缓冲装置不需要弹簧等缓冲元件，而是利用火药燃气来实现缓冲作用。它具有液压缓冲装置的基本优缺点，但对活动机件复进时不起缓冲作用。其原理和结构如图9.39所示，苏联AM－23航空自动炮的炮闩缓冲器即为这种结构型式。

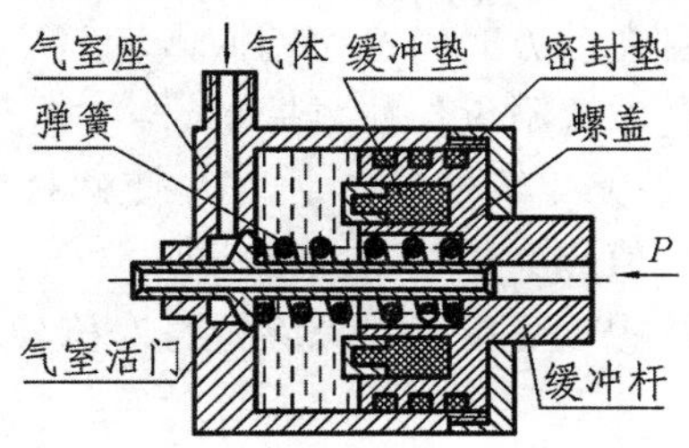

图9.39　气体缓冲装置

9.3.2　枪身缓冲器

1. 枪身缓冲器的作用

枪身缓冲器的作用是在射击时，用以减小枪身后坐与复进时对枪架的撞击，提高枪架的射击稳定性。

枪身缓冲器的性能给武器的精度、活动机件动作的可靠性、操作使用的勤务性带来影响。

2. 枪身缓冲器的结构特点

枪身缓冲器的结构形式多种多样，按照缓冲的方式和结构的不同，常见的枪身缓冲器有四种形式：

1）有预压的双向缓冲器

缓冲簧有预压力，枪身后坐或前冲时均起缓冲作用的枪身缓冲器，称为有预压的双向缓冲器。通常采用单根缓冲弹簧，如图9.40所示。

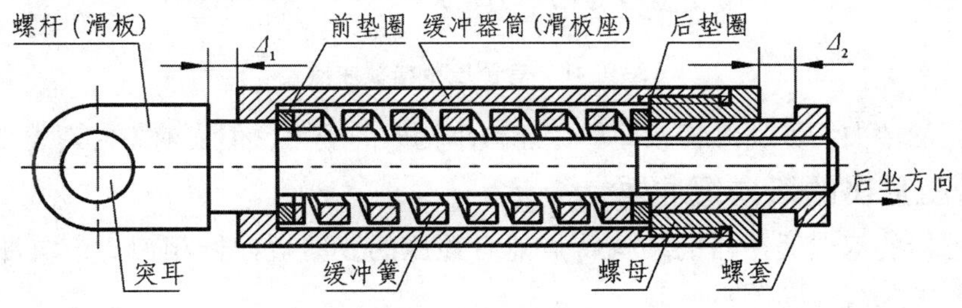

图9.40　有预压双向缓冲器

56式14.5mm高射机枪的枪身缓冲器采用的是有预压的双向缓冲器。其预压力$P_1=3950\text{N}$，工作行程$\lambda=6\text{mm}$，终压力$P_2=8280\text{N}\sim1030\text{N}$。

缓冲器机构动作为：内装缓冲簧的缓冲器筒固定在摇架上不动，螺杆以凸耳与枪身相连接。射击前，枪身带动螺杆一起后坐，由于缓冲簧的后端抵在缓冲器筒上保持不动，螺杆上的环形凸起压前垫圈及缓冲簧向后，缓冲簧被压缩以吸收枪身的后坐能量，减小枪身对枪架的撞击。枪身后坐终止后，缓冲簧伸张，推动螺杆带动枪身复进。当枪身复进到位时具有很大的复进速度，因此继续惯性前冲。此时，由于缓冲簧的前端抵在缓冲器筒上保持不动，螺杆上的螺套推垫圈及缓冲簧向前，缓冲簧即又被压缩，从而吸收枪身的前冲能量，减小枪身在前方时对枪架的撞击。前冲到位后，缓冲簧伸张，又推枪身向后，从而使枪身在平衡位置附近作往复振动。

转动螺帽与螺套，能改变缓冲簧的预压力。为使螺杆和螺套不致撞击缓冲器筒，Δ_1值应大于枪身后坐行程，Δ_2值应大于枪身前冲行程。

有预压的双向缓冲器，结构较简单，能消除枪身对枪架的撞击，减小枪架受力，有利于提高枪架的射击稳定性。

2）有预压的单向缓冲器

缓冲簧有预压力，枪身后坐时起缓冲作用的枪身缓冲器，称为有预压的单向缓冲器。通常也采用单根缓冲弹簧。

54 式 12.7mm 高射机枪的枪身缓冲器采用的是有预压的单向缓冲器。其预压力 $P_1 = 1910\text{N}$，工作行程 $\lambda = 10\text{mm}$，终压力 $P_2 = 2775\text{N}$，如图 9.41 所示。

机构动作为：缓冲簧、缓冲螺杆通过螺帽固定在滑板座上不动，滑板以凸耳与枪身相连接。射击时，枪身带动滑板一起后坐，由于缓冲簧后端抵在滑板座上保持不动，滑板上的突耳部压缓冲簧前端向后，压缩缓冲簧，从而吸收枪身的后坐能量，减小枪身对枪架的撞击。枪身后坐终止后，缓冲簧伸张，推动滑板带动枪身复进，直至滑板突出部前端撞击螺帽为止。

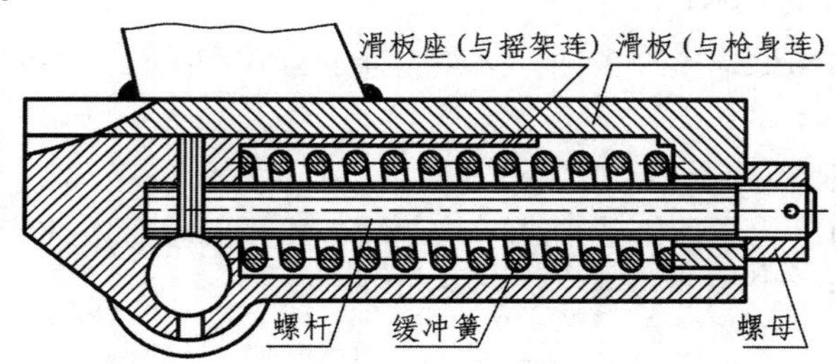

图 9.41　有预压单向缓冲器

有预压的单向缓冲器结构较简单，能减小枪架的受力，但在前方时对枪架有撞击。

3. 带阻尼器的双向缓冲器

带阻尼器的双向缓冲器的结构特点与有预压的双向缓冲器相似。该缓冲器螺杆较长，在螺杆上装有一摩擦阻尼器。

摩擦阻尼器由阻尼簧、锥形套、衬筒、摩擦块、阻尼器体、螺盖及固定螺帽等零件组成。

摩擦阻尼器的作用是在射击时，增大枪身后坐与前冲时的阻力，以进一步减小枪身对枪架的撞击，如图 9.42 所示。59 式 12.7mm 航空机枪的枪身缓冲器采用这种带阻尼的双向缓冲器。

摩擦阻尼器的机构动作为：阻尼器与缓冲器筒连接一体后固定在摇架上不动，两个锥形套装在阻尼簧与缓冲螺杆之间。在阻尼簧作用下，锥形套挤压衬筒向外。射击时，枪身带动缓冲螺杆一起后坐，螺杆上的前环形凸起压缩缓冲簧，吸收枪身的后坐能量；

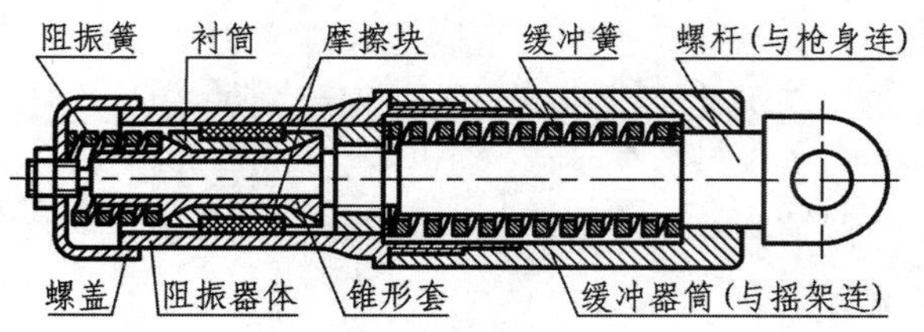

图9.42　带阻尼双向缓冲器

螺杆上的后环形凸起带动锥形套、阻尼簧、衬筒、摩擦块、螺盖等一起向后。由于摩擦块在阻尼簧、锥形套、衬筒作用下，紧贴于阻尼器体内壁上，形成的摩擦阻力能进一步吸收枪身的后坐能量，从而大大减小了枪身对枪架的撞击。

转动螺盖能改变阻尼簧的预压力，以改变摩擦力的大小。

带阻尼器的双向缓冲器结构较复杂，但能较好地消除枪身对枪架的撞击，减小枪架受力，有利于提高武器的射击精度。

4. 无预压的双向缓冲器

组合缓冲簧的合成预压力为零，枪身后坐或前冲时均起缓冲作用的枪身缓冲器，称为无预压的双向缓冲器。通常采用两根组合缓冲弹簧，如图9.43所示。

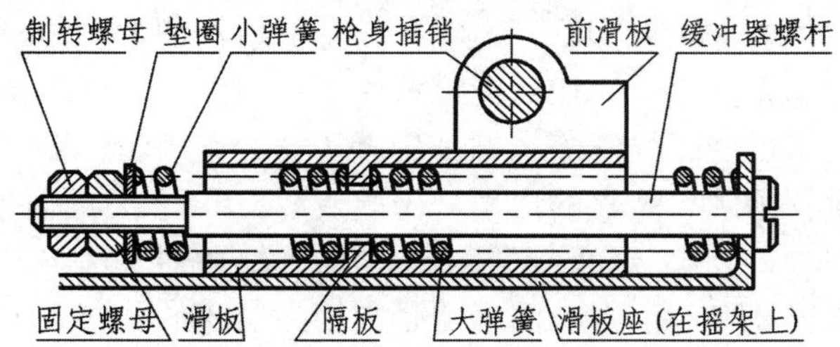

图9.43　无预压双向缓冲器

53式7.62mm重机枪的枪身缓冲器采用这种无预压的双向缓冲器，其缓冲簧的预压力$P_1 = 330\mathrm{N}$，工作行程$\lambda = 5.5\mathrm{mm}$，终压力$P_2 = 530\mathrm{N}$。组合缓冲簧的合成预压力始终为零。

枪身后坐时，压缩后方的大缓冲簧，其簧力逐渐增大。前方的小缓冲簧伸张，压力逐渐减小，只要其与枪身不脱离接触，作用于枪身的力即为两簧力的代数和。射击前枪身处于静止状态，两簧的预压力大小相等但方向相反，其合力为零，即该组合缓冲簧的合成预压力为零。

机构动作为：大小缓冲簧装在滑板内，并用缓冲器螺杆固定在滑板座上，大缓冲簧后端抵在滑板座上，前端抵在滑板隔板后壁上。小缓冲簧后端抵在滑板隔板的前壁上，前端抵在垫圈上。射击时，枪身带动滑板一起后坐，小缓冲簧伸张，由于大缓冲簧后端抵在滑板座上保持不动，滑板隔板即压缩大缓冲簧，从而吸收枪身后坐能量，减小枪身对枪架的撞击。枪身后坐终止后，大缓冲簧伸张，推动滑板带动枪身复进，压缩小缓冲簧。当枪身复进到位后，其复进速度很大，使其将继续惯性前冲，小缓冲簧继续被压缩，从而吸收枪身的前冲能量，减小枪身在前方时对枪架的撞击。前冲到位后，小缓冲簧伸张，又推枪身向后，使枪身在平衡位置附近作往复振动。

转动固定螺帽，能改变缓冲簧的压缩量，改变枪架的受力，但组合缓冲簧的合成预压力始终为零。

无预压的双向缓冲器结构简单，能较好地消除枪身对枪架的撞击，减小枪架受力，有利于提高枪架的射击稳定性。

9.4 膛口装置简介

膛口装置是安装在自动武器膛口上，利用弹头或弹丸离开膛口后，膛内火药气体向外喷射对其产生作用而达到一定效果的特殊机械装置。

据估算，在枪（炮）口处，火药燃气剩余能量约占火药总能量的45%，枪（炮）弹出膛口瞬间，有巨大能量的火药燃气也随之喷出，枪（炮）口处的燃气压力高达几百个大气压，温度近1800℃，膛口初速等于声速，在膛口膨胀区气流速度还可加速到超声速。这些高能量的火药燃气，除一小部分能量在后效期内继续推动弹头做有用功外，绝大部分能量都转变成有害介质。如高速气流的反作用将加大武器的后坐力，高温高压燃气在膛口突然膨胀产生强烈的爆轰波和眩目的火光等。武器后坐会影响其稳定性和射击精度；爆炸产生的冲击波和巨大声响会伤害射手；冲击波扬起的尘土和耀眼的火光会影响射击瞄准并暴露阵地等。如何消除这些不利因素，并利用膛口气流本身，让它在各种简单而巧妙的结构中改变气流状态，变有害功为有用功，即制退器、消焰器、消声器、助退器和防跳器等膛口装置的由来。因此，膛口装置也叫做能量转换器。

根据作用不同，膛口装置分为制退器、助退器、减跳器、消焰器和消音器等多种类型。其中制退器、助退器、消焰器和消声器是应用最广泛的膛口装置。实际上，很多武器的膛口装置具有总和作用。如56式14.5mm高射机枪的枪口装置，既有制退作用，又有助退和消焰作用。而54式7.62mm冲锋枪的枪口装置既有制退作用，又有减跳作用。限于篇幅，本书不详细介绍，读者可参阅相关书籍。

思考题

1. 复进装置由哪些零件组成？复进装置的作用是什么？
2. 简述复进装置安装在不同位置的优缺点。
3. 论述复进簧的各种配置方式的工作原理。
4. 分析膛内火药燃气压力和导气室内火药气体压力变化规律及其相应关系。
5. 阐述四种类型导气室的结构特点。
6. 导气式自动武器的导气系统由哪些结构或零部件组成？各有什么作用？
7. 论述现代武器导气装置所使用的活塞的结构形式及其特点。
8. 调整器的作用是什么？调整气流的方法有哪些？
9. 论述活动机件缓冲器的结构形式及其特点。
10. 现有枪身缓冲器的结构形式有几种？简述其特点。

第三部分　地面半自动火炮主要结构构造及其工作原理

第 10 章　炮闩与炮尾

炮闩与炮尾是构成火炮火力系统的两个核心部件，炮闩结构依火炮的要求和总体布置而定，而炮尾结构则是随炮闩结构而定。

10.1 炮　闩

10.1.1 炮闩作用和分类

炮闩是用以发射时闭锁炮膛、完成击发动作、发射后抽出药筒、重新装填下一发炮弹的火力系统部件。一般由闭锁、击发、开闩、抽筒、保险等机构或装置组成。

炮闩可按闭锁原理和结构动作分类。按闭锁原理可分为楔式炮闩和螺式炮闩。按结构动作可分为自动炮闩、半自动炮闩和非自动炮闩。

无论哪种类型的炮闩，其结构均应满足结构简单、闭锁确实、操作方便和保险可靠等基本要求。

10.1.2 楔式炮闩结构原理

楔式炮闩可按照炮尾闩室横竖方向不同分为立楔式和横楔式两种型式。本书仅介绍立楔式炮闩的结构及工作原理。

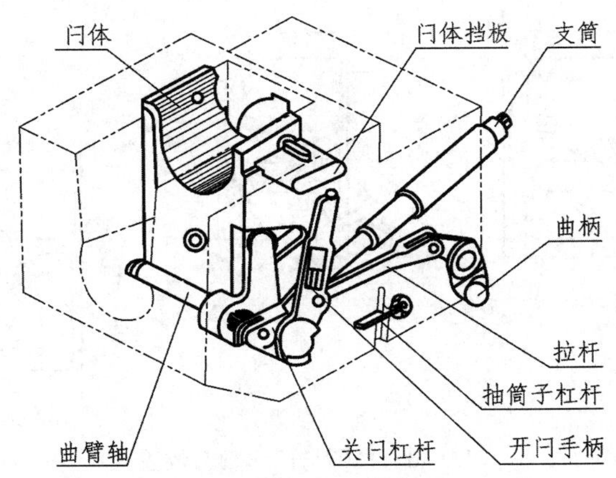

图 10.1　普通半自动楔闩

图 10.1 是一种普通式半自动立楔式炮闩。该炮闩由闭锁机构、击发机构、抽筒机构、保险机构、半自动装置和复拨器等组成。其作用是闭锁炮膛、击发底火、抽出药

筒。它广泛用于加农炮、榴弹炮、加榴炮等地面半自动火炮，如56式85mm加农炮炮闩结构。

1. 楔式炮闩闭锁机构

楔式炮闩闭锁机构主要由闩体、曲臂、曲臂轴、闩柄和闩体挡板等组成，如图10.2所示。

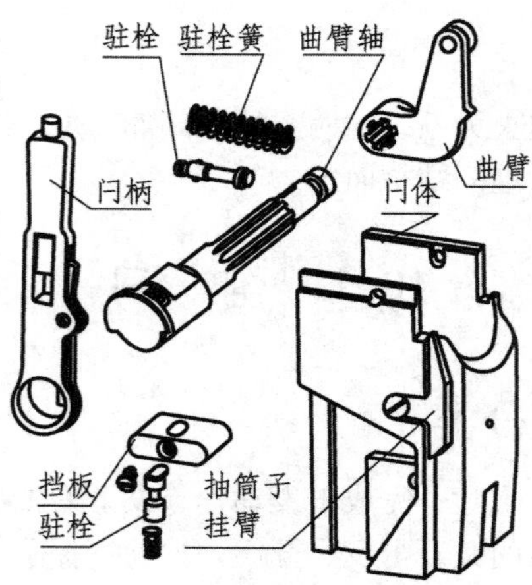

图10.2 闭锁机构主要零件

1）楔式炮闩闭锁机构的结构组成及工作原理

（1）闩体。其形状为一楔形体。内部有空间安装击发装置的零件，上端有输弹槽和提把孔；前面有抽筒子挂臂及镜面直接抵住药筒；闩体中有容纳击针的击针孔；右侧有供曲臂滑轮运动的定形槽。定形槽由纵槽Ⅰ、横槽Ⅱ和以曲臂轴中心为圆心的圆弧Ⅲ三段组成，见图10.3。槽Ⅰ为装拆炮闩时曲臂滑轮的通道；槽Ⅱ供滑轮带动闩体开、关闩使用；槽Ⅲ用于使闩体可靠闭锁，并在开闩前拨回击针。

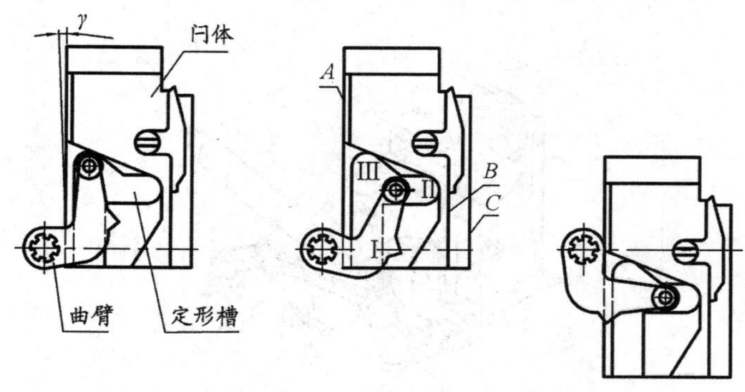

（a）关闩状态　（b）开始开闩　（c）开闩状态

图10.3 曲臂与闩体相互位置

闩体定形槽有不同的形状，但其作用原理基本相同。图10.4所示为三种常用的闩体定形槽形状示意图。

手动开闩时，向前转动闩柄，则曲臂轴带动曲臂滑轮，在位于槽Ⅲ段中开锁并收回击针，在位于槽Ⅱ段中迫使闩体下降而开闩。

（2）曲臂和曲臂轴。曲臂与曲臂轴以花键装配。转动时，曲臂上的滑轮在闩体定形槽内运动，产生开、关闩动作。曲臂齿用于开闩时拨回击针，其凹面用于关闩到位时解脱保险器，见图 10.5。

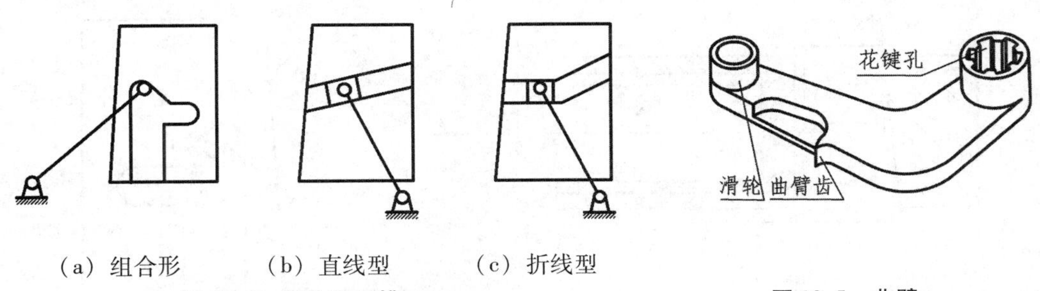

（a）组合形　（b）直线型　（c）折线型

图 10.4　闩体定形槽

图 10.5　曲臂

闩体后端面 A 与炮膛轴线的垂直线成 γ 角，前面两侧的导向棱 B 与 A 面平行，而闩体镜面 C 垂直于炮膛轴线，闩体成楔形状态。A、B 两面与炮尾闩室内的两个倾斜导向面相配合。开闩时，闩体向下运动，并向后位移 $\triangle l$（图 10.6）；关闩时，闩体向上运动，并向前位移 $\triangle l$。将闩体做成楔形的目的主要是保证在关闩时，闩体可把炮弹略向前推，使炮弹装填确实；而在开闩时，闩体前端镜面与药筒底离开，减少闩体镜面与药筒间的摩擦力，有利于开闩。

（3）闩柄。闩柄套在曲臂轴右端，供人工开闩用。

（4）闩体挡板。确保闩体在关闩到位时的正确位置。

2）普通楔式炮闩闭锁条件

为保证闭锁确实可靠，楔形炮闩须满足以下两个条件：

（1）闩体自锁条件

图 10.6 为闩体受力示意图，发射时，作用于闩体的力有膛底合力 P_t 和炮尾支撑面对闩体的垂直反力 $\boldsymbol{N}$。

令 f_1 表示闩体镜面与药筒底面间的摩擦系数，f_2 表示炮尾支撑面与闩体后斜面间的摩擦系数。忽略小量级的闩体重力及惯性力，则闩体在自锁状态下受力平衡方程为：

$$\sum X = -\boldsymbol{P}_t + \boldsymbol{N}(\cos\gamma + f_2\sin\gamma) = 0;$$

$$\sum \gamma = \boldsymbol{P}_t f_1 - \boldsymbol{N}(\sin\gamma - f_2\cos\gamma) = 0。$$

消去 $\boldsymbol{N}$ 并略去高次项，得

$$\sin\gamma = (f_1 + f_2)\cos\gamma;$$

设

$$f_1 = f_2 = f;$$

$$\tan\lambda = 2f。$$

摩擦系数 f 可用摩擦角 φ 的正切代替，即 $f = \tan\varphi$。在小角度情况下，正切函数可用弧度值代替，由此可得 $\gamma = 2\varphi$。

因此，闩体的自锁条件是：$\gamma \leqslant 2\varphi$。

一般润滑条件下，$f=0.01\sim0.02$，即闩体后面的斜角 γ 只能在 $1°10'\sim2°20'$之间。通常楔闩都取 $\gamma=1°42'$。

（2）闭锁机构自锁条件

对于闩体带定形槽的闭锁机构，发射时闩体作用在曲臂上的力如图 10.7 所示。

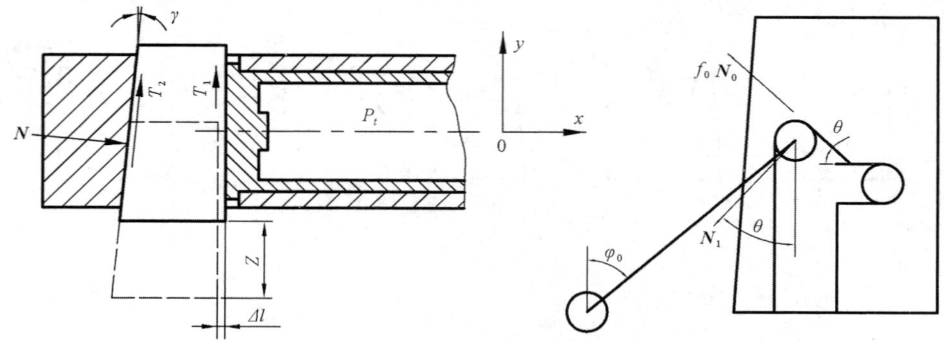

图 10.6　闩体受力示意图　　　　图 10.7　曲臂滑轮受力示意图

图中，$\boldsymbol{N}_1$ 为闩体作用于曲臂滑轮上的力，垂直于触点的切线；$f_0\boldsymbol{N}_1$ 为曲臂滑轮上的摩擦力；ψ_0 为关闩状态时曲臂的初始角；θ 为关闩状态滑轮在槽内触点切线对炮膛轴线的夹角。

为可靠闭锁炮膛，发射中，曲臂向前（开闩方向）回转的力矩应不大于向后的力矩。即：

$$\boldsymbol{N}_1\cdot l_k\sin(\psi_0-\theta)\leqslant f_0\cdot\boldsymbol{N}_1\cdot l_k\cos(\psi_0-\theta);$$

整理得

$$\tan(\psi_0-\theta)\leqslant f_0=\tan\varphi_0;$$

则

$$\psi_0\leqslant\theta+\varphi_0。$$

可见，要保证自锁，曲臂的初始角 ψ_0 应取较小值，当 $\psi_0=\theta$ 时，N_1 通过曲臂轴线，可保证闭锁更为可靠，56 式 85mm 加农炮闭锁机构中的圆弧Ⅲ，其法线即是通过曲臂的回转中心。

2. 开闩、关闩机构

在半自动炮闩和自动炮闩中，需要设置独立的关闩和开闩机构。关闩机构多采用弹簧式，依靠开闩时压缩弹簧而储存能量。关闩时，靠弹簧伸张推动闩体完成闭锁动作。

关闩机构与炮闩结构有关，一般可分为：

（1）纵动式炮闩关闩机构，见图 10.8(a)。其特点是：关闩时同时完成输弹动作，开闩时直接抽出药筒，关闩动力靠关闩弹簧力或炮闩复进簧力直接作用在闩体上，这种结构多用于自动炮。

（2）横动式炮闩关闩机构，见图 10.8(b)。其特点是：关闩弹簧力需通过曲臂连杆机构将其传给闩体，这种结构多用于半自动楔闩。其典型结构为 56 式 85mm 加农炮半自动机，它由关闩机和开闩板组成。

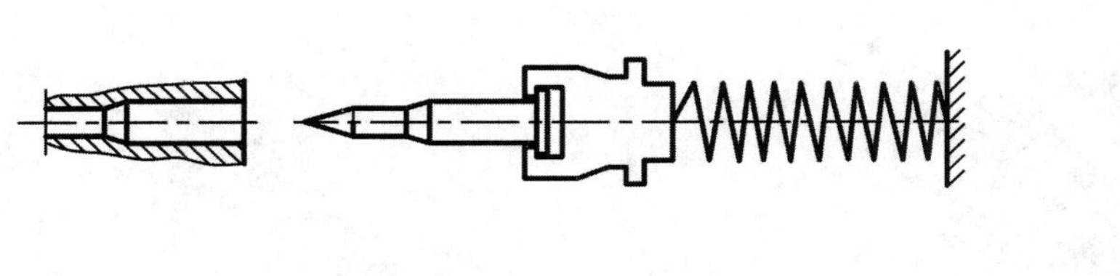

(a) 纵动式

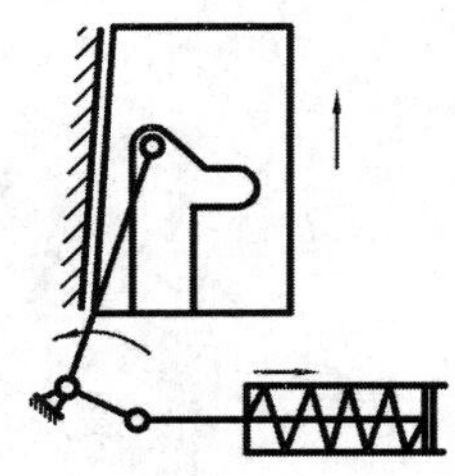

(b) 横动式

图 10.8　关门机构原理图

关闭机由平行四连杆机构、支筒和关闩簧组成，用于自动关闩，如图 10.9 所示。四连杆机构由杠杆、拉杆、曲柄和固定于炮尾上的二轴心构成，各杆互相以销轴连接。压筒以销轴与拉杆连接，在关闩簧的作用下推动拉杆和杠杆使曲臂转动，从而带动闩体关闩。支筒用小轴铰接在炮尾侧面，可作小幅度摆动，调整螺帽用以调整弹簧的预压力。

开闩板装在摇架的支臂上，可绕开闩板轴在水平面上摆动，用于自动开闩。其后端面是工作面，侧斜面供炮身后坐时让开炮尾上的曲柄，以保证后坐运动正常进行，见图 10.10。

手动开闩时，闩柄带动曲臂轴，杠杆绕轴心点顺时针转动，迫使压筒压缩弹簧，以储存关闩能量。开闩后抽筒子挂钩钩住闩体。解脱抽筒子挂钩，则弹簧伸张，推动拉杆、杠杆、曲臂轴和曲臂等运动而关闩。

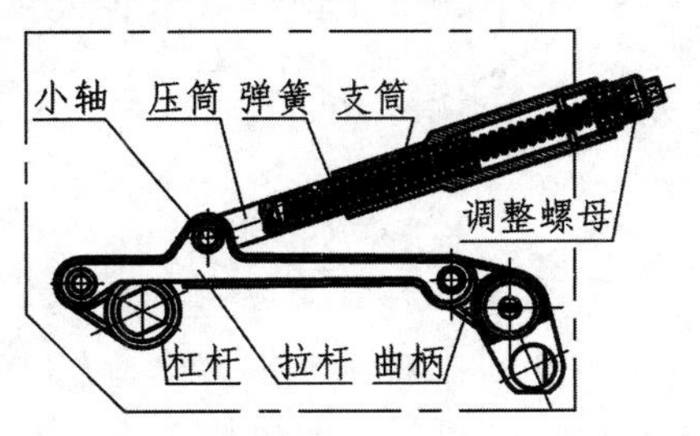

(a) 关闩状态

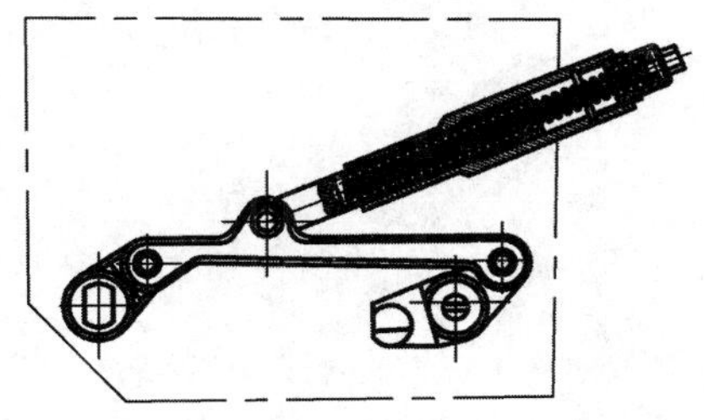

(b) 开闩状态

图 10.9　关闭机

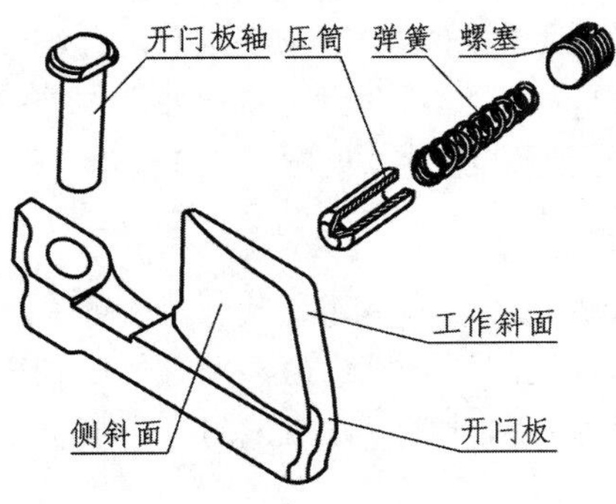

图 10.10　开闩板

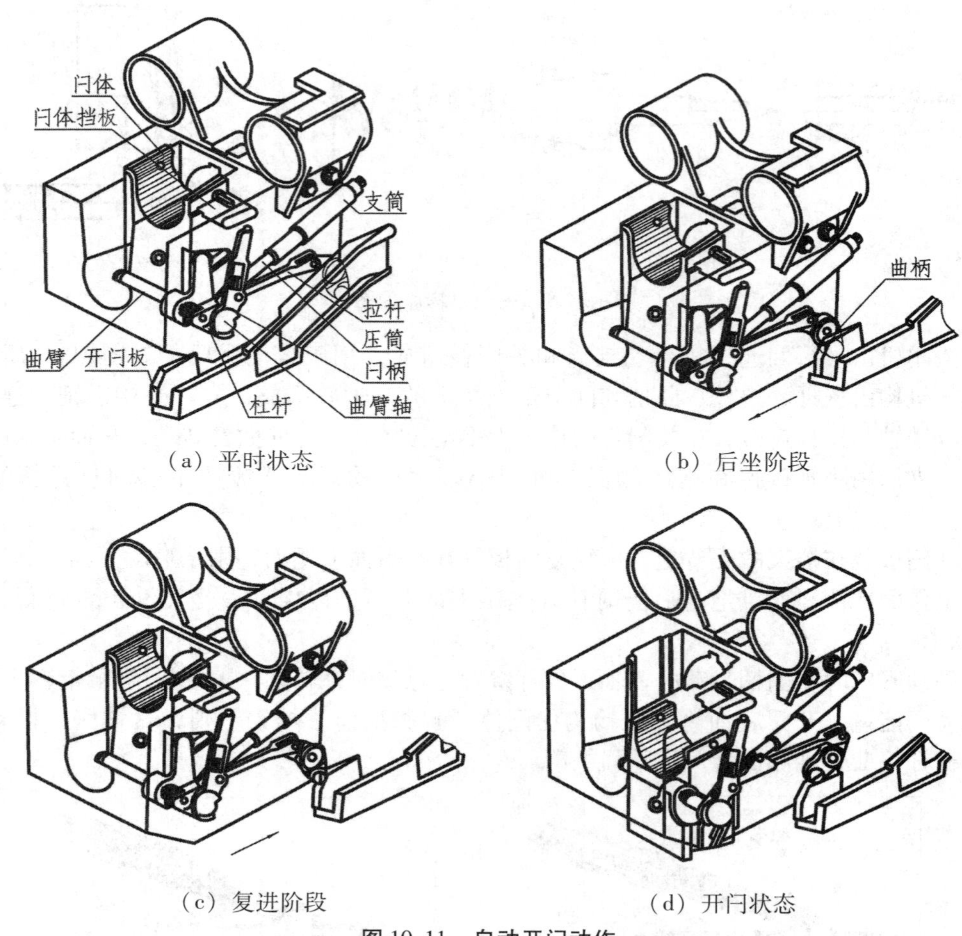

（a）平时状态　（b）后坐阶段

（c）复进阶段　（d）开闩状态

图 10.11　自动开闩动作

图 10.11（a）为发射前的位置。自动开闩时，其动作顺序如下：发射后，炮身后坐，曲柄上圆形凸起部的斜面推动开闩板，从其侧面滑过，开闩板略向右转，让开曲柄，如图 10.11（b）所示。当炮身大约复进 1/3 行程时，复进速度达到最大，曲柄的圆形凸起部撞击开闩板的工作面，曲柄开始回转，通过拉杆、杠杆和曲臂轴带动曲臂，曲臂滑轮先在闩体定型槽的弧形段内运动，完成拨回击针动作，见图 10.11（c）。当滑轮接触闩体水平槽时，闩体开始下降，直至闩体被抽筒子挂钩钩住，在曲臂轴回转的同时，关闩簧被压缩以贮存关闩所需能量，见图 10.11（d）。

3. 抽筒机构

抽筒机构的作用是抽出药筒、保持闩体在开闩状态。

抽筒机构一般分为纵动式炮闩抽筒机构与横动式炮闩抽筒机构。前者由炮闩上的抽筒钩在炮闩向后运动时便可直接抽出药筒，见图 10.8（a）；后者则必须设抽筒子以完成抽筒动作。

抽筒子按其抽筒作用的性质，可分为撞击作用式和平稳作用式两种。按结构又分为杠杆式和凸轮式两种。

（1）撞击作用杠杆式抽筒子。利用闩体在开闩终了撞击抽筒子短臂，而由抽筒子长臂抽出药筒。通常应用于中、小口径火炮上，如 56 式 85mm 加农炮。其优点是结构简单，制造容易，操作使用方便。缺点是撞击时受力很大，容易引起抽筒子及药筒底缘损坏。在药筒变形较大时，抽筒性能差，一般随炮都带有抽筒子备件。

图 10.12 和图 10.13 分别为 56 式 85mm 加农炮杠杆冲击式抽筒结构图及抽筒状态示意图。左右抽筒子套在有键的轴上，每个抽筒子有长臂和短臂，长臂上端有抽筒子爪和挂钩。抽筒子爪用于抽筒时抓住药筒底缘；挂钩用于钩住闩体上的抽筒子挂臂，以保持闩体处于开闩状态。压栓和弹簧用于使抽筒子长臂经常贴向闩体，以便在开闩后及时钩住抽筒子挂臂。图 10.14 为抽筒开始状态。

抽筒子轴安装在炮尾内，两个抽筒子在其上可相对摆动一个角度，以防某一个抽筒子的挂钩磨损、损坏变形或脱离闩体挂臂时，另一个抽筒子仍可钩住闩体于开闩状态。

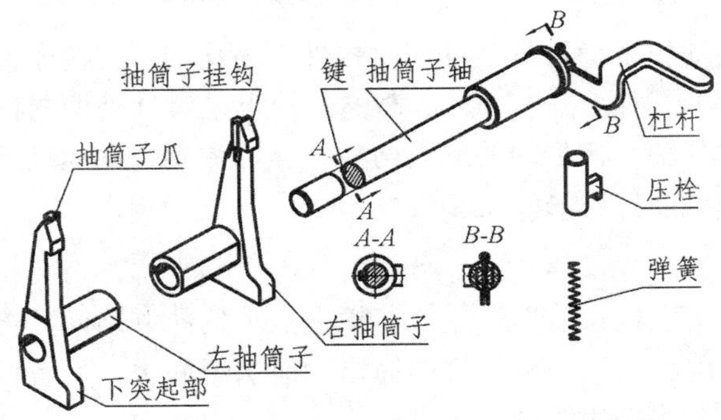

图 10.12　杠杆冲击式抽筒装置

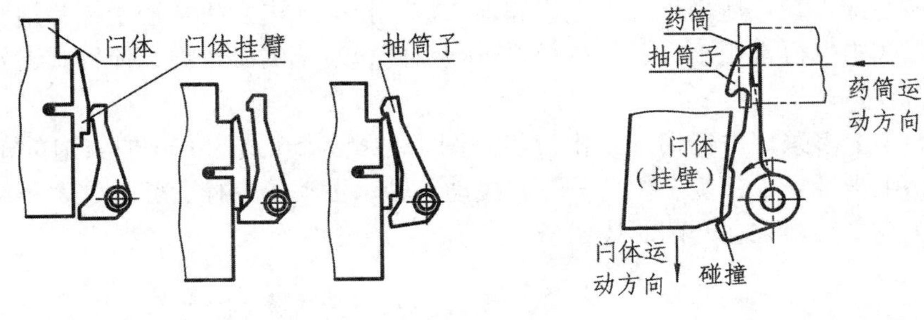

（a）平时　（b）抽筒前　（c）抽筒后

图 10.13　抽筒状态示意图

图 10.14　抽筒开始状态

（2）均匀作用凸轮式抽筒子。其结构下部有两个同心的内、外耳轴，外轴插入炮尾的弧形滑槽内，内轴插入闩体的定形槽中，抽筒子前面贴于身管尾端面 A 上。利用开闩过程中闩体上的曲线槽使抽筒子转动，并以传速比逐步增大的方法，使开始抽筒时药筒速度很小，以便平稳地抽动药筒，然后迅速增大抽出速度，以达到预定的抽筒末速。

开闩时，内耳轴沿闩体定形槽前移，外耳轴在炮尾滑槽中运动，迫使抽筒子上端后转以抽出药筒。滑槽的形状应使抽筒子在开闩初期转动缓慢，让药筒稍有移动，开闩末期应使抽筒子迅速后转而抽筒，同时，内耳轴进入定形槽水平段，使闩体保持开闩位置，见图 10. 15。

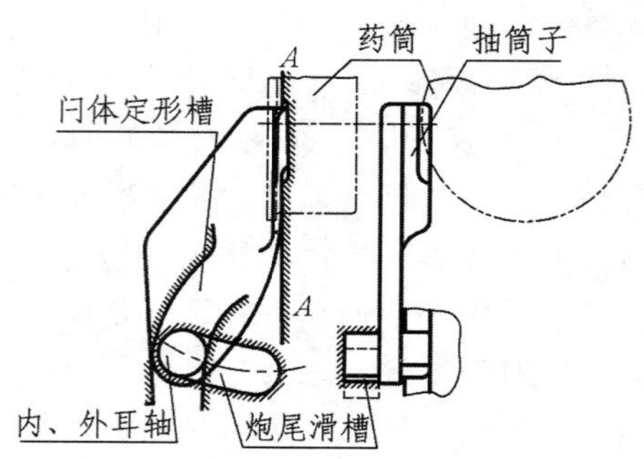

图 10. 15　均匀作用凸轮式抽筒子

凸轮式抽筒装置动作平稳可靠，抽筒时构件受力均匀，抽筒子的寿命较长。通常应用于中、大口径火炮上，如 59 式 100mm 高炮。缺点是对耳轴槽的精度要求较高，增加了工艺难度；抽筒时耳轴与槽之间的摩擦力较大。输弹到位的速度不能太大，否则药筒底缘和抽筒子抓钩接触部位容易发生塑性变形。

4. 击发机构

击发机构一般由击发机和发射机组成。根据点火的能源不同，击发机构可分为机械式和电点火式两种。前者借以机械构件的撞击动能引燃底火；后者以电流加热金属丝来引燃底火。地面火炮上多采用机械式击发机构。

机械式击发机分击针式、击锤式和撞针式，其中击针式又可细分为惯性式和拉火式。击针惯性式击发机适用于反坦克炮和加农炮，拉火式击发机常用于榴弹炮和大口径火炮，击锤式击发机常用于大、中口径迫击炮及药包装填的海军炮，撞针式击发机则广泛用于小口径迫击炮。

楔式炮闩上多采用击针惯性式击发机。图 10. 16 为 56 式 85mm 加农炮的击针惯性式击发机，由击针、击针簧、拨动子、右拨动子轴、拨动子驻栓、驻栓弹簧等组成。拨动子和右拨动子轴用来在开闩时拨回击针。

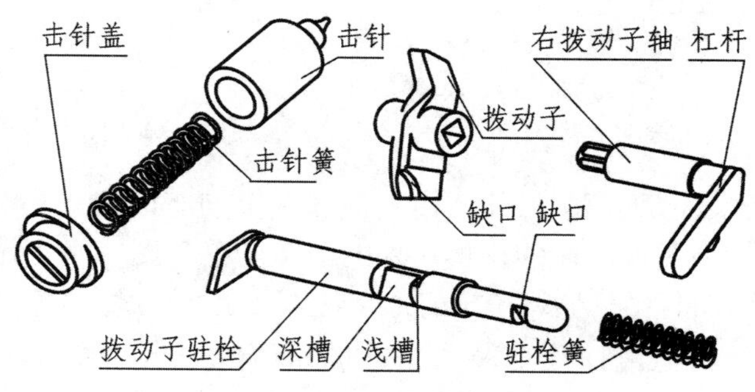

图 10. 16　击针惯性式击发机图

开闩时，曲臂向下转动，曲臂齿压右拨动子轴的杠杆，右拨动子轴带动拨动子转动，将击针拨回，并压缩击针弹簧，如图 10.17(a)所示，拨动子驻栓在弹簧作用下向左移动（从炮尾向前看），浅槽控制拨动子呈待发状态。关闩后，发射机经炮尾内的推杆推动拨动子驻栓向右，使深槽对正拨动子下端，解除对拨动子的约束，击针在弹簧作用下向前击发，如图 10.17(b)。

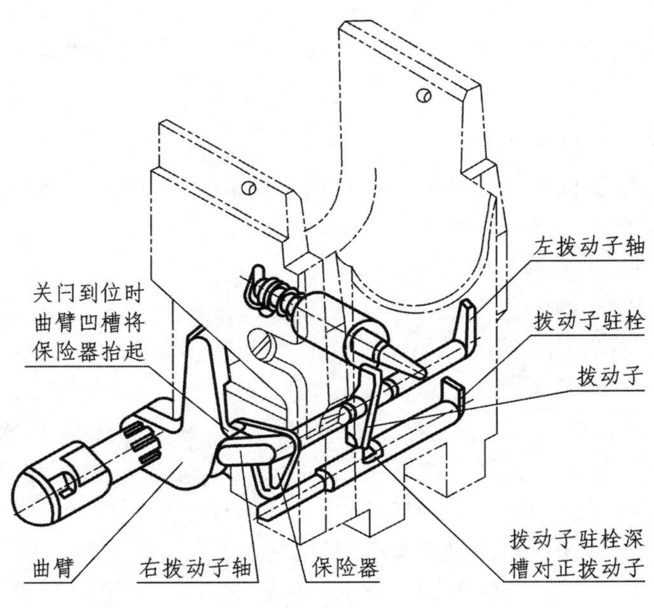

(a) 待发状态

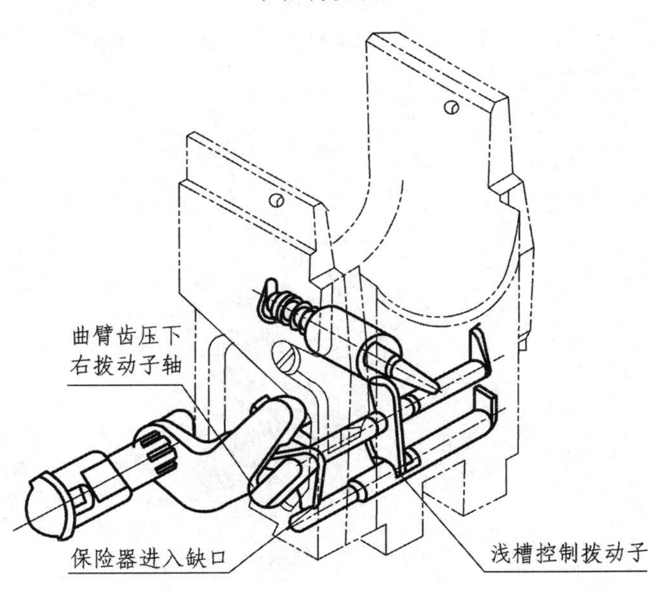

(b) 击发状态

图 10.17　击发装置动作

值得指出的是，击针应在闩体开始下降之前拨回。否则，在开闩时，击针尖就会与底火相碰而折断。曲臂滑轮在闩体定形槽的圆弧段Ⅲ（图 10.2）内运动时，曲臂齿压迫右拨动子轴，拨回击针，这时闩体尚未移动，此后曲臂继续转动，闩体才向下运动。

一般要求击发机构所提供的能量应与底火的构造和击针突出量匹配，既要可靠击发，又不能击穿底火。通常，击针头直径约为 3.0 ~ 3.5mm，突出量约在 2.0 ~ 3.8mm 之间。

击针惯性式击发机的优点是动作简单，开闩时击针就处于待发状态，发射时延迟时间短。

5. 保险机构

保险机构又称炮闩保险器，是射击时控制击发条件和时机、保证火炮机构和人员安全的炮闩装置。通常在以下多种情况应设保险机构：

（1）闩体未到位、闭锁不确实时不得击发；

（2）迟发火或瞎火时，人力用普通动作不能开闩；

（3）炮身、反后坐装置、摇架相互连接不正确时，不得击发；

（4）炮身复进不到位时，不能继续发射等。

图 10. 18 为 56 式 85mm 加农炮炮闩上的保险器。该保险器由保险子和弹簧组成。保险器套在拨动子右轴上，扭簧上端压于闩体上，另一端压在保险器的上凸角上，使其下凸角总有卡入拨动子驻栓缺口的趋势。

开闩时，击针为待发状态，保险子在扭簧的作用下，下凸角立即插入拨动子驻栓缺口，当关闩不到位时，下凸角仍然卡住拨动子驻栓缺口，阻止拨动子驻栓移动，因而不能击发。闩体上升到位后，曲臂滑轮继续在闩体定形槽圆弧段Ⅲ内运动，当曲臂转到最上端位置时，关闩机构到位，曲臂齿上凹面将保险器的上凸角抬起，下凸角离开驻栓缺口，保险被解除，即可击发。

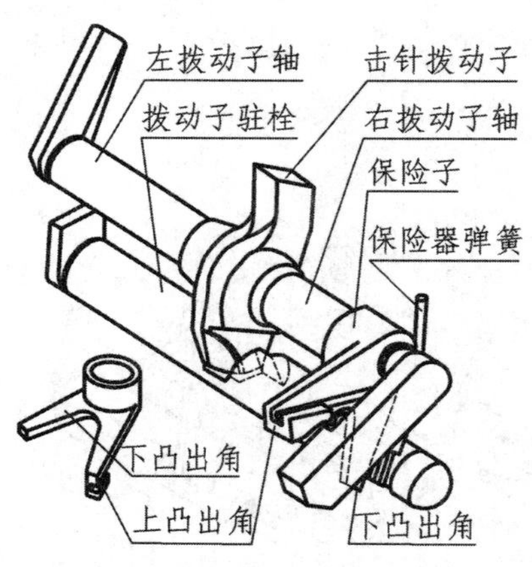

图 10. 18　保险器

6. 复拨器

发射中出现迟发火时，不必开闩，采用复拨器将击针拨回便可再次击发。图 10. 19

所示的拨动子左轴就起这种作用。在摇架的防危板上装有握把和杠杆，炮尾左侧装有杠杆轴，它与拨动子左轴接触。转动握把，杠杆带动杠杆轴而使拨动子左轴转动，拨动子将击针拨回成待发状态，放松握把后，杠杆在扭簧的作用下恢复原位。

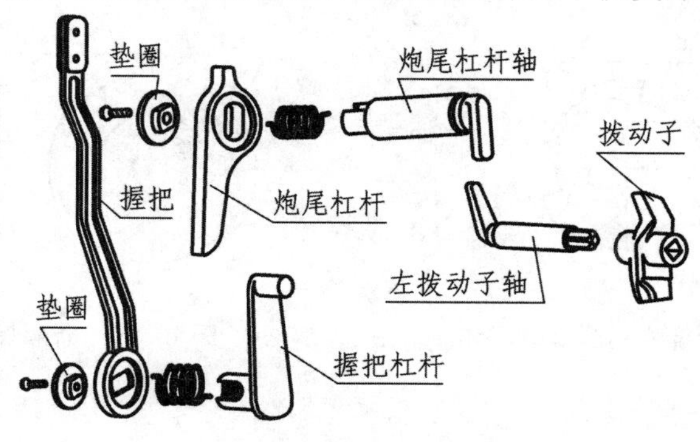

图 10.19　复拨器

10.1.3　螺式炮闩结构原理

1．螺式炮闩的类型

螺式炮闩是靠闩体上的外螺纹直接与炮尾闩室内的螺纹连接的一种炮闩。现代螺式闩体形状多为圆柱形。按开、关闩时闩体运动动作可分为一程式螺闩、二程式螺闩和三程式螺闩。

（1）一程式螺闩。即开、关闩时连续旋拧螺纹，用在连续螺纹闩体上。

（2）二程式螺闩。即关闩时，闩体先作弧形运动，进入炮尾闩室，然后再绕自身纵轴旋转而闭锁。开闩时，动作相反。目前火炮上的螺闩基本上采用二程式。

（3）三程式螺闩。第一动作，闩体在锁扉里转动；第二动作，闩体在锁扉里作直线运动，移出闩室；第三动作，锁扉离开炮尾切面。

螺闩为左旋外螺纹，螺纹形状一般为等腰三角形。为保证发射时可靠闭锁，螺纹升角很小，通常为 1°10′或 1°20′。

按闩体外螺纹形状，闩体可分为连续螺纹闩体、断隔螺纹闩体和阶梯式断隔螺纹闩体。

（1）连续螺纹闩体。闩体外螺纹是连续的，用整体螺纹与炮尾结合，有较好的强度，但闩体旋入或旋出炮尾闩室时，动作复杂且费时间，现代螺式炮闩很少采用。

（2）断隔螺纹闩体。将闩体外螺纹沿纵轴方向对称地切去若干部分，被切后的光滑部将螺纹隔断，如果剩余的螺纹部所对的圆心角为 30°或 90°，则闩体进入炮尾的闩室后只需旋转 30°或 90°即能与闩室对应的断隔螺纹啮合以进行闭锁，十分方便。

（3）阶梯式断隔螺纹闩体。一种断隔螺纹闩体的改进型。在大口径火炮上多采用阶梯式断隔螺纹闩体，螺纹制成 2 ~ 3 阶梯，使其与炮尾闩室的啮合面增加。我国 130mm 单管海军炮就采用了二阶梯式螺闩，如图 10.20 所示，其光滑部与螺纹部构成高低 3 个阶梯，螺纹与光滑部所对的圆心角各为 40°，闩体进入闩室后，旋转 40°即可闭锁。

为使闩体在进、出闩室时不受闩室螺纹干涉，常将闩体的两个光滑面沿轴向加工成弧形，一侧内凹，另一侧外凸，如图 10.21 所示。

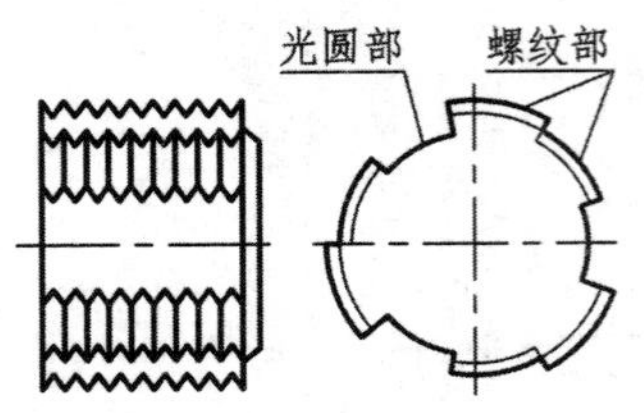

图 10.20　阶梯式断隔螺纹闩体

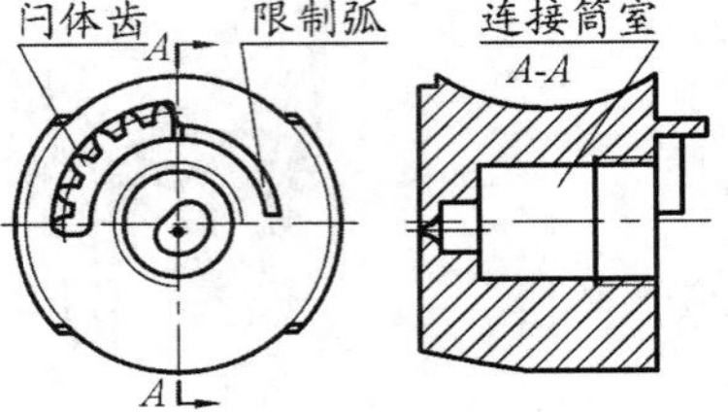

图 10.21　断隔螺闩闩体

2. 螺式炮闩一般组成

螺式炮闩一般由闭锁、击发、抽筒、保险及挡弹等机构或装置组成，如图 10.22。

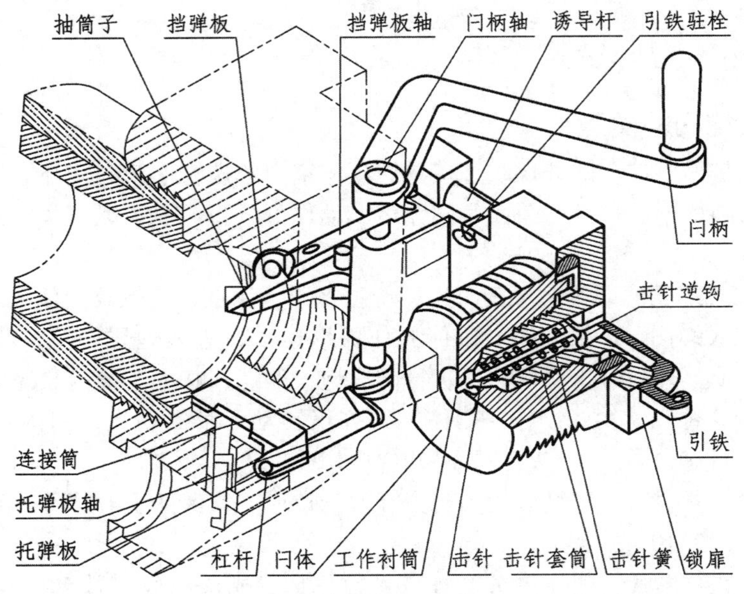

图 10.22　螺式炮闩

（1）闭锁机构。闭锁机构由闩体、锁扉、闩柄、诱导杆及驻栓等组成。闩体通过内螺纹旋合于锁扉的连接筒上，锁扉以闩柄轴装于炮尾上，并可绕此轴转动。诱导杆可在锁扉内移动，其一端为齿条，与闩体的齿弧相啮合。闩柄转动时带诱导杆滑动，诱导杆则带闩体转动。整个关闩过程可分为两个阶段：第一阶段，闩体、锁扉、闩柄和诱导杆一起转动，直至闩体完全进入闩室；第二阶段，锁扉不动，闩柄继续转动，经诱导杆使闩体转 90°，闩体螺纹与闩室螺纹相扣合而闭锁。如图 10.23 所示。

锁扉上安装了闭锁装置和击发装置的零件，其形状如图 10.24 所示。锁扉在炮尾上的转动带动闩体运动，进行开关闩。

闩柄用于开、关炮闩，并通过闩柄轴将锁扉和炮尾连接起来。闩柄轴上的窄键与锁

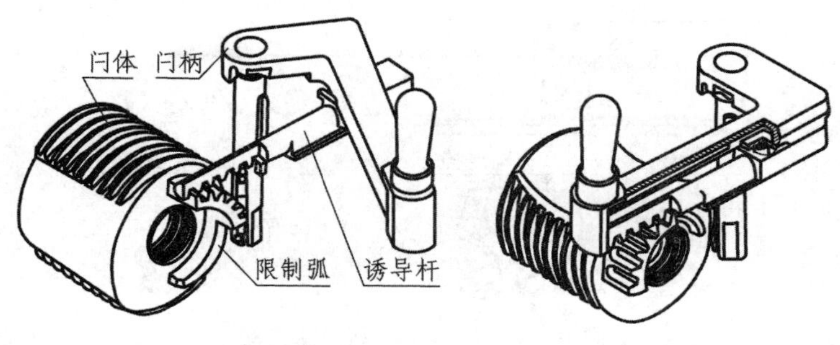

（a）闭锁状态　　　　（b）开锁状态

图 10.23　闭锁与开锁

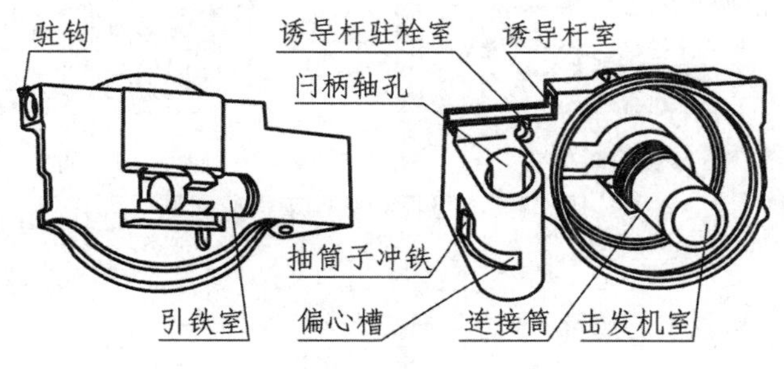

图 10.24　锁扉

扉轴孔中的宽槽配合，以控制开闩过程中两个阶段的先后运动，如图 10.25 所示。

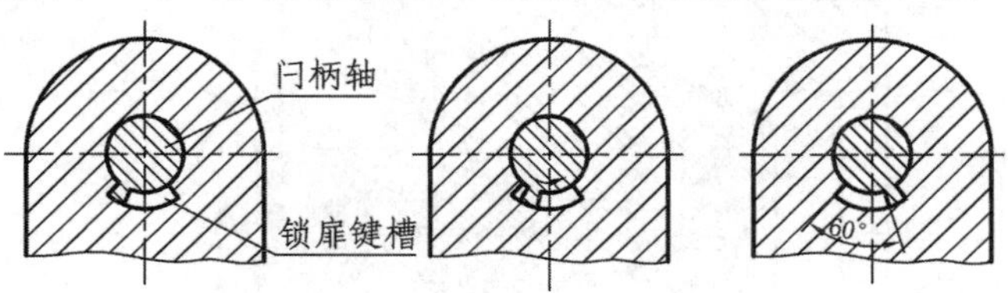

（a）闭锁状态　　　　（b）开锁过程　　　　（c）开锁终了

图 10.25　开锁过程中闩柄轴与锁扉相对运动

诱导杆用以将闩柄的动作传给闩体。

驻栓的结构如图 10.26 所示，其作用是适时卡住或解脱诱导杆，以控制诱导杆在锁扉内不动或滑动。驻栓斜放在锁扉内，被弹簧顶着，其上面是一平面。驻栓在开闩后被弹簧顶出，上平面向上移动卡在诱导杆凸起部上，在关闩第一阶段时限制诱导杆的移动，如图 10.27（b）所示。但当闩体进入闩室后，炮尾后端面将驻栓压入锁扉，解除对诱导杆的限制，诱导杆便相对于锁扉移动，带动闩体转 90°以闭锁炮膛，图 10.27（a）即为关闩时的位置。

采用药包分装式炮弹的螺式炮闩，炮闩上须设专用的紧塞装置，以密封火药燃气及安装点火具。典型的结构是带巴日紧塞具的炮闩，其结构如图 10.28 所示。该炮闩系统由气密垫、菌状杆、前后切口垫环及弹簧等组成。气密垫为由石棉浸羊脂压制后，外包一层帆布制成，具有较高的弹性与强度，能耐高温。前、后垫环用以防止气密垫在膨胀

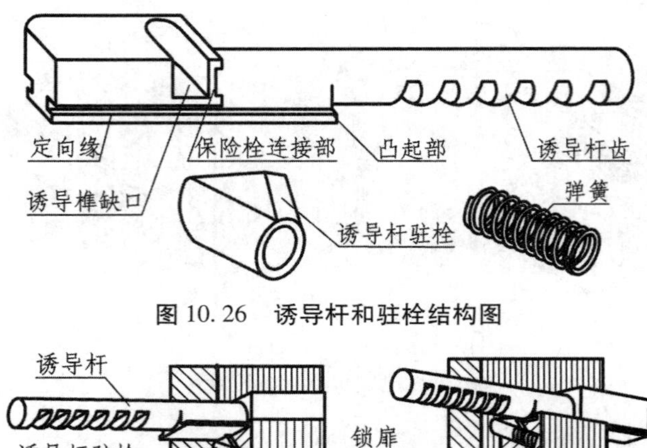

图 10.26　诱导杆和驻栓结构图

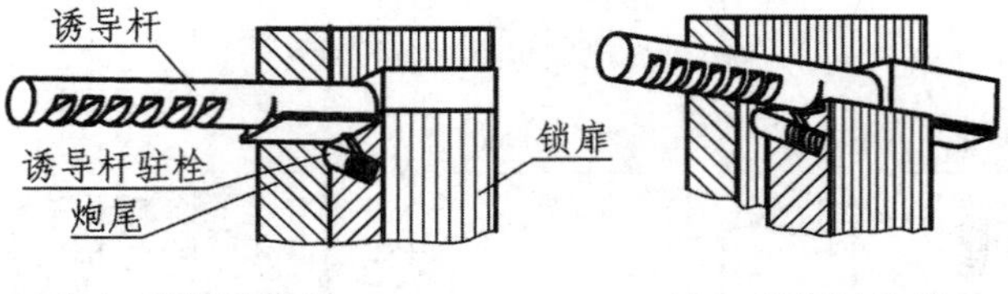

（a）关闩时位置　　（b）开闩时位置

图 10.27　诱导杆和驻栓工作位置图

时挤进空隙而被损坏，并避免火药燃气直接与气密垫接触。弹簧为紧塞具杆套筒施加 3～5MPa的预压力，以防止发射初期燃气外溢。

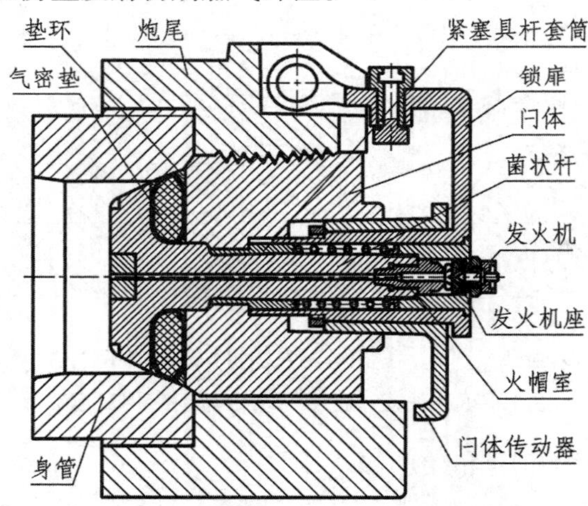

图 10.28　巴日紧塞具

发射时，菌状杆受燃气压力作用而后移，压缩气密垫，使其向炮膛横向扩张而紧贴于药室壁。菌状杆中心有导火孔，由装在发火机上的底火铜壳进行闭气。采用气密垫紧塞方式而省去药筒，炮弹成本得以降低，常用于大口径火炮。我国单管 130mm 海军炮及美国 175mm 加农炮等采用这种炮闩结构。其缺点是紧塞性能受环境温度影响较大。气温太高则容易影响开、关闩；气温太低则易于出现漏气。因此，应根据环境温度选配合适的气密垫厚度。

（2）击发机构。螺闩击发机构一般采用击针拉火式，由击发机与拉火机组成。击发机装在锁扉连接筒内，拉火机装于锁扉后端，如图 10.29 所示。

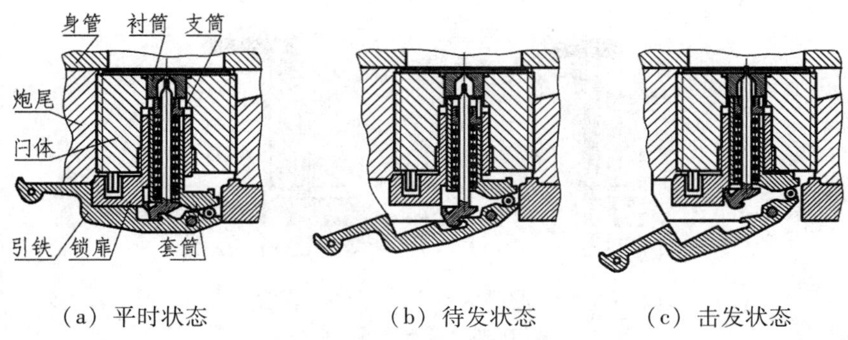

（a）平时状态　　（b）待发状态　　（c）击发状态

图10.29　**击发装置**

发射时扣拉引铁，钩脱板通过逆钩使击针及支筒向后移动，同时引铁滑轮迫使击针套筒向前移动，使击针簧被压缩。当引铁拉至一定程度时，逆钩便与钩脱板脱离，弹簧伸张，推支筒和击针向前运动。当支筒被闩体衬筒挡住停止向前后，击针簧不再伸张，击针以惯性向前运动完成击发。放开引铁，击针簧再度伸张，使套筒向后运动，套筒支臂经滑轮使引铁恢复原状，同时，套筒也带着击针向后，逆钩又与钩脱板钩住，各零件恢复平时状态。

这种击发机构的优点是可以连续拉火，不必另设复拨装置。缺点是在击发时才压缩击针簧，击发延迟时间长。

（3）抽筒机构。抽筒机构为单支抽筒子，以耳轴装在炮尾右侧，其结构如图10.30所示。装填炮弹后，抽筒子爪位于药筒底缘前面。关闩时，锁扉上的偏心槽经凸榫使抽筒子向前转动，同时闩体能将药筒向前推到位。开闩时，锁扉上的冲铁冲击抽筒子的凸起部，使抽筒子迅速转动而抽出药筒。

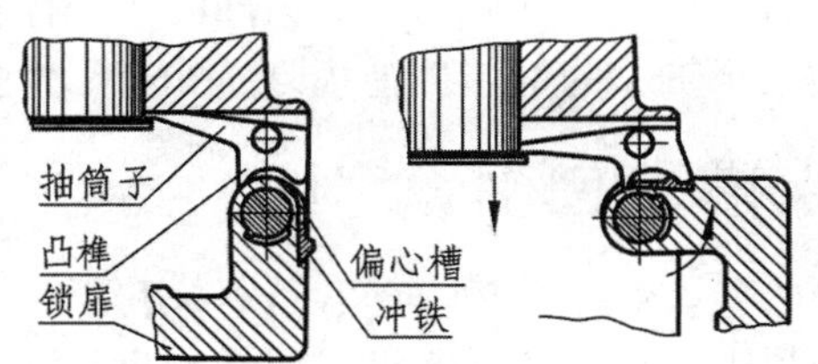

图10.30　**抽筒装置**

（4）保险装置。常见的螺闩保险装置有两部分。

① 关闩不到位不能击发。这种保险由闩体上的限制弧控制（见图10.21）。当闩体未完全闭锁时，限制弧位于击针套筒的前方，阻止套筒前移，引铁拉不动，也就不能击发。这种措施结构简单，动作可靠。

② 惯性保险。炮弹迟发火时为防止炮手过早开闩，由装在炮尾孔内的惯性保险栓与诱导杆配合完成。如图10.31所示。

关闩到位后，保险栓上的凸起部和其上的卡板被掰开，进入诱导杆缺口中卡住诱导杆，使它不能移动，即不能开闩(图10.31(b))；击发后炮身后坐，保险栓因惯性作用相对炮身前移，压缩弹簧解除对诱导杆的限制，卡板弹回离开缺口而贴向保险栓(图10.31(a))，复进后卡板顶在诱导杆的平面上，即可开闩。

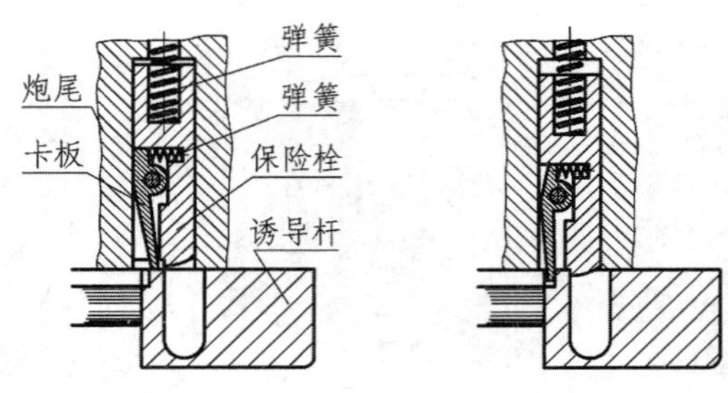

（a）后坐时解除保险状态　（b）保险状态

图 10.31　保险装置动作

（5）挡弹装置。分装式弹药在射角大于 0°时，为防止装填中弹丸和药筒掉出炮膛，均设有挡弹装置。其结构简单，如图 10.32 所示。

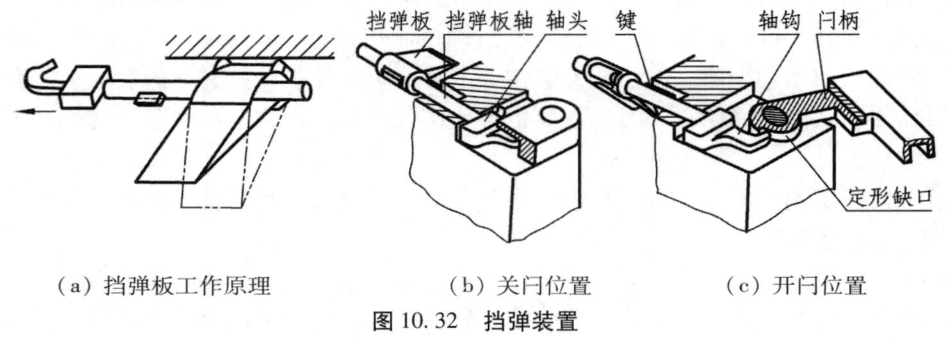

（a）挡弹板工作原理　（b）关闩位置　（c）开闩位置

图 10.32　挡弹装置

开闩抽筒后，闩柄上的定型缺口带动轴钩使挡弹板轴上的键脱离挡弹板，挡弹板便下垂一个角度，因此装填时能挡住弹丸和药筒。关闩时，闩体将挡弹板托起，此后闩柄之定形缺口将挡弹板轴推入至轴上的键与挡弹板键槽扣合，使挡弹板保持在抬起状态。

10.1.4　楔式炮闩与螺式炮闩特点对比

楔闩与螺闩均为常用的典型炮闩结构，两者各有优缺点，选用时应结合具体火炮而定。在火炮口径相同的前提下，可作如下两种一般性分析对比。

（1）动作和操作性能对比，各自有如下优缺点：

① 楔式炮闩闩体只作直线运动，开关闩动作快。而螺式炮闩有两个不同方向的转动，所以开关闩运动较慢。

② 楔闩在开闩时自然形成一个导弹槽，且开闩时闩体运动的方向不妨碍提早装填操作，有利于快速装填。而螺闩的开闩方向与输弹方向相反，在炮闩未完全打开时，炮弹不能移近炮尾，因而影响射速的提高。

③ 楔式炮闩易于实现自动化和半自动化。

④ 楔式炮闩在开闩时即拨回击针，可缩短发射时间，有利于对活动目标进行射击。

（2）对火炮结构的影响，各自有如下优缺点：

① 螺闩比楔闩质量轻 30%～35%，楔闩相应的炮尾结构尺寸和上架横向尺寸均较大。

② 楔闩开闩后所占空间较小，这对战斗室窄小的坦克炮和封闭式自行炮更为有利。

③ 楔闩与炮尾闩室为平面接触，运动时不易产生卡滞现象，故障较少；螺闩与闩室为螺纹连接，螺纹及锁扉耳容易磨损，故障相对较多。

④ 楔闩较螺闩的制造工艺和维修更为简单方便。

总之，中、小口径的加农炮、坦克炮、高射炮等速射火炮以楔闩较为适宜。威力较大的大口径火炮，尤其是药包装填式火炮，采用螺式炮闩闭气技术把握性更大。不过，为提高发射速度，小口径自动炮往往也采用螺式炮闩。因为其输弹与关闩动作可同时进行，开闩与抽筒可同时进行，使射击循环时间得以缩短。

10.2　炮　尾

炮尾是指联结炮闩和身管并容纳部分炮闩机构、射击时承受和传递炮闩所受作用力的零件。其作用有三点：① 容纳闩体，射击时闭锁炮膛；② 固定反后座装置；③ 增大后座部分的重量和保证起落部分的重心位置。

炮尾按结构类型可分为楔式炮闩和螺式炮闩。按连接方式可分为螺纹连接和连接筒连接。

10.2.1　炮尾结构类型

炮尾的结构形式取决于闩体的结构形式。目前，常用的闩体有楔式炮闩与螺式炮闩两种，与之相对应的炮尾是楔式炮尾与螺式炮尾。

1. 楔式炮尾

它与楔式炮闩相配合共同闭锁炮膛，多用于中、小口径半自动火炮。根据闩体在闩室内运动方向不同又分为立楔式和横楔式。

（1）立楔式炮尾。闩室为垂直孔，开关闩时，闩体在闩室内作上下运动，结构图如图 10.33 所示。使用较多，如 85mm 加农炮、37mm 高炮、PL96 式 122mm 榴弹炮等。

（2）横楔式炮尾。闩室为水平横孔，开关闩时，闩体在闩室内作左右横向运动。如 130mm 加农炮、152mm 加农炮等。

楔式炮尾一般为尺寸较大的长方体，比较笨重。

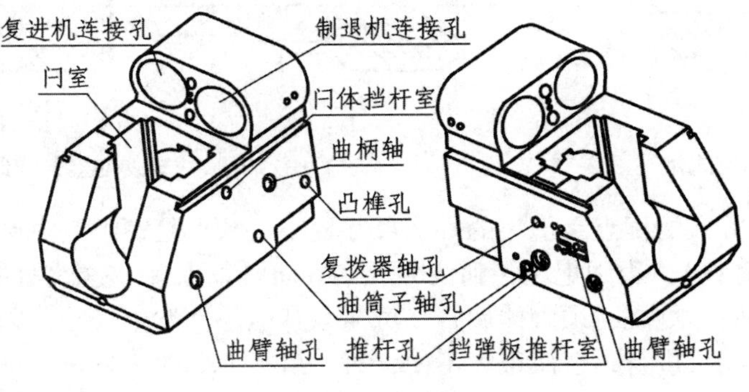

图 10.33　立楔式炮尾

2. **螺式炮尾**

螺式炮尾与螺式炮闩相配合，完成炮膛闭锁。通常多用于药包装填的大口径火炮。中口径药筒分装式火炮也常采用螺式炮尾，如 54 式 122mm 榴弹炮，螺式炮尾的结构如图 10. 34 所示。

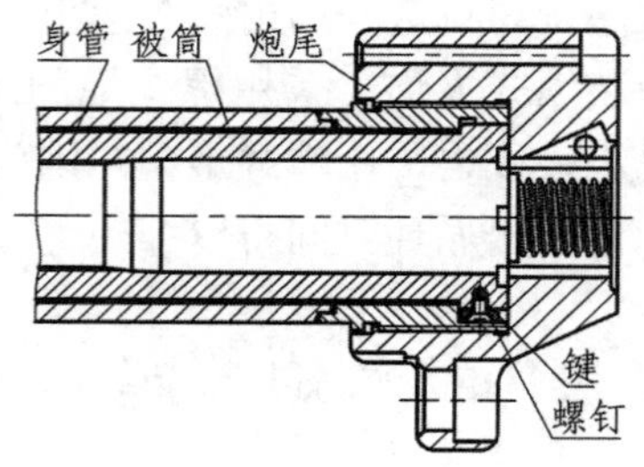

图 10. 34　螺式炮尾

10. 2. 2　炮尾与身管的连接

炮尾与身管的连接方式有固定式、螺纹连接式和连接筒三大类。

1. **固定式**

炮尾与身管做成一体，这种结构使炮身尾部横向尺寸显著减小，结构紧凑。其主要缺点是炮尾不能更换，身管制造困难；身管损坏后，炮尾也不能使用，见图 10. 35。

2. **螺纹连接式**

近代火炮多将炮尾做成单独零件，利用螺纹与身管连接。根据螺纹的不同，又可分为以下两种：

（1）全螺纹连接式。全螺纹可直接刻制在身管上，如 152mm 加榴炮（图 10. 36（a））。全螺纹也可刻制在被筒上，如 122mm 榴弹炮（图 10. 36（b））。为了防止身管在被筒中前移，身管后部做成一个凸肩，见图 10. 36（b）。在带活动衬管的炮身中，为了防止衬管在外筒中转动，常以键连接固定。

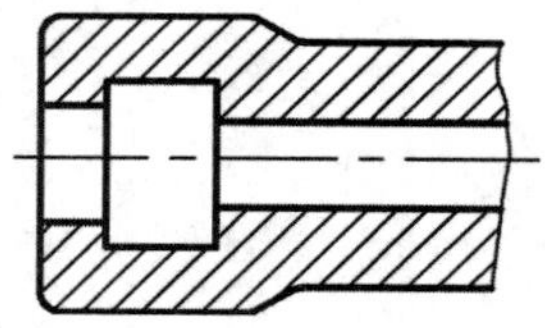

图 10. 35　固定式炮尾

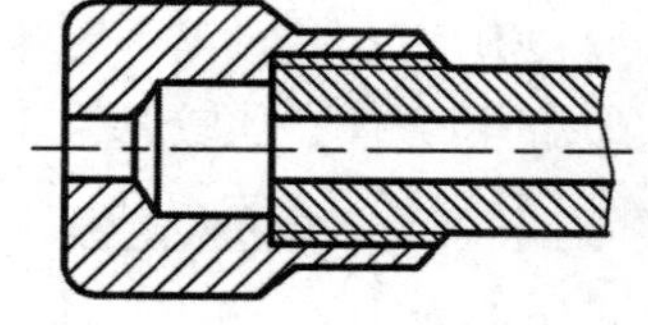

（a）螺纹在身管上

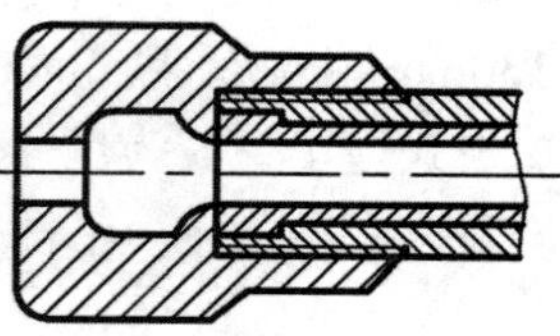

（b）螺纹在被筒上

图 10. 36　螺纹连接式炮尾

全螺纹连接方式的优点是炮尾的外形尺寸较小。缺点是螺纹起点必须有严格的要求（如采用定起点螺纹），否则炮尾转到位时，其方向难以保证，这就给加工增加了难度。此外，拆装炮尾时，炮尾必须整体旋转，可能与其他部件发生干涉，因而需将炮身向后拉一段距离后才能再进行，造成很大不便，对大口径火炮尤为显著。第三，螺纹在拆装时也易于损坏。

（2）断隔螺纹连接。身管与炮尾分别制成相应的断隔螺纹。身管插入炮尾旋转一定角度即可扣合，最终以驻栓制转。其优点是结构，拆装迅速，适用于经常更换身管的火炮。高射速的中、小口径高射炮多采用这种连接方式。但对大口径火炮则不适宜，因螺纹的接触面较小，为保证强度，势必增加螺纹圈数，即增加螺纹长度。

3. 连接筒连接式

炮尾与身管采用一个带锯齿形外螺纹的短连接筒将两者连接，见图 10. 37。分解、结合时，两大件无须转动。身管后端面紧抵炮尾内的定位面，连接筒旋入炮尾内，其一端抵住身管环形凸起部，限制身管轴向移动，另一端凸缘上有小齿，与固定在炮尾上的驻板配合，防止本身松动。身管与炮尾间用键连接，防止相对转动。这种连接方式装配工艺性好，拆装方便，便于维修，但炮尾的外形尺寸较大。一般用在坦克炮、反坦克炮及加农炮等中口径炮身上。

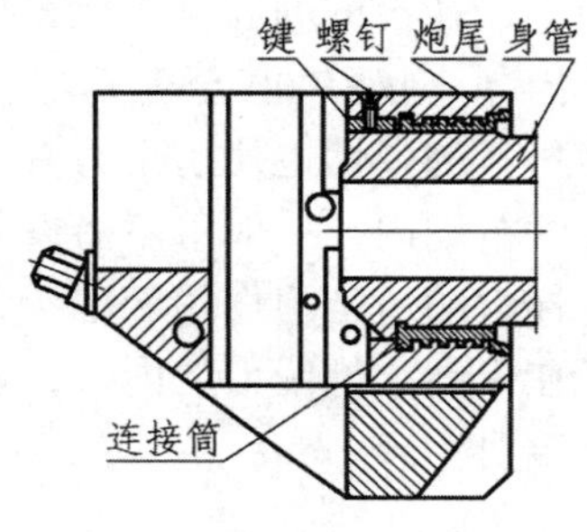

图 10. 37　身管连接筒

思 考 题

1. 楔式炮闩系统的作用是什么？由哪几部分组成？

2. 阐述楔式炮闩系统人工开闩的动作过程。闩体在下降的过程中，要完成哪几个动作？

3. 阐述闩体定形槽三段圆弧的作用。

4. 阐述楔式炮闩系统自动关闩的动作过程。

5. 楔式炮闩系统火炮发射后，炮闩为什么会自动打开？是在什么时候打开并将药筒抽出的？

6. 阐述楔式炮闩系统的击发动作过程。

7. 阐述复拨器的作用和动作过程。

8. 关闩不到位为什么不能击发？

9. 阐述螺式炮闩系统的关闩动作过程。

10. 阐述螺式炮闩系统的击发动作过程。

第 11 章　反后坐装置

自动武器发射时，膛内火药燃气压力形成轴向合力，这种轴向合力称内膛合力或后坐力，它使武器的固连部分产生与弹头弹丸行进方向相反的后坐运动。后坐是射击中能量守恒定律的体现，后坐能量随武器威力的提高而增大。

一般地，枪械的平均膛压为 200～300MPa，而火炮的平均膛压为 300～700MPa。由此按刚性计算出的内膛合力，中小口径枪械的后坐力在 5000～18 000N 左右，大口径机枪约 60 000N，火炮则通常为几十吨、几百吨甚至上千吨。对于中小口径枪械而言，复进簧的作用使后坐力大为减小，材料的弹性也使后坐力有所降低，这就使中小口径枪械的后坐力处在一个射手人工可控的范围内，一般可不另设其他缓冲装置。而大口径机枪和火炮则不然，特别是火炮，这样大的后坐力作用于炮架上，必须另设减小后坐力的装置，才能保证正常发射。因此，在提高火炮威力的同时，妥善处理后坐能量，研究后坐运动规律，是火炮设计中的一个重要内容。

11.1　刚性炮架、弹性炮架、反后坐装置作用与组成

11.1.1　刚性炮架与弹性炮架

1. 刚性炮架

150 年以前的火炮没有反后坐装置。火炮炮身通过其上的耳轴与炮架直接刚性连接，炮身只能绕耳轴作俯仰转动，与炮架间无相对移动。发射时，全部后坐力均通过耳轴直接作用于炮架上，这种火炮炮架称为刚性炮架。

图 11.1 所示为刚性炮架火炮的受力情况，从图中可知，力 $\boldsymbol{P}_t\cos\varphi$ 使炮架向后移动，力矩 $\boldsymbol{P}_t h$ 使炮架绕驻锄支点 B 转动，这使车轮离地而跳动，造成火炮射击时的不稳定性。

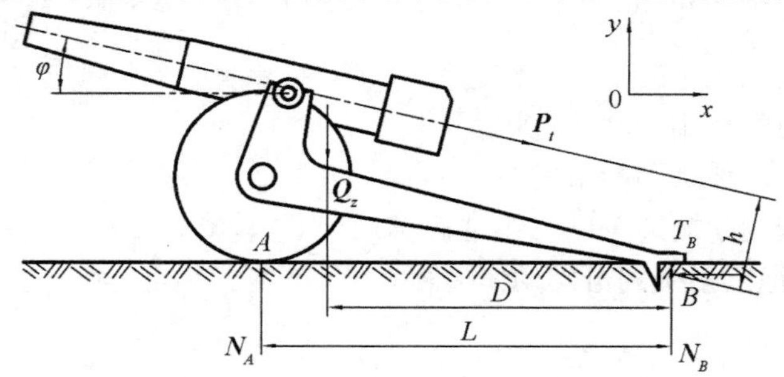

图 11.1　发射时刚性炮架火炮受力图

1）火炮发射时的稳定条件

设计中，为保证火炮达到一定的射击精度和发射速度，应满足火炮射击稳定性条件，包括射击时的静止条件和稳定条件。

假定火炮处于平衡状态，可列出下面方程

$$\sum x = 0 \quad \boldsymbol{P}_t\cos\varphi - \boldsymbol{T}_B = 0$$

$$\sum y = 0 \quad \boldsymbol{N}_A + \boldsymbol{N}_B - \boldsymbol{P}_t\sin\varphi - \boldsymbol{Q}_Z = 0$$

$$\sum M_B = 0 \quad \boldsymbol{P}_t \cdot h + \boldsymbol{N}_A \cdot L - \boldsymbol{Q}_Z \cdot D = 0$$

式中：φ 为射角；$\boldsymbol{N}_A$ 为地面对车轮的垂直反力；$\boldsymbol{N}_B$ 为土壤对驻锄的垂直反力；$\boldsymbol{T}_B$ 为土壤对驻锄的水平反力；D，L 为全炮质心、车轮着地点至点 B 的距离；$\boldsymbol{Q}_Z$ 为火炮自重力。

（1）静止条件。由上列方程可知，火炮保持静止性（在水平面上不移动）的条件是：

$$\boldsymbol{T}_B \geqslant \boldsymbol{P}_t \cdot \cos\varphi$$

当 $\varphi = 0°$时为极限状态，即 $\boldsymbol{T}_B \geqslant \boldsymbol{P}_t$ 使火炮保持静止性。

（2）稳定条件。火炮保持稳定性条件是车轮不离地，即：

$$\boldsymbol{N}_A = \frac{\boldsymbol{Q}_Z \cdot D - \boldsymbol{P}_t \cdot h}{L} \geqslant 0 \tag{11-1}$$

极限情况是当 $\boldsymbol{N}_A = 0$ 时，$\boldsymbol{Q}_Z \cdot D > \boldsymbol{P}_t \cdot h$，使火炮保持稳定性。

2）刚性炮架火炮发射时满足稳定条件下的几何尺寸设计分析

随着火炮威力的提高，$\boldsymbol{P}_t$值也显著增大。若仍采用刚性炮架，要想满足上述静止条件和稳定条件，必须大大增加火炮质量。但 Q_z增大，炮架长度也随之大为加长。例如 85mm 加农炮，其基本参数为 $P_t = 1\ 484\ 000$N，$Q_z = 17\ 250$N，$h = 0.935$m。根据稳定性条件：

$$D \geqslant \frac{\boldsymbol{P}_t \cdot h}{\boldsymbol{Q}_Z} = \frac{1\ 484\ 000 \times 0.935}{17\ 250} = 80\ (\mathrm{m})$$

即要使火炮不跳动，需要有长达 80m 的大架，这显然是不允许的。如允许大架长为 4m 的情况下而要保持射击时的稳定性，则火炮质量应大于 34.6t，这使火炮过于笨重而不堪实用。

2. 弹性炮架

随着威力的增大，刚性炮架火炮威力与速射性、机动性的矛盾显得非常突出。解决这一矛盾的办法就是在炮身与炮架之间增加一个特制的缓冲装置，即反后坐装置。通过它将炮身与炮架弹性地连接起来，如图 11.2 所示。射击时，炮身在膛底合力 $\boldsymbol{P}_t$的作用下可以相对于炮架作后坐运动，而反后坐装置提供后坐阻力 $\boldsymbol{R}$，在后坐行程中阻力做功，将大部分后坐动能直接消耗掉，仅贮存小部分用于使炮身恢复原位。后坐停止后，贮存的小部分能量立即使炮身复进。在后坐复进行程中，炮架基本不动，这种带有反后坐装置的炮架称作弹性炮架。

由于弹性炮架火炮在发射时炮身可以相对于炮架后坐，使炮架受力相对于炮身受力

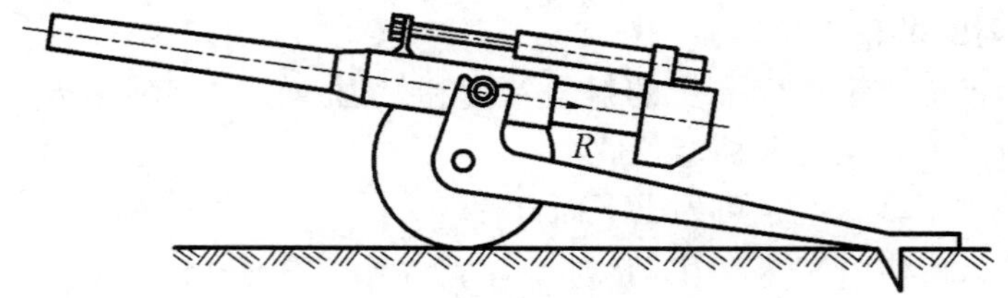

图 11.2　弹性炮架

大为减小。一般地，炮架受力 $\boldsymbol{R}$ 仅为炮身受力 $\boldsymbol{P}_t$ 的 1/30～1/15。可见，采用弹性炮架容易保证火炮射击时的稳定性和静止性，使火炮质量大为减小，在很大程度上解决了威力与机动性的矛盾，从而大大提高了火炮的机动性和发射速度。同时可以利用炮身的后坐和复进动能为射击的半自动化或自动化提供能源。因此，弹性炮架的出现是火炮发展史上一次巨大的变革。

11.1.2　弹性炮架后坐阻力与运动规律

1. 弹性炮架后坐阻力的形成

弹性炮架因反后坐装置的缓冲作用而使架体受力大为减小。不过，这种缓冲作用并未改变火药燃气作用于火炮的全冲量 $\int_0^{t_P}\boldsymbol{P}_t\mathrm{d}t$，只是将峰值极大、瞬时变化的膛底合力 $\boldsymbol{P}_t$，转换成数值较小、作用时间较长、变化平缓的后坐阻力 $\boldsymbol{R}$，即：

$$\int_0^{t_P}\boldsymbol{P}_t\mathrm{d}t = \int_0^{t_h}\boldsymbol{R}\mathrm{d}t \tag{11-2}$$

式中：t_P 为火药燃气作用时间；t_h 为火炮后坐总时间。

由于 $t_h \gg t_P$，因此，可以使 $\boldsymbol{R} \ll \boldsymbol{P}_t$。

$\boldsymbol{R}$ 为非后坐的炮架部分对后坐的炮身部分作用的一个综合阻力，当然，炮架也受到一个大小与 $\boldsymbol{R}$ 相等，方向相反的力。$\boldsymbol{R}$ 主要由反后坐装置提供的制退机液压阻力 $\boldsymbol{\varphi}$、复进机力 $\boldsymbol{P}_f$ 以及各种摩擦力 $\boldsymbol{F}$ 和后坐部分重力 Q_0 的分力等构成，其表达式为：

$$\boldsymbol{R} = \boldsymbol{\varphi} + \boldsymbol{P}_f + (\boldsymbol{F} - Q_0\sin\varphi)$$

$\boldsymbol{R}$ 的变化规律及其数值究竟取多大，应在设计反后坐装置结构以前，根据火炮总体技术要求进行选定，一般取 $\boldsymbol{R}_{\max} \approx (1/30 \sim 1/15)\boldsymbol{P}_{\max}$。

通常要求 $\boldsymbol{R}$ 变化应平缓，且既不能太大，也不能太小。$\boldsymbol{R}$ 值如太大，对于牵引火炮，其翻倒力矩增加，使火炮射击时不稳定。若 $\boldsymbol{R}$ 值太小，又将使后坐长度增加，或不能有效地消耗后坐能量。所以，在一定射角下，$\boldsymbol{R}$ 值的变化规律有一个界限，称为后坐稳定界。

将所选取的理想值 $\boldsymbol{R}$ 随时间 t 或随后坐行程 X 的变化规律图形，称为后坐制动图，如图 11.3 所示。后坐制动图是反后坐装置结构设计的一种依据。

2. 弹性炮架后坐运动一般规律

取火炮后坐部分为自由体，其后坐部分运动方程为：

$$\frac{Q_0}{g}\cdot\frac{\mathrm{d}V}{\mathrm{d}t} = \boldsymbol{P}_t - \boldsymbol{R}$$

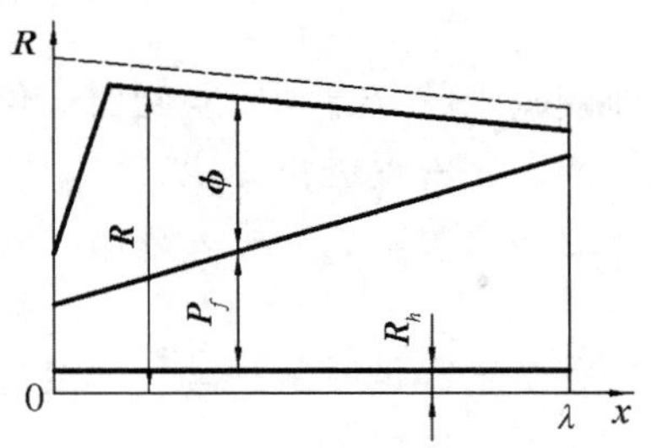

图 11.3　后坐制动图

若火炮的内弹道性能已确定，则其膛底合力 $\boldsymbol{P}_t$ 的大小及变化规律也随之确定。当后坐制动图形选定后，后坐阻力 $\boldsymbol{R}$ 的大小及变化规律也即定。因此，后坐速度 V 随时间 t 或随后坐行程 X 的变化规律便随之而定。图 11.4 为 $\boldsymbol{P}_t$，$\boldsymbol{R}$ 的变化规律及由其决定的后坐速度的变化规律。

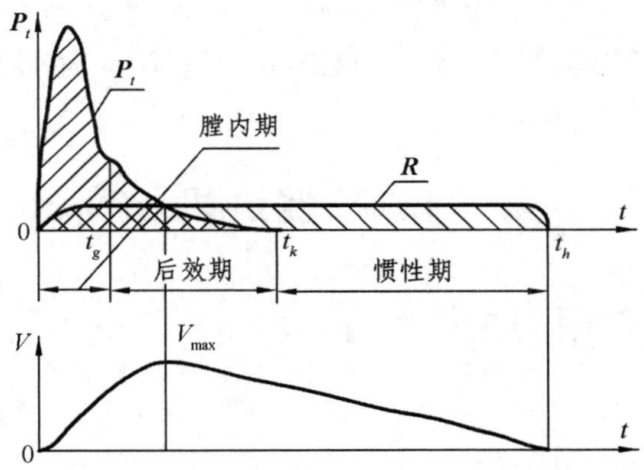

图 11.4　后坐运动规律示意图

由图 11.4 可知，后坐初期，膛底合力 $\boldsymbol{P}_t$ 大于阻力 $\boldsymbol{R}$，后坐为加速运动。弹丸出膛口后，气体从膛内排出，$\boldsymbol{P}_t$ 迅速下降，在某瞬间，$\boldsymbol{P}_t$ 与 $\boldsymbol{R}$ 相等，此时后坐速度达最大值 V_{max}，此后，$\boldsymbol{P}_t < \boldsymbol{R}$，后坐转入减速运动。$\boldsymbol{P}_t$ 降为 0 后，后坐部分靠惯性克服后坐阻力运动，直到后坐停止。根据 $\boldsymbol{P}_t$ 和 $\boldsymbol{R}$ 的作用过程，可把制退后坐运动划分为三个时期：

（1）后坐第一时期：弹丸膛内运动时期（$t=0 \sim t_g$），约为千分之几秒。此期间 $\boldsymbol{P}_t \geqslant \boldsymbol{R}$，运动部分加速后坐。

（2）后坐第二时期：火药气体后效期（$t=t_g \sim t_k$），$\boldsymbol{P}_t$ 逐渐减小为 0，后坐由加速转为减速运动，约为百分之几秒。

（3）后坐第三时期：惯性运动时期（$t=t_k \sim t_h$），$\boldsymbol{P}_t=0$，靠惯性克服后坐阻力 $\boldsymbol{R}$，后坐为减速运动，直至 $V=0$，后坐结束，约为十分之几秒。

11.1.3　反后坐装置作用及组合形式

根据前面的分析可知，反后坐装置需要完成以下任务：

（1）消耗后坐部分的后坐能量，将后坐运动限制在一定行程上。这一任务主要由后坐制动器完成。

（2）在后坐结束时，立即使后坐部分自动回复到射前位置，并在任何射角下保持这一位置，以待继续射击，此任务主要由复进机完成。

（3）控制后坐部分的复进运动，使复进平稳无冲击。此任务主要由复进制动器或复进缓冲器完成。

从以上三条任务可知，反后坐装置是后坐制动器、复进机和复进缓冲器三者的联合部件。三者间在机构上主要有以下三种组合形式：

（1）后坐制动器与复进制动器组合成一个部件，称为制退机或驻退机。复进机为单独部件。这种组合形式应用最为广泛，如 56 式 85mm 加农炮、54 式 122mm 榴弹炮、59 式 57mm 高射炮、73 式 100mm 反坦克炮等。

（2）后坐制动器与复进机组合成一个部件，称为制退复进机。复进制动器为单独部件，例如 59 式 100mm 高射炮。

（3）后坐制动器、复进机与复进制动器组合成一个部件。例如：美国的一些坦克炮。

除此之外，也有其他的组合形式，如我国 83 式 122mm 榴弹炮，其反后坐装置由制退机和制退复进机两个部分组成。

11.2　复进机

11.2.1　复进机作用与工作原理

1. 复进机作用

复进机需完成以下三项任务：

（1）发射时，贮存部分后坐能量，以便在后坐终了时使炮身复进到射前位置，保证下一个发射循环顺利进行；

（2）平时保持炮身于待发位置，在射角大于零时，若无外力作用，使炮身不致自行下滑；

（3）部分火炮的复进机还需为自动机或半自动机提供工作能量。

从复进机所需完成的任务可知，它实际上就是一个弹性储能装置。

2. 复进机工作原理

复进机的工作原理比较简单，即在炮身后坐时压缩弹性介质而储能，在复进时弹性介质释放能量，推动炮身复进到位。

根据储能介质不同，复进机可分为弹簧式与气压式两大类。

弹性介质向后坐部分提供的复进动力称为复进机力，以 $\boldsymbol{P}_f$ 表示。$\boldsymbol{P}_f$ 与后坐行程 X 之间的变化规律称为复进机工作曲线，弹簧式复进机的工作曲线为直线，如图 11.5（a）所示。气压式为指数曲线，如图 11.5（b）所示。复进机弹性介质在发射前的预压力，称为复进机初力 $\boldsymbol{P}_{f0}$，后坐终了时的抗力称为复进机末力 $\boldsymbol{P}_{f\lambda}$。为使后坐部分在整个射角内保持待发位置而不下滑，应满足：

$$P_{f0} \geq Q_0 \sin\varphi_{\max} + F_f \tag{11-3}$$

式中：Q_0 为后坐部分重力；$\varphi_{\max}$ 为最大射角；F_f 为总摩擦力（含炮身与摇架间摩擦力、反后坐装置的摩擦力）。

复进机力 P_f 是后坐阻力 R 的一个组成部分。复进机在后坐时吸收的后坐能量，如图 11.6 中 E_f 所表示的部分。

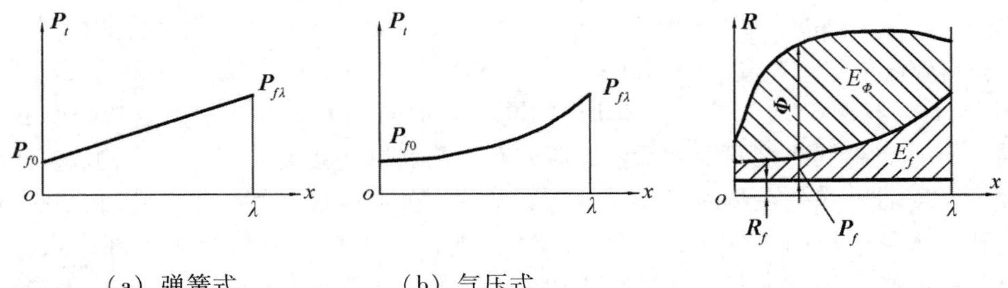

（a）弹簧式　　（b）气压式

图 11.5　复进机工作曲线

图 11.6　复进机后坐阻力曲线

11.2.2　复进机分类与典型结构

根据储能介质不同，复进机可分为弹簧式、液体气压式、气压式、火药燃气式等几种典型结构，其中以弹簧式和液体气压式应用最多。前者多见于中小口径自动炮，后者常用于各种口径地面火炮。

1. 弹簧式复进机

中小口径高射炮多采用弹簧式复进机，如 65 式 37mm 高射炮和 59 式 57mm 高射炮等。

弹簧式复进机的弹簧形式主要为圆柱螺旋弹簧和碟形弹簧，其中圆柱螺旋弹簧的簧丝截面主要为圆形和矩形两种。图 11.7 所示为 59 式 57mm 高射炮弹簧式复进机结构示意图。矩形截面复进簧套在身管的外面，其前端顶在与身管连接的螺环上，后端支撑在摇架颈筒和环形肩部上。螺环外径镶有铜套，可在摇架颈筒内滑动。炮身后坐时压缩弹簧，后坐停止瞬间，在储能弹簧张力作用下，推炮身复进至射前位置。因弹簧有预压力，可以克服炮身在大射角时下滑分力的作用，平时使炮身始终保持在待发位置上。

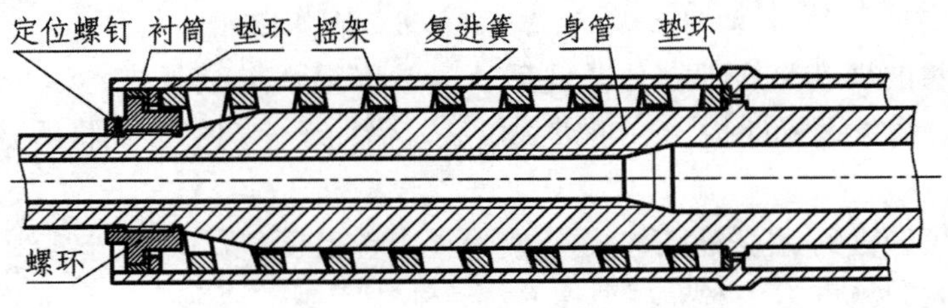

图 11.7　弹簧式复进机结构原理图

口径较小的自动炮多采用圆形簧丝截面圆柱螺旋弹簧，口径较大的自动炮，通常采用矩形截面圆柱螺旋弹簧，其目的是在有限的尺寸范围内获得较大的弹簧抗力作为复进机力。

弹簧式复进机的主要优点是结构简单紧凑、动作确实可靠；工作性能不受温度的影响，维护简单方便。缺点是质量大，而且口径越大质量矛盾越突出；不便于通过复进机调整复进速度；长期使用易产生疲劳失效。

2. 火药燃气式复进机

火药燃气式复进机的工作原理是将膛内的火药燃气引入复进机工作气室，后坐时以高压的火药燃气作为储能介质以存储后坐能量，复进时复进机内的火药燃气释放能量，使后坐部分获得较高的复进速度。在复进末期将工作腔的排气孔打开，放出残余的火药燃气。

图 11.8 为我国 30－1 型航空自动炮的同心式火药燃气式复进机。复进筒套在身管外，前方有一与身管连接的游动活塞，后方有一与筒壁连接的固定塞子，构成复进机的工作腔。发射后，弹丸在膛内运动，身管后坐。当弹丸越过身管的进气孔时，火药燃气由进气孔进入复进机的工作腔，如图 11.8(a)所示。当身管后坐至扩大部进入密封环后，排气孔即被封闭，火药燃气被密闭在工作腔内。身管继续后坐至进气孔越过密封环后，进气孔也被关闭。同时，螺套推动游动活塞后坐，压缩室内火药燃气以制动后坐，并储存能量，如图 11.8(b)所示。后坐终了时，高压火药燃气膨胀，推动活塞带动炮身

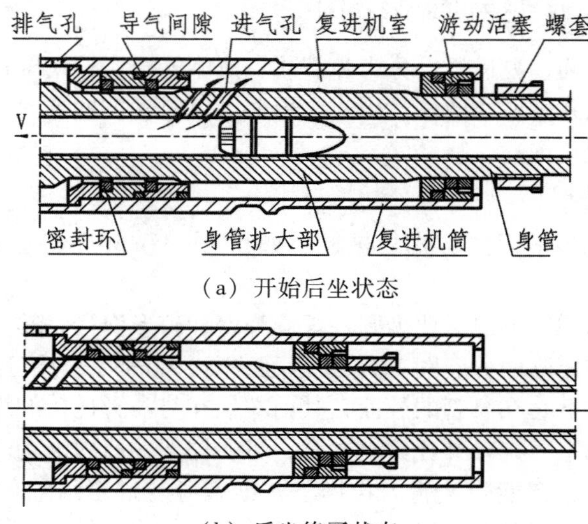

（a）开始后坐状态

（b）后坐终了状态

图 11.8　火药燃气式复进机结构原理图

复进，直到活塞被复进筒肩部挡住。此后，身管以惯性继续复进，使排气环形通道打开，废气从进、排气孔同时放出。复进到位后，借助于专门的卡锁将后坐部分固定在待发状态。

火药燃气复进机的优点是结构简单，质量小，温度、压力等外界因素对其影响较小，能提供较大的复进力，对提高射速有利，适用于高射速航空自动炮。缺点是进气孔容易烧蚀以及污染机件，紧塞元件寿命低，维护擦拭困难。此外，这种复进机平时不具有能支持炮身的复进机力，需设计专门机构以保持炮身在待发位置。

3. 液体气压式复进机

液体气压式复进机是以气体为贮能介质、用液体密封气体并传递压力的复进机。常

见的结构有以下两种：

（1）气液接触式。为了可靠密封气体，必须用液体把气体始终密封在外筒里，以保证在任何射角时气体不会进入内筒而发生泄漏。因此，气液接触式复进机一般为多筒套装的结构。根据参加后坐运动的构件不同，可分为杆后坐和筒后坐两类不同结构形式。

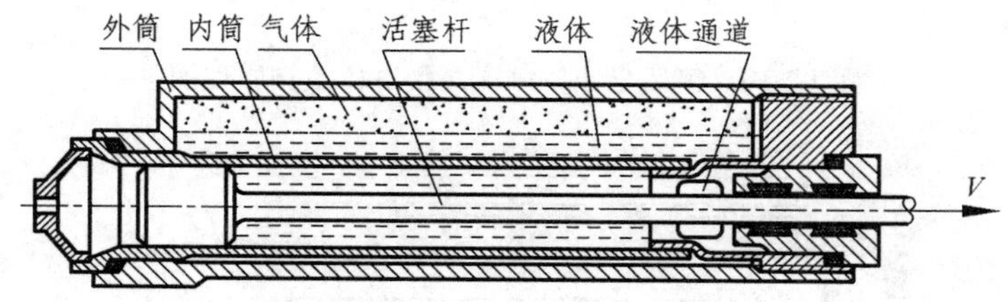

图 11.9　杆后坐液体气压式复进机结构原理图

采用杆后坐时，为保证任何射角下液体都能可靠地密封气体，通常需用内、外两筒套装。外筒储存高压氮气，称为储气筒；内筒内放置带复进杆的复进活塞，称为工作筒。储气筒内放入部分液体以密封气体，为保证小射角时气体不致逃逸，在工作筒后端的下方或侧方开设通孔与储气筒相通，并使通孔在任何射角下都没入液体中。图 11.9 所示为 54 式 122mm 榴弹炮杆后坐的液体气压式复进机，该机内外筒偏心布置以减小液体用量。内筒可以方便地从外筒中拆下，以利于更换紧塞元件。为了防止气体进入内筒，进而从紧塞具中逸出，小射角时，贮气筒液面应略高于内筒外径的上缘。

采用筒后坐的液体气压式复进机，可以增大后坐部分的质量。为保证在任何射角下，液体都能有效地密封气体，一般需用内、中、外三筒套装。中筒后方开有通孔，为了减小尺寸，内筒或中筒向下偏心装于外筒内，这样可以在保证一定的气体初体积的条件下少装液体，在最大俯角时，不会将中筒后下方的通孔暴露在液面之上。

图 11.10 为 56 式 85mm 加农炮的复进机工作原理图。该机内外筒同心，中筒偏心布置。内筒前端有活瓣，活瓣上有 12 个小孔。后坐时，活塞挤压内筒中的液体，液体压缩活瓣弹簧，活瓣压向前方让液体从大孔通过，经内筒、中筒上的通孔流入外筒而压缩气体贮存能量。复进时，气体膨胀，迫使外筒中的液体流回内筒，推动活塞带动炮身复进。在推液体由外筒经中筒流向内筒的过程中，活瓣在弹簧作用下复位，遮住大孔，液体只能从 12 个小孔流向内筒，形成所需的阻力，从而消耗一部分复进能量，起到辅助节制复进的作用；同时也具有调节作用，在复进速度随复进行程的增加而逐渐变小时，经活瓣上小孔所消耗的能量也随之减小，可以保证后坐部分正常复进到位。

（2）浮动活塞式。气体和液体用浮动活塞隔离的液体气压式称为浮动活塞式复进机。其优点是：可以减少液量，紧塞可靠，结构紧凑，能避免气液混合产生的不良影响。其缺点是：浮动活塞摩擦力较大，结构较为复杂，气体初压较高。

根据结构特点，可分为两筒套装式结构和贮气筒与复进筒分离式结构两种。

图 11.11 所示为两筒套装的浮动活塞式复进机结构原理图。后坐时，炮身带动复进杆后坐，使内筒中的液体通过右下方的小孔流向外筒，外筒的液体推浮动活塞向前压缩气体而贮能。后坐终了时，气体膨胀，通过浮动活塞将液体由外筒推向内筒，从而推复

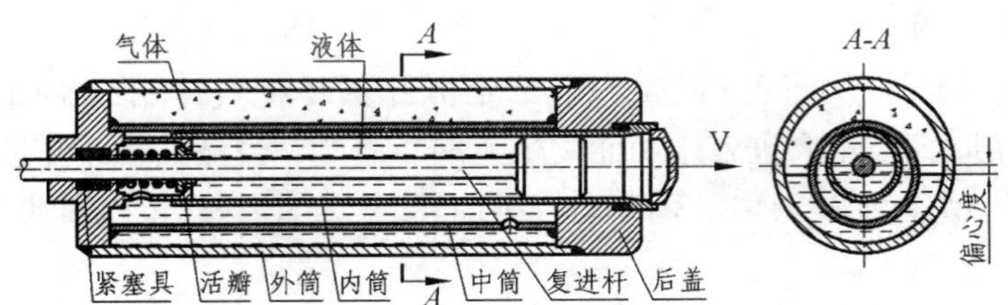

图 11.10　筒后坐液体气压式复进机结构原理图

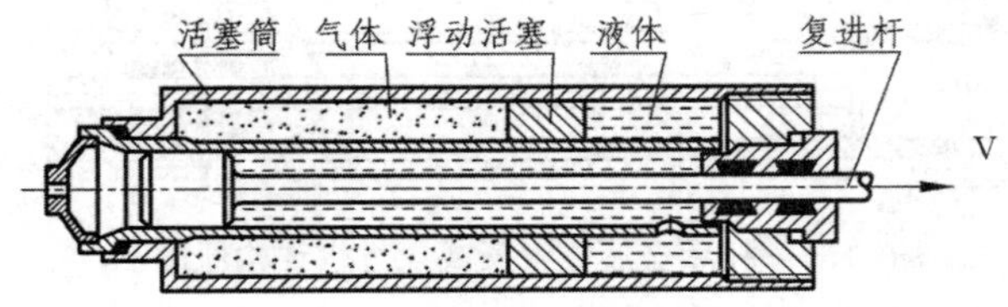

图 11.11　浮动活塞式复进机结构原理图

进杆向前。

图 11.12 所示为贮气筒与复进筒分离式复进机，两筒由液体通道相连，气体与液体之间以游动活塞分开，其工作原理与图 11.11 相同。

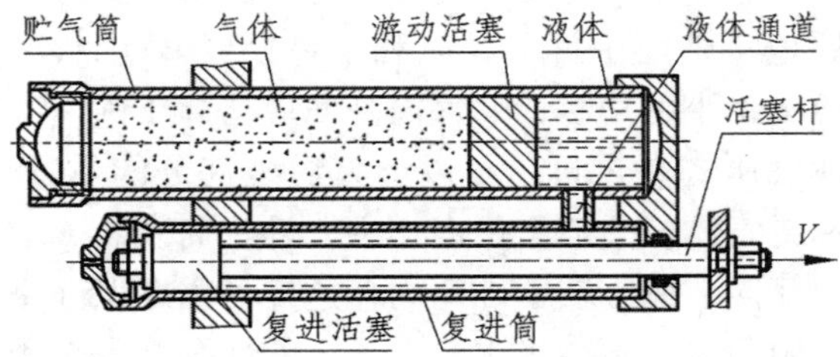

图 11.12　贮气筒与复进筒分离的液体气压式复进机结构原理图

当然，贮气筒与复进筒分离式也可以设计成气液直接接触式，只要去掉其中的游动活塞即可。

液体气压式复进机的主要优点是：尺寸较小，重量较轻，结构紧凑，还可控制液流通道，调节复进速度。广泛应用于中、大口径火炮上。其缺点是：气体的工作特性随温度变化较大，复进机中所用的液量较多，占总容积的一半以上，必须经常检查液量和气压。为此，这种复进机在筒端均设有检查气压和补偿液体的开关装置，需配备专门的检查、注气和注液工具，勤务复杂。

4. 气压式复进机

气压式复进机是以压缩气体为贮能介质，用小型增压器密闭气体的复进机，如图 11.13 所示。后坐时，活塞运动压缩气体储存能量。后坐终了后，气体膨胀，带动活塞和后坐部分回到原位。

气压式复进机的特点是用较完善的紧塞具直接密封气体，而不是利用液体来密封气体。为了保证紧塞可靠，要求紧塞元件与运动表面之间的压力大于被紧塞气体的压力，

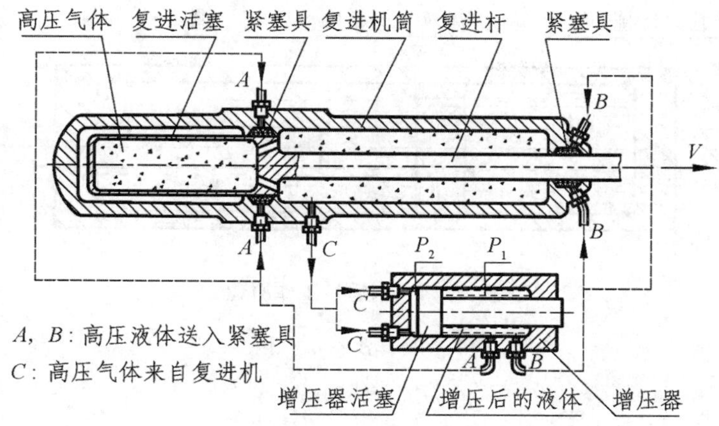

图 11.13　气压式复进机结构原理图

因此在结构上往往要有液体增压器。增压器的原理主要是利用活塞两边面积不等而使液压增高。当液体增压器活塞处于平衡状态时，活塞有效面积大的一侧（与复进机内高压气体接触的一侧）的压力小于有效面积小的一侧（与液体接触的一侧）的压力，液体压力始终高于气压，即 $P_2 < P_1$，将增压后的液体送入紧塞具内，通过紧塞元件（皮碗）来密封气体。增压器中的液体远少于液体气压式复进机中的液体。因此，气压式复进机具有体积和质量小，结构紧凑等优点。缺点是紧塞具较复杂，对工艺、材料和密封可靠性要求很高。一般多应用于有高压气源的大口径舰炮上，可及时向复进机补充气体。我国 130mm 舰炮即是采用此种原理的复进机。

气压式复进机与液体气压式复进机两者均用了气体和液体两种介质，其区别在于气压式复进机中的部分液体仅仅用以密封气体，复进活塞直接压缩气体。而液体气压式复进机中的液体不仅用于密封，还用于传力。

11.3　制退机

11.3.1　制退机作用与工作原理

制退机又称驻退机，它是在火炮发射过程中，产生一定的阻力用于消耗后坐能量，将后坐运动限制在规定的长度内，并控制后坐和复进运动的规律。现代火炮的制退机大多采用以液体作为介质的液压式制退机，其工作原理如图 11.14 所示。

图 11.14 中，假定筒内充满理想液体（即密度不变、不可压缩、无黏滞性而连续流动）。发射时，制退杆随后坐部分以速度 V 向后运动，活塞压迫工作腔 I 内的液体经由流液孔以高速射流喷入非工作腔 II 内，产生涡流。作用在制退杆活塞上压力的合力称为制退机液压阻力，以 $\boldsymbol{\varphi}$ 表示。

在 dt 时间内，活塞后移 dx，挤压液体。I 腔产生压力 $\boldsymbol{P}_1$，迫使体积为 $A\mathrm{d}x$ 的液体通过流液孔 a 进入 II 腔。其液压阻力 $\boldsymbol{\varphi} = \boldsymbol{P}_1 \cdot A_0$。活塞杆从筒中抽出，II 腔中出现真空，$\boldsymbol{P}_2 = 0$。设液体经过流液孔时的速度为 $\boldsymbol{\omega}$，可得方程：

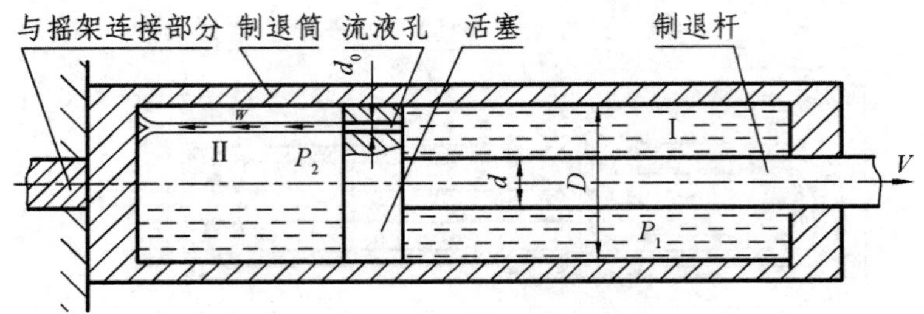

图 11.14 制退机工作原理

$$A \cdot dx = a \cdot \omega \cdot dt$$

$$\therefore \quad \omega = \frac{A}{a} \cdot \frac{dx}{dt} = \frac{A}{a} \cdot V \tag{11-4}$$

$A = \frac{\pi}{4}(D^2 - d^2) - a$ 为活塞有效工作面积，$a = \frac{\pi}{4}{d_0}^2$ 为流液孔面积。

式(11-4)表明，A 一定时，$\boldsymbol{\omega}$ 随 V 和 a 而变，通常 A/a 约为 50～150，当炮身最大后坐 $V_{max} = 8 \sim 15\text{m/s}$ 时，经小孔的流液速度 ω 可高达 1000m/s 左右。要使静止的流体在极短的时间(如 0.1s)内达到如此高的速度，其加速度可达重力加速度 g 的 1000 倍以上。活塞必须对液体提供足够的压力来克服液体的惯性力。当然，液体对活塞也施加一个大小相等方向相反的反作用力。此外，活塞要移动，必须克服各种摩擦力。制退机即是利用流体经小孔高速流动形成的上述液压阻力 $\boldsymbol{\Phi}$ 做功，而消耗后坐能量，起到缓冲作用，见图 11.6 中的 E_{Φ}。

就能量转换的过程而言，制退机与复进机不同，制退机没有贮能介质，只是将后坐部分的动能转化为液体的动能，以高速射流冲击筒壁和流体而产生涡流，转化为热能。同时，运动期间的摩擦功也转变为热能使制退液温度升高，最终散发至空气中，这种能量转换是不可逆的。

在 dt 时间内，流过小孔 a 的液体质量为：

$$dm = \rho \cdot A \cdot dx$$

式中 ρ 为液体密度。

质量为 dm 的液体在 dt 时间内所获得的动能为：

$$T = \frac{1}{2}\omega^2 dm = \frac{\rho}{2}A \cdot \left(\frac{A}{a}V\right)^2 dx$$

根据功能原理，液体所获得的动能是活塞对它做功的结果，活塞在相对位移 dx 的过程中，对液体的压力为 $\boldsymbol{P}_1$，所做的功为 $\boldsymbol{\varphi} \cdot dx$，则

$$\boldsymbol{\varphi} \cdot dx = \frac{\rho}{2}A \cdot \left(\frac{A}{a}V\right)^2 dx$$

即

$$\boldsymbol{\varphi} = \frac{\rho}{2} \cdot \frac{A^3}{a^2}V^2 \tag{11-5}$$

对于实际的液体，还要考虑流动时各种损失，设损失系数为 ξ_0。则液压阻力功应等于流动动能与能量损失之和。

$$\varphi \mathrm{d}x = \frac{1}{2}\omega^2 \mathrm{d}m + \xi_0 \frac{1}{2}\omega^2 \mathrm{d}m = (1+\xi_0)\frac{1}{2}\omega^2 dm$$

令

$$K = 1 + \xi_0$$

则

$$\varphi = \frac{K\rho}{2} \cdot \frac{A^3}{a^2} V^2 \tag{11-6}$$

式中 K 为液压阻力系数，或称理论与实际符合系数。

由式（11－6）可知，在后坐行程中，当 A 一定时，任何一处的制退机液压阻力与该处后坐速度的平方（V^2）和流液孔面积的平方（a^2）的倒数成正比，因此各种制退机均以控制流液孔面积的不同方法来选择结构设计。控制流液孔面积随后坐行程变化的结构可分为节制杆式、沟槽式、键式、活门式、同心式、转阀式和孔套式七种。其中前四种的基本原理如图 11.15 所示。

（1）节制杆式。采用定直径的节制环与变截面的节制杆配合。两者相对运动时，形成变化的流液孔面积 a，见图 11.15（a）。

（2）沟槽式。外径一定的活塞与在制退筒上沿长度方向变深度的沟槽配合。两者相对运动时，形成变化的流液孔面积 a。见图 11.15（b）。

（3）键式。活塞上加工一定面积的矩形槽与制退筒内镶嵌的沿长度方向变高度的键配合，两者相对运动时，形成变化的流液孔面积 a，见图 11.15（c）。

（4）活门式。用液压和弹簧抗力来控制活门的开度，以形成所要求的流液孔 a，见图 11.15（d）。

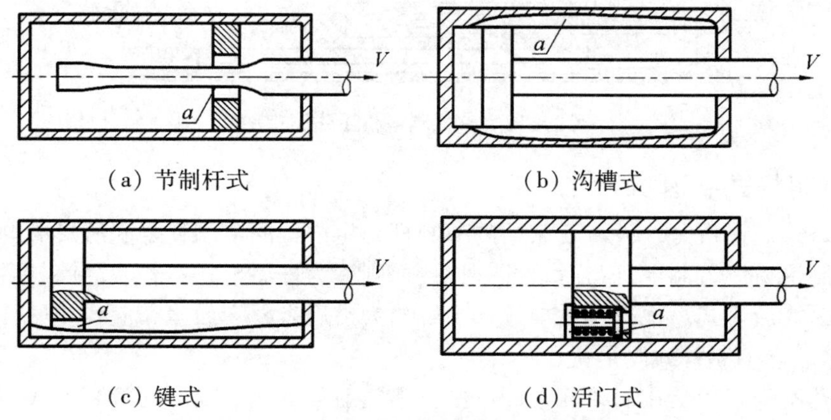

（a）节制杆式　（b）沟槽式

（c）键式　（d）活门式

图 11.15　四种基本制退机工作原理示意图

11.3.2　制退机的典型结构及工作原理

现代火炮上所用制退机大都属于不可压缩液体的制退机，主要有七种结构形式。

1. 沟槽式制退机

流液孔由活塞外圆表面与制退筒内壁上的数条变深度沟槽相对运动所构成的制退

机，称为沟槽式制退机，是最简单的制退机之一。通常与针形杆复进制动器组合为一体，见图 11.16。复进制动器流液孔由针式节制杆上的斜面与安装在活塞内的节制环构成。炮身后坐时，Ⅰ腔内的液体被迫经制退流液孔流入Ⅱ腔，产生液压阻力，同时Ⅱ腔出现真空。复进初期，针式节制杆未进入节制环，活塞向前运动，排除Ⅱ腔内的真空，Ⅲ腔在后坐时就存有一部分液体，复进初期即充满。当Ⅱ腔真空消失后，针式节制杆便进入节制环内孔。排挤Ⅲ腔内的液体产生较大的复进液压阻力。最后与Ⅱ腔内的液体经沟槽一起流回Ⅰ腔。

这种制退机结构简单。复进为非全程制动，复进时间短，有利于提高火炮的发射速度，常用于高射炮。

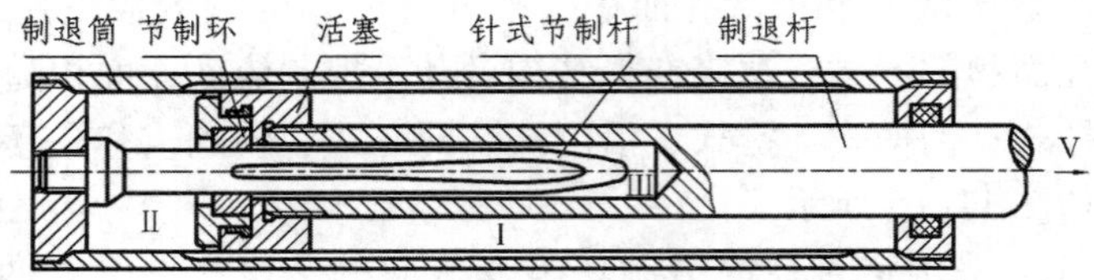

图 11.16　沟槽式制退机工作原理图

2. 键式制退机

由活塞上的沟槽与制退筒内壁上嵌有的变高度节制键构成流液孔的制退机，称为键式制退机，如图 11.17 所示，其工作原理、特点和适用场合均同沟槽式制退机。

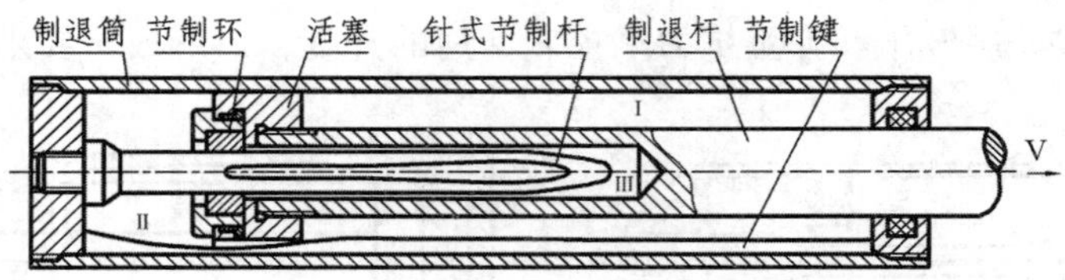

图 11.17　键式制退机工作原理图

3. 节制杆式制退机

节制杆式制退机是一种将变截面的节制杆与定内径的节制环之间所形成的间隙作为流液孔的制退机。若制退杆与后坐部分连接，则称为杆后坐式；若制退筒与后坐部分连接，则称为筒后坐式。根据其后坐运动又可分为常后坐、变后坐和混合式三种形式。

1）常后坐节制杆式制退机

流液孔不随射角变化而改变，即后坐长不随射角变化而改变的节制杆式制退机称为常后坐节制杆式制退机。通常与沟槽式复进节制器相结合组成一个部件，其结构及工作原理见图 11.18。

该机的制退杆为中空杆件，一端是活塞，另一端是连接用螺纹，内孔表面上制有复进节制用沟槽。节制环装在活塞上。后坐时，制退杆从制退筒中抽出，活塞推动工作腔Ⅰ内液体经活塞上的斜孔流入活塞，然后分成主流和次流两股流液。主流通过流液孔进入非工作腔Ⅱ，Ⅱ腔内因制退杆抽出而出现真空。次流流经制退杆内孔与节制杆间的环形间隙，通过调速筒上的斜孔，推开活瓣进入Ⅲ腔。为保证复进全程制动，设计时要求

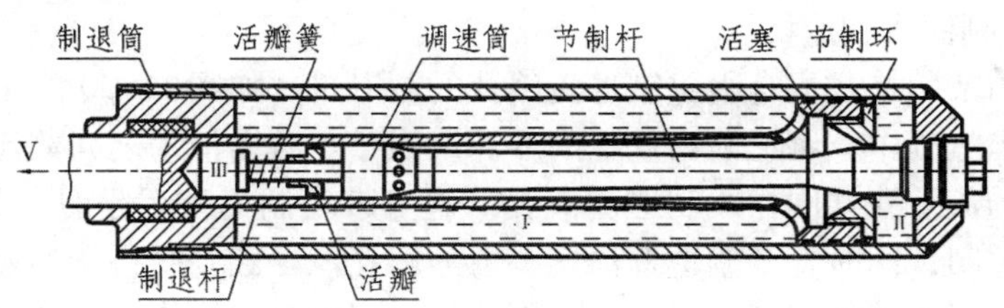

图 11.18　常后坐节制杆式制退机工作原理图

Ⅲ腔内始终充满液体，即满足复进制动器工作腔（Ⅲ）液体的充满条件。

复进时，活瓣关闭，Ⅲ腔内的液体通过复进节制沟槽产生较大的复进液压阻力以完成复进制动，然后液体经过活塞斜孔流回Ⅰ腔。Ⅱ腔在真空消失后，液体又经流液孔流回Ⅰ腔并产生部分复进液压阻力。

这种制退机结构紧凑简单、作用可靠，复进时为全程制动，可充分满足复进稳定性要求，广泛应用于地面牵引火炮和坦克炮。我国56式85mm加农炮制退机即是这种形式。不过，其缺点也正是由于复进全程实施制动，使复进平均速度降低，不利于提高射速。射速较高的自动炮不宜采用这种制退机。

2）变后坐节制杆式制退机

随射角变化改变流液孔大小，从而改变后坐长度的节制杆式制退机称为变后坐节制杆式制退机。其动作原理与常后坐节制杆式制退机类似，如图11.19所示。制退机后坐流液孔由固定于活塞头内的调节环上四个窗口与节制杆上的两对变深度长、短沟槽构成。节制杆呈圆柱形，内端中空由小孔与沟槽连通，并装有复进调速筒和活瓣，外端轴向固定于制退筒上，并与后坐长度变换器连接。调节环固定于活塞内。复进制动器流液孔由制退杆内腔的变深度沟槽与节制杆调速筒配合构成。

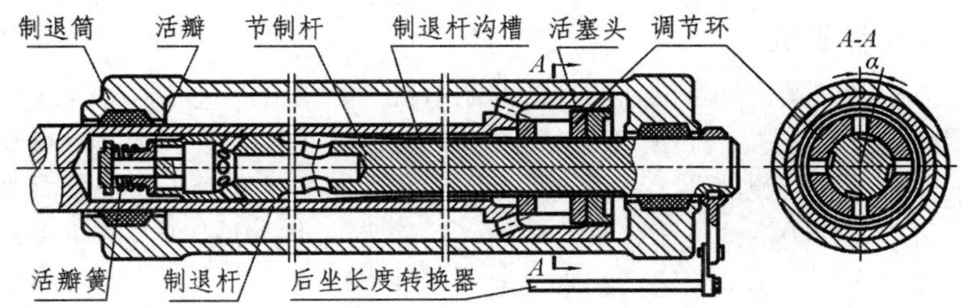

图 11.19　变后坐节制杆式制退机工作原理图

射角变化时，通过后坐长度变换器带动节制杆做相应的转动，改变其上的长沟槽与调节环窗口的相对位置（错开 α 角），改变流液孔面积使液压阻力变化，以实现变后坐。仰角变大时，流液孔变小，在后坐过程中液压阻力增大，后坐长度变小；反之流液孔变大，后坐长度变大。为便于转动节制杆，通常采用杆后坐。

对于大口径或大威力牵引火炮，提高威力和保证机动性的矛盾较为突出。如要在具有大威力的前提下，欲保证射击稳定性和获得较小的质量，其总体设计非常困难。采用变后坐长的制退机是解决这些矛盾的有效措施之一。我国59式130mm加农炮、GC45－155以及某些203mm榴弹炮均采用变后坐长的节制杆式制退机结构。

3）**混合节制杆式制退机**

由沟槽式与节制杆式混合组成制退流液孔的制退机，如图 11. 20 所示，炮身与制退杆连接，在后坐过程中，制退筒内壁上的变深度沟槽与游动活塞之间的流液孔和节制杆与节制环之间的流液孔共同构成制退流液孔。炮身带动制退杆后坐时，游动活塞前移，其上两纵孔被关闭，同时打开制退杆活塞头上的斜孔。Ⅰ腔中受挤压的液体经两制退流液孔流入Ⅱ腔，形成液压阻力，以消耗后坐能量。复进时，沟槽又和游动活塞上的两纵孔共同构成复进制动流液孔。复进初期，制退杆先排除Ⅱ腔内的真空，复进液体不受压，液体不流动。真空消失后，游动活塞后移关闭活塞头上的斜孔，同时打开纵孔，沟槽与游动活塞及其上的两纵孔又分别构成复进制动器的两个流液孔，产生复进制动力。Ⅱ腔内的液体经纵孔与沟槽再流回Ⅰ腔。这种复进制动器的工作特点是非全程制动，有利于减少复进时间，动作可靠。但在计算液压阻力时较前述几种制退机复杂，常用于榴弹炮，我国 54 式 122mm 榴弹炮制退机即是采用这种结构。

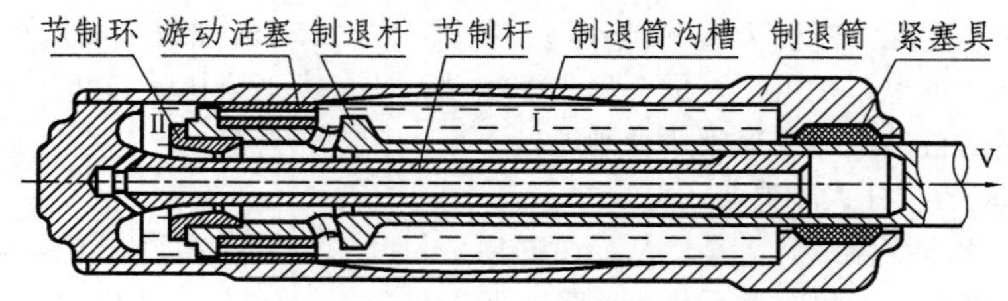

图 11. 20　混合节制杆式制退机工作原理图

节制杆式制退机现已形成一套较完善且行之有效的设计理论和方法，设计结果在运动规律和受力上均与试验结果吻合较好。因此，节制杆式制退机广泛应用于各种火炮上。

4. 活门式制退机

流液孔大小由弹簧作用下的活门控制的制退机，称为活门式制退机，通常与复进机组合成活门式制退复进机，如图 11. 21 所示。后坐时，活塞挤压Ⅰ腔内的液体推开后坐活门，压缩弹簧，形成流液孔，液体流入Ⅱ腔，推动游动活塞，压缩Ⅲ腔内的气体以贮存能量。复进时，后坐活门关闭，Ⅲ腔内的气体膨胀推动游动活塞，迫使Ⅱ腔内的液体经复进活门流回Ⅰ腔，推动制退活塞带动炮身复进。

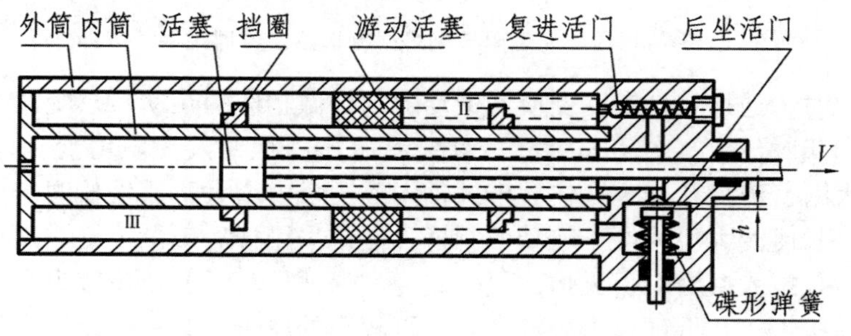

图 11. 21　活门式制退机工作原理图

活门式制退复进机的特点是结构简单紧凑；液体中始终存在压力，后坐时筒内不会产生真空；流液孔随液体的压力变化而自动调整，后坐阻力的变化较平稳，不产生突变，因此也广泛应用于现代的火炮上。但因流液孔的大小由弹簧控制，很难按后坐阻力规律的需要变化，且常需增设复进缓冲器，以消耗剩余的复进能量。流液孔面积与活门开度 h 有关，而 h 的大小则是Ⅰ，Ⅱ两腔液体的压力差和弹簧刚度系数的函数。所以，活门式制退机的核心问题是弹簧设计及其参量的确定。

5. 同心式制退机

套在炮身外，其轴线与炮膛轴线重合的液压式制退机，称为同心式制退机，如图 11.22 所示。筒形摇架可以当作制退机的外筒，作为贮液筒。炮身外表面固定有带活塞的内筒，炮身即当作活塞杆，复进机另外设置。通过活门座将制退机与复进机的动作有机地结合起来，活门座上有调节液压阻力的后坐流液孔（后坐活门）及复进流液孔（复进活门）。射击时，炮身带着内筒和活塞一起后坐，液体进入活门座，打开后坐活门，形成所要求的制退力而流入复进机液腔，推动游动活塞压缩气体以贮存能量。后坐到位时，后坐活门复位，气体释放能量，推动游动活塞，液体打开复进活门，形成一定的制动力，并将复进机内的液体压入制退机内，推动活塞带动炮身复进到位后，复进活门恢复原位。

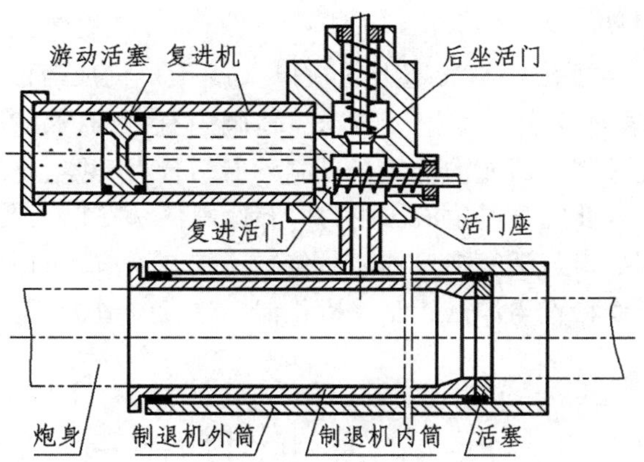

图 11.22　同心式制退机工作原理图

同心式制退机的优点是：① 制退机轴线与炮膛轴线重合，可有效地消除动力偶对射击的影响，同时使火炮总体布置紧凑合理，尤其适用于坦克炮，以缩减火炮空间，并可降低炮塔高度；② 摇架兼作制退筒，可减小火炮总质量；③ 复进机另外设置，可为其他机构提供动力，如为输弹机提供动力；④ 活门座上可安装后坐长度调节器，以实现变后坐。缺点是在射击时对身管散热不利，易使制退液温度过高。

6. 孔套式制退机

孔套式制退机是通过内套上孔数的增减来改变流液孔面积的制退机，如图 11.23 所示。制退筒内装一内套，与制退筒间有适当间隙，内套上制有若干个孔。后坐时，活塞向右运动，压迫Ⅰ腔内液体经右边内套上的孔流进间隙，再经左边内套上的孔流人Ⅱ

腔，随后坐距离不同而流液孔数不同，从而产生不同后坐阻力。复进时，液体反方向流动，形成复进制动阻力。这种制退机结构简单，但难于达到理想的后坐和复进阻力。

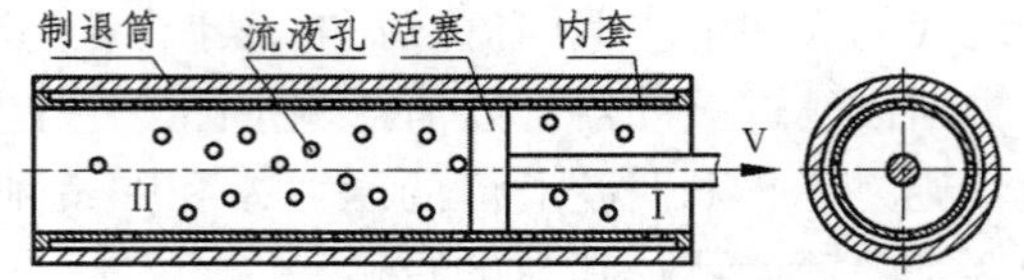

图 11.23　孔套式制退机工作原理图

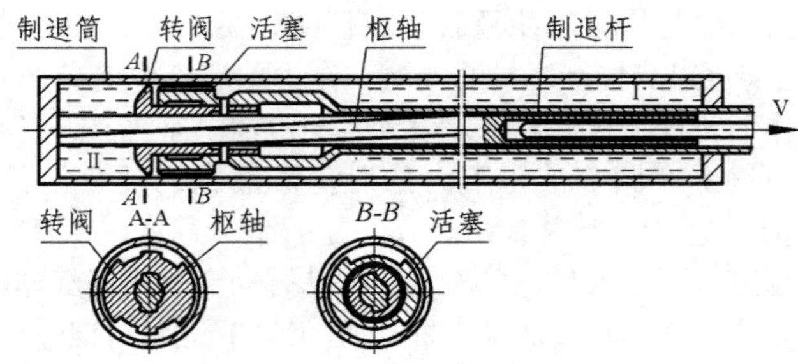

图 11.24　转阀式制退机工作原理图

7. 转阀式制退机

由转阀上的缺口（或孔）与活塞上的缺口（或孔）构成流液孔的一种制退机，见图 11.24。转阀安装在活塞上，可相对转动。转阀内有键槽，套在带曲线键的枢轴上。根据需要可与针式复进制动器或沟槽式复进制动器结合为一体。后坐时，Ⅰ腔内的液体被迫经制退流液孔流入Ⅱ腔，产生液压阻力。转阀随活塞在枢轴上滑动，枢轴上的键迫使它转动，改变转阀缺口与活塞缺口的相对位置，控制流液孔的大小以满足所要求的液压阻力。复进时的工作特点与沟槽式制退机相似。这种制退机容易实现变后坐，但加工工艺和结构较复杂。

11.4　复进制动器

11.4.1　复进制动器作用与工作原理

火炮后坐结束后，在复进机的作用下，后坐部分复进到待发位置。在复进过程中，射角不同，所需能量不同，因此，复进机的贮能不能是常数。此外，为使后坐部分有较大的复进速度，以提高火炮的理论射速，要求复进机有较多的贮能。通常，复进机释放的能量除了克服后坐部分重力与摩擦阻力做功以外，还有相当大一部分多余的能量，称为复进剩余能量。复进剩余能量是射角的函数，小射角时，需克服后坐部分重力分量所作的功较小，能量剩余值较大（见图 11.25 中 $abcd$ 面积）；大射角时能量剩余较小（见图 11.26 中 $ab\acute{c}d$ 面积）。若剩余能量太大，将直接导致后坐部分在复进到位时产生严重冲击，影响复进稳定性。

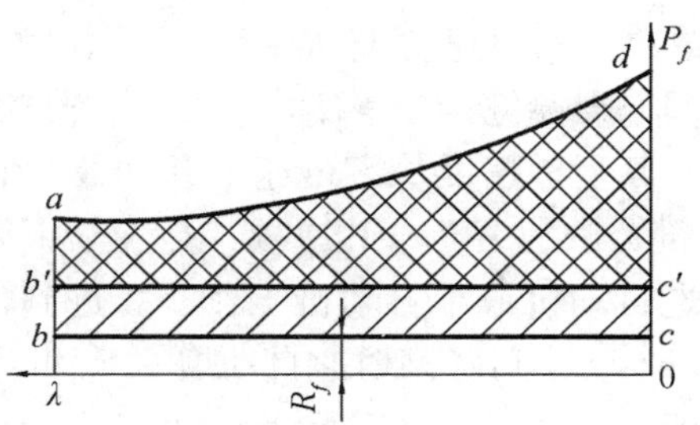

图 11.25　复进剩余能量图

以 ΔE 表示复进剩余能量，可表述为：

$$\Delta E = \int_0^{x_f} \boldsymbol{P}_f \cdot \mathrm{d}X_f - \boldsymbol{R}_f \cdot X_f \tag{11-7}$$

式中：$\boldsymbol{P}_f$为复进机力；X_f为复进行程；$\boldsymbol{R}_f$为静阻力，是总摩擦力与重力分量 $Q_0\sin\varphi$ 之和。

为了消耗上述剩余能量以确保火炮平稳无撞击地复进，火炮工程上常设置复进制动器，使其在复进过程中产生一定的阻力。这种在火炮复进中对后坐部分施加制动力以消耗复进剩余能量的过程，称为复进制动。

复进过程中后坐部分运动方程为：

$$\frac{Q_0}{g} \cdot \frac{\mathrm{d}V_f}{\mathrm{d}t_f} = \boldsymbol{P}_f - \boldsymbol{R}_f - \boldsymbol{\Phi}_f = \boldsymbol{\gamma} \tag{11-8}$$

式中：$\boldsymbol{\Phi}_f$为复进时，反后坐装置产生的液压阻力（制动力）；$\boldsymbol{R}_f$为静阻力（总摩擦力与重力分量 $Q_0\sin\varphi$ 之和）；V_f，t_f为复进速度与复进时间；$\boldsymbol{\gamma}$ 为复进合力。

根据式(11－8)绘制的复进力与复进阻力随复进行程变化的图形，称为复进制动图，如图 11.26 所示。

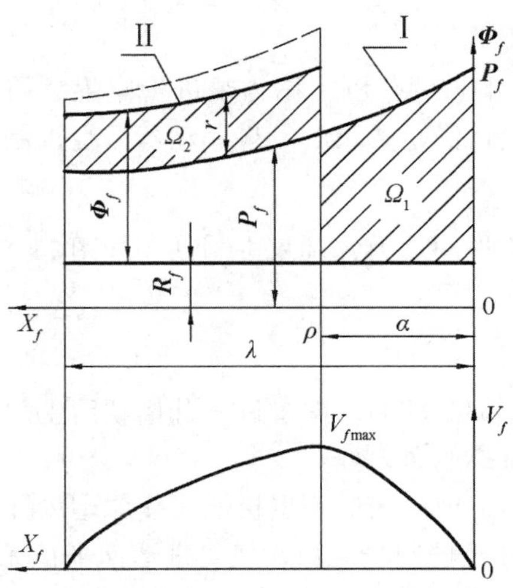

图 11.26　复进制动与复进速度图

图中，曲线 I 是复进动力曲线，$\boldsymbol{R}_f$与 $\boldsymbol{\Phi}_f$为阻力曲线。一般地，为使后坐部分在复进到位时不发生撞击，复进终点瞬时速度 V_{f0} 应接近于零，因此要求图中曲线 I 与曲线 Ⅱ 下的面积应大致相等，即阴影面积 $\Omega_1 \geqslant \Omega_2$。在分界点 ρ 以前，动力大于阻力，即 $\gamma > 0$，后坐部分加速复进，其复进速度从零迅速上升到最大值 $V_f\max$。ρ 点之后，阻力大于动力，即 $\gamma < 0$，后坐部分减速复进，V_f 递减，并逐渐下降至接近于零。为保证火炮复进到位，以及便于火炮自动机或半自动机工作，复进到位时速度 V_{f0} 应稍大于零。一般火炮取 $V_{f0} = 0.1 \sim 0.3$ m/s，小口径高射速自动炮的 V_{f0} 可达 1 m/s 左右。在复进减速阶段，复进合力 γ 的方向朝前，如图 11.27 所示。

对带驻锄的牵引炮，γ 朝前可导致其前翻。其严重的不良后果是容易破坏驻锄后的土壤连续性。为避免火炮绕车轮接地点 A 向前翻倒，保证复进的稳定性，必须使翻倒力矩小于稳定力矩，即 $|\gamma|$ 应小于火炮复进稳定条件所允许的极限值 $[\gamma_j]$。

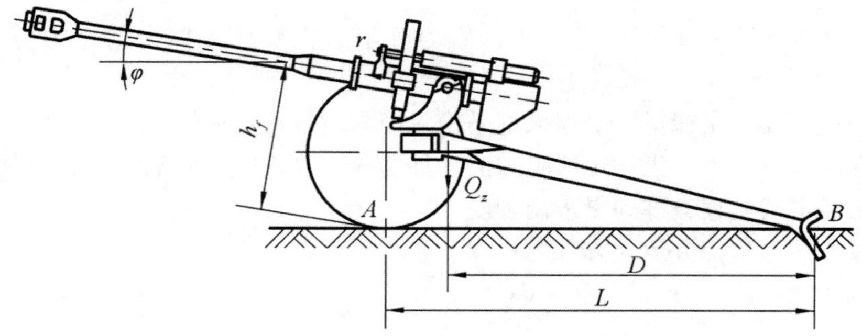

图 11.27　复进过程中火炮受力图

$$|\gamma| < [r_j] = \frac{Qz \cdot (L - D)}{h_f} \tag{11-9}$$

式中：h_f 为点 A 至后坐部分质心轨迹之距离，是射角的函数；D 为点 B 至全炮质心之水平距离，是射角与复进行程的函数。

复进行程上各点 $[r_j]$ 的连续范围，称为复进稳定界。研究 $[r_j]$ 的变化，可合理确定复进制动规律，以便设计满足要求的复进制动器。复进制动一般有下列两大类。

1. 非全程复进制动

在复进的部分行程上施加制动力，其复进制动图如图 11.26 所示，多用于固定式火炮及某些高射炮。

2. 全程复进制动

在整个复进行程上都施加制动力，即复进一开始就产生液压阻力，其复进制动图如图 11.28 所示，多用于牵引式地面火炮。

复进制动图形一经确定，即可按照制退机的工作原理设计出相应的流液孔结构，提供所需的液压阻力 φ_f 以消耗复进剩余能量，使复进运动平稳无冲击。

火炮复进时间比后坐时间长得多，表 11.1 列出了我国几种国产火炮的发射循环时间。若欲缩短射击循环时间，提高发射速度，则应设计合理的复进制动器结构。

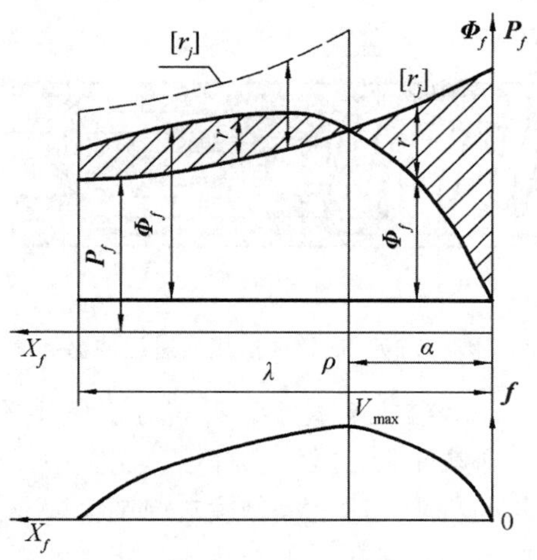

图 11.28　全程复进制动图

表 11.1　几种国产火炮射击循环时间

火炮型号	t_h/s	t_f/s	(t_h+t_f) /s	t_f/t_h
56 式 85mm 加农炮	0.150	0.488	0.638	3.25
54 式 122mm 榴弹炮	0.126	0.705	0.831	5.59
69 式 130mm 加农炮	0.163	1.426	1.589	8.75
59 式 100mm 加农炮	0.088	0.571	0.659	6.49

11.4.2　复进制动器的典型结构及工作原理

现代火炮的复进制动器结构形式多样。若按流液孔形成方式分，可分为沟槽式、针式、键式、活瓣式。复进制动器与制退机、复进机有以下三种结合方式：

（1）复进制动器与制退机组成一个部件，较为典型的结构有：① 节制杆沟槽式制动器（参见 11.3.2 节中常后坐节制杆式制退机），这种结构可实现全程制动，能较好地满足射击稳定性要求，工作可靠，应用较广；② 针形杆式制动器（参见 11.3.2 中沟槽式制退机），这种结构系非全程制动，复进速度较高，常用在高射炮或复进稳定性易于保证的火炮上。

（2）复进制动器为独立部件，通常称为复进缓冲器。常用在采用混合式制退复进机的火炮上。

复进缓冲器是利用液体压力形成的阻力，在后坐部分复进到末期时的部分行程上进行制动或缓冲的装置。当一些制退复进机不能完全消耗复进剩余能量，后坐部分在复进末期仍有较大的速度时，采用复进缓冲器可以减小炮身等复进到位时的撞击。

复进缓冲器按其结构有内外两种形式，外复进缓冲器常用作独立复进制动器。比较典型的有活门式液压复进缓冲器，如图 11.29 所示。

活门式液压复进缓冲器的节制筒内充满液体，外部与摇架固连，活塞上有多个斜

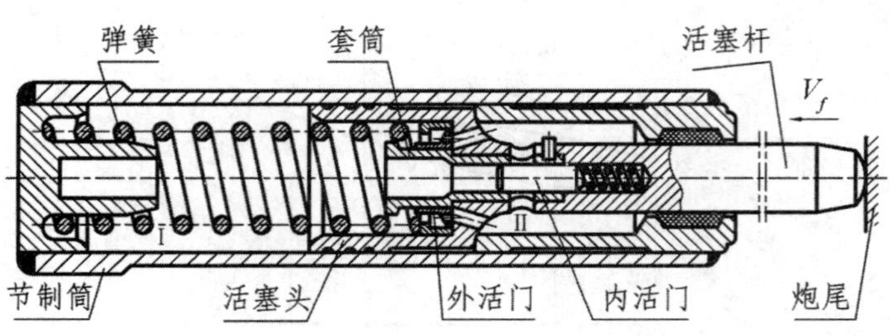

图 11.29　活门式液压复进缓冲器

孔，活塞内装有套筒，外活门套装在套筒上，并可在套筒上滑动。外活门上有两个小孔，供液体流过。后坐时，弹簧伸张，推活塞杆由节制筒中伸出，Ⅱ腔液体推开外活门经斜孔流向节制筒Ⅰ腔。复进末期，后坐部分撞击炮尾，炮尾推活塞杆，压缩弹簧，Ⅰ腔液压升高，推动外活门封闭活塞斜孔，Ⅰ腔液体只能经外活门上的两小孔，以及内活门液压向右端后的孔流入Ⅱ腔。两股液流经过两个活门，形成较大的液压阻力做功，起到缓冲作用。59 式 100mm 高射炮即是采用这种结构。

（3）制退机、复进机、复进制动器三者组合成一个部件，如短节制杆式制退复进机。

短节制杆式制退复进机的节制杆工作长度小于后坐长度。常见有两种结构，典型结构如图 11.30 所示。制退筒和贮气筒用套箍分别固定于炮身上，两筒由导管或大孔连通，制退流液孔由短节制杆与节制环构成，节制杆与隔环连接。复进制动器流液孔由节制杆后端的调速筒与调节器内壁变深度沟槽构成。后坐时，制退杆活塞头挤压Ⅰ腔内的液体，使其经通道流入贮气筒的液体腔，经单向活门流入制退流液孔，最终流入Ⅱ腔，并推动隔环和游动活塞压缩Ⅳ腔内的气体。复进时，单向活门关闭，气体膨胀，推动游动活塞和隔环，迫使Ⅱ腔内的液体经复进制动器流液孔流入Ⅲ腔，再经流液通道流回Ⅰ腔，推动制退杆活塞带动炮身复进。在复进后期由呼吸器缓冲。

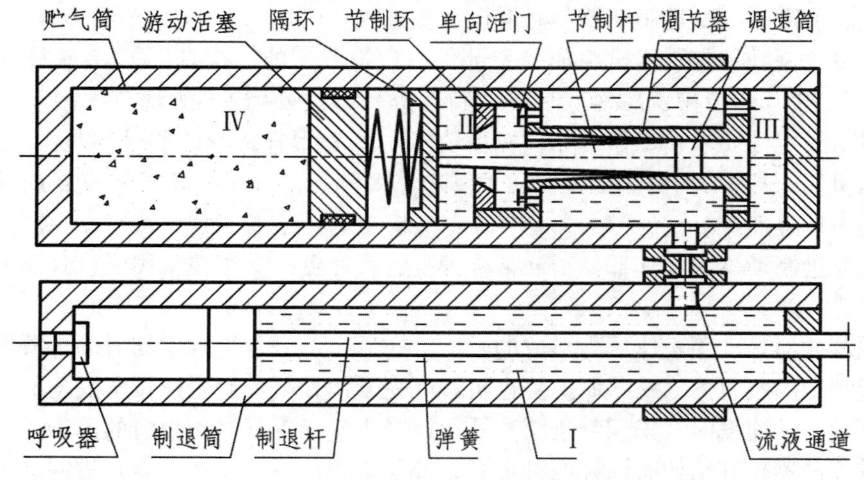

图 11.30　短节制杆式制退复进机

短节制杆式制退复进机优点是：工作时腔内不会产生真空；且结构紧凑，动作平稳可靠。浮动活塞的工作面积较制退杆活塞的工作面积大，其行程较短，可以缩短节制杆的长度，避免加工细长杆和细长管。缺点是结构较复杂，且复进速度不能太大。

11.4.3　复进制动器辅助装置

复进制动器的辅助装置有呼吸器、橡皮缓冲垫、弹簧缓冲器等。本节仅介绍呼吸器的基本结构及其工作原理。

呼吸器又称空气缓冲器，用于控制复进末期的运动，防止复进到位时运动件之间发生刚性碰撞的一种活门式空气缓冲装置，其结构原理见图 11.31。后坐时，活塞在复进筒中右移，A 腔内压力降低，活门打开，空气经活门孔吸入 A 腔空间。复进时，活塞前移，A 腔压力增大，推活门关闭，空气只能由小孔排出，排气阻力增大，以起缓冲作用。呼吸器可设在复进筒或制退复进机筒的前盖上。

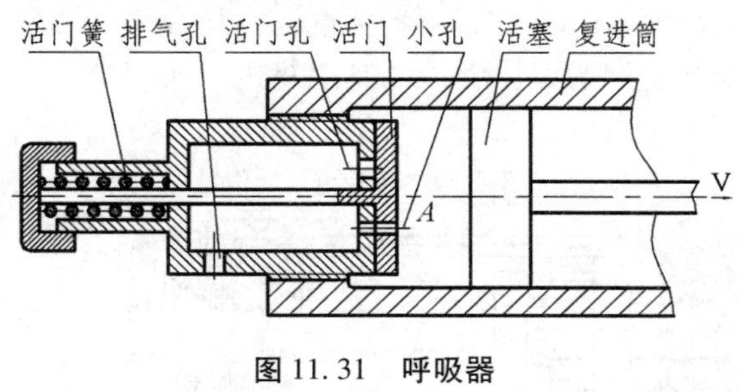

图 11.31　呼吸器

11.5　可压缩液体反后坐装置

前述各种反后坐装置中，液体被认为是不可压缩的，它只作为传递能量或密封气体的介质，不能用来贮能。可压缩液体可以贮存能量。可压缩液体反后坐装置正是利用制退液的可压缩性和筒壁弹性变形，储存部分后坐能量供复进使用。它是近年来发展起来的一种新型的反后坐装置，虽尚未用于实际工程，但在实验室内已获得成功。

可压缩液体反后坐装置在保证火炮后坐部分后坐和复进动作可靠的前提下，可省去复进机，使结构简单紧凑，动作可靠。设计者对流液孔不作精心调整的情况下可获得平缓的后坐阻力曲线。由于后坐阻力峰值减小，在一定程度上减小了后坐阻力。

可压缩液体有多种，其可压缩性差异较大。本节所述的可压缩液体是一种具有良好压缩性和稳定性的硅油。其可压缩性一般以其体积弹性模量 β 表示。目前较好的可压缩液体是道氏细粒 200（10Cs）硅油。在压强 0 ~ 35MPa 下，弹性模量 β 与压力 $\boldsymbol{P}$ 成线性关系。

图 11.32 为最简单的可压缩液体制退复进机的结构原理图。该机由制退筒和制退杆组成，膛内充满硅油液。制退杆由粗端直径 d_2、细端直径 d_1 和制退活塞 D 三段构成，制退活塞与制退筒内径 D_1 构成流液孔。制退杆以速度 V_h 后坐，细端直径 d_1 逐渐从腔内抽出，粗端直径 d_2 则逐渐伸入腔内，腔内体积不断减小，液体受压缩以储存部分后坐

能量，供复进使用。同时，Ⅰ腔液体还受制退活塞的压缩，经流液孔流入Ⅱ腔，该股液体形成阻力而做功，消耗另一部分后坐能量。在后坐过程中，Ⅰ腔液体压力 $\boldsymbol{P}_1$ 始终大于Ⅱ腔液体压力 $\boldsymbol{P}_2$。后坐结束时，$P_1 = P_2$。

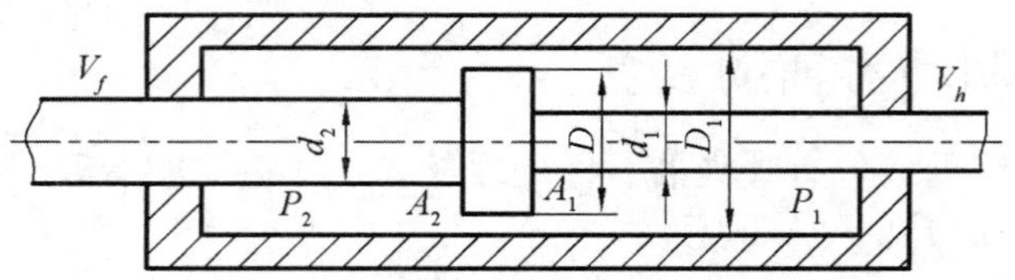

图 11.32 可压缩液体制退复进机结构原理图

后坐终了时，由于制退活塞两端工作面积不等，$A_1 > A_2$，而活塞两端压力相等，其合力作用使制退杆复进。制退杆细端伸入腔内，粗端从腔内抽出，Ⅱ腔液体受制退活塞压缩，经流液孔流回Ⅰ腔。在复进过程中始终有 $P_2 > P_1$，直到复进到位后才使 $P_2 = P_1$。这种制退复进机结构简单紧凑，省去了浮动活塞和高压氮气的臃肿结构。

图 11.33 为一种刚性壁型的可压缩液体制退复进机典型结构，它成功地用于火炮射击实验中。该机有如下 4 个特点。

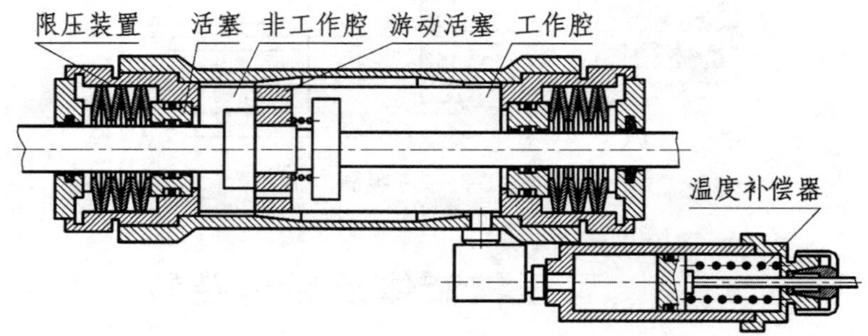

图 11.33 带限压装置可压缩液体制退复进机结构图

1. 在工作腔和非工作腔均设置限压装置

现有密封装置的允许工作压力一般不大于 35MPa，若超过该压力，液体或多或少会产生泄漏。为了使可压缩液体反后坐装置的工作腔压强不大于 35MPa，在工作腔和非工作腔分别设置碟形弹簧式限压装置。

该装置的活塞在后坐过程中，当工作腔和非工作腔压力达到一定数值时，将产生 3 ~ 4mm微小位移。活塞的轴向位移使腔内容积变大，以改善液体可压缩性。在后坐长度相同的条件下，采用限压装置，可使液体初始体积大大减小，结构更加紧凑。

2. 储液筒与温度补偿器共用

为了使制退机结构紧凑，将所需制退液的一部分储存于储液筒内，储液筒与制退筒用导管相连。储液筒的一端设有带标尺的活塞，活塞在弹簧作用下压向液体。活塞杆由一快速夹紧机构夹住。射击时锁紧夹紧机构，使液体在一定容积中被压缩，当环境温度发生变化时，调整夹紧机构，活塞在弹簧力和液体压力作用下重新达到平衡。设计时使弹簧初力略大于密封装置摩擦力，若温度的改变使液体可压缩性发生变化，可通过改变容积来进行补偿。

3. 设置带弹簧的游动活塞

为了存储足够的后坐能量供复进使用，必须有足够的后坐行程，才能使后坐阻力在规定的后坐长度上平缓变化、减小峰值。因此，可压缩液体反后坐装置的后坐流液孔较一般反后坐装置大得多。但是，由于液体刚度较大，容易使后坐部分复进到位产生冲击，必须进行有效的复进制动。复进节制流液孔明显比后坐流液孔小。在制退杆上设置一带弹簧作用的游动活塞。后坐时，在液体压力作用下推开游动活塞，打开活塞上的 4 个通孔，与筒壁上变深度沟槽面积以及空心制退杆内的孔一起构成足够大的后坐流液孔。复进时，由于 $P_2>P_1$，靠 $\boldsymbol{P}_2$作用推动游动活塞压缩弹簧，使活塞贴紧螺母，关闭活塞上的 4 个通孔。这样复进节制流液孔大大减小，使后坐部分复进到位基本无冲击。

4. 采用复进速度调节器

为了有效地调节由于制造误差和温度影响使复进速度发生的变化，采用针杆式复进速度调节器。旋转针杆，可调节复进节制流液孔大小，使复进速度满足设计要求。

11.6　反后坐装置上重要构件

11.6.1　紧塞和密封元件

反后坐装置的大部分部件以液体或气体为工作介质，以完成火炮发射过程中的能量转换。而且，其工作条件较之一般民用液压机械的恶劣得多，它需要在高达 30 ~ 50MPa 的压力、-45℃ ~ 50℃气温、介质温度甚至达 100℃、相对速度为 10 ~ 20m/s 的条件下工作。某些相对运动表面在野战条件下经常暴露于火药烟雾及灰尘之中。

反后坐装置中起紧塞和密封作用的元件必须在任何时候、任何条件下都能对液体和气体达到可靠密封，不使它们渗漏或外逸，以确保工作可靠。其结构设计非常重要。

根据被密封的零部件工作状态一般可分为两大类。

（1）被密封的两构件间无相对运动或不再拆卸。如注液注气孔、排液排气孔、检查孔、复进机的中筒与外筒、内筒与中筒的螺纹连接或筒与端盖处等。这种情况下通常有三种密封方式：① 在连接处端面嵌入具有 15°或 45°平行四边形断面、经过退火的紫铜环或用 O 形橡胶圈，拧紧连接螺纹，施加轴向压力。紫铜环、O 形橡胶圈变形后即可起密封作用，见图 11.34；② 在螺纹齿面间嵌入四氟乙烯塑料薄膜，以堵塞齿面间的

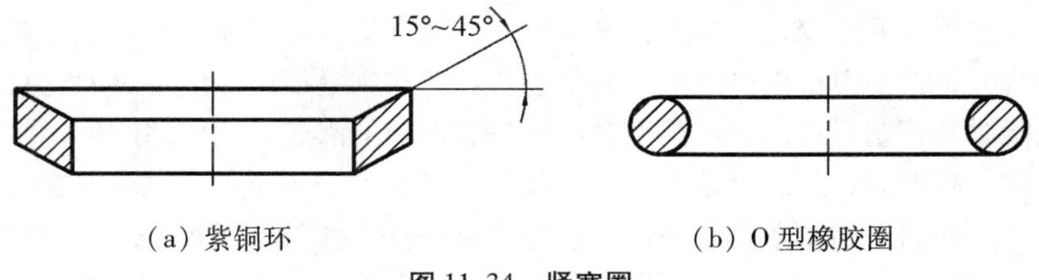

（a）紫铜环　　　（b）O 型橡胶圈

图 11.34　紧塞圈

间隙；③ 对不再拆装的零件用无酸焊法密封，即对密封部位用无酸性液清理，零件的待连接表面均匀涂上一层融锡，趁热旋紧即可保证密封，同时还可防止螺纹松动。制退杆与杆头常用此法连接。

（2）被紧塞的两件间具有相对运动，如复进机活塞、复进杆、制退杆等与其配合的筒之间都有相对运动，对其紧塞和密封则比较复杂。液体气压式或气压式反后坐装置一般均用液体密封气体，再对相对运动处的液体加以紧塞。这比直接密封气体容易，且可对运动部分起润滑作用。

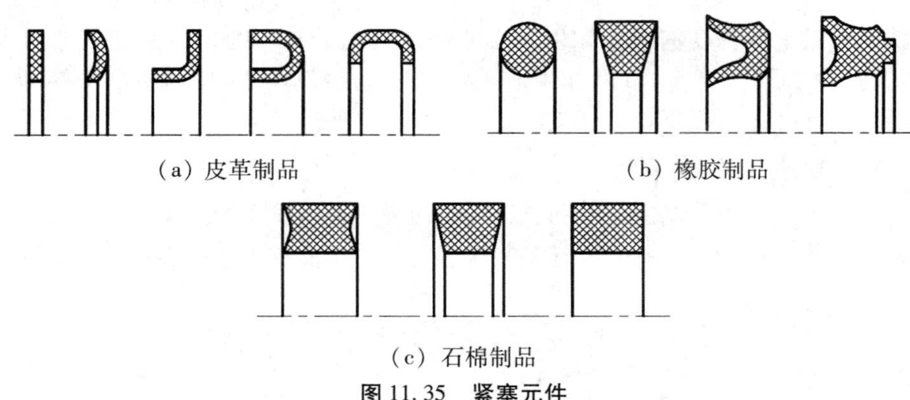

（a）皮革制品　　（b）橡胶制品

（c）石棉制品

图 11.35　紧塞元件

若两构件相对运动的速度较大，活动件间运动时将产生振动，必须采用结构合理的紧塞装置才能保证作用可靠。

紧塞装置中最重要的零件是紧塞元件，一般由皮革、橡胶或石棉制成，其断面形状如图 11.35 所示。上等牛皮制造、并用铬盐作鞣剂进行鞣制的皮革制品耐磨损，不怕油质浸润，但成本较高，且易吸水膨胀而失去弹性；橡胶制品没有上述缺点，尤其是 O 形圈结构简单，密封性能好，目前应用广泛；石棉制品主要由石棉、石蜡和凡士林压制而成，为减小摩擦，可加入一些石墨，但寿命短，使用不如橡胶制品方便。

11.6.2　液量调节器

火炮发射时，炮膛合力对后坐部分的作用使后坐部分获得动能，这部分能量在后坐和复进过程中绝大部分由制退机和复进机以不可逆的形式转化为热能，这使制退机内液体温度升高，体积膨胀，致使制退机内有效空间减少，这可能会引起后坐部分复进不到位的现象。如果在复进不到位的条件下继续射击，就会因为制退机起始位置的改变而使原设计的后坐规律发生变化，后坐长度变短，造成火炮故障和损坏等严重后果。解决这个问题的途径是在制退机内设置液体调节装置或者在制退机内预留一定的空间。

与此同时，若制退机内液体温度升高超过制退液的沸点，液体即产生气化，致使复进不能到位。高温时，反后坐装置的紧塞装置可能发生损坏而失去紧塞性能，因而要充分考虑制退液的沸点和紧塞具热特性。一般牛皮制件工作温度不能高于 100℃，橡胶制件不得超过 120℃。因此，应采取措施控制射击过程中制退机的极限温度和液体的膨胀量。解决的办法有多种，典型的为采用液量调节器。

液量调节器是维持液压制退机内液体正常体积的一种液体补偿装置。由温度变化和其他原因引起制退机内液体体积变化时，它能自动调节制退机内的液量。液量调节器一般有以下三种结构。

(1) 弹簧式液量调节器，见图11.36(a)。调节器与制退机相连，器中液体由隔板(或导管)上的小孔相连通。制退液受热膨胀时，由小孔进入调节器，推动活塞右移压缩弹簧。容纳制退机内多余的液体，使各运动构件复位而不致错位。制退液冷却收缩时，调节器内的液体在弹簧的作用下被推回制退机，以保持制退机内正常的液量。这种液量调节器作用可靠，但结构尺寸和质量较大。54式和83式122mm榴弹炮制退机上即是采用这种结构。

(2) 气压式液量调节器，见图11.36(b)，这是一种以气体为贮能介质的液量调节器。制退液受热膨胀时，多余的液体沿导管进入调节器，压缩气体。液体冷却收缩后，气体膨胀将液体由导管压回至制退机中。这种调节器结构简单，质量小，但可靠性较差，曾在76mm加农炮和54-1式122mm榴弹炮上采用。

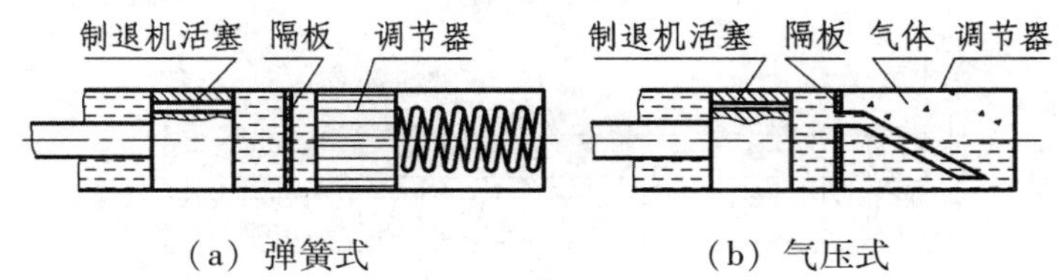

(a) 弹簧式　　(b) 气压式

图11.36　液量调节器

上述两种结构在后坐和复进过程中，与制退机存在着液量交换，对后坐运动规律有一定的影响，为减小此影响，隔板或导管的孔径必须很小，一般在2mm左右。

(3) 活门式液量调节器，见图11.37。调节器通过单向活门与制退机连通，在后坐复进过程中，钢珠堵住活门孔，调节器不工作。复进即将到位时，后坐部分推顶杆打开活门，进行液量调节。这种结构虽较复杂，但能避免上述两种调节器的缺点，作用可靠。

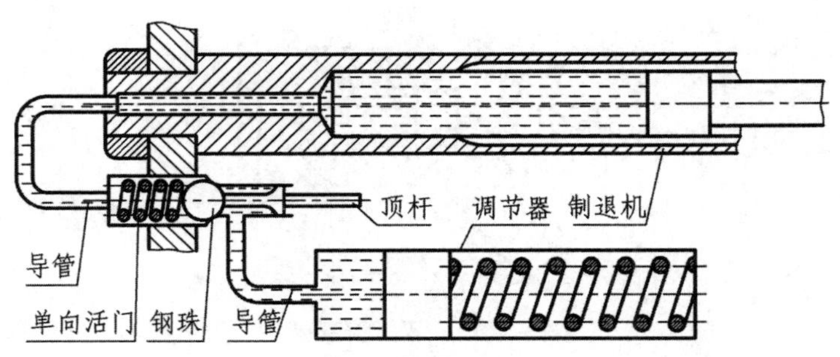

图11.37　活门式液量调节器

11.6.3　液量指示

为确保火炮正常射击，反后坐装置中应有足够的液量，而且液量的多少应是可观察到的。液量指示一般有以下三种方法。

（1）设置液量指示器。液量指示器原理见图 11. 38，常用于液体气压式复进机。连杆左端与复进机内游动活塞相连，右端连接上齿条。复进机内液量变化时，游动活塞通过连杆带动上齿条左右移动，经小齿轮推动下齿条，液量指示标尺与下齿条固连。因此，从指示标尺即可判断液量是否合乎规定标准。

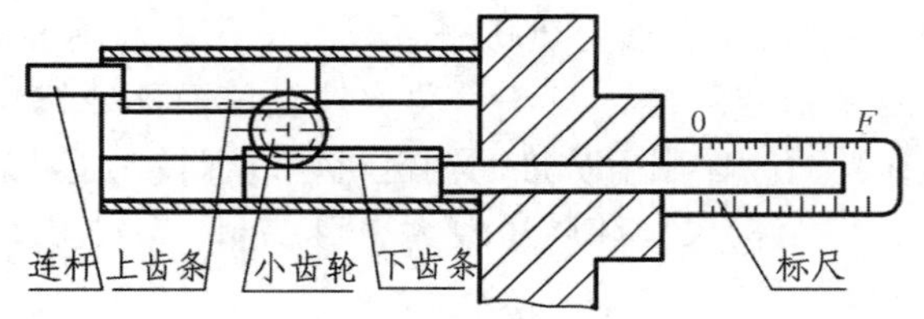

图 11. 38　液量指示器

（2）在液量调节器内安装指示标尺。其原理见图 11. 39，指示标尺通常固定在液量调节器的活塞上。液量发生变化时，活塞随之移动，伸出筒外的指示标尺上的刻度即可显示液量变化。

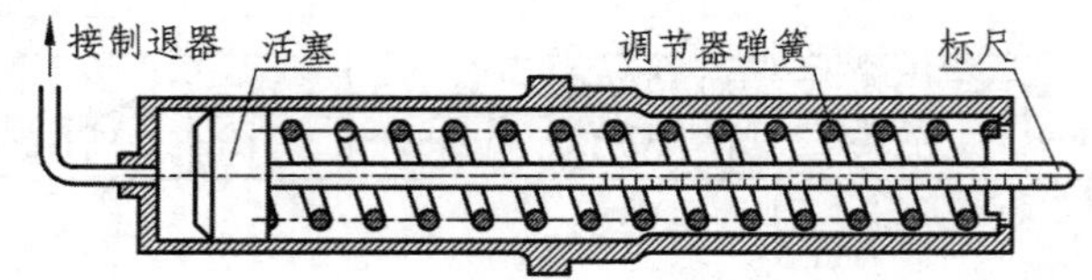

图 11. 39　液量指示标尺

以上两种方法显示精度较高，但结构比较复杂。

（3）在复进机或制退复进机的外筒或后盖上设置检查窗。其工作原理见图 11. 40。窗内安装带标准液面刻线的透镜组，由检查窗可直接观察液面变化。这种方法简单、方便，但精度较差，而且在气液相混产生雾化状态下不能正确显示液量。

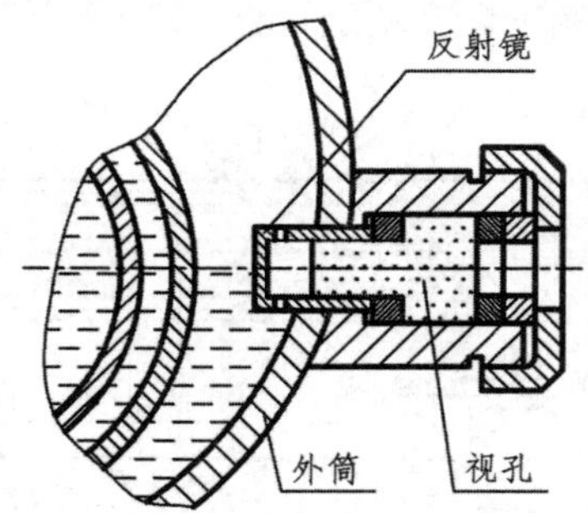

图 11. 40　液量检查窗

11. 6. 4　开闭器

开闭器是液体气压式复进机上用于检查气压、液量和注气、放气或注液、放液的一种开关装置。一般设在复进机前后盖上便于操作的部位，以保证测量气压或注液注气时的安全，并防止气体外泄。图 11. 41 为一种开闭器的结构原理图。复进机后盖上设有接续管室和开闭杆室，两者间以垂直孔连通，两室外均有螺盖。开闭杆室内安装有开闭杆、紧定螺母及紧塞元件等，并经纵孔与弯管一端连通。弯管另一端插入复进机储气筒内。弯管中用液体密封气体。开闭杆右端部锥体则可关闭通路，使筒内液、气不外漏。使用时，取下螺盖，在接续管室上接上装有气压表或注液、注气装置的接续管（火炮附件）。再用火炮专用扳手轻轻拧松开闭杆到复进机储气筒与接续管相通，即可测量气压或者注液、注气、放液、放气等。

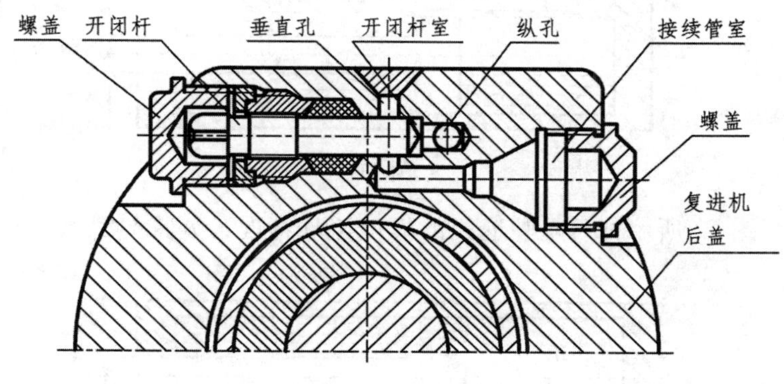

图 11.41　开闭器

11.6.5　制退液

火炮反后坐装置中所注液体称为火炮制退液，它是制退机和复进机的工作介质，起到传递压力、吸收能量（可压缩液体）、密封气体和进行润滑等作用。制退液的性能直接影响火炮的正常工作和持续射击。目前我国装备的火炮采用的制退液主要是斯切奥尔液和斯切奥尔 - M 液。

斯切奥尔和斯切奥尔 - M 液中的铬酸钾（$K_2Cr_2O_3$）是良好的阻化剂，它可以减低制退液对钢铁的腐蚀。氢氧化钠（NaOH）可使液体略带碱性以保持其性能的稳定，减缓变酸的过程。这种以甘油为基础的制退液的优点是比热和密度大，对紧塞元件不浸润溶胀，低温黏度小。其缺点是成本高，沸点低，换油期短，高压下易被氧化变酸，以铬酸钾为阻化剂时，在光和热作用下发生氧化还原作用，使制退液变酸，尤其对铜质零件腐蚀严重。

西方各国多采用以石油产品为基础油的制退液。其优点是来源丰富和价格低。缺点是密度较小，黏性受温度变化影响较大，导致所需液量增大，有时不得不另设贮液筒。

思 考 题

1. 反后坐装置的作用是什么？
2. 反后坐装置一般由哪几部分组成？按结构组成形式反后坐装置可分为哪几种？
3. 复进机有哪几种典型结构？举例阐述其工作原理。
4. 驻退机有哪几种典型结构？试比较常后坐节制杆式驻退机和变后坐节制杆式驻

退机的异同点。

5. 发射时火炮驻退后坐运动分为哪几个时期？最大后坐速度 V_{max} 出现在哪一时期？如何判断 V_{max} 出现时机？

6. 试推导图 T1 所示简单筒后坐驻退机液压阻力计算公式，并说明所用符号的意义。图中 V 为筒后坐速度。

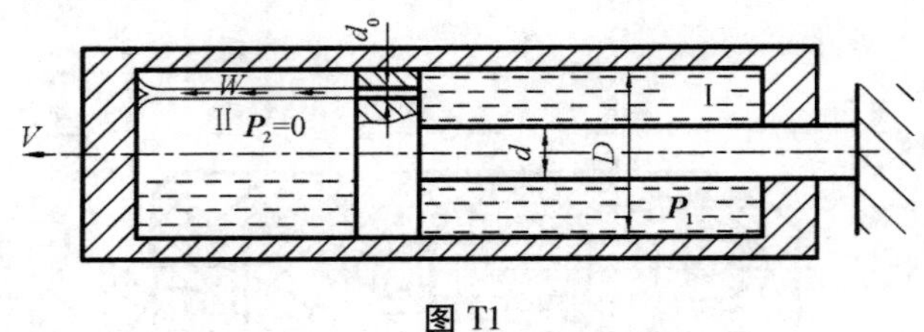

图 T1

7. 试分析图 T2 所示杆后坐驻退机的液体流动情况，并推导其液压阻力 $\boldsymbol{\Phi}_0$ 的计算公式。

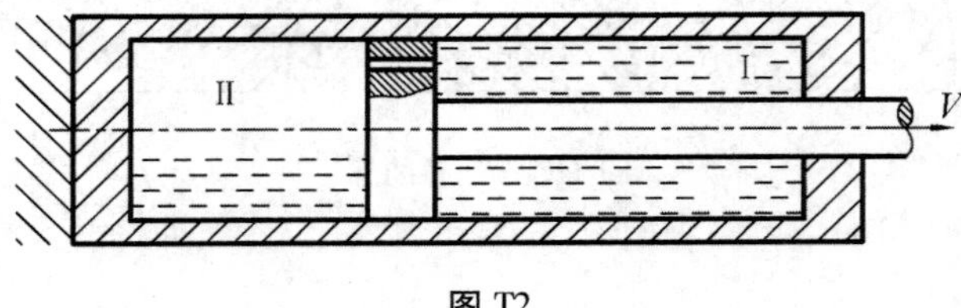

图 T2

8. 画出混合节制杆式制退机的工作原理简图，并分析其工作原理。

9. 火炮复进过程中为什么需要制动？复进制动有几种形式，其特点是什么？

10. 可压缩液体反后坐装置的优点是什么？用简图并简要说明其工作原理。

11. 试说明几种液量调节器的工作原理。

第 12 章　火炮四架、三机与运动体

现代弹性炮架火炮除了炮身、炮闩系统和反后坐装置等构成的火力系统外，还有诸如四架（摇架、上架、下架和大架）、三机（高低机、方向机、平衡机）、运动部分及其他一些构件等辅助部件。这些部件或构件在整个火炮系统中起着非常重要的作用。

12.1　火炮四架

火炮摇架、上架、下架和大架构成整个架体。火炮架体是支撑炮身、赋予火炮不同使用状态的各种机构的总称。其作用是：支撑炮身、赋予炮身一定的射向、承受射击时的作用力和保证射击稳定性，并作为射击和运动时全炮的支架。其上还安装有各种机构和装置，如半自动机构、瞄准具、行军缓冲器、减振器和刹车等。

12.1.1　摇　架

1. 摇架的作用与组成

摇架的作用是支撑后坐部分，使炮身在后坐与复进时有正确的运动方向。

摇架连接炮身、反后坐装置、平衡机、高低机和活动防盾等部件。摇架上一般有导向部分、耳轴、传动机构和安装支臂等部件。有时，在摇架上还安装有瞄准具、半自动炮闩的开闩装置或自动机构。

摇架与炮身、反坐装置和其他有关机构或部件共同组成起落部分，绕耳轴作回转运动，它是起落部分的主体。

2. 摇架分类

按照结构特点，可把摇架分为框形摇架、筒形摇架和混合型摇架三类。

（1）框形摇架。也称槽形摇架，本体横剖面呈∪形，主要由框形本体框、两条相互平行的长导轨、耳轴托箍、高低齿弧和各种支臂等组成。两条长导轨与装在炮身上的滑槽配合，以约束炮身后坐、复进运动的方向，并承受因弹丸回转力矩引起的扭矩。一般的框形摇架的槽口向上（∪），有的火炮为降低火线高，也将槽口下置（∩）。

图 12.1 为某型 122mm 榴弹炮框形摇架结构简图。该摇架由本体和防危板等组成。本体呈∩形，其前方表面以绞链连接有前盖。打开盖子，摇架前端有复进杆和驻退杆连接孔，两孔之间有液量调节器和活瓣装置连接孔。摇架右前方有一窗口，平时以盖板盖住，此窗口可以调整驻退机的调整螺帽，还可以检查驻退机液量。摇架左前方另有一窗口，平时以盖板盖住，此窗口可以冷却驻退机。摇架中部外表面焊有四条加强筋，以增

加摇架的强度。后方两侧焊有摇架耳轴，通过耳轴将摇架置于上架的耳轴室内。

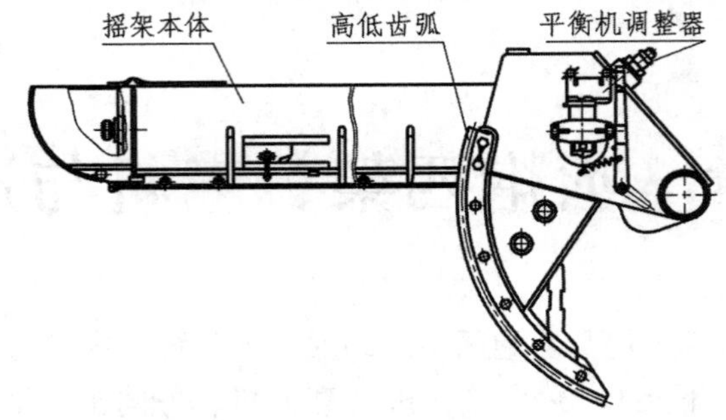

图 12.1　槽形摇架

摇架后部左侧方焊接有瞄准具支臂，支臂后方的摇架上有一圆孔，其上以螺栓连接有关闩转把，见图 12.2。转把中部和摇架之间有一拉簧，用于使转把转动后恢复原位。

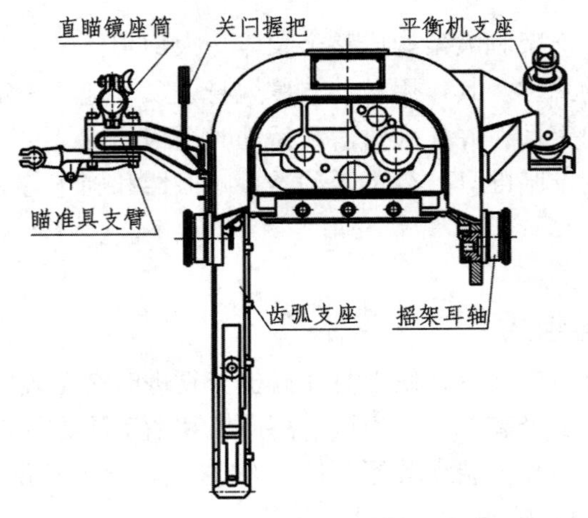

图 12.2　槽形摇架后视图

摇架后部右侧焊接有平衡机支架和套筒，套筒内从前往后依次装有活动轴，铜垫圈和调整螺杆。活动轴上有一纵长键槽，与旋在套筒上的驻钉配合防止活动轴转动。铜垫圈放在活动轴与调整螺杆之间，用于减少摩擦力。调整螺杆旋接在套筒上，用来调整平衡机压力，调整好后用固定螺母固定。

高低机齿弧支座焊接在摇架后下方，其上用四个螺栓螺母固定有高低齿弧，螺母用于防开口销松。开闩板以轴连接在摇架右侧，并以螺母固定，螺母用于防开口销松。摇架底部焊接有水平板和后坐滑轨。滑轨与炮身上的两条滑槽配合来规正炮身运动的方向。

框形摇架也包括箱形结构。箱形结构其断面呈封闭形，刚度较高且便于安装自动机的各种机构，多见于中、小口径自动炮。

（2）筒形摇架。其本体横剖面呈圆筒形的摇架，典型结构见图 12.3。主要由长筒形本体、前后铜衬瓦、反后坐装置支座、耳轴、护筒、定向栓室与各种支臂等组成。与筒形摇架相配合的身管外表面呈光滑圆柱形，由铜衬瓦支承，在后坐、复进时起导向作用。炮尾上的定向栓与定向栓室配合以承受弹丸在膛内运动时弹带作用在膛线上的扭矩。护筒用于保护身管的光滑圆柱部分，以防止灰尘侵入。筒形摇架的刚度较高，反后坐装置一般布置在其上方，有利于降低火线高。部分加农炮上采用这种摇架。此外，由于它外部呈圆形，便于与炮塔配合，也常用在坦克炮、自行火炮和舰炮上。

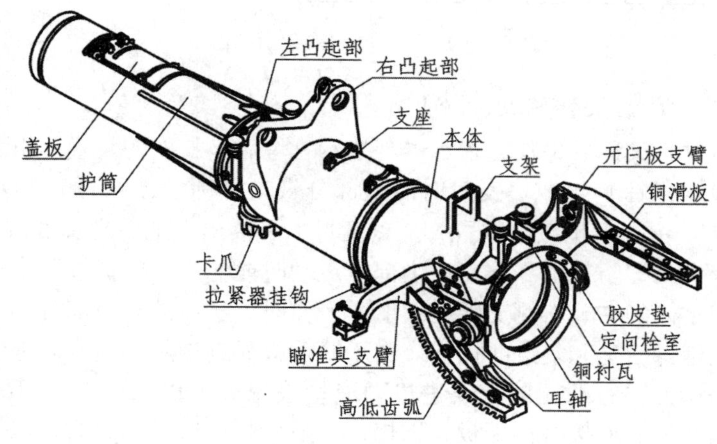

图 12.3　筒形摇架

（3）混合形摇架。又称组合式摇架。这种摇架一般是由槽形摇架部分体部组成后部，套箍构成筒形组成前部或同时组成后部，反后坐装置外筒作连接件和槽形框构成中部的组合式结构。它兼有槽形摇架和筒形摇架的结构特点，质量比槽形和筒形小。缺点是各部件间组合不当时，会造成刚性不足和产生热变形。

按火炮总体布置的不同，混合形摇架的各部件间有多种不同的结合方法，典型的有以下两种：

① 利用反后坐装置的外筒将后部槽形摇架本体与前套箍连成一体。炮尾上的镶铜滑板在槽形摇架导轨上滑动，炮身上圆柱部分在前套箍内铜套上滑动。59 式 100mm 高射炮摇架即属此种结构（见图 12.4）。

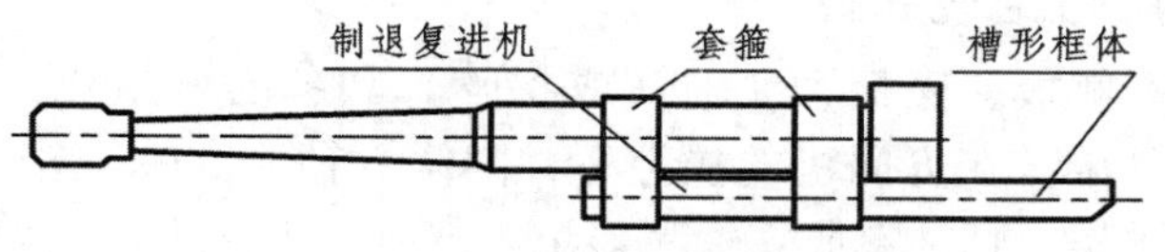

图 12.4　100mm 高炮摇架示意图

② 利用复进机和制退机外筒与前后套箍连接，分别将两筒置于上下方或左右方。此种形式结构由前后套箍的内铜套组成似筒形摇架的部分体部。45mm 高平两用舰炮的摇架即属此种（见图 12.5）。这种结构因复进机和制退机外筒均与前后套箍固紧，受热不同（制退机比复进机温升高），变形也不同，易使摇架弯曲，导致炮膛轴线与瞄准线间的位置不正确而影响瞄准精度。解决的方案是外筒采用活动连接，但这将影响刚度。在 54 式 122mm 榴弹炮架上就另加一个槽形板与复进机外筒配合，作为摇架本体的一部

分，以增强刚度。

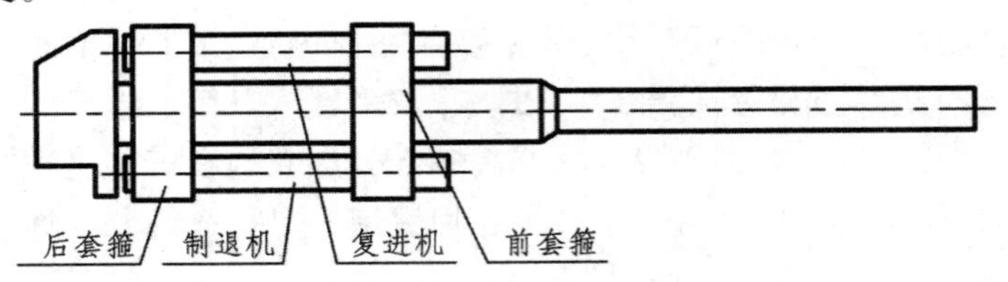

图 12.5　45mm 舰炮摇架示意图

3. 摇架上几个重要构件或结构

（1）后坐标尺，又称后坐长度指示器。指示火炮后坐长度的装置。由装在摇架上的刻度尺与游标（或指针）组成。发射时后坐部分带动游标（或指针）同步后坐，复进时游标（或指针）留在后坐最终位置，从刻度尺上可读出火炮后坐长度数值。

（2）防危板，又称防护板。防止后坐部分运动时撞伤炮手的护板。防危板通常刚性固定在火炮摇架本体的左、右侧支臂上。射手操作时，身体的任何部分均应在防危板的外侧，以防止被炮身后坐和复进时撞伤。由于防危板靠近炮尾，通常其上装有击发操纵机构和复拨器等构件，有的还装有复进机的液量检查表。在坦克内，因战斗室空间较小，防危板后端通常还连接有挡壳板，以挡住发射后高速抛出的药筒，以使炮手和车内零部件免遭损伤。

（3）炮耳轴，作为起落部分俯仰运动的枢轴，并传递后坐力或后坐阻力的重要零件。位于摇架上起落部分质心后方不远处，一般左右对称布置，小口径火炮也有使用单耳轴的。

（4）高低齿弧，摇架上的高低齿弧由高低机主齿轮驱动，赋予火炮起落部分的俯仰运动。

（5）支臂，摇架上有连接平衡机上支点的支臂、安装瞄准具的支臂、半自动开闩机构的开闩板支臂等。

12.1.2　上架

1. 上架的作用与组成部分

上架一般由左右侧板、底板、立轴（或拐脖）和各支臂组成。它支承起落部分，为火炮回转部分的基础。在方向机的操控下，围绕立轴或基轴回转，以赋予火炮方位角。上架上通常有支架、耳轴室或立轴和多个支臂等。上架上的支臂用以连接高低机、方向机、平衡机和防盾等部件。

高射炮的上架称为托架，海军炮的上架称为回旋架。坦克炮和自行火炮的炮塔起上架作用。

通常将起落部分、上架、瞄准机（高低机和方向机）、瞄准装置、平衡机和防盾等可绕垂直轴转动的部件，统称为回转部分。

2. 上架分类

上架与下架的连接形式对上架的结构有很大影响。通常以该部分的结构特点来区分上架的类型，上架可分为简单上架、拐脖式、带滚轮和缓冲装置与带防撬板 4 种。

（1）简单上架。这种上架是用长立轴与下架连接，立轴有上下两个轴颈，分别与下架的上下轴室配合（见图 12.6）。其结构简单，广泛应用在中、小口径火炮上。缺点是立轴与上架为一整体，工艺性较差。

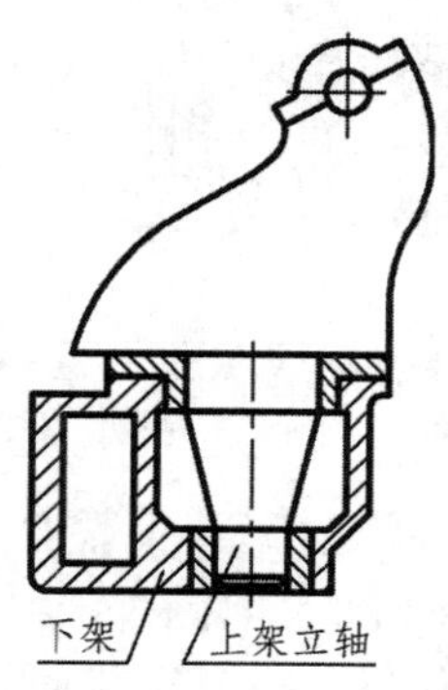

图 12.6　简单上架示意图

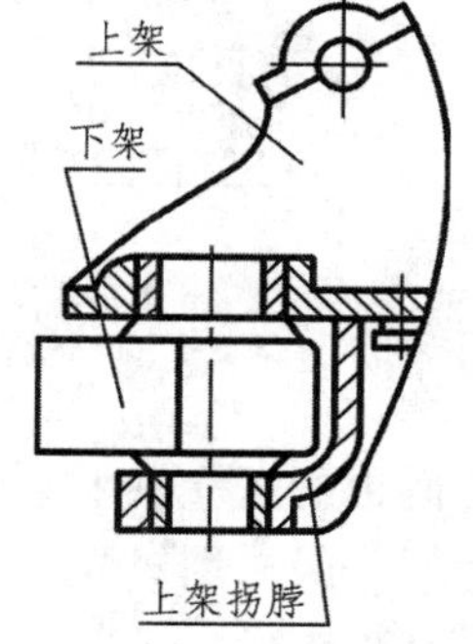

图 12.7　带拐脖上架示意图

（2）带拐脖的上架。其结构特点是立轴室在上架上，而立轴固定在下架上，同时上架增设一个拐脖，其示意图见图 12.7。图 12.8 所示为 56 式 85mm 加农炮上架结构图，上架的基板中央有一个立轴室，下方有一轴承支臂（拐脖），支臂下端装有下立轴室，这种结构形式的上架有如下优点：①上架与底板厚度相重合，可减小上轴颈的高度，降低火线高；②立轴分上、下两部分，可单独加工后再压入下架孔内并焊接固定，工艺性好；③ 立轴可采用较好的材料单独制造，轴颈可以减小，上架转动时的摩擦力矩减小，可以减轻手轮力。

因此，带拐脖的上架在大、中口径地面火炮上应用较广泛。

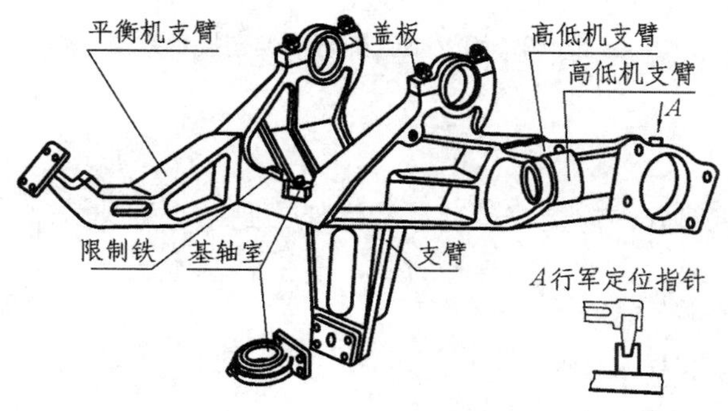

图 12.8　56 式 85mm 加农炮上架

（3）带滚轮和缓冲装置的上架，其示意图见图 12.9。大口径火炮的回转部分较重，上下端面之间的摩擦力矩很大，方向机手轮力随之增大。为此，在长立轴下面加止推轴承和碟形弹簧以支持回转部分，并使上下架端面之间留有一定的间隙 Δ。将上下架之间的滑动摩擦代之以滚动摩擦。发射时，碟形弹簧被压缩，上下架的端面贴合在一起承受发射时的载荷。为了使端面在贴合时不产生很大的冲击，端面间的间隙必须保持很小，

一般 $\Delta = 0.2 \sim 0.4\text{mm}$。

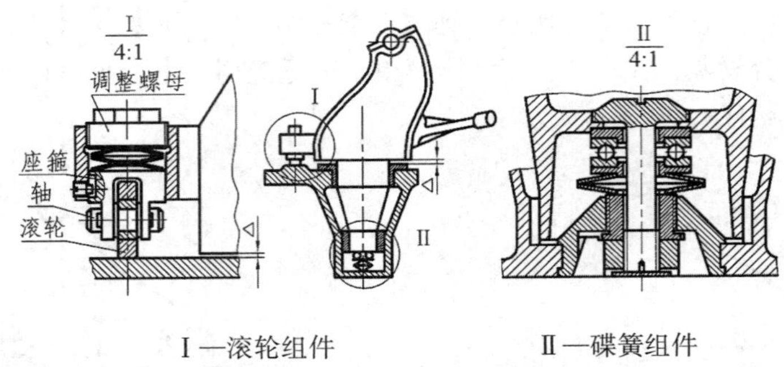

Ⅰ—滚轮组件　　　Ⅱ—碟簧组件

图 12.9　带滚轮上架示意图

（4）带防撬板的短立轴上架。大口径火炮为了降低火线高，减小下架厚度，使全炮结构紧凑，上架一般采用短立轴。图 12.10 为 59 式 130mm 加农炮的上架结构示意图。其结构特点是立轴很短，能抗水平作用力而不能抵抗外力矩，一般只起回转枢轴的作用。因此，在上架前面装有防撬板，用以防止发射时外力矩使架体后翻。为减小摩擦力矩，在立轴内也装有止推轴承和碟形弹簧，上架前装有滚轮及碟形弹簧。使上架下端面与下架上面及防撬板与下架之间留有一定的间隙，一般 a，b，$c = 0.1 \sim 0.3\text{mm}$。

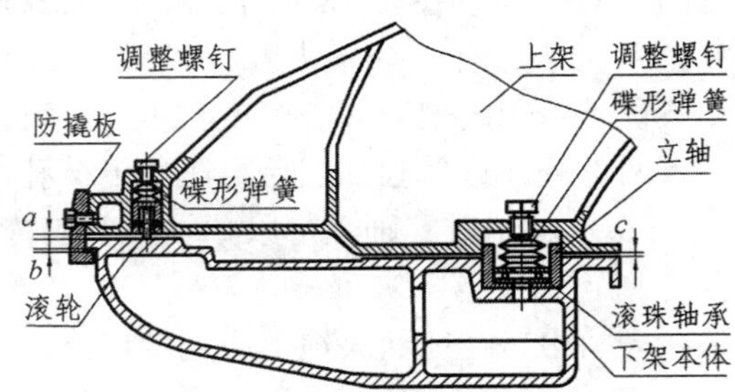

图 12.10　短立轴上架与下架连接示意图

12.1.3　下架

下架支承着回转部分，连接着运动体和大架，是整个炮架的基础。下架的结构形式决定于它与上架、大架、运动体的连接方式。有三种基本形式下架：长箱形下架、碟形下架和扁平箱形下架。

下架必须具有以下基本结构：

① 供回转部分转动的立轴室或立轴；

② 与大架连接的架头轴或连接耳；

③ 容纳行军缓冲装置或车轴的空间和有关的支座等。

图 12.11 所示为一种长箱形下架的典型的结构，下架箱形本体为空心钢铸件。中部有上下立轴，上立轴套着铜垫圈，其前面焊有方向限制铁，以限制上架转动的范围。两端有连接大架的架头轴孔及限制大架转动范围的凸起。左前方有连接方向机的支座，下架体内腔用于安装行军缓冲器。本体正前方有方孔，用于安装缓冲器的齿轮，并被盖板

盖住。盖板中央有一个安装调整螺母的螺孔。

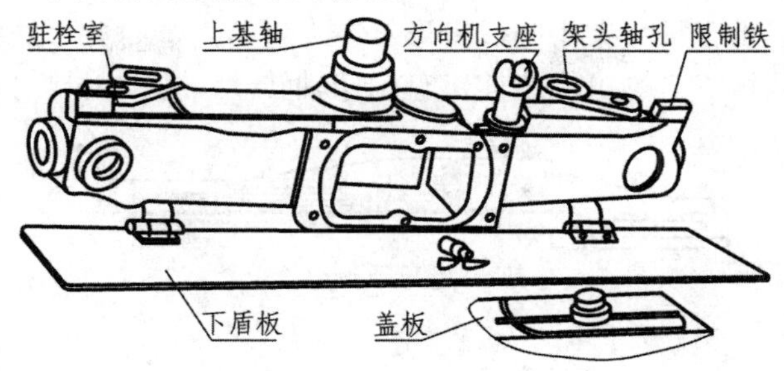

图 12.11　长箱形下架

这种下架结构很紧凑，适用于扭杆缓冲器横向布置的火炮，在中口径牵引野战火炮上应用广泛。

为适应短立轴上架和齿弧式方向机的需要，下架本体横向尺寸较大，垂直高度较小，演变成扁平箱体。图 12.12 所示为扁平箱形下架典型结构。本体的上面有前后支撑面，用于射击时支撑上架，前支撑面的前侧是定向凸缘，与上架防撬板配合。本体内部为空心，用以安装行军缓冲器、制动器和储气瓶等。本体后方有方向分划板，用于进行方向角的概略瞄准。为防止在夜间行军时碰车，下架本体前端装有指示灯与插座。

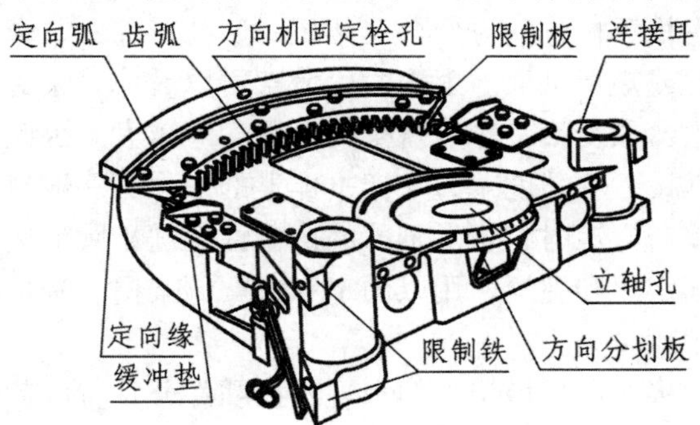

图 12.12　扁平箱形下架

这种下架结构复杂。因其上、下架配合的镜面面积大，立轴孔也大，射击时能承受较大的载荷，一般多用于大口径牵引火炮。

碟形下架结构较复杂，架体较高，不利于全炮降低火线高。

12.1.4　大架

发射时大架支撑火炮，以保证射击静止性和稳定性，在火炮行军时大架构成运动体的一部分，起牵引火炮的作用。大架一般由板状或管状材料焊接而成，尾部有驻锄。

大架可分为单脚式、开脚式和多脚式三种。早期的火炮多为单脚式；现代最常见的地面火炮多为开脚式；高射炮为多脚式；现代一些地面火炮也采用多脚式大架，其目的是将火炮的方向射界增大至 360°。苏联 D－30 式 122mm 榴弹炮即是采用三脚式大架。

美国 M102 式 105mm 榴弹炮采用鸟胸骨形大架，见图 12.13。这种大架把上架、下架和大架三者合成一体，简化结构，减小全炮的质量。鸟胸骨形大架为箱形铝合金焊接结构，属于单脚式。由于该大架中间成弓形，在大射角射击时并不妨碍炮身后坐，炮手可以站在炮尾后面装填。全炮可围绕前座盘的球轴转动，方向射界可达360°。

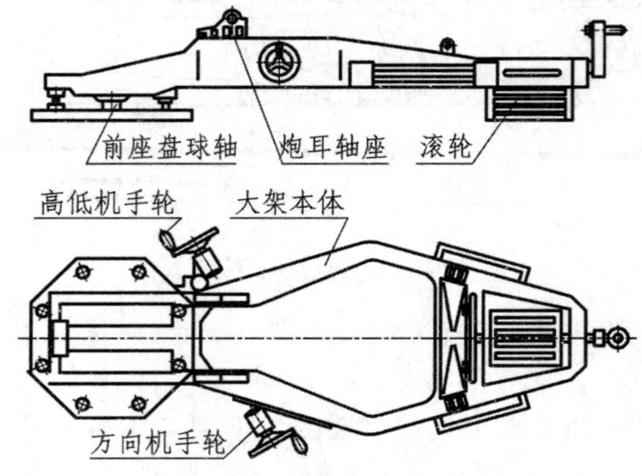

图 12.13　美国 M102 式 105mm 榴弹炮大架

如图 12.14 所示，开脚式大架一般由架头、本体和架尾组成。架头有铰链轴孔，由架头轴与下架相连，架头的高度与下架结构、大架剖面尺寸和火炮最低点离地高的要求有关，它同时也应考虑炮手操作的方便性。架尾一般装有驻锄、牵引杆、抬架杠等。大架本体多做成圆形剖面或矩形剖面。射击时，大架可以看成是架头被固定的悬臂梁，在地面反力的作用下产生弯曲变形，越靠近架头所受弯矩越大。因此，本体后部的剖面尺寸可以逐渐减小，使其接近等强度梁，大架本体上的加强筋一般也是焊在前端。壁厚相等的条件下，当承受单向弯矩时，矩形剖面的抗弯性能优于圆形剖面，大架质量相对较小。本体上还有各种固定座和驻栓，用以固定和安放调架棍、洗把杆或送弹棍、行军固定器、注气和注液双用唧筒等。

驻锄是用于发射时将作用在炮架上的水平载荷和部分垂直载荷传给地面，限制火炮移动的构件。按安装方式分为活动式和固定式两种。活动式驻锄装于架尾，非战斗状态下可拆卸或折叠起来。固定式驻锄固定在架尾上。

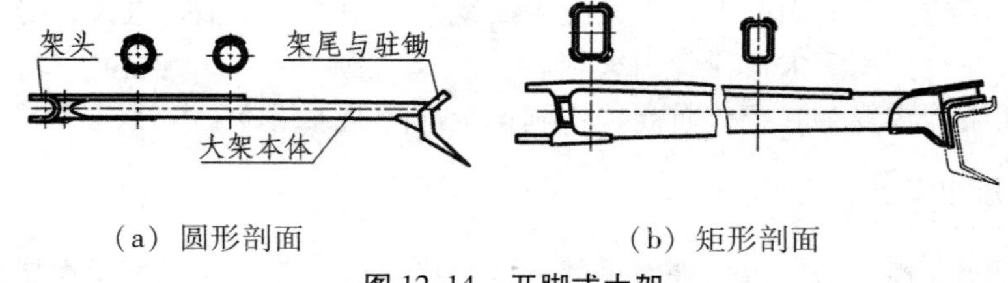

（a）圆形剖面　　（b）矩形剖面

图 12.14　开脚式大架

架尾轮是装于大架尾端作为支撑架尾的一个支点滚轮，主要用于移动火炮位置和变换火炮状态时减小炮手的体力消耗，它并不承受火炮发射时的载荷，只在开、并架及短距离推运火炮时支持架尾使运动轻便，平时及发射时固定在大架一侧。

12.2　瞄准机

瞄准即操作火炮、赋予身管轴线正确的空间位置，使弹丸的平均弹道通过预定目标。火炮在发射前必须进行瞄准。瞄准机就是完成瞄准的操作装置，它按照瞄准具或指挥仪所解算出的弹道诸元，赋予身管一定的高低射角和水平方位角。

瞄准机分为方向机和高低机。方向机用来赋予身管轴线的水平射向。高低机用来赋予身管轴线的高低射向。

12.2.1　方向机

方向机是驱动火炮回转部分、赋予炮身一定方位角的传动机构。通常由手轮、传动链、自锁器、空回调整器及有关的辅助装置等组成。在有外能源驱动的情况下，还设有手动与机动转换装置及变速装置等。

方向机安装在回转部分与下架之间。其传动链末端构件一端与上架相连，另一端固定在下架上。根据传动链末端驱动回转部分的构件不同，方向机一般分为：螺杆式、齿弧式和齿圈式三种。

1. 齿弧式方向机

齿弧式方向机是由齿轮驱动装在回转部分上的齿弧在控制火炮的水平方位角。其最大特点是方向射界不受限制，因此在方向射界要求较大的火炮，特别是方向射界需要360°的火炮上，使用较多。缺点是结构较复杂。

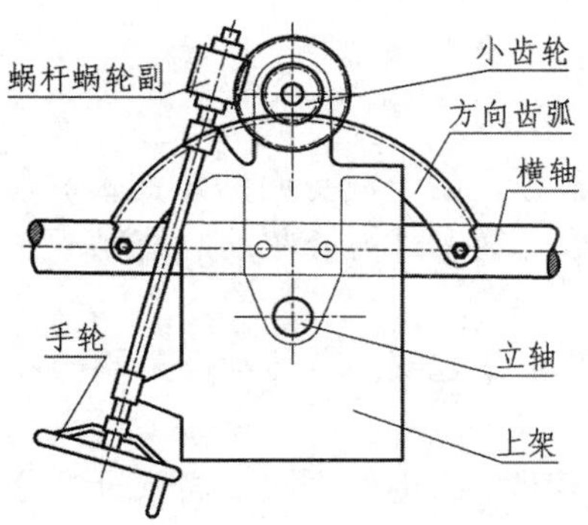

图 12.15　齿弧式方向机原理图

图 12.15 为齿弧式方向机的基本形式。图中齿弧安装在下架上固定不动，其余部分装在上架上随上架转动。转动手轮，通过圆锥齿轮、蜗杆蜗轮和方向齿轮的传动，小齿轮沿齿弧滚动，带动上架（回转部分）转动，实现方向瞄准。

采用蜗轮蜗杆，结构较紧凑，并起自锁作用。圆锥齿轮的作用是改变手轮的位置。

齿弧式方向机多用在方向射界较大，回转部分较重且质心距立轴较远、上架尺寸较大的火炮上，59 式 130mm 加农炮与 152mm 加农炮的方向机即是这种结构。如将齿弧延长成一个齿圈，则方向射界可到 360°，常用于高射炮、坦克炮及舰炮上。

2. 螺杆式方向机

螺杆式方向机是利用螺杆、螺筒相对转动而带动回转部分转动的机构。图 12. 16 为螺杆式方向机原理图。螺杆以叉形接头装在下架本体的 B 点上，螺筒以球形轴装在上架瞄准机支臂 C 点上。螺筒与螺杆相啮合，A 点为基轴中心。转动手轮时，螺筒旋转，螺杆不旋转，只能绕 B 点作方向摆动，螺筒在螺杆上移动，使 BC 距离变化，使上架的 C 点以 A 点为圆心，AC 为半径作弧形运动，从而带动回转部分绕 A 点转动，获得所需之方位角。

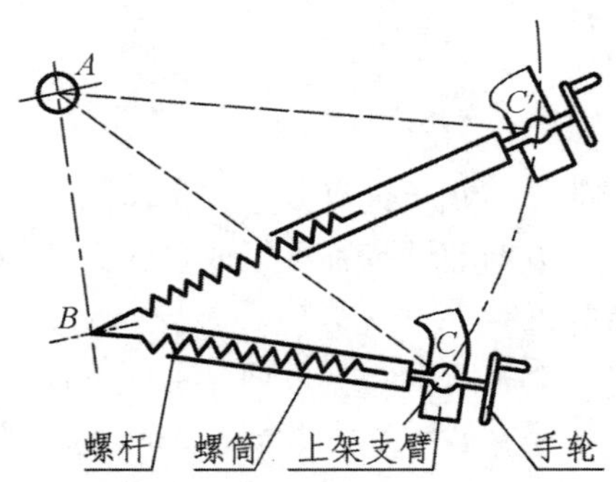

图 12. 16　螺杆方向机原理图

螺杆式方向机具有变传动比的特点。其结构简单、紧凑，被广泛应用在地面火炮上。缺点是方向射界较小，且所需手轮力也不均匀。

为了操作方便，常将螺杆倾斜布置，即 A、B 两点不在同一平面内，这也有利于提高瞄准速度。

12. 2. 2　高低机

高低机是驱动火炮起落部分，赋予炮身俯仰角的传动机构。通常由手轮、传动链、自锁器及有关辅助装置等组成。在有外能源驱动的情况下，还设有手动与机动转换装置及变速装置等。

高低机安装在起落部分与上架之间。其传动链末端构件一端与摇架相连，另一端固定在上架中。

根据传动链末端驱动起落部分的构件不同，高低机可分为齿弧式高低机、螺母丝杠式高低机和液压式高低机三种。

1. 齿弧式高低机

齿弧式高低机在传动链的末端有一对齿轮齿弧副。以一对蜗杆蜗轮副保证自锁。此外，传动链中还采用圆锥齿轮或圆柱齿轮传动，以调整手轮位置，便于炮手操作。蜗轮蜗杆传动的特点是不仅能自锁，且结构简单，传动中只能由蜗杆带动蜗轮旋转，蜗轮不能带动蜗杆，这样可以使瞄准后炮身的轴线不会自行改变。为保自锁可靠，蜗杆螺旋角较小，一般为 3° ~6°；蜗轮蜗杆轴交叉 90°布置，可方便地改变转动方向。缺点是为保证自锁性能而使摩擦力增大，降低传动效率。

图 12. 17 为 85mm 加农炮的高低机传动示意图。蜗轮箱与上架固定，高低齿弧装在

摇架侧后方，有利于降低火线高度。转动手轮，蜗杆带动蜗轮使高低机主齿轮一起转动，从而拨动高低齿弧使起落部分绕耳轴转动，进行高低瞄准。

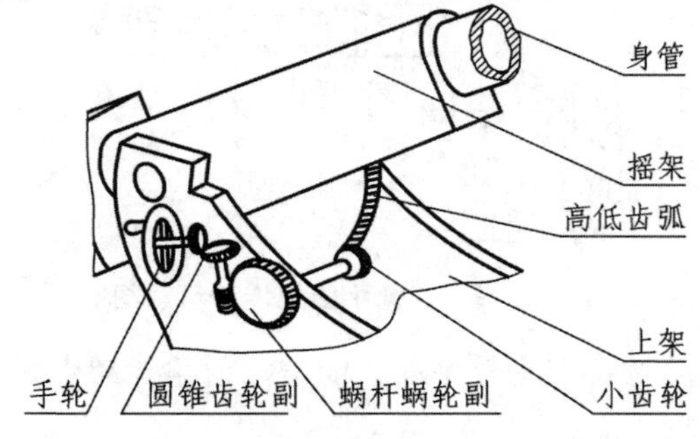

图 12.17　齿弧式高低机

图 12.18 所示为 54 式 122mm 榴弹炮高低机，该高低机带蜗杆缓冲器。高低齿弧固定在摇架的正下方，高低机主齿轮轴装在上架两侧板上，以改善齿轮副的受力状况，但不利于降低火线高。

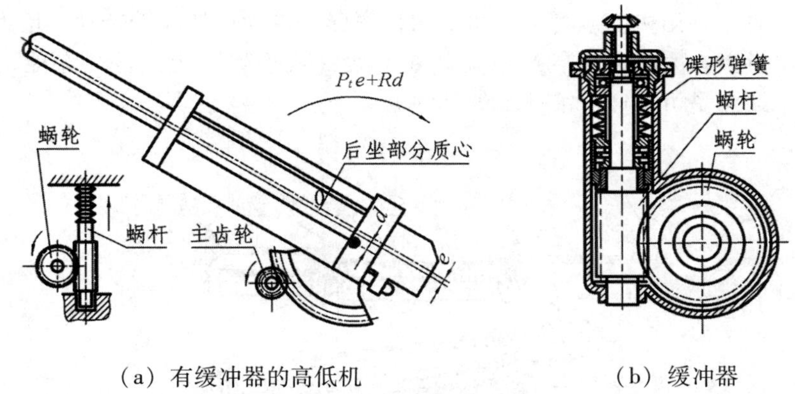

（a）有缓冲器的高低机　　（b）缓冲器

图 12.18　带缓冲器的高低机

缓冲器中有碟形弹簧，蜗杆可在轴向作一定的移动，压缩弹簧避免刚性撞击。射击或行军过程中，起落部分会因振动而绕耳轴翻转，若无缓冲器，主齿轮带动蜗轮刚性冲击蜗杆，造成铜质蜗轮损坏。

齿弧式高低机传动机构简单，加工较易，维护保养较液压式方便。广泛用于现装火炮上。但传动效率较低，仅 45% 左右。

2. 螺杠式高低机

螺杠式高低机是靠螺杆副的位移来驱动起落部分，以进行高低瞄准。它结构简单，能自锁。但传速比不是常数，射界不能太大，实现机械动力操作困难。一般适用于迫击炮和低仰角范围的小口径火炮。

为提高螺杆式高低机的传动效率以及扩大高低射界，现代火炮也有采用多用滚珠丝杆来代替螺母丝杆。为使火炮部件结构紧凑，常将平衡机弹簧套在螺筒外，成为螺杆式高低平衡机。图 12.19 所示为美国 M102 式 105mm 榴弹炮的高低平衡机传动示意图。

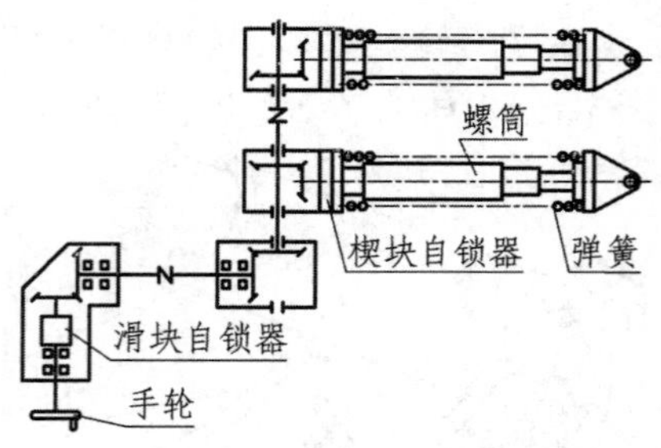

图 12.19　高低平衡机传动示意图

滚珠丝杠高低机传动的特点是效率高，能增大射角。缺点是不能自锁，使用时必须在传动链中另加自锁机构。

3. 液压式高低机

液压式高低机是以液体作介质赋予炮身仰角的装置，如图 12.20 所示。适用于坦克炮和自行炮，并可与减震器相结合。也可用于地面炮，一般与平衡机相结合而成高平机。液压式高低机铰接于上架上，液体注入迫使活塞杆伸出，带动摇架转动，减小仰角；液体流出时，平衡机内压缩空气将活塞杆压回，带动摇架向下转动，增大仰角。液体的注入流出可由人力转动手轮或以安装在上架（或摇架）上的液压泵驱动。其优点是结构紧凑，缺点是可能产生液体或气体泄漏。

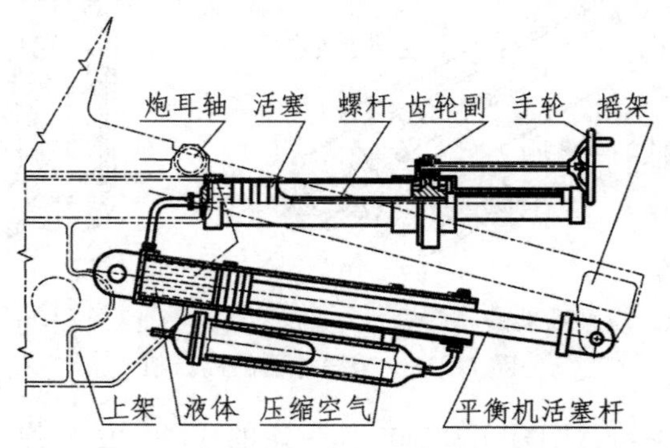

图 12.20　液压式高平机

12.3　平衡机

12.3.1　平衡机作用原理

平衡机是用来产生一个平衡力和形成一个对耳轴的力矩以均衡起落部分重力对耳轴的力矩，使操作炮身俯仰或动力传动时平稳轻便的机构。

现代火炮威力日益提高，炮身不断增长。为保证火炮射击稳定性，减小后坐阻力，需要尽量降低火线高，增大后坐长。同时为避免大射角时炮尾后坐碰地，以及便于装填炮弹和安装其他机构等，需将炮耳轴向炮尾靠近，从而引起质心前移。起落部分重力

Q_q对炮耳轴形成一个重力矩 $M_q=Q_q l_q\cos\varphi$，如图 12.21 所示，其中 l_q是射角 $\varphi=0°$时的重力 Q_q至耳轴的距离。这使起落部分自然下垂。为克服下垂力，必须传给高低机齿弧以相当大的力 F_g，形成力矩 $F_g\cdot\rho$（ρ 为耳轴至齿弧节圆的半径）。这使增加炮身射角十分费力，以至人力不能胜任。而当减小射角时，重力矩 M_q会在高低机齿轮、齿弧间产生猛烈的冲击和跳动。

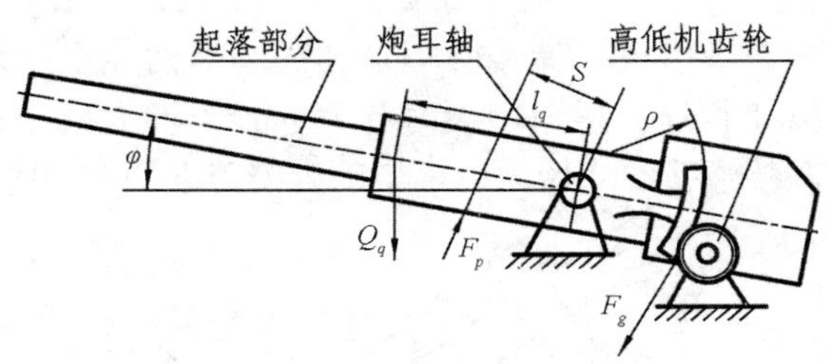

图 12.21　起落部分受力

为避免上述情况，在耳轴前方或后方对起落部分外加一个推力或拉力 F_p，形成对耳轴的平衡力矩 $M_p=F_P\cdot S$，其方向与重力矩相反，使 $M_q=M_p$，或者两力矩虽不能完全相等，但差值 ΔM 在允许的范围（$\Delta M=M_q-M_p$），从而使 F_g足够小，以保证操作高低机时平稳轻便。

提供平衡力一般有配重平衡和平衡机平衡两种方式。

1. 配重平衡

在炮耳轴后方，炮尾或摇架上附加适量的金属配重，以使火炮前后达到平衡。配重平衡可用灌铅或者用数块铅板。这种方法简单，易于实现完全平衡。火炮安装在车、船上时，车、船的颠簸、摇摆不影响平衡效果，转动高低机所施的手轮力也不致变化。因此，配重平衡广泛用在坦克炮、自行炮和舰炮中。其缺点是使起落部分质量增加。

2. 平衡机平衡

以专门设计的平衡装置所产生的拉力或推力来提供平衡力矩。这种方式与配重平衡相比，平衡机结构紧凑，质量小。目前广泛应用于各类火炮。其缺点是结构较复杂。

平衡机的位置在摇架与上架之间。平衡机构一端铰接于上架或托架上，另一端直接或通过挠性件（如链条、钢缆等）与起落部分连接。射角发生变化时，平衡机作用在起落部分平衡力的大小及方向应接近重力矩的变化规律。仅用一个平衡机时，一般装在上架的一侧；若用两个，则对称安装于上架两侧。

起落部分重力矩 $M_q=Q_q\cdot l_q\cos\varphi$ 是随射角变化的余弦函数，平衡力矩则与平衡机的种类、结构形式及安装位置有关。

在整个射角范围内任何角度上均有 $M_q=M_p$，称为完全平衡；如果只在某几个射角位置上才满足 $M_q=M_p$，而在其他角度上 $M_q\neq M_p$，则为不完全平衡。重力矩与平衡力矩之差的绝对值称为不平衡力矩，以 ΔM 表示，ΔM_{max} 直接影响高低机及其传动装置的设计。

实践中要设计完全平衡的平衡机是困难的，一般都采用不完全平衡的平衡机，而限定不平衡力矩的最大值 ΔM_{max}不大于某一规定的值。

12.3.2　平衡机分类及结构

平衡机种类较多。通常按弹性元件、作用力方向和结构功能进行分类。

1. 按弹性元件分类

（1）弹簧式平衡机。常用的是圆柱螺旋弹簧平衡机，如图 12.22 所示，平衡机由内筒、外筒、螺杆、弹簧等组成。弹簧两端顶在内、外筒盖上，外筒装在上架一支臂上，内筒上的螺杆与摇架相连。射角增大时弹簧伸长，推力减小；射角减小时弹簧压缩，推力增大。如需调整弹簧的初始力，可旋动内筒盖上的调整螺帽。

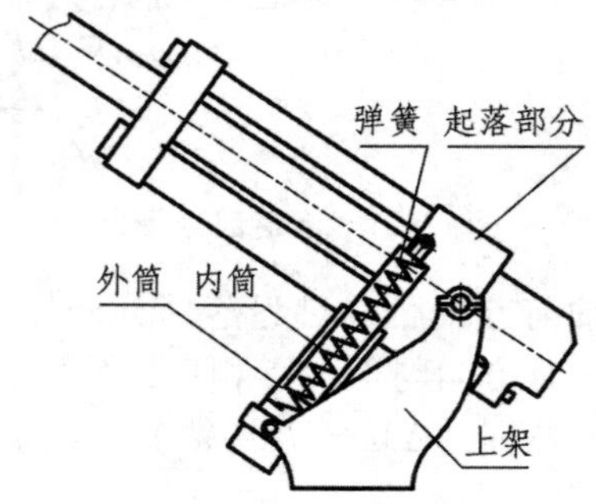

图 12.22　螺旋弹簧平衡机

弹簧式平衡机结构简单，工作性能不受气温变化的影响，便于维修，应用较广。但质量较大，且弹簧易产生疲劳。

（2）气压式平衡机。以气体为弹性元件，压缩气体而产生平衡力矩的平衡机。一般均为推式平衡机。图 12.23 为 56 式 85mm 加农炮的平衡机。由内筒、外筒、紧塞装置、开闭器及温度调节器等组成。

内、外筒一端有球轴，分别与上架及摇架铰接。筒内盛装压缩气体，气体压力最大射角时为 5 ~ 6MPa。用紧塞装置和少量液体对内、外筒接触处进行密封，起落部分俯仰时，内外筒相对移动，筒内容积和气体压强随射角改变。气体压力通过外筒铰接点推动起落部分，对炮耳轴形成平衡力矩，以平衡起落部分重力矩。

为充分利用平衡机内筒容积，同时又防止液体流入内筒，在内筒上部焊有细导管。若液体流入内筒，则外筒液量减少，不能保证气体密封。

温度调节器是用于防止因环境温度变化导致筒内气压改变而影响平衡性能的装置。调节器由连接管与平衡机外筒连通。温度变化时用摇把转动螺杆使活塞移动，借以改变筒内容积，从而调整气体压力。在温度变化 ±20℃ 的范围内通过调整，可使平衡机力适中，从而使平衡机正常工作。

气压式平衡机难以达到完全平衡，只能采用不完全平衡原理，必须控制其不平衡力矩的最大绝对值 ΔM_{max} 在一定范围内。对某些射角范围较大的火炮，平衡机在大（或小）射角时能满足 ΔM_{max} 规定值的要求，而在小（或大）射角时 ΔM_{max} 就不满足要求，影响高低机手轮力。需要设置专门的辅助平衡装置进行调节，一般称此为平衡机的补偿装置。

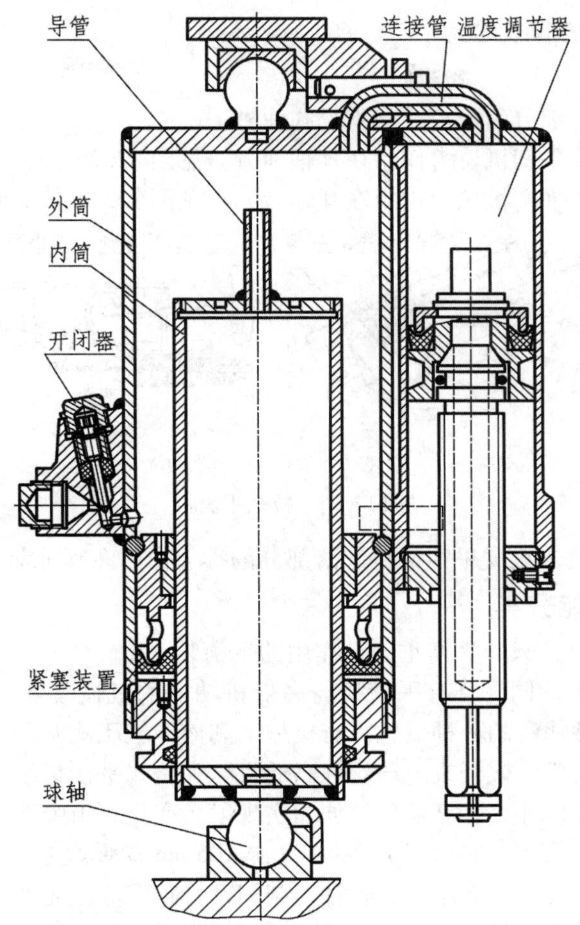

图 12.23　气压式平衡机

补偿方法一般较简单。59 式 130mm 加农炮是在气压式平衡机中只增设一根小弹簧即可进行补偿，如图 12.24 所示。小弹簧装在座筒内，一端顶在座筒下端，座筒固定在内筒上，其上有许多小孔，以接通内外筒，弹簧杆穿过座筒，杆上端有凸缘被小弹簧顶着，下端有螺母，防止杆在大射角时因弹力作用而脱离座筒。射角较大时，小弹簧不起作用，当射角减小到 5°以下时，弹簧杆的凸缘顶在外筒上（图 12.24b），小弹簧被压缩，对起落部分作用一附加力 F_x 使平衡性能得以改善。

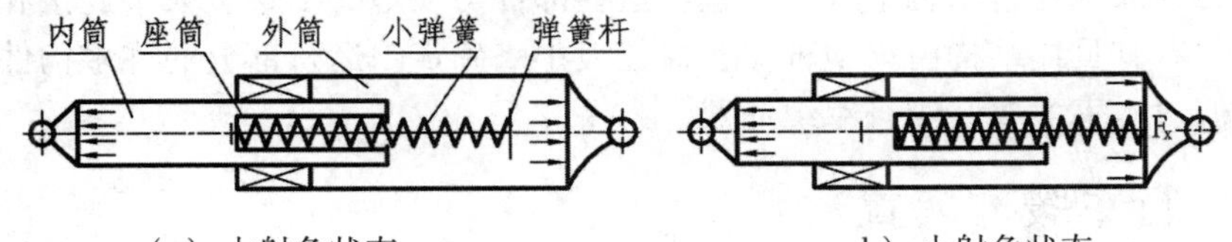

（a）大射角状态　　b）小射角状态

图 12.24　补偿装置原理图

气压式平衡机外形尺寸和质量小，加工与调整都较容易，广泛用于地面火炮。但其气体压强易受环境温度影响，维护保养比弹簧式平衡机复杂。

2. 按作用力方向分类

(1) 拉式平衡机

拉式平衡机又可细分为上拉式和下拉式两种。

上拉式平衡机为平衡机拉力作用在耳轴前方。见图 12.25 (a)。

下拉式平衡机为平衡机拉力作用在耳轴后方。见图 12.25 (b)。

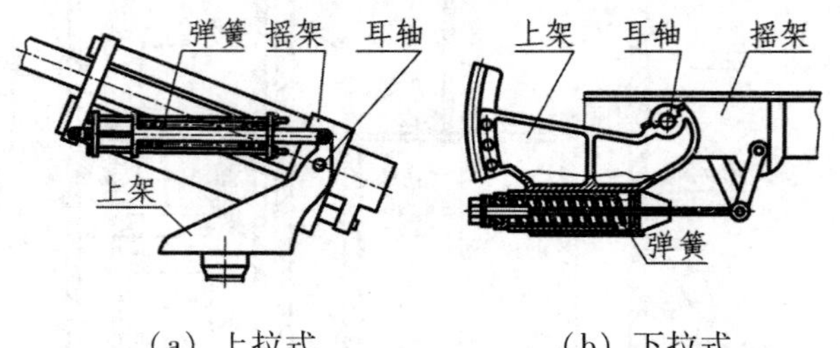

(a) 上拉式　　　　(b) 下拉式

图 12.25　拉式平衡机

(2) 推式平衡机。推式平衡机对起落部分的推力作用在耳轴前方。见图 12.22。

3. 按结构功能分类

(1) 单一平衡机，只起平衡重力矩作用的平衡装置。

(2) 高低平衡机，同时具有平衡机与高低机功能的机械装置。是火炮设计中简化机构、提高部件多种功能的一种措施。有机械式和液体气压式两种。

机械式高低平衡机由螺杆或滚珠丝杠高低机与弹簧式平衡机组合而成，平衡机的螺旋弹簧套在高低机螺杆外表，靠螺杆的伸缩实现射角变化，由弹簧提供平衡力矩。其结构紧凑，作用可靠。已成功应用于美国 M102 式 105mm 榴弹炮上。

液体气压式由储气筒、液压泵、各种控制阀及管路等液压元件组成。管道多，结构较复杂，维护保养较难，应用不广，目前只用于某些大口径自行炮或牵引火炮上。

12.4　运动体简介

火炮运行部分是牵引炮或自行炮运行机构和承载机构的总称。牵引式高射炮的运行部分称为炮车；自行炮和车载炮的运行部分称为车体或底盘；牵引式地面火炮的运行部分常称为运动体。运动体主要由车轮、车轴、行军缓冲器、减振器、刹车装置等部件组成，对于自运火炮还包括辅助推进装置。这些部件与火炮的下架、大架连接和牵引车配合拉运全炮。其具体结构由火炮种类、口径大小来确定。运行部分的许多构件与车辆中的构件相似，本书主要介绍行军缓冲器。

12.4.1　行军缓冲装置

现有行军缓冲器有弹簧式、气液式和橡胶式三类。气液式多用在坦克炮和自行炮上。地面火炮的缓冲器基本上都采用弹簧式，主要类型有叠板簧式及圆柱螺旋弹簧式。

1. 弹簧式缓冲器

（1）扭杆式缓冲器。图 12. 26 为 85mm 加农炮半轴式缓冲器。此缓冲器由构造相同的左右两部分组成，每一部分有扭杆、半轴、杠杆、曲臂、扭杆盖、锥齿轮和开闭器。借中介齿轮将左右两边的锥形齿轮连接起来。扭杆装在管状的半轴内，内端有 41 条刻纹与半轴内的刻纹啮合，外端有 40 条刻纹与扭杆盖刻纹啮合。扭杆盖固定在曲臂上。半轴装在下架本体内，内端外表面以花键安装锥形齿轮，外端的光滑圆柱部套着曲臂。曲臂可相对于半轴转动，但不能移动。前端焊有轮轴，安装车轮。外侧用螺栓与扭杆盖连接。杠杆以花键与半轴连接，杠杆上设有开闭器用于开闭缓冲器。

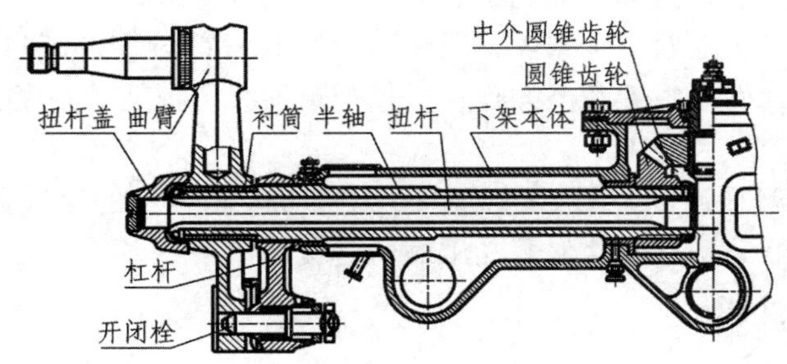

图 12. 26　扭杆式缓冲器

扭杆两端刻纹数目不同，是为了在装配、维修时能精确地调整缓冲器，以达到所需的扭杆预扭力和初始缓冲间隙。如果两端的刻纹数目相同，则最小的调整量只能是1/40 周或 1/41 周的角度（约 9°），现在两端刻纹数目不同，则调整量可精确到（1/40 – 1/41）周（约 0. 22°）。

火炮处于行军状态，开闭栓从曲臂孔中拨出。当车轮在不平的道路上运动时，相对于下架运动，使曲臂绕半轴摆动，带动扭杆旋转，以扭转变形来缓冲火炮的冲击。

如果车轮遇到较大的凸、凹地势，会剧烈跳动，从机构上如不加以限制，扭杆会扭断，所以在下架上设有限制铁，限制扭杆的最大扭转角。为减小冲击，在限制铁上装有橡胶缓冲垫。

火炮处于战斗状态，如果缓冲器还起作用，则在射击时炮架就会颤动，影响射击精度。因此，杠杆上的开闭栓插入曲臂孔后曲臂就不能相对于杠杆和半轴转动，扭杆不再被扭转，缓冲作用被解除。此时，两边的半轴便可借 3 个齿轮相对转动，而使火炮 4 点切实着地，并起调平作用。

这种扭杆缓冲器外形简单，便于精加工和强化表面，抗疲劳性能好；能与调平装置结合而置于下架体内；结构紧凑。扭杆可横向布置，也可纵向布置；扭杆刚度较大，内摩擦阻力小，阻尼小，因而减振作用较差，扭杆需合金钢制造，为防止灰尘磨损机件，应注意采用防尘措施。

扭杆式行军缓冲器目前被广泛用于各类牵引炮和自行火炮。

（2）叠板簧缓冲器。图 12. 27 为 54 式 122mm 榴弹炮的行军缓冲器。该装置和车轴一起装在下架本体前方的车轴室内，叠板簧两端吊在车轴上。钢板套箍套在叠板簧的中段，插入下架本体，由前、后连接筒插入套箍两侧板的孔中与下架连成一体。行军时，整门火炮上部的重力作用在叠板簧的中部，再经过弹簧两端作用在车轴上，车轮受地面冲击时，车轴相对于架体上下移动，引起钢板弹簧弯曲变形而起缓冲作用。

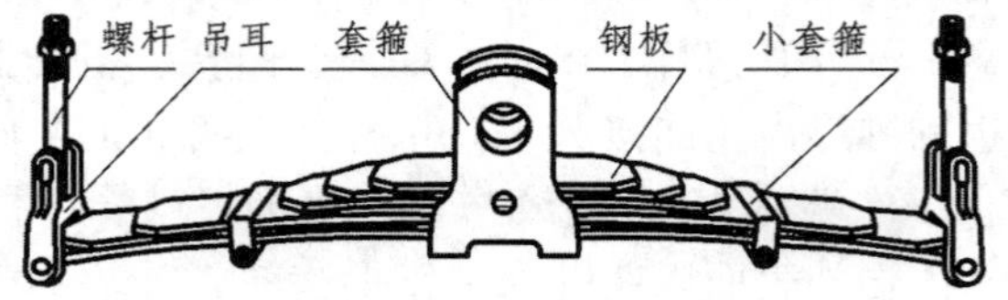

图 12.27　叠板簧缓冲器

叠板弹簧容易制造，但表面疵病不易避免，因此容易折断，质量较大。板簧在工作时，各片之间有相对滑动而产生摩擦，工作时能吸收一部分缓冲能量，减振性能较好。但其摩擦力不稳定，而且由于摩擦的存在，相当于加大了板簧的刚度，因而降低了缓冲性能。

（3）圆柱形弹簧缓冲器。图 12.28 为 65 式 37mm 高射炮的缓冲器。车轮轴通过缓冲器与车轴连接，行军颠簸时，弹簧受压缩而起缓冲作用。

2. 气液式缓冲器

其弹性元件是气体，它有很多优点：首先是解决了弹性元件的疲劳问题，其次，可改变气压来调节缓冲性能，使它符合于不同载荷和不同路面的需要。其结构原理如图 12.29 所示。贮气室与气瓶连通，内贮空气，用液体密闭。气压通过活塞作用在车轴上。目前，很多国家都在研究气压式缓冲器。

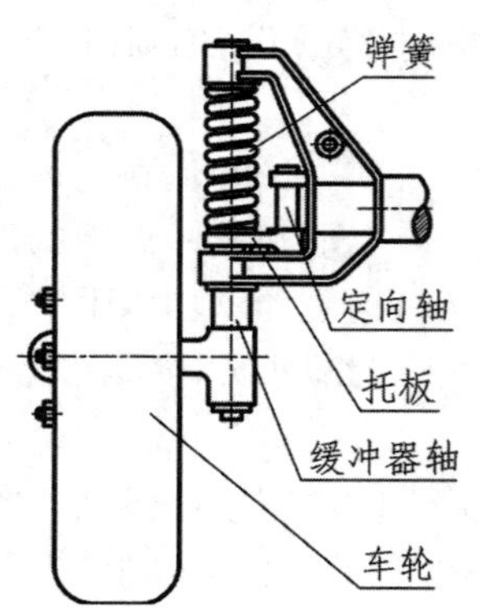

图 12.28　圆柱螺旋弹簧缓冲器

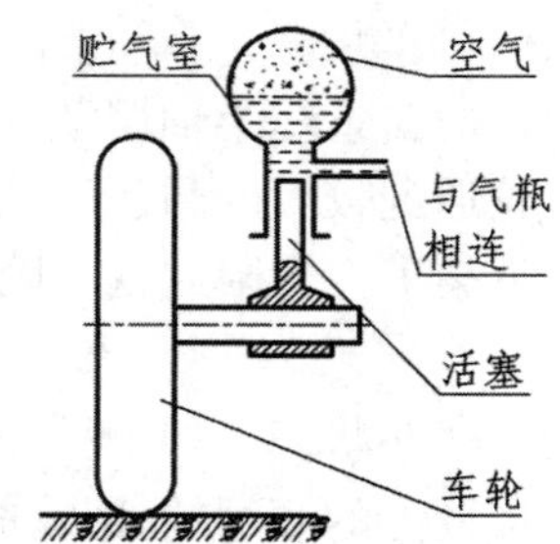

图 12.29　气液式缓冲器示意图

3. 橡胶式缓冲器

橡胶式缓冲器曾用于旧式火炮。由于不能满足火炮行军速度不断提高的要求，而被弹簧式缓冲器取代。但由于它的结构简单，后又引起人们的注意，出现过一些新的结构方案，但未能得到推广应用。

12.4.2　刹车装置

现代机械牵引式火炮在高速行军中，当遇到坑洼、障碍、转弯、桥梁或遇到险情时，都要降低速度，制动频繁。基于安全，质量较大的火炮应分别设有与牵引车同步的和独立的手动制动装置。以防当牵引车紧急制动时，火炮以较大的惯性力顶撞牵引车，造成车、炮损坏甚至翻倒的事故。此外，为保证人力推炮时的安全和射击时的静止性，火炮上也应有刹车装置。

刹车装置包括车轮制动器和操纵系统两部分。车轮制动器一般是利用机械摩擦使火炮运行时的动能在很短时间内变为摩擦功，再转化为热能，从而使火炮减速或停止。现代火炮多采用蹄片式车轮制动器。操纵系统用于控制车轮制动器，使之产生制动动作，一般都是牵引车与火炮共用气压式操纵系统，以保证车、炮同时制动。

通常火炮上应装有手刹车和气刹车两个操纵系统，分别控制车轮制动器。手刹车主要用在推炮时及发射时制动车轮。手刹车还应有控制左、右车轮同时制动的联动装置，以及左、右车轮能独立制动的机构。

刹车装置应该结构简单，能提供足够的制动力矩，动作灵活可靠，既能与牵引车同步刹车，又能及时解脱，便于调整与维修，具有良好的散热性与防尘性。

除上述机构和装置之外，火炮架体上还有调平机构、防危板、支承座盘等部件，可阅读有关书籍。限于课时，本书不予介绍。

思考题

1. 火炮组成中的三机、四架具体指什么？简述其各自的作用。
2. 简要分析四架上应具有的基本结构。
3. 阐述高低机的机构组成及其工作原理。
4. 阐述方向机的机构组成及其工作原理。
5. 火炮上为什么需要平衡机？阐述主要种类平衡机的种类及其特点。
6. 阐述气压式平衡机的补偿原理。
7. 火炮上做俯仰运动的有哪些主要部件？
8. 火炮上做水平回旋运动的有哪些主要部件？
9. 分析液压式高平机的工作原理。
10. 火炮缓冲器的作用是什么？有哪几种常用结构？

参 考 文 献

[1] 易声耀，张竞. 自动武器原理与构造学[M]. 北京：国防工业出版社，2009.

[2] 于道文. 自动武器学(自动机设计分册)[M]. 北京：国防工业出版社，1992.

[3] 谈乐斌，张相炎，管红根等. 火炮概论[M]. 北京：北京理工大学出版社，2014.

[4] 王靖君，赫信鹏. 火炮概论[M]. 北京：兵器工业出版社，1992.

[5] 《兵器工业科学技术辞典》编辑委员会. 兵器工业科学技术辞典——炮弹[M]. 北京：国防工业出版社，1992.

[6] 《兵器工业科学技术辞典》编辑委员会. 兵器工业科学技术辞典——轻武器[M]. 北京：国防工业出版社，1992.

[7] 张培林，李国章，傅建平. 自行火炮火力系统[M]. 北京：兵器工业出版社，2002.

[8] 戴成勋，靳天佑，朵英贤. 自动武器设计新编[M]. 北京：国防工业出版社，1990.

[9] 何志强. 航空自动武器设计手册[M]. 北京：国防工业出版社，1990.

[10] 兵器工业部枪械手册编写组. 枪械手册[M]. 北京：国防工业出版社，1986.

[11] 韩魁英，王梦林，朱素君. 火炮自动机设计[M]. 北京：国防工业出版社，1988.

[12] 轻武器研究所编写组. 国外轻型步兵武器[M]. 北京：国防工业出版社，1983.

[13] 《步兵自动武器及弹药设计手册》编写组. 步兵自动武器及弹药设计手册(中册)[M]. 北京：国防工业出版社，1977.

[14] 刘质桐. 略谈 AUG 通用步枪[J]. 轻兵器，1986(6)：35 - 37.

[15] 金云凤. 输弹进弹纵横谈(三)[J]. 轻兵器，2002(8)：46 - 47.

[16] 刘素秦. FA - MAS5. 56mm 自动步枪发射机构简介[J]. 轻兵器，1989(1)：24 - 27.

[17] IAN V HOGG. JANE'S INFANTRY WEAPONS EIGTH EDITION[M]. 1982 - 83.

[18] IAN V HOGG. JANE'S INFANTRY WEAPONS NINTH EDITION[M]. 1983 - 84.

[19] IAN V HOGG. JANE'S INFANTRY WEAPONS TENTH EDITION[M]. 1984 - 85.

[20] C. J. Marchant Smith, P. R. Haslam. SMALL ARMS & CANNONS [M]. Oxford: Brassey's Pub, Lim. ,1982.